全国地层多重划分对比研究

（32）

江苏省岩石地层

主　　编：徐学思

编　　者：徐学思　房尚明　钱　清　邓国新
胡世忠　张基训　闵庆魁　林水龙
许鸿基　陈炯达　吕成高

技术指导：李自堃

中国地质大学出版社

内 容 简 介

本书以现代地层学理论为指导，对江苏100多年来积累的大量晚太古代至第三纪地层资料，按华北、华南两地层大区，以岩石地层为主，与生物地层、年代地层等进行多重划分对比研究和系统总结。全书将两地层大区分篇按断代列13章。对采用的105个岩石地层单位和4个非正式岩石地层单位，分别论述其创名(人或单位、时间、地点)、原始定义、沿革、现在定义、层型、地质特征及区域变化、同物异名及异物同名等，对省内168个不采用的地层名称阐明了理由。有些断代还进行了时空分布和环境演化的探讨。

这是一本内容十分丰富、承前启后且实用性强的地层专著，可供区域地质调查、地质勘查、地层及古生物等专业的生产、科研人员和大专院校师生使用。

图书在版编目(CIP)数据

江苏省岩石地层/徐学思主编．—武汉：中国地质大学出版社，1997.7(2009.4重印)
(全国地层多重划分对比研究：32)
ISBN 978-7-5625-1135-9

Ⅰ.江…
Ⅱ.徐…
Ⅲ.地层学—江苏省
Ⅳ.P535.253

中国版本图书馆CIP数据核字(2009)第045279号

江苏省岩石地层 徐学思 主 编

责任编辑：刘粤湘 社外编辑：毛焕杰 责任校对：熊华珍

出版发行：中国地质大学出版社(武汉市洪山区鲁磨路388号) 邮编：430074
电话：(027)67883511 传真：67883580 **E-mail**：cbb @ cug.edu.cn
经 销：全国新华书店 **http**：//www.cugp.cn

开本：787毫米×1092毫米 1/16 字数：480千字 印张：18.625
版次：1997年7月第1版 印次：2009年4月第2次印刷
印刷：武汉教文印刷厂 印数：601—1100册

ISBN 978-7-5625-1135-9 定价：56.00元

序

100多年来，地层学始终是地质学的重要基础学科的支柱，甚至还可以说是基础中的基础，它为近代地质学的建立和发展发挥了十分重要的作用。随着板块构造学说的提出和发展，地质科学正经历着一场深刻的变革，古老的地层学和其他分支学科一样还面临着满足社会不断进步与发展的物质需要和解决人类的重大环境问题等双重任务的挑战。为了迎接这一挑战，依靠现代科技进步及各学科之间相互渗透，地层学的研究范围将不断扩大，研究途径更为宽广，研究方法日趋多样化，并萌发出许多新的思路和学术思想，产生出许多分支学科，如生态地层学、磁性地层学、地震地层学、化学地层学、定量地层学、事件地层学、气候地层学、构造地层学和月球地层学等等，它们的综合又导致了"综合地层学"和"全球地层学"概念的提出。所有这一切，标志着地层学研究向高度综合化方向发展。

我国的地层学和与其密切相关的古生物学早在本世纪前期的创立阶段，就涌现出一批杰出的地层古生物学家和先驱，他们的研究成果奠定了我国地层学的基础。但是大规模的进展，还是从1949年以后，尤其是随着全国中小比例尺区域地质调查的有计划开展，以及若干重大科学计划的执行而发展起来的。正像我国著名的地质学家尹赞勋先生在第一届全国地层会议上所讲："区域地质调查成果的最大受益者就是地层古生物学。"1959年召开的中国第一届全国地层会议，总结了建国十年来所获的新资料，制定了中国第一份地层规范（草案），标志着我国地层学和地层工作进入了一个新的阶段。过了20年，地层学在国内的发展经历了几乎十年停滞以后，于1979年召开了中国第二届全国地层会议，会议在某种程度上吸收学习了国际地层学研究的新成果，还讨论制定了《中国地层指南及中国地层指南说明书》，为推动地层学在中国的发展，缩小同国际地层学研究水平的差距奠定了良好基础。这次会议以后所进行的一系列工作，包括应用地层单位的多重性概念所进行的地层划分对比研究、区域地层格架及地层模型的研究，现代地层学与沉积学相结合所进行的盆地分析以及1：5万区域地质填图方法的改进与完善等，都成为我国地层学进一步发展的强大推动力。为此，地质矿产部组织了一项"全国地层多重划分对比研究（清理）"的系统工程，在30个省、直辖市、自治区（含台湾省，不含上海市）范围内，自下而上由省（市、区）、大区和全国设立三个层次的课题，在现代地层学和沉积学理论指导下，对以往所建立的地层单位进行研究（清理），追溯地层单位创名的沿革，重新厘定单位含义、层型类型与特征、区域延伸与对比，消除同物异名，查清同名异物，在大范围内建立若干断代岩石地层单位的时空格架、编制符合现代地层学含义的新一代区域地层序列表，并与地层多重划分对比研究工作同步开展了省（市、区）和全国两级地层数据库的研建，对巩固地层多重划分对比研究（清理）成果，为地层学的科学化、系统化和现代化发展打下了良好基础。这项研究工作在部、省（市、区）各级领导的支持关怀下，全体研究人员经过5年的艰苦努力已圆满地完成了任务，高兴地看到许多成果已陆续要出版了。这项工作涉及的范围之广、参加的单位及人员之多、文件的时间跨度之长，以及现代科学理论与计算机技术的应用等各方面，都可以说是在我国地层学工作不断发展中具有里程碑意义的。这项研究中不同层次成果的出版问世，不仅对区域地质调查、地质图件的编测、区域矿产普查与勘查、地质科研和教学等方面都具有现实的指导作用和实用价值，而且对我国地层学的发展和科学化、系统化将起到积极的促进作用。

首次组织实施这样一项规模空前的全国性的研究工作，尽管全体参与人员付出了极大的辛勤劳动，全国项目办和各大区办进行了大量卓有成效和细致的组织协调工作，取得了巨大的成绩，但由于种种原因，难免会有疏漏甚至失误之处。即使这样，该系列研究是认识地层学真理长河中的一个相对真理的阶段，其成果仍不失其宝贵的科学意义和巨大的实用价值。我相信经过广大地质工作者的使用与检验，在修订再版时，其内容将会更加完美。在此祝贺这一系列地层研究成果的公开出版，它必将发挥出巨大社会经济效益，为地质科学的发展做出新的贡献。

程裕淇

前　言

地层学在地质科学中是一门奠基性的基础学科，是基础地质的基础。自从19世纪初由W史密斯奠定的基本原理和方法以来的一个半世纪中，地层学是地质科学中最活跃的一个分支学科，对现代地质学的建立和发展产生了深刻的影响，作出了不可磨灭的贡献，特别是在20世纪60年代由于板块构造学说兴起引发的一场“地学革命”，其表现更为显著。随着板块构造学的确立，沉积学和古生态学的发展，地球历史和生物演化中的灾变论思想的复兴和地质事件概念的建立，使地层学的分支学科，如时间地层学、生态地层学、地震地层学、同位素地层学、气候地层学、磁性地层学、定量地层学和构造地层学等像雨后春笋般地蓬勃发展，这种情况必然对地层学、生物地层和沉积地层等的传统理论认识和方法提出了严峻的挑战。经过20年的论战，充分体现当代国际地质科学先进思想的《国际地层指南》（英文版）于1976年见诸于世，之后在不到20年的时间里又于1979、1987、1993年连续三次进行了修改补充，陆续补充了《磁性地层极性单位》、《不整合界限地层单位》，以及把岩浆岩与变质岩等作为广义地层学范畴纳入地层指南而又补充编写了《火成岩和变质岩岩体的地层划分与命名》等内容。

国际地层学上述重大变革，对我国地学界产生了强烈冲击，十年动乱形成的政治禁锢被打开，迎来了科学的春天，先进的科学思潮像潮水般涌来，于是在1979年第二届全国地层会议上通过并于1981年公开出版了《中国地层指南及中国地层指南说明书》，其中阐述了地层多重划分概念。于1983年按地层多重划分概念和岩石地层单位填图在安徽区调队进行了首次试点。1985年《贵州省区域地质志》中地层部分吸取了地层多重划分概念进行撰写。1986年地质矿产部设立了“七五”重点科技攻关项目——“1∶5万区调中填图方法研究项目”，把以岩石地层单位填图，多重地层划分对比，识别基本地层层序等现代地层学和现代沉积学相结合的内容列为沉积岩区区调填图方法研究课题，从此拉开了新一轮1∶5万区调填图的序幕，由试点的贵州、安徽和陕西三省逐步推向全国。

1∶5万区调填图方法研究试点中遇到的最大问题是如何按照现代地层学的理论和方法来对待与处理按传统理论和方法所建立的地层单位？如果维持长期沿用的按传统理论建立的地层单位，虽然很省事，但是又如何体现现代地层学和现代沉积学相结合的理论与方法呢？这样就谈不上紧跟世界潮流，迎接这一场由板块构造学说兴起所带来的“地学革命”。如果要坚持这一技术领域的革命性变革，就要下决心花费很大力气克服人力、财力和技术性等方面的重重困难，对长期沿用的不规范化的地层单位进行彻底的清理。经过反复研究比较，我们认识到科学技术的变革也和社会经济改革的潮流一样是不可逆转的，只有坚持改革才能前进，不进则退，否则就将被历史所淘汰，别无选择。在这一关键时刻，地质矿产部和原地矿部直管局领导作出了正确决策，从1991年开始，从地勘经费中设立一项重大基础地质研究项目——全国地层多重划分对比研究项目，简称全国地层清理项目，开始了一场地层学改革的系统工程，在全国范围内由下而上地按照现代地层学的理论和方法对原有的地层单位重新明确其定义、划分对比标准、延伸范围及各类地层单位的相互关系，与此同时研建全国地层数据库，巩固地层清理成果，推动我国地层学研究和地层单位管理的规范化和现代化，指导当前和今后一个时期1∶5万、1∶25万等区调填图等，提高我国地层学研究水平。1991年地质矿产部原直管局将地层清理作为部指令性任务以地直发(1991)005号文和1992年以地直发(1992)014号文下发了《地矿部全国地层多重划分对比（清理）研究项目第一次工作会议纪要》，明确了各省（市、自治区）地质矿产局（厅）清理研究任务，并于1993年2月补办了专项地勘科技项目合同（编号直科专92-1），并明确这一任务分别设立部、大区和省（市、自治区）三级领导小组，实行三级管理。

部级成立全国项目领导小组

组长	李廷栋	地质矿产部副总工程师
副组长	叶天竺	地质矿产部原直管局副局长
	赵　逊	中国地质科学院副院长

成立全国地层清理项目办公室，受领导小组委托对全国地层清理工作进行技术业务指导和协调以及经常性业务组织管理工作，并设立在中国地质科学院区域地质调查处（简称区调处）。

项目办公室主任	陈克强	区调处处长，教授级高级工程师
副主任	高振家	区调处总工，教授级高级工程师
	简人初	区调处高级工程师
专家	张守信	中国科学院地质研究所研究员
	魏家庸	贵州省地质矿产局区调院教授级高级工程师
成员	姜　义	区调处工程师
	李　忠	会计师
	周统顺	中国地质科学院地质研究所研究员

大区一级成立大区领导小组，由大区内各省（市、自治区）局级领导成员和地科院沈阳、天津、西安、宜昌、成都、南京六个地质矿产研究所各推荐一名专家组成。领导小组对本大区地层清理工作进行组织、指导、协调、仲裁并承担研究的职责。下设大区办公室，负责大区地层清理的技术业务指导和经常性业务技术管理工作。在全国项目办直接领导下，成立全国地层数据库研建小组，由福建区调队和部区调处承担，负责全国和省（市、自治区）二级地层数据库软件开发研制。

各省（市、自治区）成立省级领导小组，以省（市、自治区）局总工或副总工为组长，有区调主管及有关处室负责人组成，在专业区调队（所、院）等单位成立地层清理小组，具体负责地层清理工作，同时成立省级地层数据库录入小组，按照全国地层数据库研建小组研制的软件及时将本省清理的成果进行数据录入，并检验软件运行情况，及时反馈意见，不断改进和优化软件。在全国地层清理的三个级次的项目中，省级项目是基础，因此要求各省（市、自治区）地层清理工作必须实行室内清理与野外核查相结合，清理工作与区调填图相结合，清理与研究相结合，地层清理与地层数据库建立相结合，“生产”单位与科研教学单位相结合，并强调地层清理人员要用现代地层学和现代沉积学的理论武装起来，彻底打破传统观点，统一标准内容，严格要求，高标准地完成这一历史使命。实践的结果，凡是按上述五个相结合去做的效果都比较好，不仅出了好成果，而且通过地层清理培养锻炼了一支科学技术队伍，从总体上把我国区调水平提高到一个新台阶。

三年多以来，参加全国地层清理工作的人员总数达400多人，总计查阅文献约24 000份，野外核查剖面约16 472.6 km，新测剖面70余条约300 km，清理原有地层单位有12 880个，通过清查保留的地层单位约4721个（还有省与省之间重复的），占总数36.6%，建议停止使用或废弃的单位有8159个（为同物异名或非岩石地层单位等），占总数63.4%，清查中通过实测剖面新建地层单位134个。与此同时研制了地层单位的查询、检索、命名和研究对比功能的数据库，通过各省（市、自治区）数据录入小组将12 880个地层单位（每个单位5张数据卡片）和10 000多条各类层型剖面全部录入，首次建立起全国30个（不含上海市）省（市、自治区）基础地层数据库，为全国地层数据库全面建成奠定了坚实的基础。从1994年7月—11月，分七个片对30个省（市、自治区）地层清理成果报告及数据库的数据录入进行了评审验收，到1994年底可以说基本上完成了省一级地层清理任务。1995—1996年将全面完成大区和总项目的清理研究任务。由此可见，这次全国地层清理工作无论是参加人数之多，涉及面之广，新方法新技术的应用以及理论指导的高度和研究的深度都可以堪称中国地层学研究的第三个里程碑。这一系统工程所完成的成果，不仅是这次直接参加清理的400多人的成果，而且亦应该归功于全国地层工作者、区域地质调查者、地层学科研与教学人员以及为地层工作做过贡献的普查勘探人员。全国地层清理成果的公开出版，必将对提高我国地层学研究水平，统一岩石地层划分和命名指导区调填图，加强地层单位的管理以及地质勘察和科研教学等方面发挥重要的作用。

鉴于本次地层清理工作和地层数据库的研建是过去从未进行过的一项研究性很强的系统工程，涉及的范围很广，时间跨度长达100多年，参加该项工作的人员多达300～400人，由于时间短，经费有限，人员水平不一，文献资料掌握程度等种种主客观原因，尽管所有人员都尽了最大努力，但是在本书中少数地层单位的名称、出处、命名人和命名时间等不可避免地存在一些问题。本书中地层单位名称出现的“岩群”、“岩组”等名词，是根据1990年公开出版的程裕淇主编的《中国地质图（1：500万）及说明书》所阐述的定义。为了考虑不同观点的读者使用，本书对有“岩群”、“岩组”的地层单位，均暂以（岩）群、（岩）组处理。如鞍山（岩）群、迁西（岩）群。总之，本书中存在的错漏及不足之处，衷心地欢迎广大读者提出宝贵意见，以便今后不断改正和补充。

在30个省（市、自治区）地层清理系统成果即将公开出版之际，我代表全国地层清理项目办公室向参加30个省（市、自治区）地层清理、数据库研建和数据录入的同志所付出的辛勤劳动表示衷心的感谢和亲切的慰问。在全国地层清理项目立项过程中，原直管局王新华、黄崇轲副局长给予了大力支持，原直管局局长兼财务司司长现地矿部副部长陈洲其在项目论证会上作了立项论证报告，在人、财、物方面给予过很大支持；全国地层委员会副主任程裕淇院士一直对地层清理工作给予极大的关心和支持，并在立项论证会上作了重要讲话；中国地质大学教授、全国地层委员会地层分类命名小组组长王鸿祯院士是本项目的顾问，在地层清理的指导思想、方法步骤及许多重大技术问题上给予了具体的指导和帮助；中国地质大学教授杨遵仪院士对这项工作热情关心并给以指导；中国地质科学院院长、部总工程师陈毓川研究员参加了第三次全国地层清理工作会议并作了重要指示与鼓励性讲话；部科技司姜作勤高工，计算中心邬宽廉、陈传霖，信息院赵精满，地科院刘心铸等专家对地层数据库设计进行评审，为研建地层数据库提出许多有意义的建议。中国科学院地质研究所，南京古生物研究所，中国地质科学院地质研究所，天津、沈阳、南京、宜昌、成都和西安地质矿产研究所，南京大学，西北大学，中国地质大学，长春地质学院，西安地质学院等单位的知名专家、教授和学者，各省（市、自治区）地矿局领导、总工程师、区调主管、质量检查员和区调队、地研所、综合大队等单位的区域地质学家共600余人次参加了各省（市、自治区）地层清理研究成果和六个大区区域地层成果报告的评审和鉴定验收，给予了友善的帮助；各省（市、自治区）地矿局（厅）、区调队（所、院）等各级领导给予地层清理工作在人、财、物方面的大力支持。可以肯定，没有以上各有关单位和部门的领导和众多的专家教授对地层清理工作多方面的关心和支持，这项工作是难以完成的。在30个省（市、自治区）地层清理成果评审过程中一直到成果出版之前，中国地质大学出版社，特别是以褚松和副社长和刘粤湘编辑为组长的全国地层多重划分对比研究报告编辑出版组为本套书编辑出版付出了极大的辛苦劳动，使这一套系统成果能够如此快地、规范化地出版了！在全国项目办设在区调处的几年中，除了参加项目办的成员外，区调处的陈兆棉、其和日格、田玉莹、魏书章、刘凤仁多次承担地层清理会议的会务工作，赵洪伟和于庆文同志除了承担会议事务还为会议打印文稿，于庆文同志还协助绘制地层区划图及文稿复印等工作。

在此，向上面提到的单位和所有同志一并表示我们最诚挚的谢意，并希望继续得到他们的关心和支持。

全国地层清理项目办公室（陈克强执笔）

目　录

第二篇　华南地层大区

第一章 绪论

江苏省地处中国东部长江下游沿海地区，交通和经济十分发达，各种地质景观千姿百态，地质构造极其复杂，地层发育较为齐全。长期以来为中外地学界所瞩目。由于研究历史悠久、成果资料较为丰富，是开展地学科学研究的重要地区之一。亦是进行地质科学交流的地区。

随着我国经济的发展和科学研究水平的提高，我省根据地质矿产部关于开展“全国地层多重划分对比研究”指示精神和具体实施部署要求，及时作为“八五”基础地质项目进行了安排，并纳入江苏省地质矿产局“八五”规划和1992年地质勘探项目计划。项目要求以《中国地层指南及中国地层指南说明书》和《国际地层指南》为指导，通过地层清理，消除混乱，建立客观、稳定、适用并为大多数人所接受的地层单位；提交符合当前科学水平和发展需要的地层多重划分对比研究报告；建立地层数据库；把区域地质调查、基础地质和地层研究工作提高到一个新的水平。

一、目的与任务

地质矿产部于1990年11月在贵阳市召开“全国地层多重划分对比研究讨论会”，会议认为：“根据国内外研究现状，结合区调工作和基础地质研究的需要，地质矿产部不失时机地在‘八五’期间开展全国地层多重划分对比研究并建立地层数据库，势在必行，意义重大。”“地层学是地质学领域中的基础学科，在一定时期及时按新理论、新观点和新方法清理研究已有的地层资料，这对地质找矿、区调填图和地质科学研究、教学等的进一步发展具有非常重要的意义。……过去我国地层工作的重点偏重于生物地层和确定其地质时代的归属，而对地层的各种各样特征、属性及其复杂的相互关系，特别是物质组成、物理特征、岩石地层单位的科学划分与准确的时-空存在状态等方面研究不够。由于新化石的发现，年代解释的变化，或不同单位不同人的解释差别，地层的划分命名一直在不停地变动，长期争论不休。不同图幅或不同年份的地质图对同名地层单位的划分可能相差很大，甚至根本不同；或对同一地层单位给予不同的命名，这些严重影响了对客观地质体的全面认识和深入研究。因此及时开展全国性的地层清理研究工作，根据地层多重划分观点和有关的新成果、新认识，重新明确现有地层单位的划分、定义、延伸范围、对比标准，及各类地层单位的相互关系，使大家在地层单位的划分、命名、理解和应用上有共同的语言。同时通过地层数据库的建立，促进地层研究和地层单位划分与管理的规范化、现代化都具有十分重要的意义。”会后“全国地层多重划分对比研究”被列为地质矿产部的重点项目，由直管局组织实施。1992 年 3 月在北京召开全国地层多重划分对比研究项目第一次工作会议，审定了项目总体设计，研究了各省（自治区、直辖市）和大区地层清理研究任务，讨论了全国地层数据库研建工作，统一了认识，明确了任务要求，落实了组织，会后地层清理研究工作全面开展。

地质矿产部直管局地直发（1991）005 号文和地直发（1992）014 号文下发的“全国地层多重划分对比研究”项目，作为地质矿产部“八五”重大基础地质研究项目。研究工作分全国、大区（全国分东北、华北、西北、东南、中南和西南六个大区）、省（市、区）三个层次进行。江苏省地质矿产局以苏地科发（1991）027 文将“江苏省地层多重划分对比研究”项目下达给江苏省区域地质调查大队（现为江苏省地质矿产调查研究所，简称江苏地调所，下同），并将其纳入江苏省地质矿产局“八五”规划和 1992 年地质勘探项目计划。项目负责人：徐学思；成员：房尚明、钱清、胡世忠、闵庆魁、张基训、邓国新、黄姜侬。

该项目根据全国项目办和东南、华北两大区项目办的统一部署和要求，在两个大区办的协调指导和江苏省地质矿产局领导下，由江苏地调所负责实施。

二、地层区划及区域地质概况

（一）地层区划

江苏省岩石地层的南北差异，早为我国老一辈地质学家所揭示。刘季辰、赵汝钧（1924）首先提出南系地层以宁镇地区为代表，北系地层以连云港、徐州地区为代表的认识。因广大地区被第四纪地层覆盖，当时没有划出两者的具体界线。

1959 年第一届全国地层会议，黄汲清在《中国地层区划的初步建议》中，提出地层区划五个原则，对我国地层进行系统分区，将江苏地层划分为华北和扬子区，两者大致以淮阴—响水口一线为界，后为我国广大地质工作者所引用。

1984 年江苏省地质矿产局将中元古代海州群沉积的北缘边界作为南（扬子区）、北（华北区）两区的划分界线。这条界线，经多期构造变动而遭破坏，以海（州）-泗（阳）断裂作为它们改造后的界线，已引起地学界重视。

本次地层区划主要按中国岩石地层区划原则，并考虑以下因素：

(1) 沉积建造的宏观综合特征和含矿性，主要以中元古代至三叠纪地层沉积建造为依据；

(2) 生成环境（沉积盆地、古构造、古地理、古气候）；

(3) 生物群组合特征；

(4) 地壳演变历史（区域变质和区域岩浆活动时期及活动特征、区域构造旋回、建造序列及接触关系）；

(5) 区域变质基底原岩层序、岩性特征、生成时代、变质程度、含矿性；

(6) 大地构造属性和区域地球物理特征。如同一板块构造控制的几个有机联系紧密的地层小区、分区同属一个地层区（大区）。

根据以上区划原则和因素，江苏省岩石地层仍将中元古代海州群沉积盆地北界作为华北地层大区（简称北区）和华南地层大区（简称南区）界线，以海（州）-泗（阳）断裂作为改造后的界线（图 1-1）。

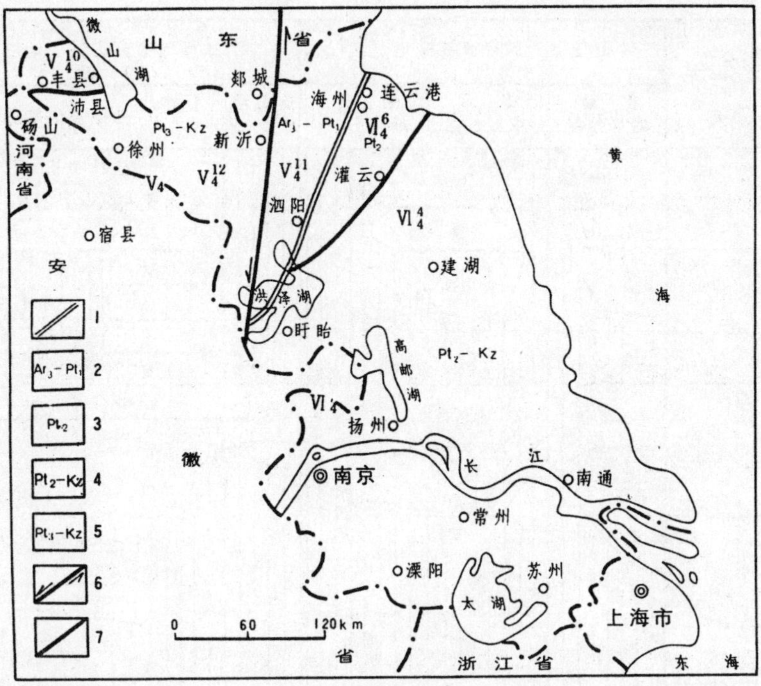

图 1-1 江苏省地层分区图

1. 地层大区界线；2. 上太古界—下元古界；3. 中元古界；4. 中元古界—新生界；5. 上元古界—新生界；6. 郯庐平移断裂；7. 地层区界线

华北地层大区（Ⅴ） 晋冀鲁豫地层区（V_4）：V_4^{10}鲁西地层分区；V_4^{11}鲁东地层分区；V_4^{12}徐淮地层分区

华南地层大区（Ⅵ） 扬子地层区（$Ⅵ_4$）：$Ⅵ_4^4$下扬子地层分区；$Ⅵ_4^6$连云港地层分区

（二）区域地层发育概况

江苏晚太古代—中生代三叠纪地层分属华北地层大区和华南地层大区。侏罗纪—第三纪地层分区不明显，第四纪地层十分发育，遍布全省两个地层大区。为使地层分区层序的完整性，仍沿用以上分区界线。各区岩石地层序列见表1-1。

三、地层多重划分对比研究遵循的原则及有关规定

本课题运用现代地层学、现代沉积学、古生物学、地质年代学等新理论和新技术、新方法，严格遵循《中国地层指南及中国地层指南说明书》和《国际地层指南》及《沉积岩区1∶5万区域地质填图方法指南》的原则，强调采用地层多重划分的概念或理论，清理研究江苏省已有的地层单位。阐明生物地层、年代地层与岩石地层三者的相互关系。其中以岩石地层划分对比研究为本课题的重点和基础。据此，有以下几点规定：

（1）由于岩石地层单位是客观的，又是直观的物质实体，它的建立或确定主要是依据其岩性在纵横方向的延展特征，而不是依据生物化石，也不是依据某一等时面来确定的。

（2）任何一个岩石地层单位，一旦被建立或确定后，都应有其时代属性，解决其测年方法，研究其与生物地层和年代地层的相互关系。

（3）在对待命名的科学性与优先原则时，应具体分析区别对待，要充分使用已有的地层

表 1-1　江苏省岩石地层序列表

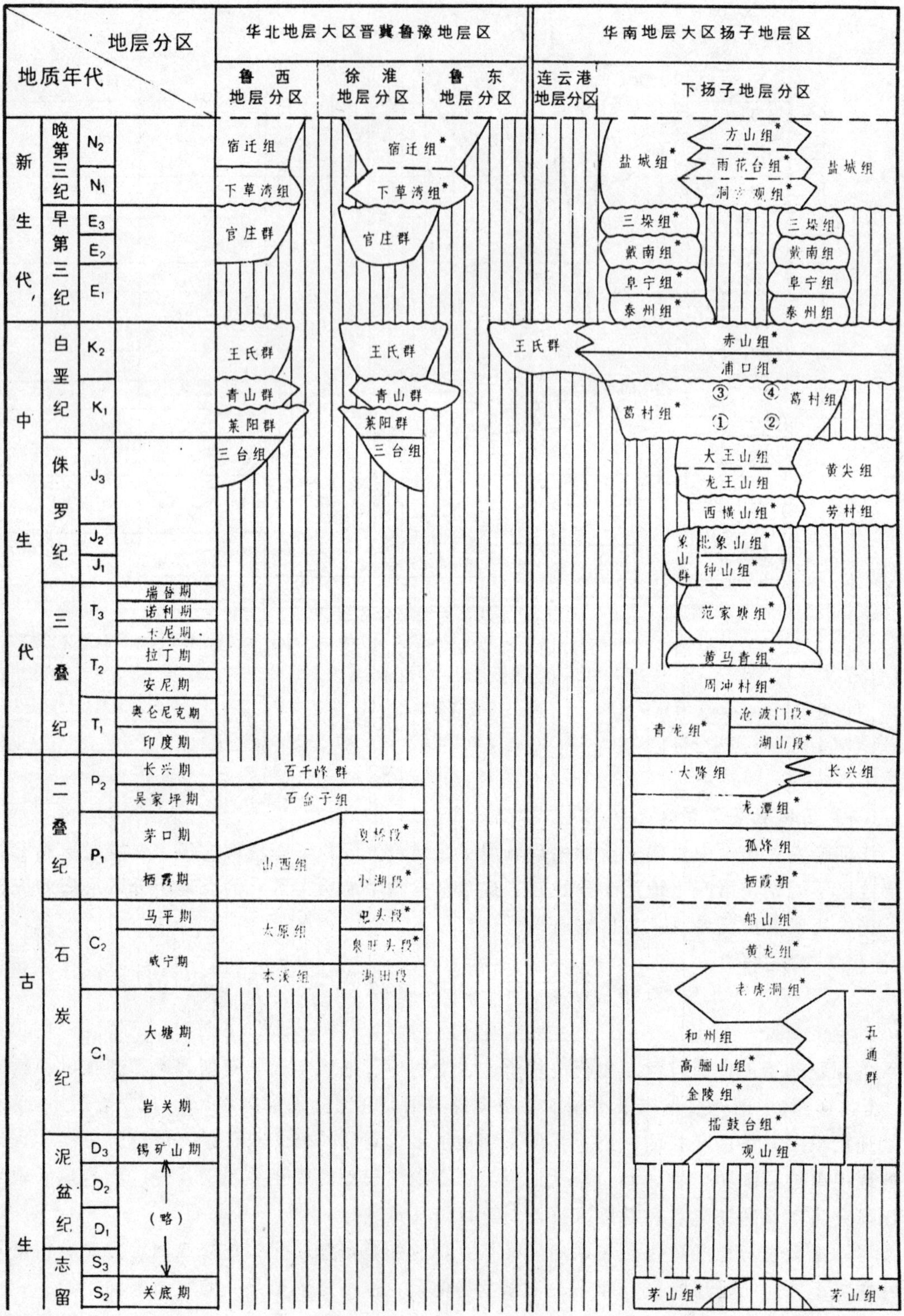

续表 1-1

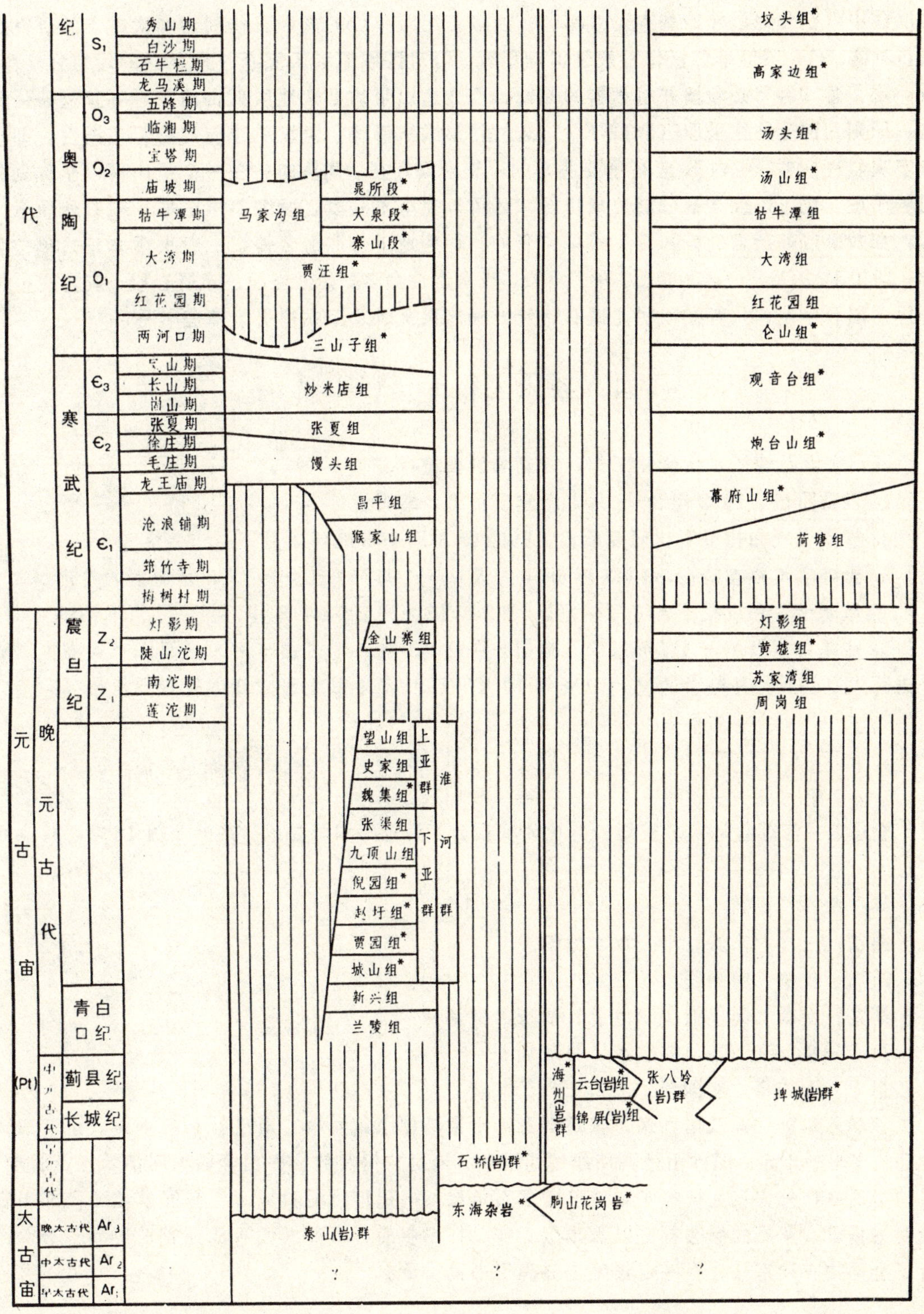

注：①姑山火山岩带；②上党火山岩带；③甲山火山岩锥；④娘娘山火山岩锥；＊创名地点在江苏省内

名称，而习惯使用的名称，即使一些广泛常用的老的地层单位，名称如果问题较多，也宜修订，不宜随意废弃另创新名。

(4) 在整个岩石地层单位清理过程中，以“组”级单位为重点，因为“组”是整个区域地层柱中可整分地层柱的基本正式单位。所以把组级单位的清理工作列为本次重点的研究对象。对群、段、层等单位仅作一般性清理研究。但对区域地层研究有一定意义的才划分出群、段、层。建“群”必须按并组为群的原则，但在造山带的复杂地区就目前来看不宜过分强调这一原则，部分往往采取“(岩)群”、“(岩)组”形式来清理。组级单位应具有可实践性，即坚持宏观岩性标志，组内不 应有重要明显的不整合面存在。建段时，在一个组内可以全部划分出若干段，也可以仅某部分层位划出段，还可以完全不分段，段级单位名称，除有地质意义者，如找矿或矿产意义等采用正式单位名称，即用地理名称命名外，一般采用非正式单位名称，即用1、2、3……段，或上、中、下段，或有岩性命名，如砂岩段、碎屑岩段、灰岩段……等等。层级单位，只有在很明显而有特殊的标志意义时才正式建层级单位名称。

四、基本工作方法和步骤

江苏省岩石地层对比研究工作，分五个阶段进行。

1. 准备阶段，1992年3—5月，组建项目组，编写设计。

2. 搜集资料和初步对比研究阶段，1992年6月—1993年4月。

3. 野外实地核查阶段，1993年5—6月及9—11月野外工作，7—8月为室内整理。

4. 填制卡片和成果报告编写阶段，1993年12月—1994年8月。

5. 成果评审及编著《江苏省岩石地层》阶段，1994年9月由东南大区组织有关专家对成果进行评审验收，并给予通过；1994年10月—1995年9月编著《江苏省岩石地层》。

五、人员分工

全书以《江苏省地层多重划分对比研究报告》为基础编著而成，共分2篇13章，具体分工：

第一章　吕成高

第二、三、六、八、十三章　徐学思

第四、五章　房尚明

第九、十章　闵庆魁、胡世忠、钱清、张基训

第十一章　许鸿基、陈炯达、张基训

第七、十二章　邓国新

徐学思对第一篇及第九章，张基训对第十章，林水龙对第二篇进行系统审编。全文由徐学思、李自堃审定。图件由地调所绘图组清绘。地层数据及数据库由李峰、周洁录入及管理。

最后由社外编辑毛焕杰对《江苏省岩石地层》书稿进行编辑加工，并完成地矿部和出版社对书稿审查意见的修改补充以及出版工作。在出版前，由都洵代表江苏省地矿局对书稿进行了全面抽查和审核，在一定程度上提高了书稿质量。

六、完成工作量

历经三年多工作，全省对比研究地层单位共计277个，其中采用的岩石地层单位109个，包括群〔(岩)群〕14个、组〔含(岩)组〕81个、段10个、非正式岩石地层单位4个；建议省内不采用的地层名称168个；野外核查剖面82条，长度约47 km；填制岩石地层单位卡片104套，剖面526条；完成地层数据录入微机，并建立了“江苏省地层数据库”；编著了《江苏省岩石地层》。

第一篇 华北地层大区

江苏西北部地层属华北地层大区晋冀鲁豫地层区，跨越徐淮、鲁西、鲁东地层分区。徐淮、鲁西地层分区与鲁东地层分区以郯庐断裂东侧为界。徐淮地层分区与鲁西地层分区以丰(县)-沛(县)断裂为界（图1-1）。

区内以徐淮地层分区徐州地层小区地层发育较完整、出露好，组成宿州—徐州—邳州一带弧形山脉(称淮阴山脉)。晚太古代地层主要为中深区域变质杂岩。晚元古代发育了一套独特的未变质浅海相碎屑岩和碳酸盐岩，厚度大于5 000 m，不整合在变质岩之上。寒武纪至中奥陶世地层主要为碳酸盐岩夹碎屑岩，厚度1 500 m左右，平行不整合超覆在晚元古代地层不同层位之上或不整合在变质岩之上。晚石炭世至二叠纪沉积了海陆交替相含煤岩系及陆相红色碎屑岩，残留厚度800～1 600 m，平行不整合在中奥陶世不同地层之上。晚侏罗世至白垩纪地层为陆相碎屑岩及中基性夹酸性火山岩，属山间断陷盆地型沉积，厚度零米或大于3 900 m，不整合在二叠系及其以下不同地层之上。第三纪地层发育不全，以陆相碎屑岩为主及少量基性岩，属断陷盆地型沉积，厚度0～1 000余米，不整合在前第三纪各时代地层之上。

鲁西地层分区丰沛地层小区地层发育状况与徐州地层小区类同，缺失晚元古代地层、早寒武世猴家山组和昌平组。馒头组超覆不整合在晚太古代泰山(岩)群之上。早二叠世山西组夏桥段尖灭。全分区多被第四系覆盖。

鲁东地层分区地层发育不全，晚太古代—早元古代地层为中深区域变质杂岩，组成变质基底。缺失寒武纪至侏罗纪地层，白垩纪为断陷盆地沉积，以红色碎屑岩为主，厚0～700 m左右。第三纪地层发育不全，局部夹玄武岩。

本区曾用地层单位数(不包括第四纪地层单位)：19个群79个组21个段。经研究后采用岩石地层单位数：9个群27个组8个段，约占曾用地层单位数的三分之一，其中区内创名岩石地层单位18个(表1-1)。

第二章
晚太古代—早元古代

晚太古代—早元古代地层仅在赣榆、东海、新沂一带零星出露，丰县、沛县一带钻孔中也有揭示，主要为区域性中深变质杂岩。以郯庐断裂为界，西侧泰山(岩)群属徐淮、鲁西地层分区；东侧东海杂岩、石桥(岩)群属鲁东地层分区。由于工作程度不一，资料所限，重点介绍岩石地层。曾用地层单位5个群，16个组，现采用3个(岩)群(杂岩)。

泰山(岩)群　Ar_3T　(05-32-1010)

【创名及原始定义】　德国人李希霍芬(Richthofen)1882年命名泰山系(Taishan Gruppe)，取名于泰安市泰山一带。指以泰山地区为代表的变质岩系。

【沿革】　1907年维里士(Willis)和布莱克威尔德(Blackwelder)改称泰山杂岩。1961年北京地质学院称泰山群(自下而上建：万山庄组、太平顶组、雁翎关组、山草峪组)属太古代。1963年江苏地质局将泰山群引入区内。本次对比研究改称泰山(岩)群。

【现在定义】　指鲁西地层分区以斜长角闪岩、黑云变粒岩为主夹角闪变粒岩、透闪阳起片岩、变质砾岩和石榴石英岩等组成的地层体。变质程度达角闪岩相，属晚太古代，下与沂水群未见接触(自下而上分孟家屯(岩)组、雁翎关组、山草峪组和柳杭组)。

区内地表未见出露，因钻孔资料少，无法细分。

【层型】　正层型在山东省泰安。省内次层型为沛县朱砦乡(原称"公社"，下同)田祖庙6(ZK2)孔剖面(116°49′,34°46′)①，江苏地质局(地矿局)第五地质(大)队(简称江苏地质五队，下同)，1974年实测。

【地质特征及区域变化】　省内地表未见出露，根据钻孔岩性分：(黑云)角闪斜长片麻岩(6、9、9-1孔)、灰绿色片麻岩(9-2孔)、(绿泥)黑云片麻岩及变粒岩(8-4孔)，埋深85～1 134 m，揭示厚度大于37 m。原岩为基性火山岩系。K-Ar测龄值2 640 Ma、2 013 Ma、1 928 Ma，为晚太古代，末期受区域构造运动，褶皱回返和中深区域变质作用影响。

据钻孔揭示泰山(岩)群在丰沛地区呈近东西向延伸长60 km，被鱼丰断裂截成东西两段。北侧被古生界不整合覆盖；南侧与第三系不整合及断层接触(图2-1)。

① 地理坐标指剖面起点的东经、北纬度数，下同。

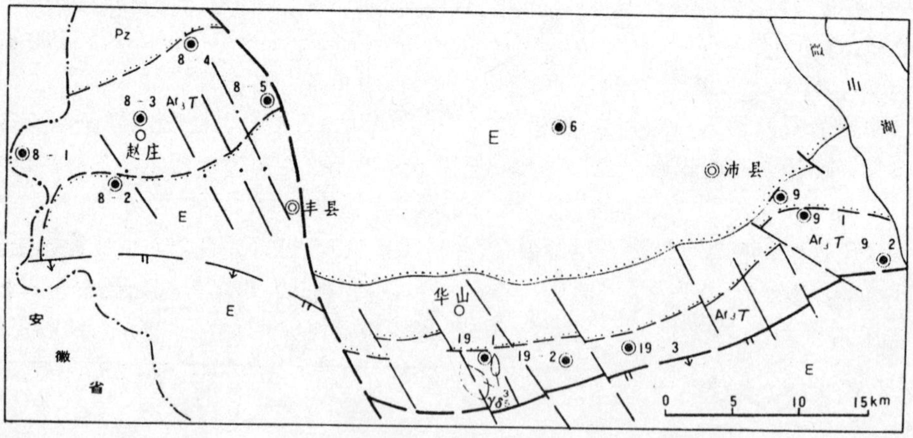

图 2-1 丰沛地区泰山(岩)群基岩及钻孔分布图

E. 下第三系；Ar_3T. 泰山(岩)群；Pz. 古生界；$\gamma\delta_5^3$. 燕山晚期花岗闪长岩；9-1. 钻孔编号

东海杂岩 Ar_3Pt_1D (05-32-1011)

【创名及原始定义】 江苏区调队和江苏地质局(地矿局)第六地质(大)队(简称江苏地质六队,下同)[①] (1986) 将赣榆、东海、新沂、宿迁等地胶东群解体，创建东海群。为该区最古老结晶基底，岩性有各种片麻岩、片岩、浅粒岩、变粒岩，经混合岩化作用后又出现各种混合片麻岩及混合岩。其上被海州群、石桥群不整合覆盖。自下而上分演马厂组、阿湖组、墩尚组、朐山组，地质六队分夹山组、班庄组、阿湖组、沙河组、朐山组（秦山岛组）。

【沿革】 1924 年刘季辰、赵汝钧命名朐山片麻岩系隶属太古界。1929 年李捷改称泰山系。1958 年张鉴模另建房山系，自下而上分：①云母片岩层 5 500 m；②眼球状片麻岩层 1 250 m；③云母片麻岩层 3 500 m。1963 年江苏地质局引用泰山群将其分为洙边组、坪上组，归太古界。1978 年江苏省及上海市区域地层表编写组改称胶东群，属太古界—下元古界。1984 年山东省地矿局区域地质调查大队（简称山东区调队，下同)，另建胶南群，后被解体，未引用。

东海、赣榆地区变质岩经本次对比研究认为其构造及变质都极为复杂，层序不清，可视为群级岩石地层单位，并改称东海杂岩。

【现在定义】 为区域中深变质表壳岩(沉积岩、火山岩及其碎屑岩)和变质深成侵入体，经构造混合而成的杂岩。主要岩石类型：(磁铁、透辉)石英岩、(长英、云英)云母片岩、(含硅质)白云大理岩、十字矽线白云片岩、绿片岩类、(斜长)角闪岩；浅(变)粒岩、榴辉岩、(角闪)黑云斜长片麻岩、二云二长(钠长)片麻岩等，被石桥(岩)群不整合覆盖。

【层型】 正层型为赣榆县班庄乡佃马厂—东海县石梁河乡瓜安剖面（118°52′，44°52′），江苏地质六队 1986 年实测。

【地质特征及区域变化】 主要由下列变质表壳岩、变质深成侵入体以及受构造作用生成的不同构造层次构造岩组成。

(1) 表壳岩类：包括沉积岩、火山岩及火山碎屑岩。

①透辉石石英岩、白云石英片岩、白云石大理岩。主要出露在佃马厂、泉子坡、马林村、

① 江苏省地质矿产局区域地质调查大队，1986，苏北变质地质。

石门农场、三铺及徐塘等地，厚度30～66 m。石门农场白云石大理岩中含微古植物 *Leiominuscula minuta*, *Leiopsophosphaera wulianensis*, *L. solida*, *Paleamorpha simplex*, *Lophominuscula* sp.，*Eomycetopsis* sp.。原作为班庄组底部（演马厂组顶部）标志层。

②（含蓝晶石）白云石英片岩(石英岩)，云母(片状)石英岩。主要出露于摩天岭、小土山、花崖头、新杨昌、前张昌及虎山等地，厚度5～20 m。原作为沙河组底部（阿湖组顶部）标志层。

③（含磁铁）石英岩、白云石英片岩、(含硅质条带)白云石大理岩。主要出露于秦山岛、武强山等地，厚度大于542 m。张埠墩、墩尚、沙河、青湖、西印庄等地钻孔中也有揭示。秦山岛含硅质条带白云石大理岩中含微古植物 *Leiominuscula minuta*，*Margominuscula* sp.，*Leiopsophosphaera solida*，*Asperatopsophosphaera* sp.，*Quadratimorpha* sp.，*Laminarites* sp.，*Trematosphaeridium* sp.，*Paleamorpha* sp.，*Polyporata* sp.。以往曾作为朐山组（秦山岛组）底部（墩尚组顶部）标志层。

④片岩。主要有白云（二云、黑云）片岩、十字白云矽线片岩、矽线十字绢云片岩、黑云透闪（黝帘白云）阳起片岩、黑云斜长绿帘片岩、白云透闪黝帘片岩、(透闪）滑石片岩、黑云斜长片岩、云母钾长片岩等，厚度数厘米至数米，夹于片麻岩类中。原岩主要为（富钙）粘土质、砂质、铝镁铁硅质岩，少量为基性岩。

⑤浅粒岩(变粒岩)。主要有斜长(钠长)浅粒岩、二长(钾长)浅粒岩等，厚度数米至上百米不等。原岩主要为石英角斑岩，部分为长石(复矿、石英)砂岩。

⑥斜长角闪(片)岩、角闪(片)岩及伴生榴辉岩。主要有(黑云、绿帘)斜长角闪(片)岩、(绿帘、石英)角闪(片)岩，厚度数十厘米。夹于片麻岩类中。原岩主要为基性岩及细碧岩。

(2) 变质深成侵入体(花岗质片麻岩)及脉岩。

现已确定为变质深成侵入体，由早到晚有：

①牛山(房山、禹山)片麻岩，为含(霓辉)黑云角闪花岗片麻岩，原岩为花岗岩—奥长花岗岩。

②驼峰(朱桥)片麻岩，为霓辉黑云花岗片麻岩，原岩为(霓辉)奥长花岗岩—花岗岩。

③虎山片麻岩，为二长花岗片麻岩，原岩为花岗岩。

④杨圩片麻岩，为正长角闪花岗片麻岩，原岩为正长闪长岩。

⑤朐山片麻岩，为花岗片麻岩，原岩为奥长花岗岩—花岗岩。上述各岩体未见接触关系。

⑥榴辉岩类，常呈不生根小岩瘤，被花岗片麻岩所包。

⑦变质脉岩类，有变质基性脉岩，岩性为绿帘黑云片岩等；变质中酸性脉岩为变花岗岩、伟晶岩等。

(3) 构造岩。

由变质表壳岩、深成侵入体受韧性剪切带等构造作用生成各种糜棱岩，主要分布在韧性剪切带中。

江苏区调队(1986)在原阿湖组混合岩化含石榴二长浅粒岩内获锆石U-Pb测龄值2 210.07 Ma。黄堂发（1990）于东海县芝麻坊石榴二辉橄榄岩获测龄值1 718 Ma。杨建军(1991)于东海县青龙山蓝晶石榴辉岩获Sm-Nd测龄值1 176.5±178 Ma。曹国权(1990)在邻区原胶南群大山沟组斜长角闪岩中锆石获U-Pb测龄值2 430.9±16.9 Ma及2 618.18 Ma。据以上数据且结合微古植物资料，东海杂岩生成时期定为晚太古代—早元古代为宜。

东海杂岩与大别山地区大别杂岩，胶东地区的胶东(岩)群大致相当。

东海杂岩中榴辉岩大量存在，主要矿物组合为石榴石、绿辉石、石英、金红石、柯石英，可归榴辉岩相；杂岩中主要特征变质矿物有黑云母、石榴石、蓝晶石、十字石、绿帘石，可归蓝晶石-十字石变质带，属低角闪岩相；在韧性剪切带中见黑云母、钾长石、绿帘石、石英，为退变质绿片岩相；局部地区发现透辉石、石榴石、斜长石组合，达麻粒岩相。

【其他】 近几年来在大别山及其南侧—张八岭—苏北地区发现蓝片岩-白片岩-榴辉岩带，东海杂岩中存在白片岩（蓝晶石-滑石片岩）-榴辉岩带，而榴辉岩中普遍发现柯石英，在大别山地区还发现金刚石，为古陆板块碰撞带提供了证据。

石桥（岩）群 $Pt_1\hat{S}$ （05－32－1012）

【创名及原始定义】 江苏区调队①（1986）于赣榆县石桥乡创石桥群。上部以变质白云长石砂岩为主夹变质长石砂岩和薄层变质泥质粉砂质长石砂岩（泥岩）；中部为变质含二云长石石英砂岩和较多石英岩状砂岩夹白云片岩；下部主要为变质含砾长石砂岩和变质长石砂岩、二云千枚岩，次为变质粉砂质长石砂岩（泥岩）和少量变质长石石英砂岩、变质砾岩，底与东海群不整合。

【沿革】 1924年刘季辰、赵汝钧划归太古界朐山片麻岩系。1963年江苏地质局改称泰山群归并太古界。1984年江苏地矿局改称胶东群坪上组，并划归太古宇—下元古界。1986年江苏地质六队另建东海群沙河组。本次对比研究改称石桥（岩）群，时代为早元古代。

【现在定义】 上部变白云长石砂岩夹变长石砂岩（泥质粉砂岩、泥岩）、石英岩、阳起片岩；中部变二云长石石英岩夹白云片岩，顶底为石英岩；下部上为变长石砂岩与二云千枚岩互层，下为变含砾砂岩与变粉砂岩互层。底与东海杂岩不整合接触，上未见顶。

【层型】 正层型为赣榆县石桥乡神泉—石桥剖面（119°04′，35°02′），江苏区调队1986年实测。

【地质特征及区域变化】 仅零散地出露于石桥采坑，附近浅覆盖区也有揭示。岩性特征同现在定义，厚度大于365 m。原岩是一套类复理石建造，变质后的矿物组合为白云母、黑云母、绿帘石、绿泥石、石英、钠长石、钾长石等，属低绿片岩相二云母带。层理产状134°∠37°，锆石U－Pb测龄值1 901 Ma。与下伏东海杂岩为不整合接触。

【其他】 石桥（岩）群未见顶，对其时代归属及区域对比有不同意见：(1)归下元古界，可与安徽佛子岭群、苏家河群、肥东群，江苏海州（岩）群对比；(2)归震旦系，可与峡东莲沱组对比。现暂归下元古界，能否与山西滹沱群及山东济宁群一部分相当，值得今后注意。

① 江苏省地质矿产局区域地质调查大队，1986，苏北变质地质。

第三章 晚元古代

晚元古代在华北准地台南侧，枣庄—沛县—丰县以南，合肥—金寨以北的徐淮地层分区(115°50′—118°00′，32°—35°)，形成陆表海盆（徐淮海盆)，沉积了一套未变质海相地层，组成区内第一个沉积盖层，不整合在变质的泰山(岩)群(Ar_3)之上。自下而上为碎屑岩→碳酸盐岩→碎屑岩，厚度最大达 5 000 m 以上。含淮南生物群化石(蠕虫、疑源类、带藻类等)，出现大量叠层石、微古植物，产石英岩、灰岩、白云岩、粘土、装饰石材等。主要出露于江苏徐州、铜山、邳州、睢宁，安徽灵璧、宿州、凤阳、淮南、寿县、霍丘及山东苍山等地(图 3-1)，与古生界一起褶皱构成淮阴山脉和淮南山地，东到郯庐断裂受其切割断失。

这套地层层序的正确建立对我国中晚元古代地层南北对比尤为重要，从 20 年代到 70 年代中期，我国不同学者在该区不同地点对这套地层进行了研究，并与蓟县相对比。

1976 年江苏省地质局区域地质测量队(以下简称江苏区测队)和安徽省地质局区域地质测量队(以下简称安徽区测队)相继在徐州、宿州地区进行了 1：20 万区域地质调查，发现了大量叠层石、微古植物、疑源类等，初步查明了寒武纪地层大范围大幅度超覆在晚元古代地层之上。为了深入研究地层全貌，两队共同实地核查，根据标志层、地层完整性，选定建组剖面，建立了新的地层层序(表 3-1)，首次提出与辽南相当地层对比的具体意见，引起了国内外学者关注。

1978—1982 年江苏地质局相继开展了“1：20 万区域地质总结”研究和编著《江苏省及上海市区域地质志》(1984)，对这套地层做了较系统总结，提出“徐淮盆地”，支持建立“淮河系”。与此同时，全国开展了“中国震旦亚界”研究，苏皖专题组杨清河等(1980)完成了《苏皖北部震旦亚界的划分与对比研究》，提出了淮南生物群和建立“淮河系”的建议。随后苏皖项目协作组(1984)又在以往工作基础上，系统地进行岩石地层、生物地层、化学地层、磁性地层、同位素地质等方面工作，发现了更多蠕虫、疑源类等生物化石层位，编著《苏皖北部上前寒武系研究》(1984)。安徽区调队编著《安徽地层志》(1985)，安徽地质矿产局编著《安徽省区域地质志》(1987)，江苏地质矿产局编著《徐淮地区末前寒武系及寒武系》(1987)，曹瑞骥等编著《安徽北部晚前寒武纪叠层石》(1985)等，这些研究成果，提高了这套地层研究程度。1973 年以来江苏地质五队在徐州地区开展了 1：5 万区域地质调查，认为苏皖两省区测队所建立的地层层序较为客观和实用。近几年来中国地质科学院邢裕盛、乔秀夫等，西安地质学院王战、

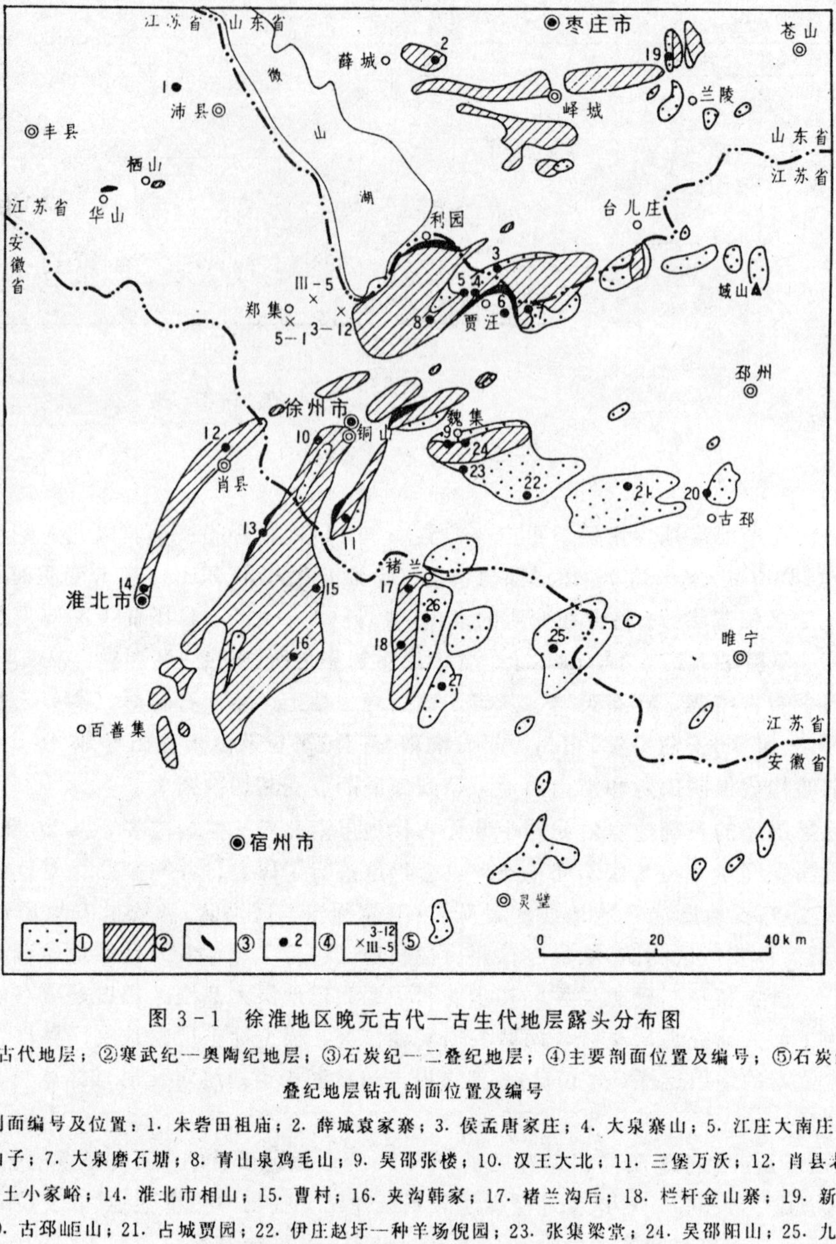

图 3-1　徐淮地区晚元古代—古生代地层露头分布图

①晚元古代地层；②寒武纪—奥陶纪地层；③石炭纪—二叠纪地层；④主要剖面位置及编号；⑤石炭纪—二叠纪地层钻孔剖面位置及编号

层型剖面编号及位置：1. 朱砦田祖庙；2. 薛城袁家寨；3. 侯孟唐家庄；4. 大泉寨山；5. 江庄大南庄；6. 大泉三山子；7. 大泉磨石塘；8. 青山泉鸡毛山；9. 吴邵张楼；10. 汉王大北；11. 三堡万沃；12. 肖县老虎山；13. 白土小家峪；14. 淮北市相山；15. 曹村；16. 夹沟韩家；17. 褚兰沟后；18. 栏杆金山寨；19. 新兴后大窑；20. 古邳岠山；21. 占城贾园；22. 伊庄赵圩—种羊场倪园；23. 张集梁堂；24. 吴邵阳山；25. 九顶山张渠；26. 解集史家—望山；27. 解集黑峰岭

王翔等对这套地层做了大量的工作。王翔等(1991)提出建立“徐淮系”的建议。各岩石地层单位的沿革具共性，故在此一并叙述，组级“岩石地层单位”中不再列“沿革”条目。这套地层曾使用地层单位名称共 10 群 38 组 2 段，本区现采用 1 群 12 组(表 3-1)。

表3-1 徐淮地区晚元古代岩石地层单位划分沿革表

刘季辰、赵汝钧	江苏省地质局	江苏区测队 安徽区测队	江苏地质五队	徐学思等	曹瑞骥等	江苏地矿局	安徽区调队	本书
1924	1963	1976	1978	1982	1985	1984	1985	1997
邳县 睢宁 灵璧	淮北 徐州 枣庄	淮北 徐州 枣庄	淮北 徐州 枣庄	淮南 徐州 胶东 辽东	淮北 徐州	淮北 徐州 枣庄	淮南 淮北 徐州	徐州地区
寒武纪 红色页岩层	$\in_1$ 馒头组	$\in_1$ 馒头组	$\in_1$ 馒头组	$\in_1$ 馒头组	$\in_1$ 馒头组	$\in_1$ 馒头组	$\in_1$ 馒头组	$\in_1$ 馒头组
	缺失							昌平组
		猴家山组	猴家山组	猴家山组	猴家山组	猴家山组	猴家山组	猴家山组
	震旦系 中统锦山组	震旦亚界 沟后组	震旦亚界 震旦系 沟后组	淮河系或青白口系 宿县群 沟后组	震旦系 宿县群 沟后组	上元古界淮河群 Z_2 沟后组	栏杆群 沟后组	
		金山寨组	金山寨组	金山寨组	金山寨组	金山寨组	金山寨组	上元古界 Z_2 金山寨组
震旦纪 官山石灰岩层		望山组	望山组	徐淮群 望山组	辽南系 徐淮群 望山组	上亚群 望山组	Z_2 宿县群 望山组	淮河群 上亚群 望山组
		史家组	史家组	史家组	史家组	史家组	史家组	史家组
		魏集组	魏集组	魏集组	魏集组	魏集组	魏集组	魏集组
		张渠组	张渠组	张渠组	张渠组	张渠组	张渠组	下亚群 张渠组
		九顶山组	九顶山组	九顶山组	九顶山组	九顶山组	九顶山组	九顶山组
		倪园组	倪园组	倪园组	倪园组	倪园组	Z_1 徐淮群 倪园组	倪园组
		赵圩组	赵圩组	南关岭组	赵圩组	赵圩组	四顶山组	赵圩组
		贾园组	城山组 上段	长岭子组		下亚群 贾园组	九里桥组	贾园组
城山石英岩层	下统城山组	四十里长山组 | 岠山组	下段	旅大群或淮南群 桥头组		岠山组	四十里长山组*	城山组
		刘老碑组 | 新兴组	土门组 上段	南芬组	青白口系	新兴组	青白口系 八公山群 刘老碑组	青白口系 新兴组
		伍山组 | 兰陵组	下段	钓鱼台组		兰陵组	伍山组	兰陵组
		曹店组 | 缺	未见底	永宁组	缺失	缺失	曹店组	缺失
震旦纪前系 云台山结晶片岩层	缺失	下元古界 凤阳群 | 失		下元古界 凤阳群 辽河群	缺失		下元古界 凤阳群	
	太古界 泰山组	太古界 泰山群		太古界 泰山群 鞍山群	太古界 片麻岩	太古界 泰山群	太古界 上五河群	太古宇 泰山(岩)群

注：* 或称寿县组；空格者为未划分或缺失。

第一节　岩石地层单位

兰陵组　Pt_3l　(05-32-1021)

【创名及原始定义】　江苏区测队(1978)于山东省苍山县兰陵区新兴乡后大窑建兰陵组。上部灰紫色中层含铁中粗粒石英砂岩，具楔形斜层理，其顶部为含海绿石钙质石英粗砂岩；下部为灰白色中厚层中粗粒石英砂岩，硅质胶结。底部砂岩中含白色石英砾，上与新兴组整合，下与泰山群不整合。

【现在定义】　岩性以灰白色中厚层中粗粒石英岩状砂岩为特征，底部含脉石英砾(直径0.5～2.5 cm)，顶为灰紫色含铁中粗粒石英砂岩、含海绿石钙质中粒石英砂岩夹砂质泥(粉)晶灰岩，上与新兴组蛋青灰黄色薄层泥晶灰岩整合接触，底不整合在泰山(岩)群不同岩性层位之上。

【层型】　正层型为山东省苍山县新兴乡后大窑剖面(117°50′，34°49′)，江苏区调队1981年重测，徐学思1993年补充修改。

上覆地层：**猴家山组**　黄灰色薄层夹中厚层中粒岩屑石英岩（底部含变质岩等砾石）

——————— 平行不整合 ———————

城山组	总厚度 70.90 m
9. 黄灰、灰白色中厚层中粗粒石英砂岩，具楔形层理，偶含脉石英砾	70.90 m
———— 整　合 ————	
新兴组	总厚度 177.90 m
8. 黄绿夹灰紫色页岩，层理发育。含疑源类 *Chuaria* sp.	20.90 m
7. 黄绿色页岩与黄灰色页状至薄层粉砂质泥晶灰岩，薄层粉细粒石英砂岩互层，下部夹薄层泥晶白云岩凸镜体，中部夹少量薄层含海绿石岩屑石英细砂岩。粉砂泥晶灰岩中微层理发育，粉细石英砂岩小楔形层理发育。含疑源类 *Chuaria* sp.	36.40 m
6. 紫灰色页状泥灰岩，含泥质泥晶灰岩夹灰紫、灰色薄层泥晶灰岩凸镜体，蛋青灰绿色泥晶灰岩团块	61.50 m
5. 灰紫、灰色薄层含泥晶灰岩，紫灰色页状泥晶灰岩	21.30 m
4. 蛋青、灰黄色薄层泥晶灰岩、含砾泥晶灰岩，顶底为灰紫灰色薄层泥晶灰岩夹页状含砂泥晶灰岩	37.80 m
———— 整　合 ————	
兰陵组	总厚度 39.70 m
3. 灰紫色中厚层含铁中粗粒石英砂岩，楔型、槽型交错层理发育。顶部为厚层含海绿石钙质中粒石英砂岩夹薄层砂质粉晶－泥晶灰岩	11.90 m
2. 灰白色中厚层中粗粒石英岩状砂岩，底部含脉石英砾岩(砾径小者0.5～0.6 cm，大者1.5～2.5 cm)	27.80 m

～～～～～～ 不　整　合 ～～～～～～

下伏地层：**泰山(岩)群**　褐黄色薄层条带状含磁铁石英岩

【地质特征及区域变化】　岩性以灰白色中厚层中粗粒石英岩状砂岩为特征，底部含小脉石英砾；上部为灰紫色中厚层含铁中粗粒石英砂岩，具楔形、槽形交错层理，其顶部为厚层含海绿石钙质中粒石英砂岩夹薄层泥(粉)晶灰岩。属浅海陆架碎屑岩相。苏皖交界泗县一带厚度大于 536 m，向北到山东兰陵一带减薄为 13～40 m，丰县一带缺失；向南到凤阳、淮南一带，减薄为 19～192 m，称伍山组。为石英岩重要赋存层位。与下覆地层泰山(岩)群为不整合接触，证据如下：①产状不同。泰山(岩)群片理走向近东西，陡立；兰陵组层理走向 NNE，较缓，两者角度相交。②变质程度不同。泰山(岩)群为区域变质岩，组成基底；兰陵组没有受区域变质，构成盖层。③缺失地层。从区域地层发育程度、空间展布及对比分析，两者之间缺失凤阳（岩）群、长城系、蓟县系和曹店组。④从已知测龄值资料看，泰山(岩)群（K－Ar 测龄值，2 300 Ma）最大；兰陵组生成年龄不会大于 1 000 Ma，相当于晚元古代青白口“纪”。

【其他】 伍山组、八公山群、钓鱼台组为本组的同物异名（见表 3－1），建议省内停用。

新兴组　Pt_3x　(05－32－1022)

【创名及原始定义】 江苏区测队（1978）于山东省苍山县新兴乡后大窑建新兴组。上部肉色石英细砂岩，灰黄色粉砂岩夹白色粘土页岩；中部暗灰及紫色页岩、泥灰岩为主夹少量粉砂质页岩与暗灰绿色薄层泥质粉砂岩互层；下部黑青灰、黄灰、灰紫色页岩，粉砂岩，砂质泥灰岩，薄层灰岩等，下与兰陵组，上与城山组均为整合。

【现在定义】 上部黄绿色页岩夹紫色页岩、黄灰色页状至薄层砂质泥晶灰岩，薄层(含海绿石)粉细砂岩，含疑源类等；中部紫灰色页状夹薄层泥灰岩、含泥质泥晶灰岩；下部蛋青、黄灰夹紫色薄层(含砂)泥晶灰岩。底与兰陵组含铁中粗粒石英砂岩分界，顶与城山组灰白色中厚层中粗粒石英砂岩分界，均为整合接触。

【层型】 正层型为山东省苍山县新兴乡后大窑剖面（见兰陵组剖面描述）。

【地质特征及区域变化】 岩性三分明显：下部蛋青、黄灰夹紫灰色薄层(含砂)泥晶灰岩，厚度 28 m 以上，是民间建筑用石的主要层位；中部紫灰色页状夹薄层泥灰岩，含泥质泥晶灰岩，厚度一般为 83 m，局部大于 181 m；上部黄绿色页岩夹紫色页岩、黄灰色页状至薄层砂质泥晶灰岩、薄层(含海绿石)粉细砂岩。含疑源类、微古植物化石，是水泥用粘土重要层位，厚度 57 m，局部大于 450 m，下与兰陵组连续沉积，属碳酸盐台地—滨海碎屑岩相。邳州一带钻孔揭示厚度大于 453 m，向西北到丰县、沛县一带缺失。在微山湖东南湖畔，被猴家山组超覆在中上部不同层位之上，愈向西北超覆的层位愈低。向北到苍山一带减薄至 0～124 m。向西南到凤阳、淮南一带称刘老碑组，厚度 685～837 m，局部达 1 072 m。

新兴组上部黄绿色页岩 Rb－Sr 测龄值 794±33 Ma（1983）；中部含海绿石钙质砂岩 K－Ar 测龄值 716.4 Ma（1978）。淮南刘老碑组 Rb－Sr 测龄值 976 Ma（1987）。时代同兰陵组。

【其他】 刘老碑组、南芬组为本组的同物异名，建议省内停用。

淮河群　Pt_3H　(05－32－1032)

【创名及原始定义】 苏皖震旦亚界专题组在《中国震旦亚界》（1980）一书中将苏皖北部徐淮地区凤阳群之上、震旦系之下，包括青白口系—震旦系之下的一套未变质地层，建淮河系。

【沿革】 1982 年徐学思、王学孟在《论淮河系的建立》一文中支持建立淮河系。1984 年江苏地矿局将淮河系改称淮河群。指不整合在泰山群、凤阳群之上，平行不整合在金山寨组之下一套海相碎屑岩—碳酸盐岩，含淮南生物群（蠕虫、疑源类）、大量叠层石化石等。自下而上分：下亚群曹店组（省内缺失）、兰陵组、新兴组、岠山组、贾园组；上亚群赵圩组、倪园组、九顶山组，张渠组、魏集组、史家组、望山组。现多数学者将曹店组、兰陵组、新兴组及相当层位与青白口系相对应。经本次对比研究认为新兴组、兰陵组对应于青白口系。

【现在定义】 整合于新兴组之上，平行不整合于金山寨组之下的一套海相碎屑岩—碳酸盐岩地层，含蠕虫、疑源类等淮南生物群和大量叠层石化石。淮河群自下而上分下亚群：城山组、贾园组、赵圩组、倪园组、九顶山组、张渠组；上亚群：魏集组、史家组、望山组。

城山组 $Pt_3\hat{c}$ （05-32-1023）

【创名及原始定义】 刘季辰、赵汝钧（1924）于江苏邳县城山创名城山石英岩层。指"邳县城山、艾山、倚宿山、黄石山、红山、岠山出露的石英岩，为震旦纪地层，而介于片岩与官山灰岩之间盖无可疑，抑且与北系地层之层序亦尚相符也。邳县城山出露之层，下部属白色砂质页岩间有砂岩，上部为白色石英岩。"

【现在定义】 指原城山石英岩层的上部白色石英岩。以灰白色中厚层中(细)粒石英砂岩、砂岩为主，夹褐黄、灰黄色粉砂质页岩、薄层细砂岩。底与新兴组灰白、黄褐、黄绿色页岩为界，顶与贾园组灰色薄层钙质粉细砂岩、砂质灰岩为界，均为整合接触。

【层型】 创名时未测剖面；选层型为邳州市(原邳县)古邳乡岠山剖面(117°32′，34°10′)，江苏区测队1976年实测，徐学思1993年补充修改。

城山组	总厚度＞420.33 m
17. 灰白色厚层中粒石英岩状砂岩。(未见顶)	＞2.00 m
16. 灰黄、黄褐色页岩、粉砂岩、细砂岩	4.20 m
15. 灰白局部肉色厚层中粒石英岩状砂岩	7.60 m
14. 褐灰、灰黄色粉砂质页岩、薄层细粒石英砂岩	8.40 m
13. 灰白色厚层中粒石英岩状砂岩	1.50 m
12. 灰、褐灰、黄灰色(含)粉砂质页岩、粉砂岩、细砂岩互层夹薄层细粒石英岩状砂岩、石英砂岩，具不对称波痕	12.10 m
11. 灰白色厚层中粒石英岩状砂岩	5.80 m
10. 褐黄色页岩夹粉砂白云母泥岩，向上页岩含粉砂量增高，夹石英岩状砂岩，含铁砂岩或砂岩、页岩互层	4.30 m
9. 灰白色中厚层中(细)粒石英岩状砂岩夹粉细粒石英砂岩，偶含海绿石，上部夹两层灰白色(含)粉砂质页岩	36.90 m
8. 灰白色薄层粉砂质页岩与黄灰色薄层细砂岩互层，上部夹一层白色粉砂质泥岩	7.80 m
7. 灰白色中厚层中细粒石英岩状砂岩，局部有较粗之石英粒，偶见海绿石、赤铁矿结核，具楔形冲洗交错层	78.10 m
6. 灰白、灰黄色中厚层夹薄层石英细砂岩，具对称形波痕	1.03 m
5. 灰白色中厚层(局部夹薄层)中(细)粒石英岩状砂岩，具两组波痕，走向145°、175°	122.60 m
4. 灰白色厚层中细粒石英岩状砂岩夹褐色薄层铁质石英细砂岩	128.00 m

——————— 整　合 ———————

下伏地层：新兴组　灰白、局部黄褐色粉砂质页岩夹一层5 cm厚灰白色石英细砂岩

【地质特征及区域变化】 岩性以灰白色中厚层中(细)粒石英岩状砂岩、砂岩为特征，夹褐黄、灰黄色粉砂质页岩、薄层细砂岩。在邳州倚宿山，贾汪王家埠头见与下伏新兴组，上

覆贾园组均为连续沉积的整合接触(江苏地矿局，1984)，属浅海陆架碎屑岩相。邳州一带厚度大于420 m，质较纯，是玻璃原料赋存的重要层位。向西北厚度变薄泥质增加，贾汪王家埠头99 m，丰县、沛县一带缺失。到苍山一带0～70 m左右，其上被猴家山组超覆，向西南到淮南一带称四十里长山组(寿县组)，厚45 ～167 m。顶部K－Ar测龄值654.1 Ma。时代为晚元古代。

【其他】 岠山组、寿县组、四十里长山组、桥头组为本组的同物异名，建议省内停用。

贾园组 Pt_3j (05－32－1024)

【创名及原始定义】 江苏和安徽区测队[①](1978)于江苏邳县占城乡贾园创名贾园组。指上部灰、青灰色中厚至厚层砂质泥灰岩，微斜层理发育，夹钙质石英细砂岩、叠层石灰岩；下部灰、青灰色薄层至页状砂质泥灰岩，微斜层理发育，夹黄绿色页岩、泥质粉砂岩及含海绿石石英砂岩。与下伏岠山组、上覆赵圩组均为整合。

【现在定义】 以灰、青灰色页状至薄层、中厚层粉砂质泥晶灰岩为主，夹少量泥质粉砂岩、泥岩、薄层(钙质)石英粉(细)砂岩、灰绿色页岩及叠层石灰岩凸镜体。单层向上变厚，波状微斜层理发育。底与城山组石英砂岩分界(为铜山县汪庄王埠剖面所见)，顶与赵圩组泥晶灰岩为界，均为整合接触。

【层型】 正层型为邳州市占城乡贾园剖面(117°44′，34°09′)，江苏区测队1975年实测，徐学思1993年补充修改。

上覆地层：**赵圩组** 灰、青灰色厚层夹薄层泥晶灰岩

——————整 合——————

贾园组　　总厚度＞690.10 m

15. 灰、青灰色薄—中厚层钙质粉砂岩夹灰色中厚层粉砂泥晶灰岩凸镜体。波状微层理发育，具鸟眼和冲刷充填构造。含微古植物 *Leiopsophosphaera minor*，*L. densa*，*Trachysphaeridium cultum*、*T. minor*，*T. simplex*，*T. jiayanum*，*Asperatopsophosphaera* cf. *umishanensis*，*Lophosphaeridium Yichangense*，*Quadratimorpha* sp.，*Lophominuscula* sp.，*Zonosphaeridium* sp.，*Taeniatum crassum*，*Lignum* sp.，*Leiofusa* sp. 47.50 m
14. 灰色厚层钙质石英粉细砂岩夹青灰色厚层含钙(白云)质粉砂岩凸镜体、砾屑粉砂泥晶灰岩凸镜体 18.90 m
13. 灰、青灰色中厚—厚层夹薄层粉砂泥晶灰岩，上部夹一层灰色中厚层叠层石泥晶灰岩和少量砾屑粉砂泥晶灰岩凸镜体，波状微层理发育，具冲刷充填构造。含叠层石 *Baicalia* f.；微古植物 *Leiopsophosphaera* sp.，*Margominuscula* sp.，*Lophominuscula* sp.，*Trachysphaeridium minor*，*Asperatopsophosphaera* cf. *umishanensis*，*Paleamorpha* cf. *punctulata*，*P.* cf. *figurata*，*Laminarites* cf. *antiquissimus*，*Quadratimorpha* sp.，*Micrhystridium* sp.，*Lignum* sp. 170.20 m
12. 灰、青灰色微层与薄层粉砂质泥晶灰岩互层，波状微层理发育 163.80 m
11. 褐黄色薄层粉砂质泥岩夹暗灰色薄层石英细砂岩和灰色薄层粉砂质泥晶灰岩 11.50 m
10. 灰、青灰色微层与薄层粉砂质泥晶灰岩互层，波状微层理发育 47.90 m

---

① 此处及本章各创名及原始定义中：江苏和安徽区测队(1978)创建的岩石地层单位的参考文献见本书参考文献“江苏省地质局区域地质测量队，1978，1：20万徐州幅区域地质调查报告”。

9. 黄绿色薄层泥质粉砂岩 20.40 m

8. 灰色微层夹薄层粉砂(白云质)泥晶灰岩，具波状和凸镜状层理 16.40 m

7. 黄绿色微—薄层含粉砂泥岩，夹灰色薄层泥质粉砂岩凸镜体 22.00 m

6. 灰色薄层粉砂泥晶灰岩 23.70 m

5. 灰黄色薄层泥质粉砂岩夹黄灰色薄层石英细砂岩 4.30 m

4. 灰色页状夹薄层粉砂质泥晶灰岩 33.40 m

3. 黄褐色页状泥灰岩夹褐黄色薄层含泥质粉砂岩。含微古植物 *Leiominuscula* sp.，*Lophominuscula* sp.，*Leiopsophosphaera* sp.，*Margominuscula verrucosa*，*Trachysphaeridium cultum*，? *Hubeisphaera radiata*，*Asperatopsophosphaera* sp.，*Quadratimorpha* sp.，*Laminarites antiquissimus*，*Bavlinella* sp.，*Archaeofavosina*? sp.，*Taeniatum crassum*，*Micrhystridium* sp.，*Polyporata obsoleta*，*Paleamorpha punctulata*，*Leiofusa* sp. 71.40 m

2. 灰色薄层含粉砂质泥晶灰岩 31.70 m

1. 褐黄、肉色薄层石英细砂岩。(未见底) >7.00 m

【地质特征及区域变化】 岩性以灰、青灰色页状至薄层、中厚层粉砂质泥晶灰岩为主，夹少量泥质粉砂岩、泥岩、薄层(钙质)石英粉(细)砂岩，灰绿色页岩及叠层石灰岩凸镜体。单层向上变厚，夹层减少，波状微层理发育，具畸形方解石细脉、鸟眼、雨痕、波痕和冲刷充填构造，风化外貌酷似粉砂岩。含叠层石、微古植物等。属浅海陆架碎屑岩—碳酸盐台地相。

邳州占城出露厚度大于 690 m，向西北到贾汪王家埠头仅 32 m，丰县、沛县一带缺失，向北到苍山缺失或沉积较薄遭剥蚀。向西南到凤阳，厚 119 m，寿县一带 26 m，称九里桥组。时代为晚元古代。

【其他】 九里桥组、长岭子组为本组的同物异名，建议省内停用。

赵圩组 $Pt_3\hat{z}$ (05-32-1025)

【创名及原始定义】 江苏和安徽区测队(1978)于江苏铜山县伊庄乡赵圩创名赵圩组。上部青灰、紫灰、灰黄色泥质条带薄至中厚层灰岩、泥质灰岩夹叠层石灰岩；下部灰、青灰色厚层夹薄层灰岩、叠层石灰岩。与下伏贾园组、上覆倪园组均为整合接触。

【现在定义】 下部灰、青灰色厚层夹薄层泥晶灰岩，夹叠层石泥晶灰岩凸镜体，局部具畸形方解石细脉，层面风化显黄褐色；上部灰、青灰夹黄、灰紫色条带薄至中厚层泥质泥晶灰岩。底以厚层泥晶灰岩与贾园组粉砂泥晶灰岩分界，顶以中厚层泥晶灰岩与倪园组泥晶白云岩为界，均为整合接触。

【层型】 正层型为铜山县伊庄乡赵圩剖面(117°00′，34°08′)，江苏区测队 1975 年实测，徐学思 1993 年补充修改。

上覆地层：**倪园组** 灰色中厚层泥晶白云岩

——————— 整　合 ———————

赵圩组 总厚度 211.90 m

上部 厚度 158.10 m

13. 灰色(风化后显土黄色条带)中厚层泥质泥晶灰岩，夹灰色厚层叠层石泥晶灰岩凸镜体。含叠层石 *Conophyton litadunensis*，*Baicalia* f. 105.00 m

12. 灰色厚层夹薄层(泥质)泥晶灰岩和块状叠层石泥晶灰岩凸镜体，风化显土黄色条

带，泥晶灰岩微层理发育 23.00 m

11. 灰色中厚层泥质泥晶灰岩，夹厚层叠层石泥晶灰岩凸镜体，风化显土黄色条带。含叠层石 *Anabaria* f. 30.10 m

下部 厚度 53.80 m

10. 灰色厚层（泥质）泥晶灰岩夹叠层石泥晶灰岩凸镜体，具波状扰动层理和冲刷充填构造。含叠层石 *Gymnosolen* f.，? *Inzeria* f.，*Baicalia* f. 35.90 m

9. 灰色厚层泥晶灰岩，具黑色不规则同生方解石细脉 17.90 m

——————— 整　合 ———————

下伏地层：**贾园组**　灰色中厚、厚层粉砂质泥晶灰岩

【地质特征及区域变化】　下部岩性灰、青灰色厚层泥晶灰岩夹叠层石礁灰岩，具畸形方解石脉，含微古植物，厚度 40 m 左右。是水泥灰岩赋存层位。到沈店以北，三堡西则相变成白云岩；上部岩性灰、青灰显土黄、紫灰色条带薄—中厚层(含)泥晶灰岩夹(砾屑泥质)泥晶灰岩、叠层石礁灰岩，具微层理、波痕、干裂、冲刷充填构造，局部具畸形方解石细脉。含叠层石，与下伏贾园组连续沉积，属开阔台地—局限台地相。

厚度以苏皖交界睢宁土山最厚，达 637 m，向西北逐渐变薄，下部白云质增高，邳州市耙山 286 m，铜山县赵圩 212 m、沈店 75 m(下部变为白云岩)，到贾汪微山湖畔因薄遭受剥蚀或未接受沉积，已无踪影，丰县、沛县一带缺失沉积；向西到宿州青铜山厚度 343 m，到蛮顶山仅 23 m（白云岩)，其上被猴家山组超覆；向北到山东台儿庄一带厚度 193 m，到兰陵新兴因薄遭受剥蚀或未接受沉积而缺失。该组时代为晚元古代。

【其他】　南关岭组、四顶山组为本组的同物异名，建议省内停用。

倪园组　Pt_3n　（05－32－1026）

【创名及原始定义】　江苏和安徽区测队(1978)于江苏铜山县种羊场倪园创名倪园组。上部灰色薄至中厚层泥质白云岩，夹黄色页状白云质泥灰岩，紫灰、土黄色泥质白云岩及燧石层；中部灰色中厚层白云岩，偶夹燧石条带；下部灰色薄层灰岩与白云质灰岩互层；底为中厚层白云岩。下与赵圩组、上与九顶山组整合。

【现在定义】　下部灰色薄层泥晶灰岩(白云岩)，夹泥晶白云质灰岩、砾屑灰岩。微层理发育，具灰色畸形方解石细脉；上部灰色薄至中厚层含燧石条带泥晶白云岩，夹黄灰、紫红色页状白云质泥晶灰岩、白云岩。底以白云岩与赵圩组灰色中厚层泥灰岩分界，顶与九顶山组砾屑灰岩分界，均为整合接触。

【层型】　正层型为铜山县种羊场倪园剖面（117°29′，34°09′），江苏区测队 1975 年实测，徐学思 1993 年补充修改。

上覆地层：**九顶山组**　灰黑色中厚层细晶白云岩

——————— 整　合 ———————

倪园组 总厚度 350.90 m

上部 厚度 64.90 m

7. 灰色中厚层含燧石条带泥晶白云岩，夹薄层泥晶白云岩，微层理发育 3.50 m

6. 灰色薄层含泥质泥晶白云岩，夹中厚层含燧石条带泥晶白云岩，微层理发育 31.90 m

5. 灰色薄—中厚层含泥晶白云岩与黄色页状白云质泥晶灰岩互层，层面具波痕干裂，

微层理发育 27.80 m

4. 紫灰、紫红、土黄色薄层(含)泥质泥(粉)晶白云岩，夹灰色中厚层泥晶白云岩，微层理发育 1.70 m

下部 厚度 286.00 m

3. 灰色中厚层粉晶白云岩，偶夹燧石条带和结核，微层理发育(下接铜山县伊庄乡赵圩剖面原 15—13 层，相当 2—0 层) 91.60 m

2. 灰色薄层泥晶灰岩，夹泥晶白云质灰岩、竹叶状砾屑，微层理发育 139.60 m

1. 灰色中厚层泥晶白云岩，沿走向常变为白云质泥晶灰岩、竹叶状砾屑灰岩凸镜体 54.80 m

———— 整 合 ————

下伏地层：**赵圩组** 灰色(风化后显土黄色色条)中厚层泥质泥晶灰岩，夹灰色厚层叠层石泥晶灰岩凸镜体

【地质特征及区域变化】 下部岩性 灰色薄至中厚层泥晶灰岩、白云岩，夹泥晶白云质灰岩、砾屑(白云质)灰岩、叠层石白云岩；微层理发育，具波痕、雹痕、干裂构造和同生畸形方解石细脉；含微古植物等。上部岩性灰色薄至中厚层含燧石条带泥质泥晶白云岩夹黄灰、紫红色页状白云质泥晶灰岩、白云岩；微层理发育，具波痕和干裂构造；含微古植物。下与赵圩组连续沉积，属局限台地相。

厚度以苏皖交界九顶山一带最大，下部约 300 m，上部 150 m 左右：向北到倪园，下部 286 m，上部 105 m；到沈店，下部全变为白云岩，厚度 103 m，上部 89 m；到唐庄，下部 102 m，其上被猴家山组超覆；到微山湖畔、兰陵一带则无踪迹；丰县、沛县一带缺失沉积。自九顶山向西到青铜山，下部 278 m，上部 93 m；到老山口，下部仅 120 m，上部 63 m 左右，到蛮顶山则无踪迹。该组时代为晚元古代。

九顶山组 Pt_3jd (05-32-1027)

【创名及原始定义】 江苏和安徽区测队(1978)于安徽省灵璧县九顶乡陇山命名陇山组，后因重名改建九顶山组。上段上部灰色厚层微晶灰质白云岩，顶为富叠层石灰岩，下部中厚层燧石条带假鲕灰质白云岩；下段上部灰白色块状白云岩，中厚层白云岩与灰岩互层，下部灰色深灰色块状灰岩，底部夹同生角砾状灰岩。下与倪园组、上与张渠组均为整合。

【现在定义】 下部深灰色厚层泥(粉)晶灰岩夹叠层石礁灰岩，具黑色畸形方解石细脉；上部灰色薄层至中厚层含燧石粉(细)晶白云岩夹粉晶灰岩，顶以圆柱锥叠层石灰岩为标志。底以砾屑灰岩与倪园组黄灰色薄层含燧石条带泥质白云岩分界，顶与张渠组砾屑灰岩及薄层泥晶灰岩分界，均为整合接触。

【层型】 正层型在安徽省境内。省内次层型为铜山县张集乡梁堂剖面(117°24′，34°10′)，江苏区测队 1975 年实测，徐学思 1993 年补充修改。

上覆地层：**张渠组** 深灰色中厚层夹薄层竹叶状砾屑泥晶灰岩

———— 整 合 ————

九顶山组 总厚度 333.10 m

上部 厚度 133.40 m

10. 灰色厚层叠层石粉晶灰岩。含叠层石 ?*Colonnella* f.，*Jurusania* f.，*Baicalia* f.，? *Anabaria* f. 17.30 m

9. 黑色薄—中厚层粉(细)晶灰岩，含少量硅质砂粒 20.50 m

8. 灰色薄层含燧石、硅质条带粉晶白云岩夹灰色页状灰质泥晶白云岩 85.40 m

7. 灰、浅灰色薄层含燧石条带(层)粉晶泥质白云岩夹黄灰色页状白云粉砂岩 10.20 m

下部 厚度 199.70 m

6. 深灰色中厚层夹薄层粉晶白云岩夹黄灰色页状白云质粉砂岩 11.10 m

5. 深灰色薄层粉晶白云岩，鸟眼泥晶白云岩，具鸟眼构造、微层理 30.50 m

4. 深灰色薄层粉晶白云岩，偶夹粉晶白云岩砾屑，具微层理 15.70 m

3. 深灰色中厚层细晶白云岩，顶部夹叠层石细晶白云岩凸镜体 115.00 m

2. 灰、灰黑色中厚层含细晶白云岩条带或团块泥晶灰岩，底部夹砾屑 27.40 m

———————— 整 合 ————————

下伏地层：**倪园组** 灰色薄层燧石结核及条带泥质泥晶白云岩，微层理发育，燧石条带黑白相间，显微层理

【地质特征及区域变化】 省内次层型岩性下部为深灰色厚层泥(粉)晶灰岩或相变为白云岩夹叠层石礁灰岩，具黑色畸形方解石细脉，底部为(含砾屑灰岩)白云质灰岩具微层理、波状微层理、波痕、鸟眼和冲刷充填构造，含叠层石、微古植物等化石；上部为灰色薄至中厚层含燧石粉晶白云岩夹厚层粉晶灰岩。顶以叠层石灰岩(白云岩)，厚 20 m 左右为标志。燧石黑白相间显微层理发育。含叠层石、微古植物化石。下与倪园组连续沉积，属开阔台地—局限台地相。

在睢宁刘楼下部厚度 291 m，上部大于 80 m；向北到陈小楼，下部变为灰岩与白云岩互层，厚度 214 m，上部大于 50 m；到沈店，下部全变成白云岩，厚度 129 m，上部 62 m；到贾汪则无踪迹，或缺失或因厚度小剥蚀无存；到丰县、沛县则缺失；九顶山一带下部 269 m，上部 102 m；向西到老山口，下部全变成白云岩，厚度 117 m，上部仅 61 m，并被猴家山组超覆；到蛮顶山已无存，猴家山组直接超覆在赵圩组之上。该组时代为晚元古代。

张渠组 $Pt_3\hat{z}q$ (05-32-1028)

【创名及原始定义】 江苏和安徽区测队(1978)于安徽省灵璧县九顶乡张渠村命名张渠组。上部浅灰、灰色厚层白云岩;下部灰色薄层灰岩与紫红色页状泥灰岩互层,中厚至厚层灰岩,灰色泥质灰岩及少量红色页岩,底有 10 cm 的竹叶状灰岩。下与九顶山组、上与魏集组均为整合。

【现在定义】 下部灰色薄至中厚层泥晶灰岩,夹页状泥灰岩、钙质页岩和砾屑灰岩;上部灰色中厚层(粉)细晶(含鲕)白云岩，夹叠层石礁白云岩。底以竹叶砾屑灰岩与九顶山组叠层石灰岩(白云岩)分界，顶以中厚层细晶白云岩与魏集组底黄绿色页岩分界，均为整合接触。

【层型】 正层型在安徽省境内。省内次层型为铜山县吴邵乡魏集剖面(117°23′, 34°14′)，江苏区测队 1975 年实测。徐学思 1993 年补充修改。

上覆地层：**猴家山组** 黄灰色薄—中厚层含细角砾白云质石英细砂岩，具楔形斜层理

－－－－－－－ 平行不整合 －－－－－－－

史家组 总厚度 22.90 m

22. 灰黄色页状含泥质粉晶白云岩，微层理发育 3.10 m

21. 黄灰色中厚层含泥质叠层石泥晶白云岩。含叠层石 *Gymnosolen* f.；藻 *Multisipho-*

nia hemicirculis 8.80 m

20. 灰绿、灰色水云母粘土页岩夹粉砂质页岩、紫色页岩和白色粘土。含软体后生动物 *Anhuiella* sp.，*Huainanella* aff. *jiuliqiaoensis*；疑源类 *Tawuia sinensis*，*Chuaria circularis*，*C. annularis*，*Shouhsienia* sp.，*Pumilibaxa longa*；微古植物 *Kildinella sinica*，*K. hyperboreica*，*Trachysphaeridium multicaltum*，*Synsphaeridium conglutinatum*，*Nucellosphaeridium incrassatum*，*Pterospermopsis latus*，*Macroptycha uniplicata*，*Cicatricosisphaera prima*，*Suxianella amarginata*，*S. marginata*，*Brochopsophosphaera minima*，*Trialetes* sp. 11.00 m

——————— 整　合 ———————

魏集组 总厚度 211.40 m

上部 厚度 51.60 m

19. 灰白、灰黄色薄—中厚层含叠层石泥晶白云岩。含叠层石 *Umbonarama weijiensis* 8.30 m

18. 浅灰、紫灰色中厚层叠层石泥质泥晶灰岩。含叠层石 *Baicalia* cf. *mauritanica*，*Conophyton ocularoides*，*C. weijium*，*Compactocollenia* f.，*Gymnosolen* cf. *furcatus* 43.30 m

下部 厚度 159.80 m

17. 灰绿色水云母粘土岩夹叠层石灰岩凸镜体 8.50 m

16. 灰色薄层细晶白云岩，顶部为黄灰色含叠层石泥质泥晶灰岩。含叠层石 *Baicalia* cf. *baicalica*，*Colonnella* f. 14.70 m

15. 深灰色薄层泥晶灰岩，夹中厚层竹叶状砾屑灰岩，局部微层理发育。含微古植物 *Pseudozonosphaera asperella*，*Asperatopsophosphaera partialis*，*Trachysphaeridium rude*，*T. cultum*，*T. hyalinum* 24.30 m

14. 灰、深灰色水云母粘土页岩。含疑源类 *Chuaria* sp. 等 3.80 m

13. 灰色薄—中厚层细晶白云岩，夹小竹叶状砾屑白云岩和叠层石凸镜体。含叠层石 *Stratifera* f.，*Paraconophyton* f. 18.20 m

12. 深灰色薄层细晶灰岩夹细晶白云岩、砾屑灰岩凸镜体与黄色水云母粘土页岩互层。含微古植物 *Pseudozonosphaera verrucosa*，*Trachysphaeridium rude*，*T. hyalinum*，? *Fuchunshania* sp.，? *Trematosphaeridium* sp. 28.40 m

11. 深灰色薄—中厚层细晶白云岩夹泥晶灰岩凸镜体和灰绿色页岩。含大型疑源类 *Chuaria circularis*，*Nephroformia irregularis*，*Microcircula simplex*；微古植物 *Pseudozonosphaera* cf. *verrucosa*，*Asperatopsophosphaera* sp.，*Trachysphaeridium rude*，*Pseudodiacrodium* cf. *tenerum*，*Macroptycha minuta* 48.60 m

10. 灰、深灰色薄层粉细晶灰岩，夹黄绿色页岩和砾屑灰岩凸镜体，波状层理发育。含微古植物 *Pseudozonosphaera* cf. *verrucosa*，*P. sinica*，*Asperatopsophosphaera* cf. *partialis* 7.40 m

9. 灰白色薄层细晶白云岩，夹薄层泥晶灰岩 3.20 m

8. 青灰色水云母质粘土页岩 2.70 m

——————— 整　合 ———————

张渠组 总厚度 294.30 m

上部 厚度 181.40 m

7. 灰、青灰色中—厚层细晶白云岩、含鲕白云岩，顶部夹黄绿色页岩（单层厚 10 cm 左右） 181.40 m

下部 厚度 112.90 m

6. 灰、深灰色薄层泥晶灰岩，夹竹叶状砾屑灰岩凸镜体 112.90 m

——————— 整　合 ———————

下伏地层：**九顶山组**　灰、灰白色中—厚层含叠层石泥晶白云岩

【地质特征及区域变化】　省内次层型岩性下部为灰色薄至中厚层泥晶灰岩夹页状泥晶灰岩，钙质页岩和砾屑灰岩，具波痕、干裂构造，含微古植物，是水泥灰岩重要赋存层位；上部为灰色中厚层(粉)细晶(含鲕)白云岩夹叠层石白云岩，具楔形层理、波痕和鸟眼构造。据乔秀夫等1989年研究认为皖北张渠组为风暴沉积——向上变浅的碳酸盐沉积序列，即沉积相序为：开阔陆架—陆架边缘—缓斜坡—台地边缘叠层石礁—台地边缘滩—潮坪，亦即向上变浅的碳酸盐进积序列。并指出张渠组底部和下部为缓坡原地风暴岩，并有风暴浊流岩，中部为近源风暴碎屑流沉积。属开阔台地—局限台地相。

厚度以苏皖交界九顶山一带最大，下部281 m，上部96 m；向西北到魏集，下部112 m，上部白云岩增厚达181 m；到沈店，下部125 m，上部仅残留6 m左右，其上被猴家山组超覆；到贾汪以西、唐庄以北则无踪迹；到丰县、沛县缺失沉积。自九顶山向西到夹沟、曹村(津浦铁路沿线)张渠组下部125 m左右，上部白云岩残留6 m左右，含球状叠层石石英砂岩，其上被猴家山组超覆，再向西到蛮顶山则无踪迹。该组时代为晚元古代。

魏集组　Pt_3w　(05－32－1029)

【创名及原始定义】　江苏和安徽区测队(1978)于江苏铜山县吴邵乡魏集创名魏集组。上部上为灰黄色薄至中厚层叠层石灰质白云岩，下为紫灰、紫红色中厚层叠层石灰岩；下部灰、深灰色中厚层白云岩，夹深灰色薄至中厚层灰岩和青灰、灰绿色页岩及叠层石灰岩凸镜体。下与张渠组、上与史家组均为整合接触，或被猴家山组超覆。

【现在定义】　岩性分上、下两部：下部为灰、深灰色薄层、中厚层泥晶、细晶灰岩、白云岩(局部夹砾屑灰岩、白云岩)，含叠层石及微古植物化石，底为青灰色水云母粘土页岩；上部以灰白、灰黄、紫灰等色中厚层含叠层石泥质泥晶灰岩、白云岩为特征。底与张渠组灰色中厚层细晶白云岩分界，顶与史家组杂色页岩分界，均为整合接触。

【层型】　正层型为铜山县吴邵乡魏集剖面(见魏集组剖面描述)。

【地质特征及区域变化】　岩性下部灰、深灰色中厚层泥晶灰岩(局部夹砾屑灰岩)与细晶白云岩、黄绿色水云母页岩互层，夹叠层石灰岩凸镜体。灰岩微层理发育，具冲刷充填构造，含叠层石，页岩中含疑源类、微古植物等化石；上部以灰紫、紫红、灰黄色叠层石泥晶灰岩、白云岩为特征，含叠层石等化石，层位稳定，厚度60 m左右，是重要的区域对比标志层，又是高级装饰建材原料。属局限台地相。

魏集组仅在贾汪—徐州—宿州一线以东有沉积，以灵璧县殷家寨厚度最大，下部210 m，上部110 m左右；向北到魏集，下部160 m，上部50 m左右。该组时代为晚元古代。

史家组　$Pt_3\hat{s}$　(05－32－1030)

【创名及原始定义】　江苏和安徽区测队(1978)于安徽省宿州栏杆乡史家、解集乡黑峰岭命名史家组。上部灰色中厚层含海绿石石英砂岩、条带状石英粉细砂岩，夹褐铁矿，黄绿、紫红色页岩夹薄层石英粉细砂岩，下含灰岩扁豆体，顶含球状褐铁矿结核；下部浅灰夹紫红色页岩、含叠层石白云质灰岩及钙质页岩，上为黄绿色页岩与薄层含铁质粉砂岩互层。下与魏集组、上与望山组均为整合接触。

【现在定义】　岩性以黄绿色页岩为主。下部夹黄灰色页状薄层泥灰岩、叠层石灰岩和砾

屑灰岩；中部夹灰色中厚层细粒石英砂岩；上部夹紫色含灰岩结核页岩和页岩、黄绿色薄层含海绿石粉(细)砂岩；顶部含赤铁矿结核。含疑源类等。底以杂色页岩与魏集组紫红色叠层石灰岩分界，顶与望山组肋骨状泥质灰岩分界，均为整合接触。

【层型】 复合层型为安徽省宿州市栏杆乡史家剖面(正层型)与解集乡黑峰岭剖面(副层型)(117°18′,33°56′)组成，安徽区测队1977年实测，徐学思1993年补充修改。

上覆地层：**望山组** 浅灰色薄层夹中厚层泥质灰岩

——————— 整 合 ———————

史家组 总厚度402.4 m

上部 厚度120.1 m

19. 黄绿色，次为紫红色含铁质结核(一般1 cm×2 cm)页岩，页理发育 29.3 m
18. 黄绿色页岩夹黄绿色薄板状蚀变粉砂岩 4.2 m
17. 黄绿色页岩，底部夹黄色中薄层含铁质结核（一般1 cm×2cm，少数3 cm×5cm）蚀变泥岩 10.8 m
16. 黄绿色中厚层海绿石石英砂岩，具波痕走向40° 5.3 m
15. 黄绿色页岩夹紫红色页岩。含疑源类 *Chuaria circularis* 13.2 m
14. 紫红色含灰岩结核(小者1 cm×2 cm，大者11 cm×19 cm，形态有球、偏圆、蘑菇状等)页岩夹少量泥质灰岩。含疑源类 *Chuaria circularis*；微古植物 *Trachysphaeridium* sp.，*Arperatopsophosphaera* sp.，*Trematosphaeridium holtedahlii*，*Micrhystridium* sp.，*Laminarites antiquissimus*，*Taeniatum crassum*，*Polyporata* sp.，*Lignum* sp. 20.8 m
13. 灰绿、灰白色薄板状条带状石英粉砂岩，底部为厚10 cm褐铁矿层 17.9 m
12. 灰白色中厚层石英岩夹黄绿色页岩 18.6 m

下部（接黑峰岭剖面） 厚度282.3 m

11. 黄绿色页岩夹皮壳状褐铁矿结核 63.1 m
10. 黄绿色页岩夹叠层石灰岩凸镜体。含叠层石 *Katavia* f.，*Gymnosolen* f.；藻类 *Multisiphonia hemicirculis* 30.7 m
9. 黄绿色页岩与含褐铁矿绿泥石粉砂岩互层，粉砂岩中含皮壳状褐铁矿结核，顶部夹灰岩凸镜体 13.4 m
8. 黄绿色页岩 42.2 m
7. 底为黄绿色页岩，往上为含铁泥质粉砂岩，有数条正长斑岩脉穿插 52.2 m
6. 棕黄色薄层泥岩与黄绿色页岩互层，底部夹竹叶状灰岩 3.8 m
5. 底部为浅棕黄色泥灰岩夹青灰色白云质灰岩，往上主要为青灰色薄层含白云质灰岩夹薄层泥质条带灰岩与钙质页岩 45.4 m
4. 浅黄至棕黄色厚层至中层条带状白云质灰岩，微细层理发育，底部夹含叠层石灰岩。含叠层石 *Gymnosolen* f. 17.7 m
3. 浅灰、灰绿、灰白色页岩夹紫色页岩和白色粘土 13.8 m

——————— 整 合 ———————

下伏地层：**魏集组** 淡紫红色叠层石灰岩

【地质特征及区域变化】 岩性以黄绿色页岩为主，下部夹页状至薄层泥晶灰岩(白云岩)，叠层石灰岩和砾屑灰岩，中部夹灰色中厚层细粒石英砂岩，上部夹紫色含灰岩结核页岩、黄绿色薄层含海绿石粉(细)砂岩，顶部含赤铁矿结核(一般1 cm×2 cm，少数3 cm×5 cm)，含疑源类、蠕虫、叠层石、藻类、微古植物等化石。属局限台地相。

史家组砂岩中海绿石 K-Ar 测龄值：787 Ma、780 Ma、738 Ma、681 Ma；K-Ar 等时测龄值 800±44 Ma；Rb-Sr 测龄值 850±14 Ma。其地质时代相当于晚元古代。

史家组仅在贾汪—徐州—宿州一线以东有沉积。以宿州解集乡黑峰岭、栏杆乡史家一带厚度最大，达 402 m 左右，向北到魏集、贾汪一带因遭受后期剥蚀，仅残留底部岩性，厚度 55～23 m，其上被猴家山组超覆(见张渠组剖面)，再向西北到微山湖畔及以西地区缺失。自史家向西到三堡—夹沟已无踪影，猴家山组直接超覆在张渠组之上。

望山组　$Pt_3w\hat{s}$　(05-32-1031)

【创名及原始定义】　江苏和安徽区测队(1978)于安徽省宿州解集乡望山、栏杆乡金山寨命名望山组。上段上部浅灰、灰色中薄至中厚层灰质白云岩、白云质灰岩、白云岩，下部灰色薄至厚层含燧石结核灰岩夹白云岩凸镜体；中段上部浅灰色中厚层白云质灰岩，下部灰色薄至中厚层泥质条带灰岩、白云质灰岩；下段灰色薄层白云质灰岩与钙质页岩互层，呈肋骨状。下与史家组整合，上与金山寨组平行不整合。

【现在定义】　岩性为灰色页状、薄至中厚层泥晶灰岩、泥质泥晶灰岩、泥晶白云岩，夹砾屑灰岩、叠层石灰岩凸镜体，上部含燧石、硅质结核，具畸形方解石脉。自下而上泥质减少，钙、镁、硅质增高，单层增厚。底以肋骨状泥质泥晶灰岩与史家组黄绿色页岩整合接触；顶以泥晶白云质灰岩、白云岩与金山寨组燧石杂砾岩平行不整合接触。

【层型】　正层型在安徽省宿州解集乡。省内次层型为安徽省宿州市褚兰乡黑土窝剖面(119°19′，33°58′)，江苏区测队 1975 年实测，徐学思 1993 年补充修改。

上覆地层：**金山寨组**　灰、灰黑色水云母质粘土页岩，粉砂质页岩夹薄层细粒石英砂岩，底有一层 20 cm 杂砾岩

——————— 平行不整合 ———————

望山组　总厚度 475.9 m

顶部　厚度 24.5 m

16. [①]浅灰色页状泥质泥晶白云岩，夹薄层泥晶白云岩，上部夹 20 cm 灰色页岩，具波痕和龟裂纹构造　13.0 m

15. 浅灰色薄层泥（粉）晶白云岩，夹中厚层泥晶灰岩（或白云质泥晶灰岩），偶含燧石结核，具鸟眼构造。含微古植物 *Leiominuscula orientalis*, *L. minuta*, *Margominuscula verrucosa*, *M. antiqua*, *Lophominuscula prima*, *Leiopsophosphaera* sp., *Asperatopsophaera umishanensis*, *A.* aff. *umishanensis*, *Trachysphaeridium hyalinum*, *Laminarites antiquissimus*, *Quadratimorpha simplex*, *Triangumorpha* sp., *Zonosphaeridium* sp., *Taeniatum crassum*, *Archaeofavosina*? sp., *Polyporata obsoleta*, *Lignum* spp.　11.5 m

上部　厚度 130.1 m

14. 浅灰色薄层泥晶灰岩，夹薄层泥质泥晶灰岩、中厚层泥晶叠层石灰岩凸镜体，具鸟眼构造和畸形方解石脉[②]　9.7 m

13. 灰色厚层含叠层石泥晶灰岩，夹砾屑灰岩凸镜体，局部含燧石结核和具畸形方解

---

① 8—16 层分别为原剖面 4—12 层；1—7 层分别为原剖面 20—26 层。

② 据乔秀夫等（1996）研究成果，认为江苏北部上元古界存在三个地震活跃期记录，分别为贾园组、九顶山组和魏集组震积岩。经对比研究，畸形方解石脉也属震积岩，下同。

石脉。含叠层石 *Baicalia* f.，*Anabaria* f.，*A. radialis*，*Linella* cf. *minuta*，*Minjaria* f.，*Jurusania* f.，? *Gymnosolen* f. 28.2 m

12. 灰色中厚层含燧石(硅质)结核及条带泥晶灰岩，局部夹叠层石灰岩、薄层白云质灰岩、砾屑灰岩凸镜体，楔形及槽形层理发育。含叠层石 *Baicalia* f. 92.2 m

中部 厚度 124.3 m

11. 灰色中厚层夹厚层泥晶灰岩，夹叠层石灰岩、白云质灰岩、砾屑灰岩凸镜体。偶含燧石结核和条带、褐色硅质团块或条带 35.0 m

10. 深灰色薄层夹中厚层泥晶灰岩 15.7 m

9. 深灰色中厚层泥晶灰岩，上部含少量硅质结核，具微层理 18.8 m

8. 灰色薄层与中厚层泥晶灰岩互层，具微层理 54.8 m

下部(接史家剖面上部，安徽区调队 1977 年实测) 厚度 197.0 m

7. 灰色薄层泥质灰岩夹黄绿色钙质页岩 21.5 m

6. 黄绿色竹叶状钙质页岩与灰色薄板泥质灰岩互层。含微古植物 *Leiopsophosphaera pelucida*，*Trachysphaeridium cultum*，*T. simplex*，*Asperatopsophosphaera umishanensis*，*A. magna*，*Lophoshaeridium* sp.，*Orygmatosphaeridium* sp.，*Brochopsophosphaera minima*，*B. plicativa*，*B. pseuda*，*Micrhystridium* sp.，*Microconcentrica orbiculata*，*Taeniatum crassum*，*Laminarites antiquissimus* 35.6 m

5. 浅灰色薄层泥质灰岩，肋骨状构造发育 13.4 m

4. 黄绿色钙质页岩与灰色薄层泥质灰岩互层 28.1 m

3. 灰色钙质页岩夹薄层泥质灰岩 45.5 m

2. 灰色薄层泥质灰岩，局部夹钙质页岩 44.7 m

1. 浅灰色薄层夹中厚层泥质灰岩 8.2 m

———— 整 合 ————

下伏地层：**史家组** 黄绿、紫红色含铁质结核页岩

【地质特征及区域变化】 岩性下部为灰黄灰色页状至薄层泥质(泥晶)灰岩，钙质页岩，具水平、波状层理和不对称波痕，含微古植物；中部灰色薄至中厚层泥晶灰岩夹叠层石礁灰岩、砾屑灰岩凸镜体，微层理发育，具干裂构造；上部灰色中厚至厚层泥晶灰岩，夹薄层泥质泥晶灰岩，叠层石礁灰岩和砾屑灰岩，含燧石、硅质、砂质结核和条带，波状层理发育，具楔形、扰动层理和干裂、鸟眼构造、不对称波痕及畸形方解石细脉；顶部灰色薄层(泥质)泥晶白云岩，夹白云质灰岩，具波痕、干裂、鸟眼构造。含微古植物。属开阔台地—局限台地相。根据猴家山组超覆层位分析，望山组大致在东陇海线以南、津浦线以东有沉积，栏杆厚度最大，达 473 m 左右，其上被金山寨组平行不整合覆盖。该组时代为晚元古代。

金山寨组 Z_2j (05-32-1033)

【创名及原始定义】 江苏和安徽区测队(1978)于安徽省宿州栏杆乡金山寨命名金山寨组。上为砖红色中厚层铁质含砂、海绿石叠层石灰岩、青灰色薄层灰层；下为豆绿、黄绿、紫红色粉砂质页岩、灰白色薄层含砾、海绿石石英砂岩，底部为厚度 0.7 m 燧石砾岩。下与望山组平行不整合，上与沟后组断层接触，在沟后为整合接触。仅出露苏皖交界褚兰、栏杆一带。

【沿革】 1987年徐学思等根据岩性组合特征及反映的沉积环境，将沟后组底部厚度 44 m，黄绿色页岩(驴山剖面 15 层)划归金山寨组，新厘定了金山寨组定义：以灰、灰黑、黄

绿色页岩、粉砂质页岩夹薄层中细粒石英砂岩、褐铁矿凸镜体、厚层灰岩、叠层石灰岩，产蠕虫、疑源类、叠层石等化石。下与望山组平行不整合，上与沟后组整合。1991 年又在驴山剖面第 16 层底部发现 5 cm 左右细砾岩盖在黄绿色页岩不同层位之上。确认沟后组底部膏岩层与金山寨组黄绿色页岩之间为平行不整合，并认为沟后组与猴家山组膏岩层岩性宏观特征相似，可合并归猴家山组。

【现在定义】 岩性为黄绿、灰黑色页岩、粉砂质页岩夹灰色薄层细、中粗粒石英砂岩、中厚层泥晶灰岩、叠层石灰岩凸镜体，底有 0.2～0.7 m 燧石杂砾岩(底砾岩)，含后生动物、疑源类等化石。底与望山组泥质泥晶白云岩分界，顶与猴家山组紫红色膏岩层分界，均为平行不整合接触。

【层型】 正层型在安徽省宿州栏杆乡金山寨，副层型为安徽省宿州市褚兰乡沟后驴山剖面(117°19′,33°58′)，江苏区测队 1975 年实测(资料 1978 年发表)，徐学思 1993 年补充修改。

上覆地层：**猴家山组** 紫红色钙质页岩、泥晶（白云）灰岩夹黄色薄层砂质泥灰岩，具石盐假晶印痕，底有 15 cm 杂砾岩

——————— 平行不整合 ———————

金山寨组 总厚度 66.5 m

15. 灰、灰黑、黄绿色页岩、粉砂质页岩，夹灰色薄层中粗粒石英砂岩和褐铁矿凸镜体，底部夹泥晶灰岩凸镜体。含疑源类 *Chuaria circularis*, *Tawuia sinensis*, *T.* cf. *dalensis*, *T. minuta*, *Pumilibaxa amarginata*, *P. huaiheiana*, *Fusiphysa simplex*, *Langania gigantus*；微古植物 *Leiominuscula minuta*, *Leiopsophosphaera aperta*, *L. minor*, *L. gigantea*, *L. rotunda*, *Trachysphaeridium rugosum*, *T. hyalinum*, *T. incrassatum*, *T. cultum*, *T. planum*, *Pseudozonosphaera nucleolata*, *P. rugosa*, *P. sinica*, *P. asperella*, *P. verrucosa*, *Asperatopsophosphaera umishanensis*, *A.* aff. *umishanensis*, *A. bavlensis*, *Brochopsophosphaera* cf. *minima*, *Symplassosphaeridium incrustatum*, *Synsphaeridium conglutinatum*, *Zonosphaeridium minutum taestriatum*, *Laminarites antiquissimus*, *Paleamorpha figurata*, *P. punctulata*, *Taeniatum crassum*, *T.* aff. *simplex*, *T. simplex*, *Quadratimorpha* sp., *Polyedryxium* sp., *Lophosphaeridium* sp., *Micrhystridium* sp., *Hubeisphaera* cf. *radiata*, *Uniporata* sp., *Leiofusa* sp. 43.9 m

14. 灰、灰黄色厚层泥晶灰岩，夹叠层石凸镜体，顶部为中厚层灰岩与黄绿色页岩互层。含叠层石 *Jinshanzhaiella pulcchellusa*, *Xiejiella nodoso*, *Boxonia* f., *B. jinshanzhaiensis*, *Gymnosolen* f., *Inzeria* f., *Anabaria* f., ?*Katavia* f.；藻类 *Multisiphonia hemicirculis* 19.6 m

13. 灰、灰黑色页岩、粉砂质页岩，夹薄层细粒石英砂岩，底部有 20 cm 杂砾岩，砾石主要有燧石、泥灰岩，磨圆度较好，磷铁砂质胶结。含软体后生动物 *Calyptrina striata*, *Zhulania amfractus*, *Lushanina acicephalus*, *Paleolina evenkiana*；疑源类 *Chuaria circularis*, *Valvaphysa amarginata*, *V. marginata*, *Shouhsienia annularis*；微古植物 *Trachysphaeridium multicavum*, *T. simplex*, *Cicatricosisphaera prima*, *Monotrematosphaeridium simplex*, *Triletes* sp., *Baculimorpha brevis*, *Leiofusa* sp. 3.0 m

——————— 平行不整合 ———————

下伏地层：**望山组** 浅灰色页状泥质泥晶白云岩，夹薄层泥晶白云岩

【地质特征及区域变化】 岩性为黄绿、灰黑色页岩、粉砂质页岩，夹灰色薄层中粗粒石英

英砂岩、褐铁矿凸镜体，中厚层泥晶灰岩、叠层石礁灰岩，底有0.2～0.7 m燧石杂砾岩。砂岩具冲洗层理、干裂和不对称波痕，属潮坪相沉积。含蠕虫、疑源类、叠层石、微古植物等化石。根据猴家山组超覆的层位分析，金山寨组大致在褚兰—栏杆及以东有沉积，厚度67 m左右。底部海绿石K－Ar测龄值647 Ma。与下伏望山组为平行不整合接触，依据为：

（1）金山寨组底部有0.2～0.7 m燧石杂砾岩。砾石成分复杂，主要来自下伏层，又处于层序最底部，具底砾岩性质。

（2）金山寨组盖在望山组不同层位上。在驴山金山寨组覆盖在页状泥质泥晶白云岩之上（剖面第12层），向南10多公里到金山寨，已被金山寨组超覆不见，覆盖在相当该剖面第11层白云岩之上。

（3）两者之间存在风化壳。栏杆以南魏山一带，金山寨组底部杂砾岩被厚度为2 cm的锰土及粘土所取代，表明望山组顶面曾遭剥蚀。

金山寨组时代为晚震旦世。

第二节　生物组合特征

江苏省徐州地区晚元古代地层，自1924年刘季辰首先发现叠层石，嗣后，陆续发现蠕虫、疑源类及微古植物等。现据前人资料综合如下：

1. 叠层石

叠层石在晚元古代地层中分布广泛，从下而上分别见于：新兴组、贾园组、赵圩组、倪园组、九顶山组、张渠组、魏集组、史家组、望山组和金山寨组，具体有如下特征：

（1）叠层石形态特征

本区叠层石礁体大致可分为丘状（凸镜状）、层状两大类。丘状礁体可细分单一礁体、复合礁体两类。单一礁体小者1 m左右，大者10～15 m，礁体内部叠层石群、形数量不多，柱体形态比较稳定，产出层位有倪园组、九顶山组、魏集组下部、史家组。复合礁体一般2 m左右，一个大礁体上又生长出几个小礁体，礁体中叠层石群、形复杂，不同分子复合混生，柱体形态变化较大，在柱体之间有同生砾屑充填，清晰的沉积韵律可反映其沉积环境，产出层位有新兴组、贾园组、赵圩组、九顶山组下部、张渠组上部、魏集组上部、望山组、金山寨组；层状礁体可分单一及复合层状礁体，前者群、形较为单调，后者群、形较为复杂，产出层位有倪园组、九顶山组顶部、魏集组上部、史家组底部。后3个组的叠层石层位和群、形特征最为稳定，是进行区域对比的典型标志。

（2）叠层石组合特征

本区叠层石已知39个群、90个形，属我国第Ⅴ组合叠层石。自下而上可分三个亚组合。

Ⅰ亚组合（*Inzeria* 组合）　产于贾园组、赵圩组、倪园组、九顶山组、张渠组。叠层石形态有块茎状，一次到多次微散开、强烈分叉；次圆状到圆柱状，一次到多次平行、微散开分叉。代表分子：*Inzeria*，*Jurusania*，*Conophyton lijiadunensis*，*Tungussia*，*Gymnosolen*，*Linella*，*Pseudokussiella* 等。

Ⅱ亚组合（*Minjaria* 组合）　产于魏集组、史家组、望山组，叠层石形态有块茎状，一次到多次分叉。代表分子：*Minjaria*，*Katavia dalijiaensis*，*Anabaria divergens*，*Tungussia*，*Limbonorma weijiensis*，*Baicalia baicalica* 等。

Ⅲ亚组合（*Boxonia* 组合）　产于金山寨组，叠层石形态次圆柱平行分叉。代表分子：*Boxo-*

nia jinshanzhaiensis, *Gymnosolen*, *Inzeria avis*, *Anabaria*, *Aldania*, *Stratifera*, *Xiejiella jinshanzhaiensis* 等。

2. 蠕虫

据现有资料蠕虫产出层位自下而上有新兴组、贾园组、史家组、金山寨组。代表分子有：

新兴组含 *Sinosabellidites huainanensis*。

贾园组含环节动物 *Pararenicola huaiyuanensis*, *Protoarenicola baiguashanensis*, *Ruedemannella minuta* 等；须腕动物 *Sabellidites*, *Paleolina tortuosa*。

金山寨组含环节动物 *Chulania anfracta*, *Lushania acicephala*；须腕动物 *Calyptrina striata*, *Paleolina evenkiana*。

3. 疑源类及带藻

含疑源类和带藻的层位及代表分子是：

新兴组含疑源类 *Chuaria* 等。

贾园组含疑源类 *Baculiformia crassis*, *Pumilbaxa amarginata*, *Ephippiooleusa typiculia* 等；带藻 *Sinotaenia liulaobeiensis*, *Vendotaernides*。

魏集组含疑源类 *Chuaria circularis*, *Nephroformia minus*, *Microcirecula simplex*。

史家组含疑源类 *Chuaria circularis*, *Shouhsienia*, *Tawuia sinensis*, *Pumilibaxa longa*。

金山寨组含疑源类 *Chuaria circularis*, *C. annularis*, *Valvaphysa amarginata*, *V. marginata*, *Arciformia simplex*, *Pumilibaxa huaiheiana*, *Fusiphysa simplex*, *Langania gigantus*, *Shouhsienia shousianensis*。

4. 微古植物

本区微古植物相当丰富，据浸解法统计有 64 属，190 多种。

新兴组中含大量 *Laminarites antiquissimus*，较多的 *Orygmatosphaeridium*, *Trachysphaeridium*, *Leiopsophosphaera*, *Paleamorpha*, *Asperatopsophosphaera* 和少量的 *Leiominuscula*, *Liulaobeinella*, *Monotrematospaeridium*, *Leiofusa* 等。

九顶山组（上部燧石切片）有藻类化石 *Bigeminococcus lamellosus*, *Gloeocapsoides media*, *Asterocapsoides borealis*, *Eoentophysalis belcherensis*, *Eopleurocapsa* cf. *sinica*, *Animikiea* cf. *septata*, *Eomycetopsis robusta*, *Siphonophycus lamellosus*, *Rhicnonema crassivaginata*, *Obrachevella condensata*, *Eoplectonema minima*, *Melasmatosphaera magna*, *Protosphaeridium densum*, *Leiopsophosphaera peleucidus*, *Tetraphycus hebeiensis* 等。

金山寨组中含大量的 *Trachysphaeridium*, *Synsphaeridium*, *Suxianella*，较多的 *Kildinella*, *Taeniatum*, *Hubeispharea*, *Micrhystridium*, *Pseudozonosphaera* 等。

第三节　年代地层

对徐淮地区晚元古代地层归属存在不同的认识，归纳起来有以下几种：

(1) 以峡东地区的震旦系（在上）与蓟县地区的青白口系（在下）相叠置，二者之间完整无缺，并以此代表徐淮地区上元古界；

(2) 以峡东地区的震旦系与蓟县地区的青白口系上下叠置，根据岩性特征，生物群面貌及同位素测定资料分析对比，认为二者之间有空缺，在青白口系与震旦系之间，主张建淮河系，其他还有辽南系，徐淮系，淮南系等地层单位代表徐淮地区上元古界；

(3) 与蓟县地区的中、上元古界完全相当，分属长城系，蓟县系、青白口系；

(4) 将徐淮地区现有层序归纳为：贾园组至魏集组归属相对应的蓟县系；兰陵组至岠山组（即城山组）、金山寨组、沟后组归相对应的震旦系。

如果拟定青白口系时限 1 000±50～800±30 Ma 为准，则淮河群应归对应的青白口系，但淮河群在蓟县地区缺失沉积。如果以蓟县青白口系为准，其时限很可能为 1 000±50～950 Ma，与峡东震旦系下界时限 800±30 Ma 之间有空缺，本区淮河群是相对应的青白口系之上、震旦系之下空缺沉积的实体，而不应归青白口系。

本书暂将区内晚元古代地层，下部划归上元古界青白口系、中部为相对应的淮河群、上部为震旦系上统（表 3-2）。有关问题在下节讨论。

第四节 问题讨论

一、地层的区域变化

从本区晚元古代岩石地层的岩性、厚度变化和空间展布及早寒武世猴家山组与其超覆关系，可以看出如下变化。

1. 地层发育特征

苏皖边界褚兰、栏杆一带猴家山组平行不整合盖在金山寨组之上，是晚元古代地层发育最全、保存最好所在；向北到魏集，猴家山组超覆在史家组底部，仅保存 23～55 m；到沈店则超覆在张渠组上部，仅保存 6 m 左右。到大洞山超覆的层位与魏集相似，说明望山组、史家组在寒武纪沉积前遭剥蚀；再向北到唐庄猴家山组超覆在倪园组下部，仅保存 102 m；到贾汪西北大南庄超覆在贾园组之上，仅保存 32 m；到兰陵则超覆在城山组之上，仅保存 71 m；到微山湖畔，则超覆在新兴组中部。自褚兰、栏杆向西到夹沟、曹村、三堡一带猴家山组超覆在张渠组上部，与沈店类同；再向西到老山口超覆在九顶山组上部，仅保存 60 m 左右；到罗岗超覆在倪园组之上与唐庄类同；到蛮顶山则超覆在赵圩组之上，仅保存 23 m 左右。表明晚元古代地层愈向北、向西发育愈不全，剥蚀的层位愈低，保存层位愈少（图 3-2）。

寒武系底界平行不整合面，从区域上看是超覆不整合面，超覆累计最大幅度 5 000 m 左右。超覆不整合面之下不同地点的岩性，可以相同或不同，如层序和岩性相同，则层位相当；如层序不同，岩相相似，或层序和岩性都不同，则层位不同，更不是同一层位在空间上的相变。

2. 岩性和厚度、含矿性的变化

以苏皖边界褚兰—九顶山—睢宁一带为中心，向北、向西、向南其岩性、厚度和含矿性有以下变化：

(1) 石英砂岩成熟度由高减低，厚度由大变小。泗县、邳州一带兰陵组、城山组都以石英岩状砂岩为主，因质纯成为石英岩重要产地，各组厚度 400～500 m 以上；到贾汪一带，城山组石英砂岩长石增加，厚度近 100 m；到蒙城、寿县、淮南钙质增高，变成钙质石英砂岩夹页岩（称寿县组），厚度 45 m 左右。

(2) 灰岩变成白云岩，厚度减小。在中心部位，赵圩组、倪园组、九顶山组下部灰岩，各厚数百米，是水泥灰岩重要产地；到沈店、蛮顶山一带，灰岩都相变成白云岩，厚度减薄到几十米至百米左右。

表 3-2 徐淮及邻区中晚元古代地层多重划分对比表

年代地层			岩石地层层序				主要生物组合(微古植物未列)	地区
寒武系			—桐湾上升—			(宿县上升)	——600±20 Ma——	
上元古界	震旦系	上统		灯影组	老堡组	金山寨组	蠕虫 *Micronemaites* *Sinotubulites* *Chinochaetopterus* ? *Saarina* Sabelliditidae 后生动物 *Charnia* 遗迹化石 *Cochltichnus* *Skolithos* *Planolites* 软舌螺 *Circotheca* 带藻 *Vendotaenia* 几丁虫 *Amphonachitina* *Desmochitina* *Ollachitina*	峡东地区 / 湘黔桂地区
				陡山沱组	陡山沱组	(缺失或剥蚀)		
		下统		南沱组	南沱组			
				莲沱组	富禄组			
					长安组			
			—晋宁运动～——		或—	(徐淮上升)	——800±30 Ma——	
			淮河群	(蓟县地区缺失或剥蚀)	(淮南缺失)	望山组	叠层石Ⅴ组合 *Katavia* *Jurusania* *Inzeria* *Linella* *Gymnosolen* *Kinlaria* *Tungussia* *Baicalia* *Conophyton* *C. ocularoides* *C. lijiadunensis* 淮南生物群 蠕虫 *Sinosabellidites* *Sabellidites* *Anhuiella* *Paleolina* *Pararenicola* *Protoarenicola* *Ruedemannella* *Paleorhynchus* 褐藻类 *Sinotaenia* *Tyrasotaenia* *Vendotaenia* 疑源类 *Chuaria* *Shouhsienia* *Ovidiscina* *Pumilihaxa* *Nephroformia* *Conicina* *Linguiformis* *Tawuia* *Lorioforma* *Sicyus* *Pengyangella* *Korania* *Radicula* *Bipatinella*	徐淮地区
						史家组		
						魏集组		
						张渠组		
					四顶山组	九顶山组		
						倪园组		
						赵圩组		
					九里桥组	贾园组		
					寿县组	城山组		
	青白口系				刘老碑组	新兴组		
				景儿峪组	伍山组	兰陵组	龙凤山生物群 *Longfengshania* *Chuaria*	
				下马岭组	曹店组	(缺失)		
			---芹峪运动---				——1 000±50 Ma——	
中元古界	蓟县系		铁岭组			(缺失)	叠层石Ⅳ组合 *Chihsienella*, *Tielingella*, *Scopulimorpha*, *Baicalia*, *Anabaria*	蓟县地区
			洪水庄组				叠层石Ⅲ组合 *Scyphus*, *Pseudogymnosolen*, *Jacutophyton*, *Conophyton*	
			雾迷山组					
			杨庄组				——1 400±50 Ma——	
	长城系		高于庄组				叠层石Ⅱ组合 *Conophyton garganicus*, *C. cylindricus*, *Tabuloconigera*, *Gaoyuzhuangla*	
			大红峪组				叠层石Ⅰ组合 *Xiayingella*, *Gruneria*, *Yanshania*, *Kussiella*, *Cryptozoon*	
			团山子组					
			串岭沟组					
			常州沟组					
			～～～～			—凤阳运动—	——1 800±50 Ma——	
太古宇			迁西群					

(3) 各组厚度由大变小，以中心部位最厚，其中金山寨组厚 70 m 左右外，其他各组均达数百米，累计厚度 5 000 m 以上，向周边各组厚度明显减小且地层发育也不齐全，或遭剥蚀。

(4) 矿种由多变少，中心部位以石英岩、灰岩、装饰石材、白云岩、粘土页岩为主，向周边变成为白云岩、粘土页岩。

徐州与淮南、辽南的晚元古代地层相比，宏观岩性组合特征和序列具相似性，寒武系超覆状况相同。淮南晚元古代地层四顶山组最高层位只相当九顶山组下部，因处于盆地南侧，地

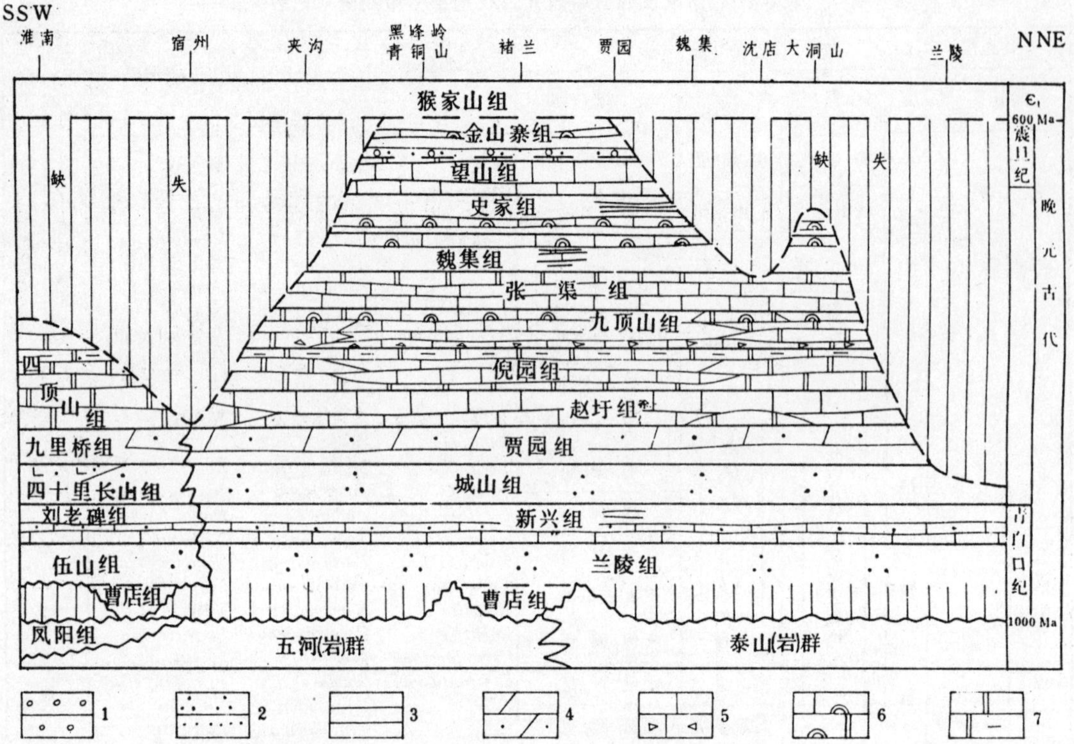

图 3-2　徐淮地区晚元古代岩石地层时空分布图

1. 砾岩；2. 石英砂岩、砂砾岩；3. 页岩；4. 泥灰岩、砂质泥灰岩；5. 灰岩、砾屑灰岩；

6. 叠层石灰岩、叠层石白云岩；7. 白云岩、泥质白云岩

层发育不全。辽南金县晚元古代地层最高层位大林子组与徐淮地区褚兰、栏杆金山寨组相似，都处沉积盆地中心，地层发育最全。淮南与徐州同属徐淮沉积盆地，分别处于南北两侧。

徐州与辽南也同属一个盆地。辽南是徐淮沉积盆地东延部分，后因郯庐断裂左平移错开到现存的位置。

二、地层多重划分对应关系

徐淮地区晚元古代地层层序自 1977 年建立以来，近 20 年来，在岩石地层划分基础上，进行了生物特征、年代地层、化学地层、磁性地层、同位素地质等研究。

岩石地层，依据岩石宏观岩性特征一致性、相似性及空间位置一致性，可分 12 个组级岩石地层单位；

生物特征，以含淮南生物群和叠层石 V 组合为特征，早于埃迪卡拉生物群；

年代地层，目前仍有不同意见，现将兰陵组至新兴组归属对应的青白口系；城山组至望山组称淮河群，层位高于青白口系、低于震旦系，隶属于对应的上元古界，有人主张建淮河系(辽南系)、徐淮系、淮南系；金山寨组归属对应的上震旦统部分层位；

同位素测龄值，采用K-Ar和全岩Rb-Sr法，虽同一种方法测龄值出现上大、下小反常现象或相当层位用同一种方法测龄值，有时相差200Ma左右，但其底界值都不超过1000Ma。现将两种方法相似的测龄值或同一种方法两次测龄值相近似的数据，作为选用年龄值，并取新兴组 Rb-Sr 两次测龄值 910 Ma、976 Ma 为依据，新兴组顶界年龄值 900～950 Ma；史家

组底界年龄值 850 Ma，推测望山组顶界年龄值 800 Ma 左右。各类地层划分相互之间对应关系见表 3 - 3。

三、地层时代讨论

徐州地区晚元古代地层时代的讨论主要从下面几方面进行：①地层层序的可靠性；②与峡东、蓟县两地区如何衔接；③ 所含生物群时代和对同位素年龄值的认识。

1. 徐州地区晚元古代地层层序

徐州地区晚元古代地层层序经过近 20 年来 1∶5 万区域地质调查检验认为是比较符合客观地层层序。近来有人在研究这套地层时忽视了寒武系大幅度大范围超覆现象，误认为史家组即是金山寨组，望山组即是张渠组，并提议取消史家组和望山组。我们经过大面积详细追索，认为：

(1) 望山组不等于张渠组，望山组与张渠组各自的上下层位及顶底的标志和接触关系是不相同的，各自的岩性特征和化学成分的变化也是不同的。在宿州解集乡黑峰岭一带，横穿一条地质路线自上而下见：望山组、史家组、魏集组、张渠组、九顶山组，望山组与张渠组间相隔史家组、魏集组，望山组与张渠组是上、下关系。

(2) 金山寨组不等于史家组。有人因魏集白山剖面出露的史家组 (23 m) 其顶被寒武系超覆，而误认为史家组有底有顶且与褚兰驴山剖面金山寨组为同一层位，因而取消史家组。

史家组创名地在安徽宿州解集黑峰岭和史家。只能从其复合层型中认识史家组全貌。

江苏铜山县吴邵乡魏集白山、张楼剖面与安徽宿州解集乡黑峰岭、史家剖面是魏集组、史家组、望山组、金山寨组衔接的关键地点。

我们认为：①魏集白山剖面史家组 20—22 层（见张渠组剖面）只相当史家组层型剖面 3—4 层（见史家组剖面)；②魏集白山剖面史家组有底无顶，其上被猴家山组超覆；③不能用魏集白山剖面史家组作为“史家组”层型修定史家组含义，或与金山寨组剖面或驴山剖面金山寨组相当；④史家组整合在魏集组之上、望山组之下，而金山寨组平行不整合在望山组之上、猴家山组之下，因此，两者是不同的层位，不能混为一谈，而取消史家组。

徐淮地区晚元古代地层层序在区域上与辽南相当层位极为相似（徐学思，1982、1987），主要依据有：① 岩石地层层序和岩性组合特征具相似性；②生物组合具一致性；③含矿性具可比性；④同位素年龄值和古地磁具近似性；⑤古构造形变及寒武系超覆具统一性。

2. 与蓟县中、上元古界的衔接

徐州地区处于华北准地台南部，晚元古代地层是海侵一海退沉积序列，沉积范围逐渐向盆地中心收缩，其上被猴家山组超覆；蓟县（燕山）处于华北准地台北部，中晚元古代地层是海侵一海退旋回沉积序列，沉积范围先逐渐扩大，然后再缩小，其上被昌平组超覆。两者在不同沉积海盆中，生成时期亦有差异。

经实地考察，蓟县景儿峪组上部（桃园亚组）灰、蛋青夹紫色薄层含泥质（白云质）泥晶灰岩与徐淮地区新兴组下部蛋青、黄灰夹紫色薄层泥晶灰岩，中部紫红色页状夹薄层泥灰岩，岩性组合特征较为相似，这样景儿峪组下部（长龙山亚组）与兰陵组（伍山组），都为碎屑岩，层位相当；下马岭组与曹店组，底部都有砾岩含铁砂岩，两者都是沉积间断面（芹峪运动）以上的沉积地层，层位大致相当，如是这样，徐州地区新兴组中、上部至望山组、金山寨组、猴家山组，是蓟县地区缺失的层位；而蓟县地区发育的长城系、蓟县系，在徐淮地区是凤阳（岩）群与曹店组之间缺失的层位，直到昌平组沉积时，南北差异趋于消失。

表 3-3 徐州地区晚元古代地层多重划分对应表

界	系	统	群	亚群	组	段	叠层石	CaO	MgO	SiO_2	Al_2O_3	微量元素特征	微量元素旋回	因子分析	有序分割	磁性极性	同位素测龄值 (Ma) *	沉积旋回
古生界	寒武系	下统			昌平组			52 ①(128)	1.1 (19)	1.4 (5~11)	0.5 (0.5)		Ⅳ	7				
					猴家山组			26 31 10	12 18 5	19 4 46~67	4 0.4 3~11	Li Zn P						
上元古界	震旦系	上统			金山寨组		V_3	1.3 ②《46》	1.3 《2》	70 《10》	14 《2》	Be Sn Ga Mo Co Zr					647(K)	第二沉积旋回
			淮河群	上亚群	望山组	顶 上 中 下	淮南生物群 V_2	26~28 43~50 54 25~49	15~19 1.2~3.5 0.1~0.6 1~2	0.3~14 1~14 1~1.8 1.6~13	0.6~3 0.3~3.2 0.1~0.4 1.6~13	Sr	Ⅲ	6		正极性		第一沉积旋回
					史家组	上 下		0.6~0.8 《0.5》 《0.27~50》 0.4~1.6	1~1.4 《0.2》 《0.6~10》 0.4~1.9	54~66 《93》 《7~22》 52	10~22 《2.2》 《1.4~3.2》 21~28	Ni Co V Ti P Be Li Sn Ga Cr		5			681(K) 738(K) 780(K) 787(K) 800±44(K) 850±14(Rb)	
					魏集组	上		③〔31〕 54	〔20〕 1~1.7	〔1~3〕 0.6~6	0.1~0.6 0.2~1.6 《19》	Mn Pb		4				
						下		《1~1.6》	《1.7~2.9》	《53~59》								
				下亚群	张渠组	上 下	V_1	30~33 40~52	19~21 0.1~0.8	1~5.2 0.7~3.2	0.5~0.8 0.6~1.3	Sr						
					九顶山组	上 下		48 (30) 40~54 23~31 51~54 30~34	4 (20) 0.7~4 15~21 1.3~3.9 18~21	3.4 (1.5) 1~5 1.3~2.4 0.7~1.4 0.6~2.5	0.8 (0.6) 0 0.1~1.1 0.2 0.2~0.8	17种微量元素均较低	Ⅱ	3				
					倪园组	上		19~29	14~18	7~25	0.4~3.4							
						下		43~52 (24~33)	4.5~1.5 (15~20)	1.2~9 (1.2~17)	0.5~2 (0.1~0.6)							
					赵圩组	上 下		42~51 50~52 (31)	0.4~6 0.6~2 (19)	2.5~17 5 (0.8)	0.4~4 1 (0.6)	Ba						
					贾园组			25~37 《1.3~1.7》 《0.7》 《10》	0.4~1.2 《1.5~2》 《0.5》 《2》	24~39 《60~68》 《88》 《64》	3.5~7 《14~18》 《5》 《7.0》	Cu						
					城山组			0.1~0.5 《0.3~0.4》	0.01~1.1 《1.2》	96~98 《65~67》	0.4~1.2 《15》	Cu Pb Zn Ti		2		二次反极性	654(K)	
	青白口系				新兴组	上		0.4~4.7 《32》	0.6~2.4 《0.8》	57~66 《31》	14~17 《3~8》	Ba Co Ni Zn Mn	Ⅰ			正极性	794±33(K) 976.910(Rb) 716(K)	
						中 下		28~42 49	0.8~1.4 0.3	17~32 9.4	2~7 1.1							
					兰陵组			0.4	0.2	66 97.6	1.1 0.4	Cr(Fe)		1				
					曹店组（缺失）													
太古宇					泰山(岩)群													

说明：①（ ）表示相变层位化学成分
②《 》表示夹层化学成分
③〔 〕表示互层化学成分
(K)为 K-Ar 法年龄值 (Rb)为 Rb-Sr 法年龄值
* 该竖栏内各数据均为岩石地层栏各对应地层同位素测龄值

生物组合特征相似：下马岭组含叠层石 *Gymnosolen*，*Katavia*，*Jurusania*，*Linella*，*Inzeria* 等，与徐淮地区新兴组至望山组、金山寨组相似，同属 V 组合；景儿峪组下部含疑源类 *Longfengshania*，*Chuaria*，*Shouhsienia* 及藻 *Vendotaenia*，与新兴组（刘老碑组）相似，但层位更低；下马岭组和景儿峪组微古植物组合特征与新兴组至望山组、金山寨组相似。

同位素年龄值相似：蓟县下马岭组底部年龄值 1 000～1 100 Ma(K－Ar)，景儿峪组下部（长龙山亚组上部）年龄值 899 Ma(K－Ar)，景儿峪组下部（桃园亚组）年龄值 862 Ma(K－Ar)；徐州地区新兴组上部 976 Ma(K－Ar)，910 Ma(Rb－Sr)，史家组 853 Ma(Rb－Sr)、813±44 Ma(K－Ar)，金山寨组 647 Ma(K－Ar)，推测曹店组底界年龄值 1 000 Ma。

K－Ar 法测龄值一般偏低，景儿峪组上部年龄值 862 Ma，而新兴组上部年龄值 910 Ma、976 Ma。这样，蓟县景儿峪组至昌平组之间缺 300 Ma 左右的沉积，而徐州地区发育的晚元古代地层相当于蓟县地区所缺失的地层；

古地磁：徐州地区晚元古代古磁极游移路线落于蓟县中晚元古代磁极游移路线末端，景儿峪组虚磁极位置大致在 214°E，69°N；兰陵组虚磁极位于 242°E，69°N，两者相接近。

地球化学特征：兰陵组与景儿峪组下部（长龙山亚组）以含 Cr、Fe 高为特征；新兴组中下部与景儿峪组上部（桃园亚组）以含 Ba、Mn 高为特征。

由上可知，徐州地区兰陵组至新兴组中下部与蓟县下马岭组至景儿峪组层位相当，新兴组中上部至望山组、金山寨组、猴家山组是蓟县地区缺失的地层。

3. 与峡东震旦系的衔接

峡东震旦系处于扬子准地台北部，属扬子海盆由陆相→海相沉积序列，有冰碛岩，震旦系与寒武系为连续沉积；徐州地区则相反，大部分地区缺冰碛岩，早寒武世猴家山组平行不整合超覆在下伏不同层位之上。缺失华北地层大区梅树村期多门类小壳动物化石及筇竹寺期沉积，则表明两地分属两个不同的沉积盆地。

经实地考察，安徽霍丘一带与南沱组或灯影组相当的冰碛岩称凤台组（河南称罗圈组），平行不整合在相当九顶山组地层之上，东到淮南（徐州海盆南侧），凤台组尖灭在九顶山组与猴家山组之间；在宿州一带（徐州海盆中心）九顶山组至望山组为连续沉积，也不是冰碛岩，因此，凤台组在徐州地区缺失部位应在望山组与金山寨组或金山寨组与猴家山组之间。这有两种可能：

（1）凤台组与南沱组相当。①凤台组缺失在猴家山组与金山寨组之间，则金山寨组至曹店组应在南沱组之下。②凤台组缺失在金山寨组与望山组之间则金山寨组应在南沱组之上；而望山组至曹店组应是南沱组以下的层位，能否与莲沱组相当呢？

莲沱组为陆相，厚度 103 m 左右，下限年龄值 800 Ma；而曹店组至望山组是海侵—海退完整沉积旋回，厚 5 000 m 左右。史家组下限 850 Ma，推测望山组上限 800 Ma，望山组至曹店组很可能是莲沱组以下的层位。

（2）凤台组与灯影组上部相当。①凤台组缺失在猴家山组与金山寨组之间，金山寨组应部分相当灯影组或陡山沱组，而南沱组、莲沱组，则在金山寨组与望山组之间缺失；②凤台组缺失在金山寨组与望山组之间，金山寨组部分相当灯影组下部陡山沱组上部或是凤台组相变，而南沱组、莲沱组，则在金山寨组与望山组之间缺失。

据邻区资料，新疆属于震旦系的库鲁克塔格群（具三套冰碛岩）不整合在相当徐州地区的上元古界帕尔岗塔格群之上；在朝鲜，相当南沱冰碛岩的飞浪洞组（冰碛岩）不整合在相当徐淮地区的上元古界祥原系之上。从地层相互叠置关系，沉积时的古气候和古环境分析，望山组至曹店组层位低于莲沱组。陡山沱组底有一间断面，金山寨组底面也有间断面(间断的时间是各不相同的)，两者都位于寒武系之下，前者与灯影组、寒武系连续沉积，后者直接被寒武系平行不整合覆盖。因此金山寨组很可能只相当陡山沱组至灯影组部分层位。

峡东震旦系中生物：

陡山沱组及相当层位含海绵骨针。

灯影组含蠕虫 *Micronemaites formasus*，*Sinotubulites baimatuoensis*，*S. baimatuoensis simplex*，Sabelliditidae，*Chinochaetopterus*，Capitellidac，? *Saarina*；软体后生动物 *Charnia dengyingensis*；软舌螺 *Circotheca*；遗迹化石 *Skolithos miaohensis*，*Planolites* (*Paraplanolites*) *taishanmiaoensis*，*P.* sp.，*Cochlichnus*；带藻 *Vondotaenides* 等。它们都位于冰碛岩之上，含多门类小壳化石层位之下，大致与埃迪卡拉动物群层位相当；徐州地区新兴组（刘老碑组）、贾园组（九里桥组）、史家组中后生动物，上下相距 4 000 多米称淮南生物群，位于冰碛岩之下；金山寨组中后生动物有可能位于冰碛岩之上，底部含磷和锰，同位素年龄值 647 Ma，与陡山沱组相似。

以上说明，徐州地区望山组至曹店组低于莲沱组；金山寨组与陡山沱组和灯影组部分相当。金山寨组与望山组之间缺失 100 Ma 地层的沉积，正是相当马草园组、莲沱组、南沱组的层位。金山寨组与猴家山组之间缺失灯影组上部、梅树村组、筇竹寺组的层位。

4. 淮南生物群与埃迪卡拉动物群

埃迪卡拉动物群由水母、八射珊瑚、节肢动物、环节动物等软体动物和一些不能肯定门类的遗迹化石等组成。出现于震旦纪冰期之后，多门类小壳动物发生之前，大约产于距今 700～600 Ma 地层中。生物门类分化程度、组织结构都比较高级，与我国西陵峡生物群大致相当。

淮南生物群，由蠕虫、疑源类、褐藻等组成，出现于震旦纪冰川之前，大约产于距今 1 000～800 Ma 地层中，比埃迪卡拉动物群更原始、更低级，是生物向埃迪卡拉动物群演化的重要阶段。两者不是同期的生物，而是生物演化发展不同阶段的生物。用淮南生物群等同埃迪卡拉动物群，将所含淮南生物群的地层作为震旦系，依据是不足的。

淮南生物群在地层和生物演化中的意义正为我国学者所关注。从生物演化的规律来分析，在埃迪卡拉动物群出现之前，应该有更低级生物群出现，淮南生物群则是其中之一。

徐淮地区晚元古代地层，在我国中晚元古代地层层序的位置，是衔接蓟县、峡东上元古界地层的关键之一。其层序相当于青白口系至上震旦统的一套地层。

5. 徐州地区晚元古代地层层序的其他认识

近来乔秀夫等(1996)在《北中国板块东部震旦系对比》一文中，对徐淮地区的晚元古代岩石地层序提出了新的划分和对比方案。主要以事件地层为基础，结合层序地层、生物地层和年代地层综合提出的，与传统的方案有所不同，主要为：(1)望山组与魏集组同为震旦纪顶部层位，不是上、下关系；铜山县魏集白山的史家组为魏集组的一部分，史家组仅出露于宿州史家村；(2)淮南震旦系与徐淮相当，并非相当于徐淮震旦系的下部层位；(3)吉、辽地区的万隆组、八道江组和青沟子组为震旦系上部层位；下震旦统的同名岩组并非等时。

四、沉积环境

沉积建造受环境控制，其特征可以反映沉积环境，因此，可用反序原理，利用沉积建造分析的方法来推测当时的沉积环境，根据岩性的变化和分布以及上、下地层之间的接触关系，推测沉积范围和沉积相的变化或确定某一时期沉积盆地的边界；根据沉积建造岩性物质组分、颜色、结构和构造、生物组合、沉积矿物推测当时的古气候、水动力条件、物质来源和沉积方式等；根据厚度变化及保存状况，推测沉积或凹陷中心等。

1. 沉积盆地的最小范围

徐州地区距今1 900 Ma前受凤阳运动(吕梁运动)影响，使凤阳(岩)群褶皱回返，形成华北准地台。中元古代处于隆起剥蚀，缺失长城纪、蓟县纪的沉积。直到晚元古代，徐州及辽南地区开始下沉接受海侵，形成海盆，为近东西向陆表海(浅海陆架)。它的北缘，大致自山东省潍坊—临沂—枣庄，到江苏沛县—丰县，可能经河南商丘—郑州北，继续向西延伸；向东往北，大致在辽宁沈阳—吉林柳河一线，继续东延与朝鲜惠山—利原坳陷北缘相接。南缘自安徽合肥—金寨一线以北，向西继续延伸到河南信阳—卢氏一带；向东往北，大致在山东掖县—栖霞—文登—荣城，继续向东过黄海到朝鲜中部与平南坳陷的南侧相接。晚元古代，徐州、辽南及朝鲜平南是一个近东西向延伸，宽数百公里，长1 000 km以上的海盆地带。由于受后期郯庐断裂横切，分成东西两段，徐州一带位于它的西段东部，辽南及朝鲜平南坳陷是它的东段(图3-3a、b)。

2. 沉积凹陷中心、沉降幅度及海侵方向

根据寒武系超覆情况，晚元古代地层保存最高、最全的层位沉积厚度最大。在宿州褚兰、栏杆一带，向东至辽南金县一带，过黄海到朝鲜平南坳陷，为沉积凹陷中心。自此向北向南寒武系超覆的层位渐低，反映了地壳逐渐上隆，地层厚度减薄。在凹陷中心，沉积最大厚度达5 000多米(图3-3c)。沉积凹陷自褚兰向西昂起，在商丘—亳县一带为一向南倾没的南北向隆起(或海底隆起)。

徐淮海盆北有华北古陆，南有淮阳古陆，两古陆是海盆陆源物质补给区，海水只能从东西两侧入侵。从地层的保存状况、沉积厚度和速率及寒武系超覆情况分析，复原后海盆，海水应由东向西入侵。

3. 沉积环境演化

曹店组为处于山间盆地气候炎热氧化环境下，快速沉积的陆源红色类磨拉石建造，起到填平盆地的作用。接着海水由东向西侵入形成徐州浅海陆架，苏皖交界睢宁、灵璧、泗县一带为主要沉积凹陷中心。兰陵组在潮下高能氧化环境中沉积了成分单一、成熟度高、硅质胶结的石英砂岩。新兴组沉积时海水由深变浅，碳酸盐岩由多变少，泥质增高，初期为开阔台地潮下低能弱还原至氧化环境，沉积了以青紫色为主的碳酸盐岩至砂泥质碎屑岩，中晚期为潮下坪至潮间弱还原环境，蠕虫、疑源类和褐藻繁盛，微古植物大量出现，沉积了以黄绿色为主的碎屑岩。城山组沉积环境与兰陵组相似，岩性特征相近。贾园组沉积时海水由深渐浅，钙泥质增加，砂粒减少变细，由砂泥坪潮下低能弱还原环境到碳酸盐台地潮间带氧化环境，蠕虫、疑源类、微古植物繁殖，岩性以砂灰岩为特征，含较多粉砂级陆源碎屑，其来源可能多样，其中很可能有风沙事件，再经海水作用沉积成岩。

赵圩组—张渠组沉积时，海水时深时浅，沉积范围逐渐向沉积凹陷中心收缩变小，碳酸盐台地向东南开口，向西北昂起，陆源物质大为减少，钙镁大量增加。赵圩组沉积自盆缘向内由局限台地变为开阔台地潮间带，岩性由白云岩变为灰岩，自早到晚，盆中心由开阔台地潮间带变为局限台地，岩性由灰岩变为白云岩，反映了海水三次由深变浅，盐度由低增高，岩性由灰岩变为白云岩(在各组上部)三次沉积旋回。

魏集组到望山组沉积时海水时深时浅收缩，逐渐向东南沉积凹陷中心。魏集组沉积时海水中泥质含量周期性增减，钙镁周期性富集，为潮下低能弱还原—潮间—潮上氧化环境的多

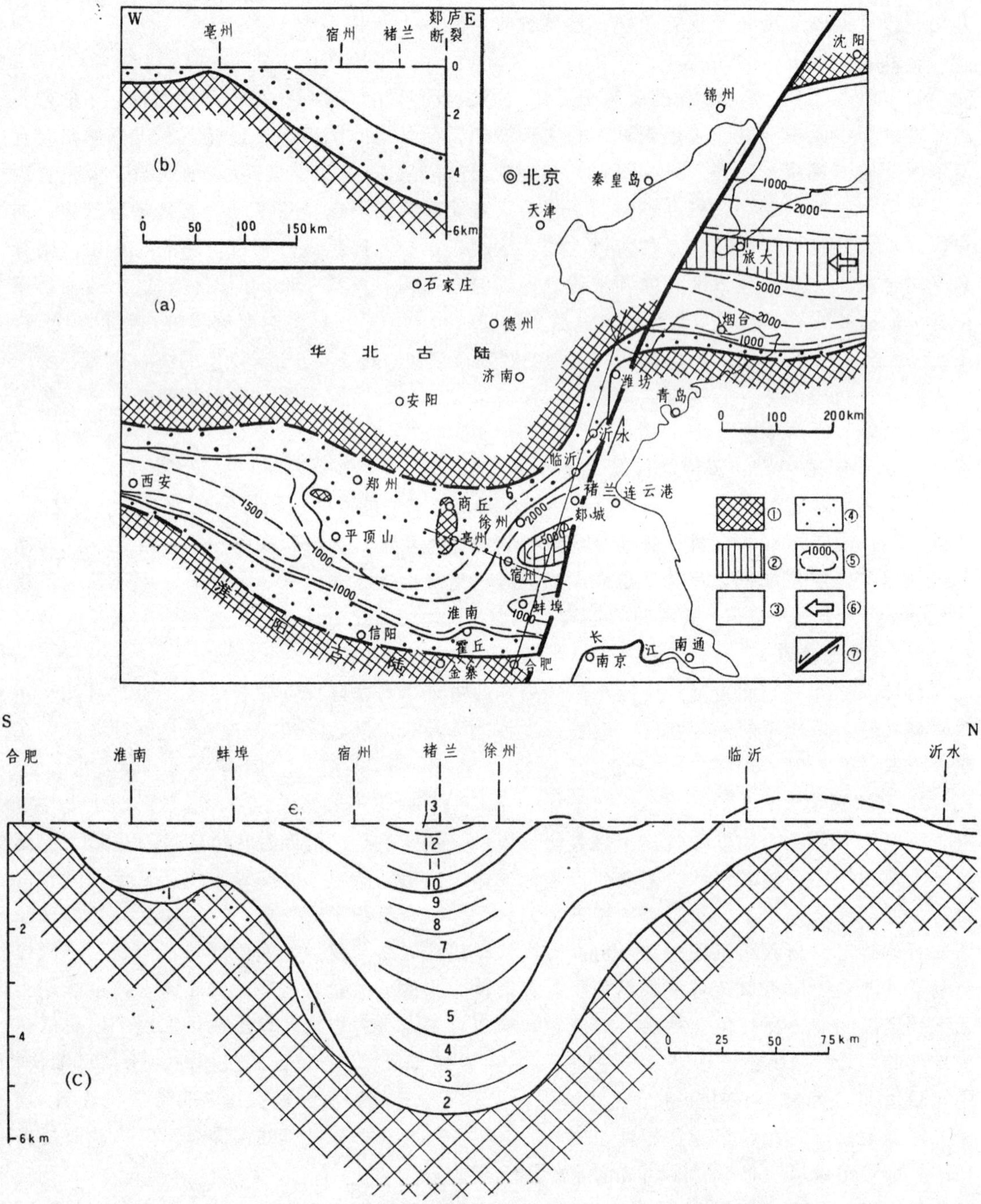

图 3-3　徐淮盆地晚元古代古地理(a)及沉积剖面(b、c)示意图

①古陆；②金山寨组；③贾园组—望山组；④兰陵组—城山组；⑤等厚线(m)；⑥海侵方向；⑦郯庐断裂

1. 曹店组；2. 兰陵组；3. 新兴组；4. 城山组；5. 贾园组；6. 赵圩组；7. 倪园组；8. 九顶山组；9. 张渠组；10. 魏集组；11. 史家组；12. 望山组；13. 金山寨组

次更叠，沉积了页岩—灰岩—白云岩多旋回岩性组合。史家组以砂泥坪潮下弱还原—潮间氧化环境为主，蠕虫、疑源类、微古植物繁盛，岩性以黄绿色页岩为主，夹砂岩、泥晶灰岩。望

山组沉积时海水中泥质大为减少，钙镁逐渐增加，盐度逐渐增高，为潮下低能—潮间—潮上环境，岩性反映了海退碳酸盐岩沉积序列。

金山寨组是另一期海侵沉积，海水再次由东向西侵入，继承了前期沉积凹陷(向东南开口，向西北昂起封闭)，沉积范围仅限褚兰、栏杆以东，为砂泥坪潮下(弱)还原—潮间氧化环境，蠕虫、疑源类、微古植物、叠层石大量生长，沉积了黑色页岩为主夹砂岩及叠层石灰岩。之后海水退出结束了晚元古代的海侵和沉积历史。

第四章
寒武纪—奥陶纪

省内北部寒武纪—奥陶纪地层分布于华北地层大区鲁西地层分区和徐淮地层分区，为陆表海台地型沉积，岩石组合下部为一套紫红色页岩与灰色灰岩交互为主，上部为青灰色灰岩为主的碳酸盐岩，总厚度 1 500 m 左右，不整合在晚太古代泰山(岩)群或平行不整合在晚元古代地层不同层位之上，被本溪组平行不整合覆盖，其间除三山子组与贾汪组间为平行不整合外，各组之间均为整合。它广泛分布在郯庐断裂西侧，出露于利国—九里山以东、燕子埠—魏集以西，组成低缓山丘。本区寒武纪—奥陶纪地层层序清楚，是研究华北南部寒武纪—奥陶纪地层的重要地区之一（见图 3 - 1）。由于交通方便，形成了以徐州市为中心的非金属矿产基地，特别是建材、化工、冶金所用的石灰岩和白云岩矿产尤为丰富，部分砂页岩可作为水泥配料。

1919 年刘季辰和赵汝钧在贾汪调查时，分出寒武纪地层的赭色页岩、鲕状灰岩、蠕状灰岩及奥陶纪塔石石灰岩。1930—1932 年间，谢家荣和李四光来贾汪，首次将馒头砂页岩、张夏鲕状石灰岩、糙(炒)米店竹叶状石灰岩、马家沟石灰岩引用本区，并创立了“三山子石灰岩”和“贾汪页岩”，为研究本区寒武纪—奥陶纪地层奠定了基础。1959 年第一届全国地层会议之后，除继续应用“三山子白云岩”和“贾汪页岩”外，均采用了卢衍豪和董南庭在山东张夏地区创建和厘定的地层单位名称。1973 年后，本区进行了 1∶20 万和 1∶5 万区调工作，分组划界以古生物化石资料为主，将三山子白云岩肢解为两部分，下部归寒武系上统凤山组，上部为厘定狭义的“三山子组”，归奥陶系底部；张夏组底部近 40 m 左右的鲕状灰岩，被划入徐庄组上部。80 年代，冯增昭等为研究华北地台早古生代的岩相古地理，对大南庄和寨山的寒武纪—奥陶纪地层进行了岩石学、岩相等详细研究，提高了本区研究程度。

这套地层原使用 29 个地层单位，现建议使用 11 个岩石地层单位(表 4 - 1)。

第一节　岩石地层单位

猴家山组　$\in_1 h$　**(05 - 32 - 1055)**

【创名及原始定义】　原名猴家山统，徐嘉炜(1956)创名于安徽省淮南市猴家大山，指该

表 4-1　徐淮地区寒武纪—奥陶纪地层划分沿革表

刘季辰、赵汝钧	谢家荣	江苏地质局	江苏地质五队	江苏区测队	江苏地矿局	房尚明	本书
1919	1932	1965	1975	1976	1984	1988—1991	1997
贾汪	贾汪	徐州	贾汪	徐州	徐州—褚兰	贾汪—褚兰	徐州地区
C 含煤层	C_2 泉旺头石灰岩	C_2 本溪组	C_2 本溪组	C_2 本溪组	C_2 本溪组	C_2 本溪组	C_2 本溪组湖田段
奥陶纪 塔石石灰岩			O_2 晁所组	O_2 白土组	O_2 阁庄组	O_2 阁庄组	O_2 马家沟组 晁所段
	上中奥陶纪 马家沟石灰岩	O_2 马家沟组	马家沟组	马家沟组	上马家沟组	马家沟组	大泉段
			O_1 大泉组	O_1 小家峪组	下马家沟组	肖县组 大泉段	
			寨山组			寨山段	寨山段
	下奥陶纪 贾汪页岩	O_1 亮甲山组	贾汪组	贾汪组	O_1 贾汪组	O_1 贾汪组	O_1 贾汪组
	三山子石灰岩	冶里组	$\in_3$ 凤山组 三山子段	$\in_3$ 凤山组 上段	三山子组	三山子组 上段	三山子组 上段
						下段	下段
					$\in_3$ 凤山组 上段	凤山组 上段	
寒武纪 蠕状灰岩	上中寒武纪 糙米店竹叶状石灰岩	$\in_3$ 凤山组	香山段	下段	下段	$\in_3$ 下段	$\in_3$ 炒米店组 上段
		长山组	长山组	长山组	长山组	长山组	中段
		崮山组	崮山组	崮山组	崮山组	崮山组	下段
							张夏组 白云岩段
蛹状灰岩	张夏蛹状石灰岩	$\in_2$ 张夏组	$\in_2$ 张夏组 上段	张夏组	张夏组	张夏组	上段
			下段			徐庄组 上段	下段
		徐庄组	徐庄组	$\in_2$ 徐庄组	$\in_2$ 徐庄组	$\in_2$ 下段	$\in_2$ 馒头组 上段 舜耕山砂岩
赭色页岩	下寒武纪 馒头砂页岩	毛庄组	毛庄组	毛庄组	毛庄组	毛庄组	铜山灰岩
				徐州组		馒头组 上段	中段
		$\in_1$ 馒头组	$\in_1$ 馒头组	$\in_2$ 馒头组	$\in_1$ 馒头组	下段	下段 石鼓山灰岩
							$\in_1$ 雷鼓山页岩
							昌平组
(未见底)	(未见底)		猴家山组	猴家山组	猴家山组	$\in_1$	
							猴家山组
		Z 绵山组	土门组	Z 沟后组	Z 沟后组	猴家山组	Pt_3 金山寨组
							淮河群

区寒武系最底部的一套地层，由钙质页岩夹砂质灰岩，含磷岩系及砾岩层构成，厚度约 140～150 公尺，在含磷岩系中产有 *Neobolus* sp.，*Hyolithes*? sp. 等生物群。

【沿革】　1958 年徐嘉炜将猴家山统岩性厘定为“凤台砾岩——红色角砾状石灰砾岩层；雨台山页岩——含磷岩系和白鹤山层——钙质页岩夹砂质灰岩”三部分组成。1962 年朱兆玲在凤阳蚂蚁山剖面于馒头组底部一层灰色块状灰岩中发现凤阳古油栉虫，并把这层灰岩置于猴家山组顶部。1979年张文堂和朱兆玲在研究淮南寒武系时，将下部的砾岩改称凤台组，含磷岩系和白鹤山层称猴家山组。80年代至今，徐淮地区的区域地质调查、矿产普查勘探及地质科学研究等，多把凤台组砾岩之上的含磷岩系、白鹤山层及含大古油栉虫的灰岩统称猴家山组（表4-1）。本次对比研究采用1974年江苏区测队实测的铜山县吴邵乡张楼剖面(图4-1，AA′剖面)，并把含大古油栉虫灰岩(层26)及其上(上部)地层划归昌平组，其下(中、下部)归猴家山组的方案。

【现在定义】 由磷矿层、砂灰岩、泥灰岩、白云质泥灰岩、粉砂质页岩和灰质白云岩组成，含腕足类、软舌螺化石。底以磷矿层出现与下伏凤台组或晚元古代地层呈平行不整合接触，顶以白云岩消失与昌平组灰岩呈整合接触。

江苏省内该组底部岩性为黄灰色中薄、厚层含砾钙质石英砂岩；中部为灰黄色页状泥灰岩夹含砾砂岩；上部为灰黄色夹紫红色页状泥灰岩，粉砂岩。底与下伏史家组为平行不整合接触，顶与昌平组为整合接触。

【层型】 正层型在安徽省境内。省内次层型为铜山县吴邵乡张楼剖面（117°22′，34°13′），江苏区测队1974年实测，房尚明1994年补充修改(图4-1，AA′剖面)。

上覆地层：**馒头组** （雷鼓山页岩)灰黄色页岩夹泥灰岩扁豆体，底部夹褐色锰土。含三叶虫 *Redlichia murakamii*

——————— 整　合 ———————

昌平组　　　　总厚度 17.20 m

29. 灰色薄层含海绿石灰岩。含三叶虫 *Redlichia chinensis*，*R. chinensis spinosa*，*R. murakamii*　　2.02 m
28. 灰、深灰色中厚层豹皮状灰岩。含三叶虫 *Redlichia* sp.　　9.71 m
27. 青灰色薄层灰岩　　1.49 m
26. 深灰色厚层灰岩，底部夹波状叠层石灰岩。含三叶虫 *Megapalaeolenus fengyangensis*，*Redlichia kaiyangensis damiaoensis*　　3.98 m

——————— 整　合 ———————

猴家山组　　　　总厚度 64.33 m

25. 灰黄色夹杂紫红色页状含云母砂质泥灰岩夹钙质粉砂岩　　11.55 m
24. 灰黄色页状泥灰岩夹含砾砂岩，底部夹肉红色杂砂岩扁豆体。泥灰岩中含较多石盐假晶印痕　　36.93 m
23. 黄灰色中薄、厚层含砾钙质石英砂岩，底部粗糙含砾较多，楔形斜层理发育　　15.85 m

－－－－－－ 平行不整合 －－－－－－

下伏地层：**史家组**　灰绿色页岩夹薄层泥晶灰岩

【地质特征及区域变化】 猴家山组为本区寒武系最低层位，岩性底部为杂色砾岩、砂砾岩、杂砂岩，局部为含磷砂砾岩或含磷角砾岩夹磷块岩；中、上部为灰黄、紫红色页状或薄层状粉砂质泥灰岩、白云质泥灰岩、泥灰质白云岩，夹钙质页岩和粉砂质页岩，常见石盐假晶，偶见波痕、泥裂，部分地段的泥灰质白云岩含较多燧石结核，外表显较多溶蚀洞或燧石脱落后的洞穴。本省次层型猴家山组与下伏金山寨组或更老地层为平行不整合接触，与上覆昌平组为整合接触。

贾汪东磨石塘磷矿猴家山组中发现较多腕足类化石碎屑，磨石塘、唐家庄及大南庄东等

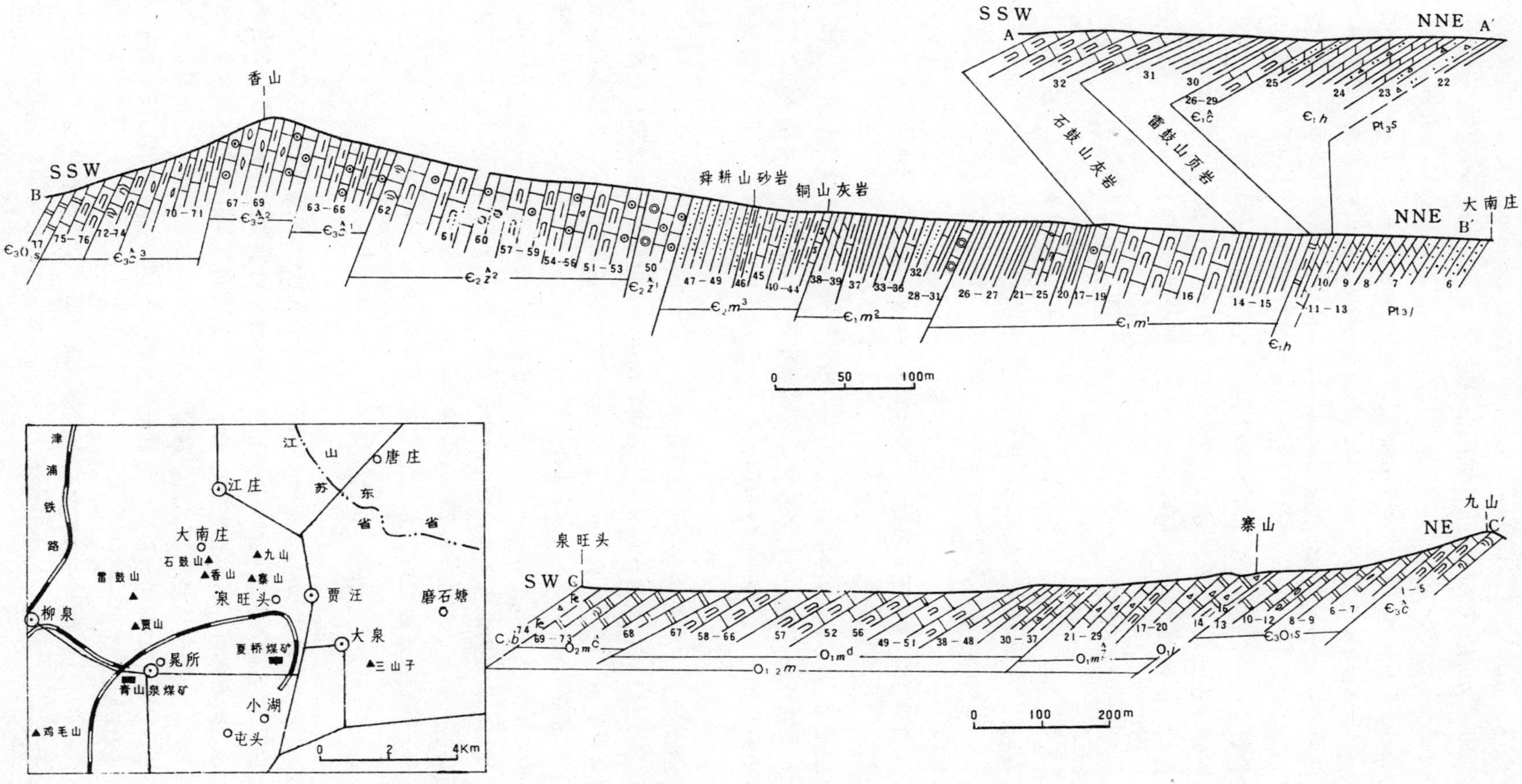

图 4-1　寒武纪—奥陶纪地层剖面图

AA′铜山县吴邵乡张楼猴家山组—昌平组剖面；BB′铜山县江庄乡大南庄香山馒头组— 炒米店组剖面；CC′铜山县大泉乡寨山三山子组—马家沟组剖面

Pt_3s. 史家组；Pt_3j. 金山寨组；$\in_1h$. 猴家山组；$\in_1\hat{c}$. 昌平组；$\in_{1-2}m$. 馒头组；$\in_1m^1$. 馒头组下段；$\in_1m^2$. 馒头组中段；$\in_2m^3$. 馒头组上段；$\in_2\hat{z}^1$. 张夏组下段；$\in_2\hat{z}^2$. 张夏组上段；$\in_3\hat{c}^1$. 炒米店组下段；$\in_3\hat{c}^2$. 炒米店组中段；$\in_3\hat{c}^3$. 炒米店组上段；$\in_3O_1s$. 三山子组；O_1j. 贾汪组；$O_{1-2}m$. 马家沟组；$O_1m^{\hat{z}}$. 寨山段；O_1m^d. 大泉段；$O_2m^{\hat{c}}$. 晁所段；C_2b. 本溪组

地含微古植物化石 *Archaeodiscina* sp., *Granomarginata prima*, *Archaeofavosina* sp., *Paleamorpha figurata*, *P. punctulata*, *Hubeisphaera radiata*, *Triangumorpha tenera*, *Trachyrytidodiacrodium* cf. *verticale*; *Monotrematosphaeridium asperum*, *Trachysphaeridium rude*, *T. hyalinum*, *T. simplex*, *T. cultum*, *Micrhystridium* sp, *Asperatopsophosphaera umishanensis*, *Taeniatum crassum*, *Laminarites antiquissimus*, *Psophosphaera obscura* 等，具有浓厚的早寒武世色彩，特别是前两个属种(*Archaeodiscina*, *Granomarginata*)在国内外都是发育在早寒武世。磨石塘剖面猴家山组的两个全岩 K－Ar 法年龄为 508.2 Ma 和 513.5 Ma，比梅树村剖面筇竹寺阶下部黑色粉砂岩用 Rb－Sr 全岩等时年龄 612±36 Ma，晚 100 Ma 左右。

猴家山组平行不整合超覆在晚元古代地层不同层位上(图 4－2)，厚度 10～65 m，苏皖边界褚兰一带最厚可达 100 m 左右，并由此向西、向北明显变薄，丰县、沛县一枣庄一带缺失。

昌平组　$\in_1\hat{c}$　(05－32－1056)

【创名及原始定义】　张文佑于 1935 年创名，原称"昌平灰岩"。"余等于昌平县城北二、三里许之龙山，在暗灰色厚层灰岩中，发现三叶虫化石，此种三叶虫形体甚小……皆为下寒武纪上部之标准化石，故知此暗灰色厚层灰岩属下寒武纪上部，姑名之曰昌平灰岩……可相当于蓟县之景儿峪灰岩之顶部。"

【沿革】　1964 年项礼文等重新厘定其含意，岩性以灰黑色厚层豹皮灰岩为主(表 4－1)。1980 年江苏区调队将昌平组引用区内。

【现在定义】　为一套灰、灰黑色厚层豹皮状粉晶—微晶白云质灰岩，厚层细粉晶—微晶灰岩及灰质白云岩，产三叶虫、腕足类、棘皮、软舌螺等化石。与下伏景儿峪组杂色薄层含泥灰岩，与上覆馒头组紫红色页岩均为平行不整合接触。江苏省内下与猴家山组，上与馒头组均为整合接触。

【层型】　正层型在北京市。省内次层型为铜山县吴邵乡张楼剖面（见猴家山组剖面）。

【地质特征及区域变化】　以灰岩或白云质灰岩出现作为昌平组底界，岩性为灰色厚层豹皮状灰岩，下部夹薄层灰岩、白云质灰岩或白云岩团块。微细层理比较发育，并见波状叠层石。含三叶虫 *Redlichia kaiyangensis damiaoensis*, *Megapalaeolenus fengyangensis*。顶部含海绿石灰岩，含丰富的软舌螺和三叶虫 *Redlichia murakamii*, *R. chinensis*, *R. chinensis spinosa*，以往作为馒头组底部。江苏省内昌平组整合覆于猴家山组之上，整合伏于馒头组之下，厚度一般小于 25 m，苏皖省界褚兰一带最厚达 28 m，并由此向西、向北与下伏猴家山组厚度同步变薄、缺失，展布形态与猴家山组相似。该组时代定为早寒武世。

馒头组　$\in_{1-2}m$　(05－32－1057)

【创名及原始定义】　Willis 和 Blackwelder 1907 年创名馒头层(又称馒头页岩)，即"Manto Formation (Shale)"，创名地点在山东省长清县张夏镇馒头山。馒头层主要是一套红和棕色页岩，夹有灰色或浅灰色石灰岩，石灰岩经常含泥质成分。这套地层见于张夏村陡壁下四周的坡上，总厚 135～225 m，位于张夏村之正南叫做馒头山的一个孤山处，有一个下与花岗岩不整合接触，上面整合盖着石灰岩的馒头层的完整而出露好的剖面。这就是馒头层的典型剖面。单位就根据这个孤山而命名。

【沿革】　1952 年卢衍豪和董南庭重测馒头山剖面，将"馒头页岩"解体为"馒头统"、"毛庄统"和"徐庄统"，1959 年第一届全国地层会议改统为组，并将馒头组和毛庄组归下寒

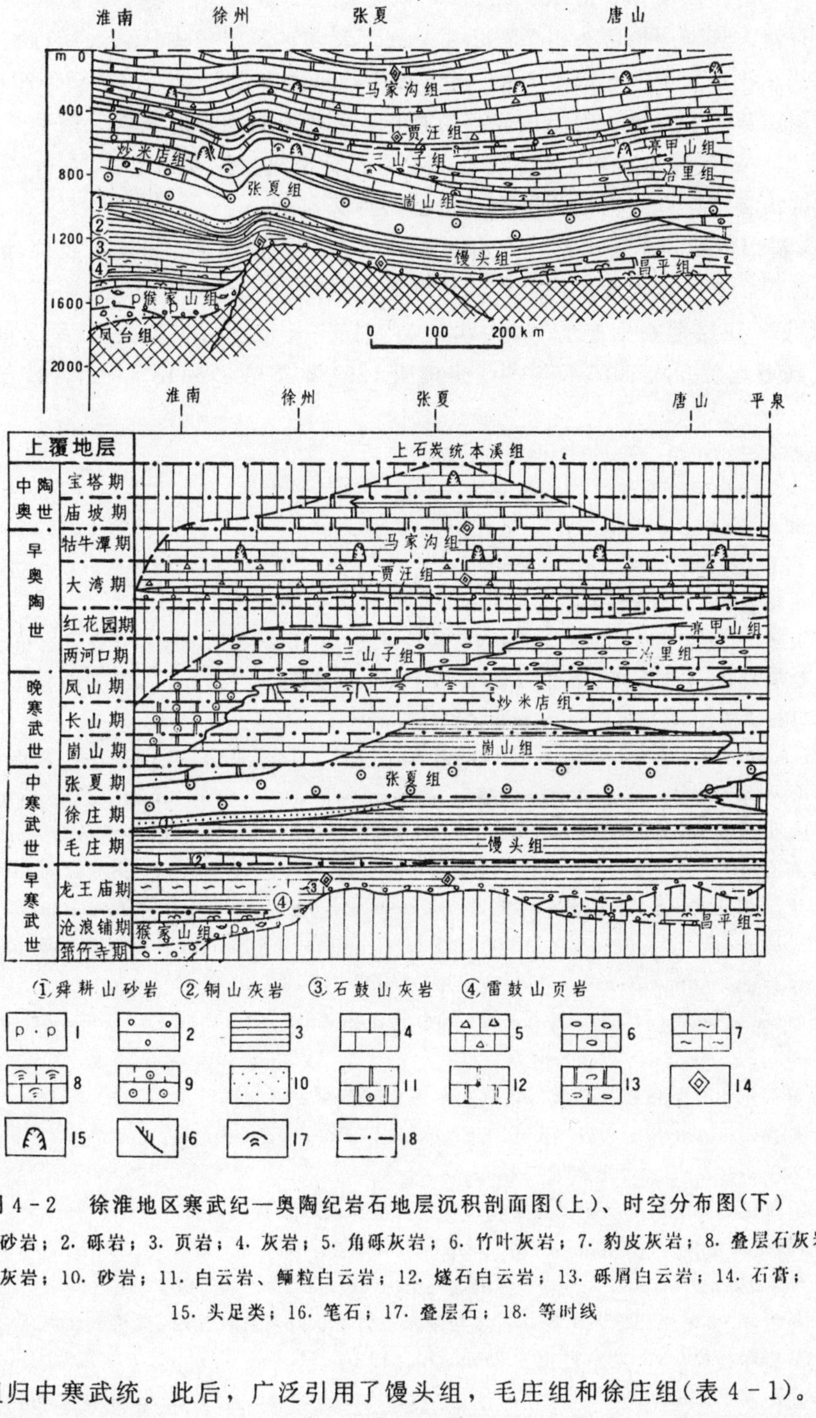

图 4-2 徐淮地区寒武纪—奥陶纪岩石地层沉积剖面图(上)、时空分布图(下)

1. 含磷砂岩；2. 砾岩；3. 页岩；4. 灰岩；5. 角砾灰岩；6. 竹叶灰岩；7. 豹皮灰岩；8. 叠层石灰岩；9. 鲕粒灰岩；10. 砂岩；11. 白云岩、鲕粒白云岩；12. 燧石白云岩；13. 砾屑白云岩；14. 石膏；15. 头足类；16. 笔石；17. 叠层石；18. 等时线

武统，徐庄组归中寒武统。此后，广泛引用了馒头组，毛庄组和徐庄组(表 4-1)。

【现在定义】 岩性以紫(砖)红色页岩为主，夹泥灰岩、泥质灰岩、白云岩、灰岩和砂岩。底以灰岩或白云岩组合结束，杂色页岩或泥灰岩出现划界，与朱砂洞组整合接触，顶以页岩或砂岩结束，大套灰岩出现划界，与张夏组整合接触。

省内本区馒头组，根据岩性特点，可归纳为以下四种典型岩性：

(1) 雷鼓山页岩 指馒头组底部的紫红色页岩，底板常出现黄绿色页岩。命名地点在铜山县江庄乡大南庄西南 3.5 km 的雷鼓山，以大南庄剖面为正层型，厚度 40.58 m。

(2) 石鼓山灰岩　指馒头组雷鼓山页岩之上紫灰色厚层豹皮状(含白云质)灰岩，命名地点在铜山县江庄乡大南庄东南 0.5 km 的石鼓山，以大南庄剖面为正层型，厚度 82.46 m。

(3) 铜山灰岩　指馒头组上段底部的青灰色致密厚层生物屑灰岩，俗称"鸭蛋青灰岩"、"小花灰岩"、"泥质斑点灰岩"等，因在铜山县广泛出露，厚度稳定在 10 m 左右，命名铜山灰岩，以铜山县江庄乡大南庄剖面为正层型，厚度 8.41 m。

(4) 舜耕山砂岩　舜耕山砂岩为谢家荣 1945 年在淮南命名。为馒头组顶部与张夏组灰岩划界的标志层，本区以大南庄剖面作参考剖面，厚度 42.28 m。

【层型】　正层型在山东省。省内次层型为铜山县江庄乡大南庄—香山剖面 (117°23′, 34°28′)，江苏地质五队 1973 年实测，房尚明 1994 年补充修改(图 4-1，BB′剖面)。

上覆地层：三山子组　黄灰色中厚层细晶白云岩

———— 整　合 ————

炒米店组　总厚度 208.52 m

上段　厚度 85.71 m

76. 黄灰色薄、中厚层细晶白云质灰岩　2.08 m

75. 黄灰、紫灰色中厚层豹皮状亮晶藻凝块砂屑灰岩夹泥晶灰岩、藻凝块泥晶灰岩和生物屑灰岩。含头足类 *Ellesmeroceras foerstei*；腕足类 *Obolus* sp.，*Eoorthis* sp.；三叶虫 *Kingstonia* sp.，*Saukia* sp.，*Tsinania* sp.；腹足类 *Hyolithes* sp.；牙形刺 *Oneotodus nakamurai*，*O. gracilis*，*O. reclinatus*，*O. jiawangensis*，*O. gallatini*，*Proconodontus notchpeakensis*，*P. muelleri*，*Prooneotodus tenuis*，*P. rotundatus*，*Prosagittodontus* aff. *palmeri*，*Proacodus cambricus*，*Sagittodontus furnishi*，*S. dahlmani*　17.61 m

74. 灰色厚层（叠层石）泥晶灰岩，叠层石密集分布，纵向断面竹荀状，横断面同心环状，直径 20～40 cm。含三叶虫 *Dictyites* sp.，*Kingstonia convexa*，*Pagodia* sp.，*Saukia* sp.，*Tsinania* sp.，*Wanwanaspis convexa*；牙形刺 *Hirtzina* aff. *americus*，*Hirsutodontus bulbousus*，*Oneotodus nakamurai*，*O. reclinatus*，*O. probasalis*，*Prooneotodus tenuis*，*P. rotundatus*，*Prosagittodontus* aff. *palmeri*，*P. furnishi*，*Proconodontus muelleri*，*P. venustus*　5.32 m

73. 黄灰色中厚层鲕粒亮晶灰岩，鲕粒多聚集成条带状。含三叶虫 *Dictyites conicus*，*Bathyuriscus*? sp.，*Haniwa* sp.，*Kingstonia convexa*，*Quadraticephalus* sp.，*Wanwanaspis corna*；牙形刺 *Proconodontus* sp.　1.53 m

72. 灰黄色中厚层豹皮状泥质条带泥晶灰岩夹薄层泥质灰岩。含三叶虫 *Dictyites* sp.，*Prosaukia* sp.，*Tsinania ligauensis*，*Dictyella manchuricus*，*D. semielliptica*，*D. petila*，*Hamashania gigas*；腕足类 *Plectostrophia* sp.，*Obolella* sp.　7.50 m

71. 灰色薄、中厚层泥质条带泥晶灰岩与紫灰色竹叶状砾屑灰岩互层，偶夹豹皮状泥晶灰岩和鲕粒灰岩。含三叶虫 *Bathyuriscus*? cf. *wongi*，*Pagodia* sp.，*Prosaukia* sp.；牙形刺 *Prooneotodus tenuis*，*P. gallatini*，*Proconodontus* sp.，*Proacodus obliquus*　23.84 m

70. 浅灰色薄层泥质条带泥晶灰岩夹竹叶状砾屑泥晶灰岩和紫灰色中厚层鲕粒泥晶灰岩。上部含三叶虫 *Dictyites dictys*，*Haniwa* sp.，*Ptychaspis* sp.，*Sinosaukia pustulosa*，*Saukia* sp.，*Tsinania canens*，*T. obconica*，*Mansuyia* sp.；腕足类 *Westonia* sp.。下部含三叶虫 *Agnostus* sp.，*Saukia* sp.，*Sinosaukia pustulosa*，*Pagodia* sp.，*Tsinania canens*，*T. depressa* 及牙形刺 *Furnishina furnishi*，*F. primitiva*，*Prooneotodus tenuis*，*Proacodus obliquus*，*Prooneotodus gallatini*　27.83 m

中段 厚度 61.95 m

69. 灰色中厚层含海绿石鲕粒亮晶灰岩，底部夹竹叶状砾屑灰岩。顶部含三叶虫 *Changshania* sp., *Mansuyia orientalis*, *Pagodia* cf. *damesi*, *Kaolishaniella* sp.; 腕足类 *Billingsella* sp. 8.66 m

68. 灰色薄层泥质条带泥晶灰岩与中厚层竹叶状砾屑泥晶灰岩互层，夹黄灰色中厚层含海绿石鲕粒灰岩、浅灰色叠层石泥晶灰岩、生物屑灰岩、砂屑灰岩等。上部含三叶虫 *Kaolishaniella* sp., *Parakaolishania xiangshanensis*, *Mansuyia orientalis*; 腕足类 *Paterina* sp.。中部含三叶虫 *Changshania conica*, *C. shihuigouensis*, *Prochangshania* sp., *Callaspis rarus*, *Irvingella taitzuhoensis*, *Cyclolorenzella humilis* 37.33 m

67. 灰色中厚层含海绿石鲕粒泥晶和亮晶灰岩夹薄层泥质条带泥晶灰岩。上部含三叶虫 *Chuangia conica*, *C. subquadrangulata*, *Quadrahomagnostus* sp. 15.96 m

下段 厚度 60.86 m

66. 灰色薄层泥质条带泥晶灰岩，上部夹少许含海绿石鲕粒灰岩，下部夹竹叶状砾屑泥晶灰岩。含三叶虫 Asaphidae, *Stephanocare* sp., *Shantungia* sp., *Teinistion lansi*, *Cyclolorenzella* sp., *Liostracina* sp., *Dorypygella* sp., *Jiawangaspis dananzhuangensis*; 牙形刺 *Furnishina asymmetrica* 32.66 m

65. 灰色厚层含海绿石鲕粒亮晶灰岩。含三叶虫 *Blackwelderia sinensis*, *B.* cf. *shengi*, *B. triangularis*, *B. paronai*, *Cyclolorenzella parabola*, *Drepanura pusilla*, *D. ketteleri*, *Dorypygella sulcatus*, *Chiawangella pustulosa*, *Liostracina* cf. *krausei*, *Stephanocare* sp., *Homagnostus convexus*, *Teinistion lansi*, *Pionaspis ichthyura* 3.91 m

64. 灰色薄层泥质条带泥晶灰岩，下部夹较多含海绿石鲕粒亮晶灰岩和砂屑砾屑亮晶灰岩。上部含三叶虫 *Blackwelderia* sp., *Damesops* sp.。下部含三叶虫 *Blackwelderia paronai*, *B. disticha*, *Cyclolorenzella parabola*, *C. latisulcata*, *Dorypygella typicalis*, *Homagnostus taitzuhoensis*, *Monkaspis* sp., *Quadrahomagnostus* sp., *Stephanocare* sp. 21.08 m

63. 灰色中厚层鲕粒亮晶灰岩夹薄层泥质条带泥晶灰岩。含三叶虫 *Blackwelderia paronai* 3.21 m

——————— 整 合 ———————

张夏组 总厚度 203.91 m

上段 厚度 169.79 m

62. 灰色中厚层藻凝块泥晶灰岩，部分显豹皮状和叠层状，局部夹鲕粒灰岩。含三叶虫 *Cyclolorenzella* sp., *Damesella* sp., *Dunderbergella brevifronta*, *Dorypygella alastor pusilla*, *Eilura* sp., *Liaoningaspis* sp., *Prochuangia* sp., *Paradamesops huabeiensis*, *Peishanoides ileta*, *P. laevis*, *Solenoparia chalcon*, *Menocephalites* sp., *Quadrahomagnostus*? sp. 28.16 m

61. 青灰色中厚层泥晶灰岩与灰、灰色薄层泥质条带泥晶灰岩互层，局部呈豹皮状，顶部夹鲕粒灰岩。含三叶虫 *Aojia punctata*, *Dorypyge richthofeni*, *Levisia adrastia*, *L. granulosa*, *L. trapezia*, *Lisania jiangzhuangensis*, *Lisaniella* sp., *Megalisania curvata*, *Menocephalites* cf. *acanthus*, *Pseudotaitzuia insueta*, *Solenoparina fortisa*, *Taitzuia acidalia*, *T. jiangzhuangensis*, *T. granulosa* 36.40 m

60. 灰、灰黄色厚层鲕粒亮晶灰岩，局部夹豹皮状藻凝块泥晶灰岩。含三叶虫 *Amphoton dananzhuangensis*, *A. deois*, *Dorypyge richthofeni chihliensis*, *D. damesi*, *Lisania* sp., *Menocephalites distinctus*, *M. elegans* 15.82 m

59. 黄灰、紫灰色厚层豹皮状藻凝块亮晶灰岩，夹生物屑灰岩。含三叶虫 *Amphoton*

deois, *A. dananzhuangensis*, *Dorypyge richthofeni*, *Lisania* sp., *Menocephalites elegans* 13.62 m

58. 灰色厚层鲕粒亮晶灰岩，局部夹泥晶灰岩凸镜体。含三叶虫 *Crepicephalina* cf. *damia*, *C. pergranosa*, *C. dananzhuangensis*, *Dorypyge richthofeni*, *Holanshania*? sp., *Lisania* sp., *Idioura xuzhouensis*, *Metanomocarella rectangula*, *Paralisaniella tenuilabrosa* 7.93 m

57. 黄灰色薄、中厚层豹皮状藻凝块泥晶灰岩，泥质含量较高，含少量石英和黄铁矿结核。含三叶虫 *Crepicephalina damia*, *C. pergranosa*, *C. dananzhuangensis*, *Eilura* sp., *Dorypyge richthofeni chihliensis*, *Lisania* sp., *Idioura xuzhouensis*, *Paralisaniella tenuilabrosa*；腹足类 *Helcionella* sp. 10.11 m

56. 浅灰色薄层泥质条带泥晶灰岩与青灰色中厚层泥晶灰岩互层，局部白云质含量较高。含三叶虫 *Crepicephalina dananzhuangensis*, *C. damia*, *C. pergranosa*, *Dorypyge richthofeni*, *Idioura xuzhouensis*, *Paralisaniella tenuilabrosa*, *Lisania* sp. 15.43 m

55. 黄灰色厚层鲕粒亮晶灰岩，偶含褐铁矿结核。含三叶虫 *Heyelingella bicostata*, *Kootenia*? sp., *Lisania* sp., *Solenoparia jiawangensis* 4.81 m

54. 灰白色厚层碎屑亮晶灰岩 2.50 m

53. 灰色厚层豹皮状藻凝块灰岩，含少量砂屑，底部夹白云质灰岩凸镜体。含三叶虫 *Kootenia* sp., *Parapeishania angustilimbata*, *Peishania* sp., *Trachoparia* sp. 22.68 m

52. 灰色厚层鲕粒亮晶灰岩，局部为豆粒状核形石亮晶灰岩。含三叶虫 *Honania* sp., *H. bella*, *H. granulosa*, *Eilura* sp., *Parapeishania poriformis*, *Proasaphiscus quadratus*, *P. butes*, *Lisaniella quadrata*, *L. divergens*, *Peishania* sp., *Tengfengia* sp., *Kootenia* sp., *Liaoyangaspis tenuilabrosa*, *L.* cf. *peiensis*, *Lioparia tongshanensis* 11.85 m

51. 浅灰色薄层泥晶灰岩 0.48 m

下段 厚度 34.12 m

50. 灰色厚层鲕粒、核形石亮晶灰岩，鲕粒向上逐渐增大，并过渡为核形石为主，底部夹含海绿石砂质灰岩凸镜体。上部含三叶虫 *Jiangsucephalus subeiensis*；下部含三叶虫 *Porilorenzella* cf. *foraminifera*, *Tenfengia jiawangensis*, *T. granosa*, *Zhaishania bicarina*, *Z. zhaishanensis*, *Plesigangdeeria jiangzhuangensis*, *Porilorenzella* cf. *latilimbata*；底部含三叶虫 *Crepicephalina*, *Anomocarella*? sp., *Ptyctolorenzella ovata*, *Poriagraulos* ? sp., *Solenoparia* sp. 34.12 m

——————整　合——————

馒头组 总厚度 376.02 m

上段 厚度 98.95 m

上部　舜耕山砂岩

49. 土黄、灰紫色薄层含海绿石钙质粉细砂岩，夹砂质灰岩和竹叶状砾屑灰岩凸镜体。含三叶虫 *Honanaspis* sp., *Proasaphiscina granulosa*, *P. divergens*, *Tenfengia obsoleta*, *Parafuchouia poriformis*, *Conokephalina* cf. *vesta*, *C.* cf. *maia*, *Catasolenopleura lilia* 3.29 m

48. 黄灰色薄层含海绿石粉细砂岩夹砂质灰岩凸镜体，上部含钙质较高，下部中厚层，并夹竹叶状砾屑灰岩凸镜体，斜交层理发育 17.80 m

47. 黄灰色薄层含云母细砂岩夹砂质灰岩凸镜体及暗灰色页岩。含三叶虫 *Parachittidilla subeiensis*, *Xiangshania xiangshanensis*, *Metakootenia convexa*, *M. suxianensis*, *Solenoparia* (*Plesisolenoparia*) *laevigata*, *Eotaitzuia subeiensis*, *Catainouyia jiawangensis*, *Zhongtiaoshanaspis* (*Parazhongtiaoshanaspis*) *jiangzhuangensis*,

Ruichengella latelimbata, *Zhongtiaoshanaspis huainanensis*, *Parapachyaspis miniscula*, *P. koptconica*, *Probowmania*? sp. 21.19 m

中部

46. 紫红色含云母粉砂质页岩 10.05 m

45. 暗灰色薄、中厚层泥质条带泥灰岩，夹砂质灰岩凸镜体。含三叶虫 *Hsuchuangia hsuchuangensis*, *Xiangshanaspis tongshanensis*, *Dananzhuangaspis sinensis*, *Zhongtiaoshanaspis huainanensis*, *Solenoparia* (*Plesisolenoparia*) sp., *Kootenia* sp., *Kaotaia* sp., *Bashania*? *koptconica* 15.89 m

44. 暗紫灰色薄层细砂岩 2.86 m

43. 黄灰色厚层泥质灰岩 1.99 m

42. 暗紫红色砂质页岩夹页状粉细砂岩和泥灰岩凸镜体。含三叶虫 *Shantungaspis aclis*, *Plesiagraulos*? sp., *Kaotaia*? sp. 17.47 m

下部 铜山灰岩

41. 青灰色中厚层含生物碎屑灰岩。含三叶虫 *Probowmania* sp., *Probowmaniella* sp., *Mufushania* sp., *Weijiaspis reflexa*, *Tongshania dananzhuangensis*, *T. zhaishanensis*；腕足类 *Obolella* sp.；腹足类 *Helcionella* sp. 5.61 m

40. 灰、灰黄色薄、中厚层砾状泥质灰岩夹鲕粒灰岩及薄层灰岩凸镜体。含腹足类 *Helcionella* sp., *Tropidodiscus*? sp.；三叶虫 *Plesiamecephalus xuzhouensis*, *Tingyuania tongshanensis*, *Redlichia* cf. *guizhouensis*, *R.* cf. *saitoi*, *R. xuzhouensis* 2.80 m

中段 厚度 84.38 m

39. 暗紫红色薄、中厚层泥灰岩，夹少量暗紫红色页岩及钙质粉砂岩。含三叶虫 *Kootenia dananzhuangensis*, *Tingyuania longispina* 9.21 m

38. 灰绿色薄层条带状泥质灰岩 4.23 m

37. 紫红色页岩夹灰绿色薄层泥灰岩，底部夹黑灰色鲕粒灰岩。含三叶虫 *Tingyuania* sp., *Dananzhuangia angustata*, *Yuehsienszella* sp., Zacanthoididae 23.06 m

36. 暗紫红色薄层泥灰岩。含三叶虫 Ptychopariidae, Zacanthoididae, *Xuzhouia zhanglouensis*, *Plesioperiomma elevata* 7.10 m

35—33. 黄绿色薄层泥质灰岩，夹中厚层泥灰岩 11.46 m

32. 暗紫红色薄层粉砂岩，局部黄绿色 11.39 m

31. 灰、黄灰色厚层灰岩，局部含细鲕粒，具豹皮状构造。含三叶虫 *Eozacanthoides spectabilis* 1.88 m

30. 暗紫红色页岩夹黄绿色薄层泥灰岩凸镜体 7.88 m

29. 暗紫红色薄层泥灰岩夹页岩，下部显砾状 4.78 m

28. 黄灰色薄、中厚层砾状泥质灰岩，下部暗紫红色。含三叶虫 *Redlichia* sp.；腹足类 *Helcionella* sp. 3.39 m

下段 厚度 192.69 m

上部

27. 暗紫红色页岩，顶部夹黄绿色页岩，下部夹黄灰色中厚层砾状泥质灰岩凸镜体。含三叶虫 *Redlichia chinensis angustigenata*, *Xiaofangshangia divergensis*, *Neoredlichia nakamurai jiawangensis*, *Leptoredlichia* cf. *tumidolimbata* 27.20 m

26. 黄绿色页岩夹少量暗紫红色页岩。含三叶虫 *Redlichia chinensis* 10.05 m

25. 灰色、中厚层灰岩夹黄绿色薄层泥质灰岩，局部含细鲕粒或具砾状构造，含泥质 10.95 m

24. 黄绿色薄层砾状泥灰岩夹黄绿色页岩 2.99 m

23. 灰色厚层豹皮状灰岩 1.38 m

22. 黄褐，棕红色薄层泥质灰岩夹青灰色厚层灰岩，局部含葛万藻 2.76 m

21. 浅紫灰色厚层豹皮状灰岩。含三叶虫 *Redlichia jiawangensis*，*R. dananzhuangensis*，*R.* cf. *nobilis* 6.55 m

20. 黄绿色页岩 7.77 m

中部 石鼓山灰岩

19. 灰色中厚层含鲕粒灰岩，上部含豆粒 9.14 m

18. 灰色厚层灰岩，底部含有竹叶状砾屑。含三叶虫 *Redlichia* sp. 7.68 m

17. 黄灰色砾状泥质灰岩。含三叶虫 *Redlichia* sp. 3.10 m

16. 浅紫灰色厚层豹皮灰岩，“豹斑”主要由白云质组成，上部夹青灰色薄层灰岩。含三叶虫 *Redlichia chinensis*，*R. nobilis*，*R. murakamii* 62.54 m

下部 雷鼓山页岩

15. 紫红色页岩。含三叶虫 *Redlichia chinensis*，*R. nobilis*，*R. murakamii* 35.16 m

14. 黄绿色页岩 5.42 m

——————— 整 合 ———————

下伏地层：猴家山组 灰紫色薄、中层泥质白云岩，局部含砾屑

【地质特征及区域变化】 本省次层型岩性可分三段：

下段：黄绿、紫红色页岩与灰色石灰岩不等厚互层。下部雷鼓山页岩在徐州地层小区出露良好，分布稳定，厚度在 40 m 左右，底板常以含有黑褐色锰土条带的黄绿色页岩，与下伏昌平组或猴家山组整合接触。其中含有极为丰富的三叶虫 *Redlichia chinensis*，*R. murakamii*，*R. nobilis* 等。向南到淮北、宿州及淮南、凤阳，向北到山东临沂、辽东半岛及朝鲜等地，均有分布，厚度 30～50 m。中部石鼓山灰岩，厚度比较稳定，一般 40～80 m，并与雷鼓山页岩形影相随，分布在徐淮、山东临沂、辽东半岛等地。所含三叶虫化石也与雷鼓山页岩一致。上部页岩与石灰岩互层。顶部也有一层 30～40 m 黄绿、紫红色页岩，但不够稳定。所含三叶虫，除中、下部延续的 *Redlichia* 外，还有 *Zhanglouia*，*Leptoredlichia*（*Paraleptoredlichia*），*Neoredlichia*，*Xiaofangshangia* 等。本段厚度在徐州北部一般 180～200 m，徐州南部 135～170 m。

中段：杂色（紫红、黄绿、灰黄）中薄层泥质灰岩或泥灰岩与紫红色页岩、砂质页岩不等厚互层，夹少量灰岩、鲕粒灰岩。泥质灰岩的瘤状、条带状构造比较发育，底部常以灰黄绿色瘤状泥质灰岩与下段顶部的紫红色页岩分界。含三叶虫化石极为丰富，除从下段延续的莱德利基虫少数分子外，还有 *Xuzhouia*，*Paraantagmus*，*Plesioperiomma*，*Plesiamecephalus*，*Protochittidilla*，*Eozacanthoides*，*Tingyuania*，*Kootenia*，*Dananzhuangia*，*Paragunnia*，*Probowmania*，*Probowmaniella*，*Yuehsienszella*，*Ptychoparia*，*Antagmus* 等，邻区安徽省曹村含 *Bashania* 等。本段厚度 100 m 左右。

上段：以铜山灰岩为底，舜耕山砂岩为顶，与上覆张夏组为整合接触。其间为暗紫色页岩及灰、灰黄色泥质条带灰岩，夹鲕粒灰岩及生物碎屑灰岩，总厚度 100 m 左右。下部铜山灰岩以特有的青灰色，带有蓝灰色及灰绿色斑纹，含有极为丰富的三叶虫碎屑为主要特点，局部含有较多的海绿石及鲕粒，缝合线发育，底部夹灰黄色泥质灰岩及黄绿色钙质页岩。为当地制作“小花大理石板”的主要原料。由于厚度稳定，颜色与上下页岩反差较大，航片和野外填图，都是极好的分层标志。含两层极为丰富的以褶颊虫类为主的三叶虫。其中上部含 *Weijiaspis*，*Tongshania*，*Plesiamecephalus*，*Ptychoparia*，*Probowmania*，*Probowmaniella*；下部含 *Redlichia*，与其共生的有 *Tingyuania*，*Plesiamecephalus*，*Paragunnia*，*Probowmania*，

Probowmaniella，*Ptychoparia* 等。铜山灰岩向南延伸，到淮北、淮南均有分布，其岩性、厚度及所含化石均可对比。向西到中条山及渭河地区依然存在，厚度 42 m（张文堂，1980），向北延伸到山东临沂及辽东半岛也有分布，辽东半岛称之为灰色厚层含泥质花纹灰岩，厚度 10～25 m（常绍泉等，1980）。中部紫红色砂岩与灰色薄—中厚层泥质灰岩互层，50 m 左右。上部（舜耕山砂岩），为褐黄色中厚层粉细砂岩夹砂灰岩，斜交层理发育，富含海绿石，部分地段具有低缓的放射性异常，主要由独居石相对富集引起，局部可形成独居石、锆石、钛铁矿等古砂矿。所夹灰岩凸镜体含丰富的三叶虫等。厚度 35～45 m。淮北—宿县 20～40 m，淮南—凤阳 10～45 m，莱芜—临沂 20～40 m，复州湾 60～70 m。区内本段厚度 100 m 左右。

馒头组总厚度 260～400 m。沿枣庄—徐州—符离集呈北东方向伸展，贾汪—魏集—夹沟一带偏厚，多在 400～430 m，利国—肖县淮北市偏薄，多在 300～350 m，整合在昌平组或猴家山组之上。丰县、沛县一带 260 m 左右，不整合在泰山(岩)群之上。时代属早、中寒武世。

目前所知，沛县田祖庙 ZK2 钻孔揭露馒头组下部，夹 3 层硬石膏矿，单层厚度 1～4.5 m，但埋藏 1 000 m 以下，无法开采。馒头组底部的雷鼓山页岩和顶部的舜耕山砂岩可作为水泥配料，徐州淮海水泥厂已应用。

【其他】 对“馒头页岩”的划分，有三种不同意见：(1) 恢复维里士等 1907 年的概念，采用馒头组（大馒头）；(2) 保留卢衍豪等 1952 年划分的馒头组（小馒头），将毛庄组、徐庄组合并，新建徐毛村组；(3) 将馒头山剖面“馒头页岩”底部含燧石结核的白云岩剔出，划为朱砂洞组，其上称馒头组。哪一种更符合客观实际，还需要在实践中检验。

张夏组 $\in_2\hat{z}$ (05-32-1058)

【创名及原始定义】 Willis 和 Blackwelder1907 年创名张夏层 (Changhia Formation) 或张夏石灰岩 (Changhia Limestone) 或张夏鲕状岩 (Changhia Oolite)。创名地点在山东省长清县张夏镇附近。九龙群的第一个层是盖在馒头页岩软地层之上 150 m 厚的块状石灰岩，形成几百英尺高的陡壁，创名为张夏石灰岩或鲕状岩，有时也叫张夏层。最底部是 18 m 厚的薄层橄榄灰色石灰岩，然后是形成陡壁的块状黑色鲕状岩层，平均厚 70 m。陡壁上的小坡里发育 30 m 厚的结晶灰岩。上部为暗色和浅灰色递变的灰岩。近顶部有浅灰色砾状石灰岩。

【沿革】 1952 年卢衍豪等改称张夏统，1959 年第一届全国地层会议改称张夏组，其后一直引用(表 4-1)。

【现在定义】 指晋冀鲁豫地层区馒头组之上，崮山组之下，以厚层鲕粒灰岩和藻灰岩为主夹钙质页岩，底以页岩或砂岩结束，大套鲕粒灰岩出现划界，与馒头组整合接触；顶以厚层藻屑鲕粒灰岩结束，薄层砾屑灰岩夹页岩出现划界，与崮山组整合接触。

江苏省本区的张夏组底部与馒头组舜耕山砂岩，顶部与炒米店组灰岩均为整合接触，局部平行不整合接触。

【层型】 正层型在山东省。省内次层型为铜山县江庄乡大南庄—香山剖面(见馒头组剖面)。

【地质特征及区域变化】 本省次层型岩性以灰色厚层鲕粒灰岩和豹皮状藻凝块灰岩为主，顶部有时出现白云岩。按岩性分上、下两段，下段：灰色厚层鲕粒亮晶灰岩为主，底部夹砾屑灰岩，由下至上鲕粒逐渐变大，并在顶部出现多层豆状核形石亮晶灰岩。厚度 30～60 m。上段：黄灰色厚层豹皮状藻凝块泥晶灰岩与灰色厚层鲕粒亮晶灰岩交互出现，区域延展，两种岩性亦为相变关系，徐州南部至安徽曹村、夹沟一带，鲕粒亮晶灰岩占主要，曹村剖面几乎全为鲕粒亮晶灰岩。徐州北部贾汪一带，豹皮状藻凝块泥晶灰岩比较发育，特别是邳县燕子埠，可相变为灰黄色薄层含硅质(燧石)条带泥晶灰岩和叠层石泥晶灰岩。厚度170～250 m。

在魏集--西山口—淮北市一线的东南部，江苏省三堡至安徽省曹村、夹沟、黑石块等地张夏组顶部分布有白云岩，厚度40 m左右，向西北延展与上段灰岩呈相变过渡关系。

张夏组属陆表海碳酸盐台地沉积，整合在馒头组之上，整合伏于炒米店组之下，岩性单调，分布广泛，厚度也比较稳定，多在200～300 m间变化。邳州燕子埠最薄为197 m，徐州南部三堡至安徽夹沟一带，厚度300～320 m。时代属中寒武世。

张夏组灰岩厚度大，分布广，出露良好，以高钙低镁杂质少为特点。为水泥用石灰岩和制碱石灰岩的主要层位。白云岩MgO含量均在20%左右，其他杂质小于1%。

炒米店组　$\in_3\hat{c}$　(05-32-1059)

【创名及原始定义】　美国人Willis和Blackwelder1907年创名炒米店石灰岩(Chaumidien Limestone)或炒米店层(Chaumidien Formation)。创名地点在山东省长清县崮山镇炒米店村东山脊上，即范庄东侧高山北坡。九龙群的第三个层是炒米店石灰岩，由硬质石灰岩组成，形成炒米店东南和西南的小山。呈蓝色，新鲜面为暗灰色、细晶。崮山页岩和炒米店灰岩间的过渡带为12 m的板状灰岩，具砾状特征。之上才是炒米店灰岩的色层，单层厚度时常不大于5或6英尺。其顶界以沉积特征变化为标志，即上覆济南层底部变为浅黄色，已显著白云岩化。

【沿革】　炒米店石灰岩创名后应用几十年，1953年卢衍豪和董南庭在研究山东标准剖面时，引用了唐山地区的长山统和凤山统，第一届全国地层会议改统为组。自此之后，炒米店石灰岩被长山组和凤山组取代(表4-1)。本次对比研究恢复使用并改称炒米店组。

【现在定义】　指晋冀鲁豫地层区以灰色中厚层微晶灰岩，含生物碎屑藻球粒灰岩，鲕粒灰岩，中薄层竹叶状灰岩为主，夹云斑叠层石藻礁灰岩等以灰岩为特征的岩石地层单位。底以页岩结束划界与崮山组整合接触，顶以灰岩结束，白云岩(或页岩)出现划界，与三山子组(或冶里组)整合接触。

江苏省本区该组岩性与山东大致相当，与下伏张夏组，与上覆三山子组均为整合接触。

【层型】　正层型在山东省。省内次层型为铜山县江庄乡大南庄—香山剖面(见馒头组剖面)。

【地质特征及区域变化】　省内次层型岩性以灰色薄、中薄层灰岩为特色，分上、中、下三段。

下段：底部以一层灰色薄板状灰岩或灰色薄层泥质条带灰岩与下伏张夏组厚层灰岩整合接触。徐州三堡一带，底部以一层乳白色纯灰岩与下伏张夏组白云岩平行不整合接触。下部岩性为褐灰、深灰色中厚层鲕粒亮晶灰岩与灰色薄层泥质条带泥晶灰岩互层，夹竹叶状砾屑灰岩，上部岩性为灰、浅灰黄色薄板状泥晶灰岩或薄层泥质条带泥晶灰岩，局部夹竹叶状砾屑灰岩和鲕粒灰岩，有时可见泥裂沉积构造。厚度35～60 m。

中段：顶、底均以一层灰色中厚层鲕粒亮晶灰岩与上、下段分界，其间为灰、紫灰色中薄层竹叶状砾屑灰岩与灰色薄层灰岩或泥质灰岩互层，夹鲕粒灰岩和生物碎屑灰岩，局部夹页片状泥灰岩或钙质页岩。厚度40～70 m。

上段：下部为灰黄、灰色中厚层灰岩与薄层泥质条带泥晶灰岩互层，夹泥质瘤状灰岩、页片状泥灰岩或钙质页岩、竹叶状砾屑灰岩、鲕粒灰岩、生物碎屑灰岩。上部为黄灰色薄层—中层豹皮状藻凝块砂。屑亮晶灰岩或泥质条带状泥晶灰岩，夹1～2层灰色厚层(叠层石)泥晶灰岩及鲕粒亮晶灰岩、生物碎屑灰岩、竹叶状砾屑灰岩，局部夹页状泥灰岩或钙质页岩。厚度70～140 m。

因本区缺少崮山组，所以炒米店组一般整合在张夏组厚层灰岩之上，局部平行不整合在张夏组白云岩之上，其上伏于三山子组之下，为整合接触，厚度一般160～200 m，鸡毛山最厚达267 m，由此向北至山东枣庄，厚度均大于200 m，徐州市及其南部多为160～170 m。时代属晚寒武世。

三山子组 $\in_3O_1s$ （05-32-1060）

【创名及原始定义】 1932年谢家荣在江苏省贾汪大泉村三山子山创建三山子石灰岩。本层介于中、上奥陶纪之纯石灰岩及寒武纪鲕状及竹叶状石灰岩之间，全层厚达300至500公尺，系一种灰或灰白色之结晶质石灰岩，颇似一种砂岩层。因矽化甚深，故硬度甚高，呈整齐之薄层，富于裂隙，侵蚀面呈现暗灰色，不规则之浅纹。

【沿革】 1952年刘之远等，根据化学成分订正为三山子白云岩。1965年江苏地质局称冶里组。1975年江苏地质五队称凤山组。1984年江苏地矿局称三山子组。本次对比研究采用三山子组，其含义与原三山子石灰岩层位一致。

【现在定义】 指贾汪组之下的一套白云岩。下段黄灰、灰黄夹紫灰色中薄层粉细晶白云岩夹竹叶状砾屑细晶白云岩及土黄绿色薄层泥质粉晶白云岩；上段浅灰色中厚层含燧石结核细晶白云岩。底与炒米店组灰岩整合接触。顶与贾汪组底砾岩或土黄色页状泥质粉晶白云岩平行不整合接触。

【层型】 创名时未测剖面；选层型为铜山县大泉乡寨山剖面(117°25′，34°27′)，1974年江苏地质五队重测，房尚明1994年补充修改(图4-1，CC′剖面)。

上覆地层：**本溪组湖田段** 紫红色铁质页岩

——————— 平行不整合 ———————

马家沟组 总厚度480.48 m

晁所段 厚度97.21 m

73—69. 浅灰黄、浅紫灰色薄、中厚层粉晶白云岩，土黄色薄层含少量泥质粉晶白云岩，底部具角砾状构造，含大型叠层石 43.47 m

68. 浅灰、紫红灰色中厚层细粉晶白云岩，夹灰白色薄层微晶灰岩和浅橙黄色页状微晶泥质白云岩，见石膏假晶。顶部含头足类 *Armenoceras*? sp.；腹足类 *Ecculiomphalus* sp. 53.74 m

大泉段 厚度262.20 m

67. 浅紫灰色中厚层豹皮状微晶灰岩，上部夹颗粒碎屑灰岩和细粉晶白云岩，见石膏假晶。含三叶虫 *Eoisotelus*?sp.；腹足类：*Ecculiomphalus* sp.，*Maclurites* sp.，*Lophospira* sp.；头足类 *Tofangoceras pauciannulatum*，*Armenoceras* cf. *manchuriense* 19.22 m

66—58. 紫灰、灰、深灰色厚层含砂屑球粒（豹皮）微晶灰岩、白云质灰岩夹灰、紫灰色薄—中厚层细粉晶白云岩（灰质白云岩），局部见板状石膏假晶，底部含海百合茎 *Pentagonocyclicus* sp. 40.74 m

57. 紫灰色厚层豹皮状颗粒粉晶白云质灰岩，见石膏假晶。含头足类 *Armenoceras* cf.

manchuriense, *A. robustum*, *A. submarginale*, *Discoactinoceras* sp.；腹足类 *Maclurites* sp.；海百合茎 *Pentagonocyclicus* sp. 47.84 m

56—52. 灰、灰黄、紫灰色中厚层（豹皮）细粉晶白云质灰岩与深灰色厚层（颗粒碎屑）微晶灰岩，上部夹灰质白云岩，底部含少量燧石结核，见石膏假晶。含头足类 *Armenoceras wuhutsuiense*, *Cyrtonybyoceras* sp.；腹足类 *Lophospira* sp.；海百合茎 *Pentagonocyclicus* sp., *Pentagonopentagonalis* sp.；腕足类 *Strophomena*? sp., *Rafinesquina*? sp., *Orthis* sp.；三叶虫 *Eoisotelus*? sp. 52.99 m

51. 深灰色厚层含燧石结核颗粒碎屑灰岩。含丰富头足类 *Armenoceras richthofeni*, *A. tani*, *A. resseri*, *A. coulingi*, *A. submarginale*, *A. wuhutsuiense*, "*Pararmenoceras*" *fuchouense*, *Cyrtonybyoceras* cf. *curvatum*, *Ormoceras* cf. *orientale*, *Discoactinoceras* sp., *Sactoceras* sp., *Stereoplasmoceras schindewolfi*, *Tofangoceras irregulare*；腕足类 *Strophomena*? sp.；层孔虫 *Sinodictyon columnare*, *Labechia*? sp. 18.03 m

50—49. 灰色厚层（豹皮）含粉屑微晶灰岩，含少量燧石结核，见石膏假晶。含头足类 *Ormoceras* cf. *actinoceriforme* 22.68 m

48—47. 黄灰、紫灰色中厚层细粉晶白云岩及灰质白云岩夹页状泥质白云岩 4.12 m

46—38. 深灰、灰色中厚层（粉晶砂屑）微晶灰岩，土黄色薄层、中厚层泥质灰岩与深灰、浅紫黄色薄—中厚层细粉晶白云岩、灰质白云岩，不等厚互层，局部具角砾状构造。含海百合茎 *Pentagonocyclicus* 24.42 m

37—36. 灰、紫灰色薄、中厚层（豹皮）微晶白云质灰岩。含海百合茎 *Pentagonocyclicus* sp. 4.71 m

35. 灰黄、紫灰色薄层微晶白云岩，偶见角砾状白云岩 16.29 m

34—33. 土黄、紫灰色薄层、中厚层（角砾）微晶泥质白云质灰岩 8.45 m

32—30. 灰色中厚层（角砾）白云质泥质灰岩、细粉晶白云岩，夹灰色中厚层微晶灰岩 2.71 m

寨山段 厚度 121.07 m

29—26. 灰色中厚层（膏溶角砾）微晶灰岩，与灰、深灰色薄—中厚层细粉晶白云质灰岩互层，微细层理发育，局部含石膏假晶。含腹足类 *Maclurites* sp.；海百合茎 *Pentagonocyclicus* sp.；三叶虫 *Eoisotelus* sp.；头足类 *Armenoceras richthofeni* 23.76 m

25. 灰白色微带紫红色中厚层细粉晶白云岩 0.69 m

24—22. 灰色厚层（膏溶角砾）微晶灰岩，夹灰白色中厚层细粉晶灰质白云岩凸镜体，下部含燧石结核，微细层理特别发育，见石膏假晶。含腕足类 *Strophomena*? sp.；海百合茎 *Pentagonocyclicus* sp. 18.57 m

21. 灰色厚层豹皮状微晶白云质灰岩，见石膏假晶。顶部含三叶虫 *Eoisotelus* sp.；腹足类 *Donaldiella* sp., *Lophospira* sp.；头足类 *Armenoceras* sp.；腕足类 *Strophomena* sp.；海百合茎 *Pentagonocyclicus* sp. 9.40 m

20. 灰色厚层含膏溶角砾微晶灰岩 16.88 m

19—18. 灰黄灰色厚层膏溶塌积角砾状微晶白云质（泥质）灰岩，含头足类化石碎片 25.91 m

17. 土黄色薄层、中厚层膏溶塌积角砾状泥灰质白云岩 25.95 m

———————— 整 合 ————————

贾汪组 总厚度 9.56 m

16. 土黄色页状微晶泥灰岩，局部含细小白云岩角砾 3.51 m

15. 灰黄色细粉晶白云岩，夹白云质灰岩扁豆体。含波状叠层石 *Stratifela* sp. 0.17 m

14. 土黄色页状泥质粉晶白云岩，夹页岩及含砂角砾岩，局部角砾含量可达 40%～50%，以白云岩及燧石细角砾为主，次棱角—次浑圆状，底部为 0.30 m 细砾岩。含牙形刺 *Scolopodus quadraplicatus*, *S. transitans*, *S. asymmetricus*, *Oneotodus gra-*

cilis, *O. nakamurai*, *Drepanodus* sp.,（前 3 个种可能是异地埋藏） 5.88 m

——————— 平行不整合 ———————

三山子组 总厚度 119.59 m

上段 厚度 20.40 m

13. 浅紫灰色中厚层含燧石结核细晶白云岩夹浅灰色粗粉晶白云岩及含砾砂屑粉晶白云岩。含牙形刺 *Oneotodus nakamurai* 20.40 m

下段 厚度 99.19 m

12—11. 灰黄色薄层粗粉晶白云岩与浅黄褐、浅紫灰色竹叶状砾屑细晶白云岩互层。含牙形刺 *Oneotodus* sp., *Cordylodus* sp., *Drepanodus simplex* 16.82 m

10. 浅土黄绿色薄层细晶泥质白云岩与浅褐灰色薄、中层细晶白云岩互层，中部夹浅黄灰色竹叶状砾屑细晶白云岩。含牙形刺 *Oneotodus gracilis*, *O. bulbousus*, *O. dantsonensis*, *Proconodontus carinatus*, *Cordylodus proavus*, *Hirsutodontus hirsutus*, *Scolopodus primitivus*, *Drepanodus* sp. 20.66 m

9—8. 浅黄灰色薄、中层(粉)细晶白云岩。含三叶虫 *Mictosaukia* sp., *Saukia* sp., *Tellerina* sp.；腕足类 *Obolus* sp., *Lingulella* sp.；笔石 *Dendrograptus* sp.；牙形刺 *Proconodontus notchpeakensis*, *P. carinatus*, *P. muelleri*, *Oneotodus gallatini*, *O. gracilis*, *O. bulbousus*, *O. reclinatus*, *O. nakamurai*, *Cordylodus proavus*, *Drepanodus* aff. *subarocuatus*, *Acodus oncotensis* 21.64 m

7. 浅黄色中厚层细晶白云岩，局部夹竹叶状砾屑细晶白云岩。含牙形刺 *Sagittodontus dahlmani*, *Cordylodus* sp., *Oneotodus nakamurai*, *O. gracilis*, *O. reclinatus*, *Proconodontus notchpeakensis*, *Hirsutodontus bulbousus* 31.51 m

6. 灰黄色薄层细晶灰质白云岩，白云质向上逐渐增高，风化面呈蠕虫状突起。含腕足类 *Eoorthis* sp. 8.56 m

—————— 整　合 ——————

下伏地层：炒米店组　灰色薄层灰岩，含浅黄色波纹状泥质条带，微显豹皮状，局部含鲕粒及少量海绿石，偶见白云质灰岩。含三叶虫 *Saukia* sp.；头足类 *Ellesmeroceras* 等

【地质特征及区域变化】　区内岩性可分为上、下两段。

下段：黄灰或灰黄色中薄层粉细晶白云岩与土黄色薄层泥质粉晶白云岩互层，夹多层竹叶状砾屑细粉晶白云岩为特征。贾汪寨山厚度最大，近 100 m，由此向西南有变薄之趋势，南部三堡仅 38 m，淮北只有 10～30 m，实属沉积隆起之故。

上段：浅灰色中厚层含燧石结核细晶白云岩。厚度 2～33 m，局部缺失，贾汪向西南，其厚度逐渐变薄，贾汪寨山 20 m 左右，徐州南部三堡—汉王大北望仅 2～4 m，再向西南至肖县、淮北，其上段已不存在，可能受隆起剥蚀和沉积缺失双重因素影响所致。沛县田祖庙最厚 33 m。三山子组创名地，最厚达 154 m，由此向西南淮北市一带变薄为 10 多米，似乎在淮北市—徐州市有一个向北东倾伏的隆起带。

【其他】　三山子组白云岩的成因，冯增昭（1990）根据白云岩与下伏地层之灰岩呈犬牙交错过渡渐变的接触关系，认为区域横向延展也与灰岩层呈舌状穿插的渐变接触关系，其厚度变化与层位关系不明显，具有明显的糖粒状晶质结构和交代残余结构，竹叶砾屑和鲕粒等正常海的内碎屑尚可辨认，大化石罕见，而在白云岩体残留的灰岩中，却含有丰富的三叶虫、头足类、笔石等广海相的生物化石，白云岩上部，在区域性的上升运动间断面之上为贾汪组

准同生页状粉泥晶白云岩覆盖等等证据，判定三山子组是由石灰岩经过多次的次生交代（白云石化）形成的次生白云岩层，并非代表“咸化海”的沉积环境。根据华北百余条剖面统计，三山子组白云岩的厚度变化较大，由 10 多米至 500 m，局部可达 550 m，其所在层位高低不一，总体是由南向北逐渐抬高，底界可由中寒武统张夏组升高到下奥陶统亮甲山组。安徽凤阳山区及晋、豫边区中条山—渭河流域，其底界多在张夏组内变动，其厚度可达 300～500 m；山西中部—河北峰峰—安徽淮北—江苏徐州—山东临沂—辽东半岛这个宽度 20～50 km 长达近 1 000 km 的弧形带，白云岩底界绝大部分都在炒米店组中浮动；其北部，包括山西的恒山、河北井陉—开平及北京西山—河北兴隆及辽西—辽东太子河地区，三山子组白云岩的底界抬高到冶里组—亮甲山组，厚度也相应变薄到 80～100 m。该组时代为晚寒武世—早奥陶世。

贾汪组　O_1j　（05－32－1061）

【创名及原始定义】　李四光 1930 年在江苏贾汪创建贾汪页岩，谢家荣 1932 年在《江苏铜山县贾汪煤田地质》中介绍。本层厚仅 10～15 m，为黄色薄页岩及页状薄灰岩所成，有时灰质较富，则颇似一种薄层灰岩，然其页状及黄色之特性，仍然保存。本层成层虽薄，而分布却广，且常占固定之层位，即位于三山子石灰岩及马家沟青灰色石灰岩之间。

【沿革】　正式作为组级地层单位的为 1959 年第一届全国地层会议，1965 年江苏地质局称亮甲山组。1975 年江苏地质五队称贾汪组，沿用至今（表 4－1）。

【现在定义】　土黄、局部紫红灰色页状泥质粉晶白云岩或白云质泥灰岩夹白云质页岩及角砾岩。底以灰黄色薄层细砾岩与三山子组上段浅灰色中厚层含燧石结核细晶白云岩平行不整合接触，界线清晰；顶与马家沟组底部土黄色薄—中厚层角砾状泥质白云岩、白云质泥质灰岩或灰色厚层角砾状灰岩整合接触。

【层型】　正层型为铜山县大泉乡寨山实测剖面（见三山子组剖面描述）。

【地质特征及区域变化】　岩性同现在定义，含牙形刺、叠层石，一般 10 m 左右，分布延伸稳定广泛，以特有的土黄色及页状为主要的宏观标志。时代属早奥陶世。

马家沟组　$O_{1-2}m$　（05－32－1062）

【创名及原始定义】　葛利普 1922 年创名于河北唐山市开平镇马家沟村。指马家沟村附近之石灰岩，名为马家沟石灰岩（Machiakou Limestone），因产 *Actinoceras*（珠角石）甚富，曾名之为珠角石灰岩。

【沿革】　1959 年第一届全国地层会议，解体为下马家沟组和上马家沟组，并被华北各省市长期引用。嗣后，相当于下马家沟组层位还有称寨山组、大泉组（江苏地质五队，1975），小家峪组（江苏区测队，1976），肖县组（房尚明，1988—1991）等。70 年代，随着区域地质调查的广泛开展，于上马家沟组上部划出一套含生物化石与马家沟石灰岩不同的白云岩和灰岩，河北命名为峰峰组，江苏、安徽称白土组、晁所组，山东称阁庄组和八陡组等；本次对比研究采用马家沟组，从下而上又分为寨山段、大泉段、晁所段(表 4－1)。

【现在定义】　亮甲山组或三山子组之上，本溪组之下的灰色厚—巨厚层灰岩夹白云岩、角砾状白云岩、角砾状灰岩的岩石组合。与下伏和上覆地层均为平行不整合接触。江苏省本区马家沟组底界整合在贾汪组之上，顶与本溪组平行不整合接触。

寨山段 O_1m^z (05-32-1063)

【创名及原始定义】 江苏地质五队房尚明等[①](1975)于铜山县大泉乡寨山剖面创建寨山组。底部多为土黄色薄—中厚层角砾状泥质白云岩或白云质泥灰岩；中下部灰色厚层角砾状灰岩(白云质灰岩)夹白云灰岩；中上部灰色中厚层含角砾灰岩、白云质灰岩，微细层理发育。底、顶分别与贾汪组和大泉组整合。

【沿革】 江苏地质五队(1978—1994)、江苏省及上海市区域地层表编写组(1978)均降为寨山段，归肖县组下部。本次对比研究沿用寨山段，但划归马家沟组下段。

【现在定义】 底部多为土黄、灰黄色薄—中厚层角砾状泥灰质白云岩或白云质微晶灰岩，向上渐变为灰色中厚层角砾状微晶灰岩、含角砾微晶灰岩、白云质微晶灰岩。微细层理发育，含海百合茎等生物碎屑，镜下可见板状石膏假晶。顶与大泉段白云岩，底与贾汪组页状泥质粉晶白云岩或白云质泥灰岩均为整合接触。

大泉段 O_1m^d (05-32-1064)

【创名及原始定义】 江苏地质五队房尚明等(1975)于铜山县大泉乡寨山剖面创建大泉组。为一套灰、灰黄杂有浅紫红色薄、中层泥灰质白云岩夹白云质灰岩及灰岩。底部白云岩与寨山组微层发育的灰岩整合，顶部以白云岩、灰岩互层与马家沟组灰色厚层灰岩(含燧石结核及丰富的头足类化石)整合。

【沿革】 江苏地质五队(1978—1994)、江苏省及上海市区域地层表编写组(1978)均降为大泉段，归肖县组上部。本次对比研究仍沿用大泉段，但划归马家沟组中段。

【现在定义】 顶界上扩到晁所段底，下部浅灰、灰黄、紫红灰色薄—中层泥灰质微晶白云岩夹灰岩、白云质灰岩，角砾状构造发育；中部灰色厚—巨厚层含燧石结核微晶灰岩、颗粒碎屑灰岩，富含头足类化石；上部灰、紫灰色厚层微晶灰岩、豹皮状灰岩、颗粒碎屑灰岩互层。与下伏寨山段灰岩和上覆晁所段白云岩均为整合接触。

晁所段 O_2m^c (05-32-1065)

【创名及原始定义】 江苏地质五队房尚明等(1975)于铜山县大泉乡寨山、青山泉乡晁所村创建晁所组。灰黄、浅紫灰色中厚层白云岩，局部夹薄层泥灰质白云岩及灰色薄—中厚层白云质灰岩。底部白云岩与马家沟组大泉段灰岩整合接触，顶部白云岩以区域性的间断面与本溪组铁质页岩(山西式铁矿)平行不整合接触。

【沿革】 江苏区测队(1978)改称白土组，江苏地矿局(1984)改称阎庄组，江苏省及上海市区域地层表编写组(1978)降组为段，即称晁所段。本次对比研究仍沿用此方案。

【现在定义】 为一套较纯的灰黄、浅紫灰色中厚层细粉晶白云岩，局部夹薄层泥灰质粉晶白云岩及灰色薄—中厚层白云质微晶灰岩，偶见豹皮状、角砾状、竹叶状等沉积构造。底部白云岩与大泉段灰岩整合，顶部白云岩以区域性的间断面与本溪组湖田段铁质页岩(山西式铁矿)平行不整合接触。

【层型】 马家沟组正层型在河北省唐山市。省内次层型为铜山县大泉乡寨山剖面(见三

---

① 此处及以下大泉段、晁所段参考文献为：江苏省地质局第五地质队房尚明等，1975，徐州贾汪地区奥陶系的划分及其对比。

山子组剖面描述)。

【地质特征及区域变化】 区内次层型自下而上分三段。

寨山段：位于马家沟组下部，底部为土黄、灰黄色或棕红色中薄层膏溶角砾状泥质白云岩或白云质泥灰岩，有时夹鲕粒白云岩，局部含硅质结核；下部为灰色厚层角砾状白云质微晶灰岩，上部为灰色厚层角砾状微晶灰岩、微晶灰岩、豹皮状微晶灰岩互层，局部夹白云岩和灰质白云岩，微细层理发育。见石膏假晶，是邯邢式铁矿赋存部位之一。含头足类 *Kogenoceras* sp.，*Wutinoceras* sp.，*Linormoceras*? sp.，*Armenoceras* sp.，*A. richthofeni*；三叶虫 *Eosiotelus* sp.，*E.* cf. *orientalis*，*Basiliella* sp.；腹足类 *Donaldiella* sp.，*Lophospira* sp.，*Ecculiomphalus* sp.，*Hormotoma* sp.，*Maclurites* sp.；海百合茎 *Pentagonocyclicus* sp.；腕足类 *Strophomena* sp. 等。该段厚度，寨山和大北望一带 120～180 m，青山泉 363 m，徐州南三堡 78 m，区外肖县白土及淮北地区 68～160 m。

大泉段：下部以浅紫灰、土黄色薄—中厚层泥灰质粉晶白云岩为主夹白云质灰岩，局部夹鲕粒白云岩。膏溶角砾岩较发育，但不稳定，角砾多少变化较大，是邯邢式铁矿赋存部位。含腕足类 *Yangtzeella*? sp.；腹足类 *Ecculiomphalus* sp.；海百合茎 *Pentagonocyclicus* sp.；头足类 *Multicamoceras*? sp.，*Linormoceras*? sp.，*Sactoceras* sp.，*Manchuroceras*? sp.，厚度 55～100 m；中上部为灰、紫灰色厚层、巨厚层灰岩、白云质灰岩(含少量燧石结核)，部分具豹皮状构造，这套灰岩质纯、含镁低，为良好的水泥原料，厚达 200 m 左右。该段总厚 230～260 m。

晁所段：为浅紫灰色中厚层粉晶白云岩，中部也夹少量土黄色薄层含泥质粉晶白云岩，下部夹灰白色薄层微晶灰岩，部分地段具豹皮状、竹叶状。丰沛地区灰质成分较高，常呈灰质白云岩夹较多的白云质灰岩。含头足类 *Armenoceras* sp. 和腹足类 *Ecculiomphalus* sp.。厚度一般 50～100 m，由贾汪向西、南有变薄趋势，沛县魏老家 56 m，徐州三堡 58 m，再向西南延伸到省外肖县、淮北市一带，35～50 m。

马家沟组在寨山、贾山、三堡一带厚 480～660 m。由贾汪向西、南、北三方厚度变薄，沛县和枣庄一带 440～460 m，肖县及淮北一带 275～420 m。

根据该组所含化石，其时代归属早—中奥陶世。

第二节　生物组合特征

寒武纪—奥陶纪时期，徐淮地区生物繁盛，三叶虫和头足类占统治地位，牙形刺及微古植物亦有重要意义，另外有少量的腕足类、腹足类、笔石等。现归纳前人成果，按生物分类分述如下。

1. 三叶虫

本区三叶虫主要产自寒武纪地层中，奥陶纪时急剧减少。对本区三叶虫研究者众多，现以江苏区调队(1978)研究成果为主综合如下：

T1　*Megapalaeolenus* 带　分布在吴邵、江庄等地的昌平组中、下部，以含 *Megapalaeolenus* 为特征，主要分子有 *M. fengyangensis*，与之共生的有 *Redlichia kaiyangensis damiaoensis* 等。时代属沧浪铺期。

T2　*Redlichia chinensis* 带　分布在吴邵、江庄等地的昌平组至馒头组下段，以含 *Redlichia chinensis* 特征，时代属龙王庙期早期。据其产出层位及组合特征又可分为三个亚带。

T2－1 *Redlichia murakamii* 亚带 主要分布在馒头组雷鼓山页岩中，与之共生的有 *Redlichia nobilis* 等。

T2－2 *Redlichia weijiensis*－*Redlichia baishanensis* 亚带 分布在馒头组石鼓山灰岩和上部页岩中，与其共生的有 *Redlichia xuzhouensis* 等。

T2－3 *Leptoredlichia*－*Zhanglouia* 亚带 分布在馒头组下段上部，以含 *Leptoredlichia*，*Zhanglouia* 二属为特征，主要分子有 *Leptoredlichia transversa*，*L. elongata*，*L. tangzhuangensis*，*L. huainanensis*，*L. granulosa*，*Zhanglouia zhanglouensis*，*Z. pustulosa* 等。

T3 *Tingyuania*－*Redlichia* 组合带 分布在吴邵等地的馒头组中段至上段铜山灰岩的底部，以含 *Tingyuania* 与 *Redlichia* 共生组合为特征。主要分子有 *Tingyuania granulata*，*T. tongshanensis*，*T. longispina*，*Redlichia* sp. 等，共生的有 *Dananzhuangia angustata* 等，时代属龙王庙期晚时。

T4 *Weijiaspis*－*Tongshania* 组合带 分布在江庄、吴邵等地的馒头组上段铜山灰岩上部，以富含 *Weijiaspis*，*Tongshania* 二属为特征。主要分子有 *Weijiaspis reflexa*，*W. elongata*，*W. convexa*，*W. wushangensis*，*Tongshania tongshanensis*，*T. weijinsis*，*T. zhaishanensis*，*T. dananzhuangensis*，*Mufushania* sp. 等。时代属毛庄期。

T5 *Shantungaspis* 带 分布在江庄、吴邵等地的馒头组铜山灰岩—舜耕山灰岩之间的紫红色砂质页岩中，主要分子有 *Shantungaspis aclis*，*S. xuzhouensis* 等，与之共生的有 *Ziboaspis* sp.，*Plesiagraulos*? sp. 等。时代属毛庄期。

T6 *Hsuchuangia*－*Zhongtiaoshanaspis* 组合带 分布在江庄、吴邵等地的馒头组上段舜耕山砂岩中，主要分子有 *Hsuchuangia hsuchuangensis*，*Zhongtiaoshanaspis huainanensis*，*Z. weijiensis*，*Z. subeiensis* 等，另外，*Dananzhuangaspis chinensis*，*Metakootenia convexa* 等亦是本带的重要分子。时代属徐庄期。

T7 *Sunaspis* 带 分布在吴邵等地的张夏组下段下部，以含 *Sunaspis* 为特征，主要分子有 *S. tenella*，*S. minor*，*S. inflatus*，*S. laevis* 等，与之共生的有 *Wuania fongfongensis*，*W. meridionalis*，*Sunaspidella brevica* 等。时代属徐庄期。

T8 *Poriagraulos weijiensis* 带 分布在吴邵、江庄等地的张夏组下段下部，主要分子有 *P. weijiensis* 等，与 *Sunaspis* 带混生，但向上延伸比 *Sunaspis* 带要高一些。时代属徐庄期。

T9 *Zhaishania*－*Plesigangdeeria* 组合带 分布在江庄、吴邵等地的张夏组下段中部，主要分子有 *Zhaishania bicarina*，*Z. zhaishanensis*，*Plesigangderria jiangzhuangensis*，*P. zhanglouensis*，*P. wushangensis* 等。时代属徐庄期。

T10 *Jiangsucephalus* 带 分布在江庄、吴邵等地的张夏组下段上部，以含 *Jiangsucephalus* 为特征，主要分子有 *J. subeiensis*，*J. mirabilis*，*J. tongshanensis* 等。时代属徐庄期。

T11 *Liaoyangaspis* 带 分布在江庄、吴邵等地的张夏组上段底部，主要分子有 *L. tenuilabrosa*，*L.* cf. *peiensis*，*L. xuzhouensis* 等，与之共生的有 *Proasaphiscus quadratus*，*P. butes* 等。时代属张夏期。

T12 *Crepicephalina* 带 分布在江庄等地的张夏组上段下部，以含 *Crepicephalina* 且繁盛为特征。主要分子有 *C. damia*，*C. pergranosa*，*C. dananzhuangensis* 等，与之共生的有 *Paralisaniella tenuilabrosa*，*Idioura xuzhouensis* 等。时代属张夏期。

T13 *Amphoton* 带 分布在江庄等地的张夏组上段中部，以含 *Amphoton* 为特征，主要分子有 *A. dananzhuangensis*，*A. deois*，与它们共生的有 *Menocephalites elegans*，*M. distinctus* 等。

时代属张夏期。

T14 *Taitzuia* 带 分布在江庄等地的张夏组上段中部，以含 *Taitzuia* 为特征。主要分子有 *T. acidalia*，*T. jiangzhuangensis*，*T. granulosa* 等，*Levisia adrastia*，*L. granulosa*，*L. trapezia*，*Pseudotaitzuia insueta* 等亦是本带的重要分子。时代属张夏期。

T15 *Damesella* 带 分布在江庄等地的张夏组上段上部，以含 *Damesella* 为特征。主要分子有 *D. acuata*，*Dunderbergella brevifronta*，*Dorypygella alastor pusilla*，*Peishanoides laevis* 等。时代属张夏期。

T16 *Blackwelderia paronai* 带 分布在江庄等地的炒米店组下段，以含 *Blackwelderia paronai* 为特征。*B. sinensis*，*B. triangularis*，*B.* cf. *shengi*，*B. disticha* 等亦是本带主要分子。时代属崮山期。

T17 *Drepanura* 带 分布在炒米店组下段，主要分子有 *Drepanura pusilla*，*D. ketteleri*。本带位于 T16 带上部。时代属崮山期。

T18 *Chuangia* 带 分布在江庄等地的炒米店组中段下部，以含 *Chuangia* 为特征，主要分子有 *C. conica*，*C. subquadrangulata*，*Quadrahomagnostus* sp. 等。时代属长山期。

T19 *Changshania* 带 分布在江庄等地的炒米店组中段中部，以含 *Changshania* 为特征。主要分子有 *C. conica*，*C. shihuigouensis* 等，与之共生的有 *Prochangshania* sp.，*Irvingella taizuhoensis* 等。时代属长山期。

T20 *Kaolishania* 带 分布在炒米店组中段上部，以含 *Kaolishania* 为特征。*Kaolishania* sp.，*Parakaolishania xiangshanensis* 等亦是本带的重要分子。时代属长山期，位于 T19 带的上部。

T21 *Ptychaspis*-*Tsinania* 组合带 分布在江庄等地的炒米店组上段下部，以含 *Ptychaspis*，*Tsinania* 为特征，主要分子有 *Ptychaspis* sp.，*Tsinania canens*，*T. obculica*，*T. depressa* 等，与它们共生的有 *Sinosaukia pustulosa*，*Pagodia bia*，*P.* cf. *damesi* 等。时代属凤山期。

T22 *Quadraticephalus*-*Dictyella* 组合带 分布在江庄等地的炒米店组上段中上部，主要分子有 *Quadraticephalus* sp.，*Dictyella manchuricus*，*D. petila*，*D. semielliptica* 等，与它们共生的有 *Dictyites conicus*，*Wanwanaspis corna* 等。时代属凤山期。

T23 *Mictosaukia* 带 分布在大泉等地的三山子组下段下部，以含 *Mictosaukia* 为代表，共生分子有 *Tellerina* sp. 等。时代属凤山期。

T24 *Coreanocephalus* 带 分布在大北望等地的三山子组中下部，特征分子 *Coreanocephalus* 常与 *Anderssonella* sp.，*Changia* sp.，*Tellerina* sp. 等共生。时代属凤山期，代表寒武纪的最后一个三叶虫化石带。

T23 带与 T24 带江苏地矿局（1978）定为 *Tellerina* 带。

T25 *Eoisotelus*-*Basiliella* 组合带 分布在大泉等地的马家沟组寨山段，主要分子有 *Eoisotelus* sp.，*E.* cf. *orientalis*，*Basiliella* sp. 等，与之共生的有头足类 *Armenoceras* sp. 等。时代属大湾期。

2. 牙形刺

晚寒武世—奥陶纪牙形刺比较发育，安太庠等(1980,1983)做了较为深入的研究，其成果综合如下：

Y1 *Prooneotodus rotundatus*-*P. tenuis* 组合带 分布在江庄、大泉等地的炒米店组上段，以含 *Prooneotodus rotundatus*，*P. tenuis* 为特征。重要分子有 *P. gallatini*，*Furnishina fur-*

nishi, *F. primitiva*, *Proacodus obliquus*, *Proconodontus venustus*, *Oneotodus nakamurai*, *O. probasalis* 等。时代属凤山期。

Y2 *Proconodontus notchpeakensis* 带　分布在大泉、江庄等地的炒米店组上段上部至三山子组下段中部。以含 *P. notchpeakensis* 为特征，重要分子有 *P. carinatus*, *Cordylodus proavus* 等。本带下部与 Y1 带上部重叠。时代属凤山期。

Y3 *Cordylodus proavus* 带　分布在大泉等地的三山子组下段中上部，主要分子有 *Cordylodus proavus*, *Hirsutodontus hirsutus*, *Scolopodus primitivus* 等。本带下部与 Y2 上部混生。时代属凤山期。

Y4 *Drepanodus simplex* 带　分布在大泉等地的三山子组下段顶部，本带属种单调，仅见 *Drepanodus simplex*。时代属两河口期。

3. 头足类

晚寒武世—奥陶纪头足类较繁盛，奥陶纪时头足类比三叶虫对生物地层、年代地层的划分更具重要性。据王祥珍（1979）及区调研究成果综合如下：

D1 *Ellesmeroceras* 带　分布在炒米店组上段，主要分子有 *Ellesmeroceras* sp.，*E. foerstei* 等。时代属凤山期。

D2 *Kogenoceras* - *Wutinoceras* 组合带　分布在马家沟组寨山段至大泉段下部，以含 *Kogenoceras*, *Wutinoceras* 为特征，与之共生的有 *Armenoceras* sp.，*Linormoceras*? sp.，*Sactoceras*? sp.。时代属大湾期。

D3 *Stereoplasmoceras* 带　分布在马家沟组大泉段中部，以 *Stereoplasmoceras schindewolfi* 为代表，*Armenoceras* 在本带也占明显优势，主要分子有 *A. richthofeni*, *A. tani*, *A. resseri*, *A. coulingi*, *A. submarginale*, *A. wuhutsuiensis* 等。时代属牯牛潭期。

D4 *Tofangoceras pauciannulatum* - *Discoactinoceras* 组合带　分布在马家沟组大泉段上部，与带分子共生的有 *Armenoceras* cf. *manchuriense* 等。时代属牯牛潭期。

第三节　年代地层

寒武纪年代地层划分统一采用三分，阶的划分主要以生物地层为基础。寒武系中、上统各阶以山东张夏和河北唐山为层型，下统各阶以云南昆明为层型。本区下寒武统发育不全，中、上寒武统发育较为完整，自下而上分：下统沧浪铺阶、龙王庙阶；中统毛庄阶、徐庄阶、张夏阶；上统崮山阶、长山阶、凤山阶。

奥陶纪的年代地层，统、阶的划分均不统一。本区以壳相的头足类为主，与宜昌地区类似，所以采纳宜昌地区的建阶系统，自下而上分：下统两河口阶、红花园阶、大湾阶、牯牛潭阶；中统庙坡阶。

现对年代地层单位的界线自下而上说明如下：

一、武寒系的下界

区内武寒系地层发育不全，与沧浪铺阶对应的猴家山组底为其下界，平行不整合在晚元古代地层不同层位之上。猴家山组从岩性、含三叶虫化石碎片和底部含磷层中的腕足类化石等特征来看，与淮南含 *Hsuaspis* 层位相当。从猴家山组含磷层之上所夹钙质页岩的 K - Ar 年龄值 508～513 Ma，推断其时代属寒武纪。

二、沧浪铺阶与龙王庙阶的分界

以三叶虫 T1 与 T2 带为界，张楼剖面两阶界线在昌平组 28 与 29 层之间。

三、龙王庙阶与毛庄阶的分界(下寒武统与中寒武统的分界)

龙王庙阶包括 T2、T3 两个三叶虫带，以 *Redlichia* sp. 消失和大量褶颊虫类的出现作为下寒武统龙王庙阶与中寒武统毛庄阶的分界。具体划在 T3 与 T4 带之间，相当大南庄剖面 40 与 41 层之间。

四、毛庄阶与徐庄阶的分界

毛庄阶包括三叶虫 T4、T5 两个带，以三叶虫 T5 与 T6 作为毛庄阶与徐庄阶的分界，相当大南庄剖面 44 与 45 层之间。

五、徐庄阶与张夏阶的分界

徐庄阶包括三叶虫 T6—T10 带，其顶部 T10 带分布普遍，层位稳定，与 *Bailiella* 的层位相当。以 T10 带 *Jiangsucephalus* 消失作为徐庄阶与张夏阶的分界，相当大南庄剖面 50 与 51 层之间。

六、中寒武统与上寒武统的分界

在国内均以张夏阶(包括三叶虫 T11—T15 带)与崮山阶之间的界线作为中寒武统与上寒武统的分界，崮山阶底部三叶虫 T16 带，其中含有世界性上寒武统的 *Homagnostus* 和 *Pseudagnostus*、*Liostracina*，在我国扬子地层区及澳大利亚昆士兰均与上寒武统下部 *Glyptagnostus stolidotus* 共生。区内以 T16 带出现，作为张夏阶与崮山阶界线，相当大南庄剖面 62 与 63 层之间。

上寒武统自下而上分崮山阶（三叶虫 T16—T17 带）、长山阶（三叶虫 T18—T20 带）、凤山阶（三叶虫 T21—T24 带），分别相当大南庄剖面炒米店组下段、中段、上段。

崮山阶与长山阶以 T17 带与 T18 带为界，长山阶与凤山阶以 T20 带与 T21 带为界。

七、寒武系与奥陶系分界

三山子组是寒武—奥陶纪的岩石地层单位，由于生物化石稀少，时代归属问题，自 30 年代以来，意见不同，一种归寒武系，另一种归奥陶系。1959 年南京大学肖楠森在徐州九里山北坡李窝村附近三山子白云岩中采到笔石，经穆恩之鉴定为 *Dendrograptus* sp.。为此，第一届全国地层会议（张文堂，1959）将三山子白云岩正式列为早奥陶世。1960 年毕德昌也在邻区肖县白土锦屏山三山子组中采到数枚笔石和腕足类碎片，经穆恩之鉴定也是 *Dendrograptus* sp.，并与冶里组对比。

1970 年之后，随着 1∶20 万和 1∶5 万区调的开展，华北各地在三山子组中发现三叶虫、头足类、笔石、腕足类、牙形刺等化石，表明三山子组是一个穿时的岩石地层单位，其时代随地而异。

徐淮地区寒武系与奥陶系为连续沉积，不但没有明显的岩性界线，生物地层的界线也不够明显，无机界的岩性变化和有机界的生物演变都是一种承前启后的过渡关系，严格划一条界线是比较困难的，只能根据生物化石带垂直分布情况，划一条相对的年代地层界线。徐淮地区三山子组中所发现的三叶虫，均为凤山阶的典型分子，对确定寒武系的顶界具有重要意义。T23 *Mictosaukia* 带主要出现在凤山阶上部相对应的三山子组下段白云岩中(姚伦淇、王新平，1978)。徐州市西南大北望，在 *Tellerina* sp. 之上 30 m 处出现了 T24 *Coreanocephalus* 带，邻区夹沟韩家和肖县老虎山三山子组中部含丰富的 *Coreanocephalus anhuiensis*，*C. longiformis*，*C. aplatus* 及共生的 *Anderssonella abbreviata*，*Haniwa* sp.，*Changia chinensis* 等。其中的 *Coreanocephalus* sp. 在河北峰峰、井陉等凤山阶上部也有发现，国外见于朝鲜半岛斗围峰上寒武统花折组 *Dictyites* 带中，泰国特鲁陶岛上寒武统也有产出。牙形刺 Y3 带与三叶虫 T23 和 T24 带平行出现，或略高于 T24 带，仍保持晚寒武世副牙形刺的基本特征，可与唐山和吉林大阳岔凤山阶上部的牙形刺组合、宜昌地区三游洞组上部的牙形刺组合对比。Y4 带的牙形刺已是真牙形刺的典型代表，在唐山和本溪地区，均出现在奥陶系底部，并与三叶虫 *Onychopyge* - *Leiostegium* (*Alloleostegium*) 组合带共生。在宜昌地区出现在三游洞组顶部。

根据上述化石带的分析，本区寒武系与奥陶系分界，以三叶虫 T24 带和牙形刺 Y3 带基本消失作为寒武系的顶界；以牙形刺 Y4 带真牙形刺的大量出现作为奥陶系的底界。相当寨山剖面三山子组 10 与 11 层之间。可与河北唐山、吉林大阳岔、湖北宜昌寒武系与奥陶系界线对比。

八、两河口阶与红花园阶分界

牙形刺 Y4 带为两河口阶最底部的化石带，但其上至贾汪组平行不整合面之下还有 30 m 左右地层尚未取得具有时代意义的化石，仅含牙形刺 *Oneotodus nakamurai*，*Cordylodus* sp.。根据区域地质填图追索，贾汪组平行不整合面之下三山子组含燧石结核细晶白云岩第 13 层，与邻区夹沟含头足类化石 *Oderoceras* sp.，*Cyrtovaginoceras* sp.，*Kaipingoceras* sp. 岩性一致，层位相当，可与红花园阶对比。两河口阶与红花园阶界线，暂相当寨山剖面 12 与 13 层之间。

九、下、中奥陶统分界

下奥陶统与中奥陶统的划分，国内外众说纷纭。现将贾汪组—马家沟组大泉段划为对应的下奥陶统，马家沟组顶部晁所段归对应的中奥陶统庙坡阶。

第四节　问题讨论

一、地层划分不同认识

(1) 寒武系下界：认为金山寨组底面平行不整合界面明显，其顶面与原沟后组(现分解为金山寨组和猴家山组)连续沉积，而主张将金山寨组归对应的寒武系。

(2) 毛庄阶的归属：主张取消毛庄阶，将其归龙王庙阶，属下寒武统。

二、地层多重划分对应关系

寒武纪—奥陶纪地层多重划分包括岩石地层、生物地层和年代地层。年代地层单位的划分，多数情况下，生物带的界线与年代地层单位的界线是一致的，或基本一致，但并非绝对，生物的演化具有鲜明的连续性和继承性，从发生、发展、迁移到消亡需要一个过程，不同门类生物发展规律和对自然环境的适应性又有差异，于是就会出现多种多样的划分界线，从这个角度来看，年代地层单位的界线，并非绝对等同生物带的界线。岩石地层单位与生物地层单位和年代地层单位差异性较大，其界线可以一致，也可以不一致。

区内生物地层单位以三叶虫、牙形刺、头足类生物带与岩石地层单位和年代地层单位对应关系见表4-2。

三、岩石地层时空分布

本区属华北地层大区，岩石地层发育及时空分布情况见(图4-2)。

1. 地层发育状况

区内缺失相当云南梅树村组、筇竹寺组和淮南霍丘一带的凤台组沉积。直到沧浪铺中、晚期丰沛隆起南侧才开始沉积猴家山组、昌平组，龙王庙期馒头组沉积范围又向北扩大到全区及邻区，表明早寒武世沉积范围由南向北逐渐扩大，岩石地层层位逐渐抬高。

本区馒头组是华北地层大区发育最全的地区之一，有4层特殊岩性：雷鼓山页岩、石鼓山灰岩、铜山灰岩、舜耕山砂岩，是区域对比标志层。

张夏组，区内从徐庄晚期开始沉积，山东张夏到张夏期才开始沉积，其底界随着时间发展由南向北逐渐抬高。地台边部(淮南凤阳及河北平泉)常相变为鲕状白云岩或白云质灰岩。

崮山组页岩在区内尖灭相变为炒米店组薄层灰岩。

三山子组与下伏地层：在淮南与崮山组，到本区与凤山组，到河北唐山与冶里组接触，由南向北顶、底界层位逐渐抬高，是明显穿时的岩石地层单位。因此，三山子组在不同地区时代是不相同的。

贾汪组岩性稳定，分布广，是区域对比的标志层，与下伏地层为平行不整合接触。有些地区归马家沟组底部。

马家沟组各地岩性相似，由于受后期剥蚀或沉积缺失，其顶界各地不尽一致，以山东莱芜层位保存最高，顶部跨入庙坡阶和宝塔阶。

2. 三个区域平行不整合面遍及华北地层大区

(1) 寒武系底界平行不整合面：下寒武统发育不全，自南向北地层层位逐渐抬高，时代变新，超覆在上元古界及以下不同层位之上。这个面南部先接受沉积逐渐向北推进，是多期构造运动复合界面，包括五台运动、吕梁运动、芹峪上升、蓟县上升、栏杆上升等。

(2) 贾汪组底界平行不整合面：贾汪组盖在三山子组不同时代层位之上。在淮南盖在崮山阶之上，区内盖在红花园阶之上，到唐山盖的层位更高。表明三山子组在不同地区受不同程度剥蚀，这个面包括怀远上升。

(3) 马家沟组顶界平行不整合界面：马家沟组顶部遭受不同程度剥蚀，以山东莱芜保存层位最高，自此向南、向北保存层位逐渐降低。缺失中奥陶世晚期—早石炭世沉积。石炭系底部普遍存在古风化壳，产铁铝矿，覆盖在马家沟组不同层位之上。这个面是受多期构造运动影响长期隆起的复合面。

3. 两大沉积旋回

两个区域平行不整合面之间的一套地层是一期大的海侵到海退沉积旋回。猴家山组至三山子组为第一期沉积旋回，贾汪组至马家沟组为第二期沉积旋回。

表 4-2　徐州地区寒武纪—奥陶纪地层多重划分对应表

年代地层			岩石地层		生物特征	
系	统	阶	组	段	三叶虫	牙形刺及头足类
石炭系	上统		本溪组			
奥陶系	中统	庙坡阶	马家沟组	晁所段		
	下统	牯牛潭阶		大泉段		D4:*Tofangoceras pauciannulatum* - *Discoactinoceras* D3:*Stereoplasmoceras*
		大湾阶		寨山段	T25:*Eoisotelus* - *Basiliella*	D2:*Kogenoceras* - *Wutinoceras*
			贾汪组			
		红花园阶	三山子组	上段		
		两河口阶		下段		Y4:*Drepanodus simplex*
寒武系	上统	凤山阶			T24:*Coreanocephalus* T23:*Mictosaukia*	Y3:*Cordylodus proavus* Y2:*Proconodontus notchpeakensis* Y1:*Prooneotodus rotundatus* *P. tenuis* D1:*Ellesmeroceras*
			炒米店组	上段	T22:*Quadraticephalus* - *Dictyella*	
					T21:*Ptychaspis* - *Tsinania*	
		长山阶		中段	T20:*Kaolishania* T19:*Changshania* T18:*Chuangia*	
		崮山阶		下段	T17:*Drepanura* T16:*Blackwelderia paronai*	
	中统	张夏阶	张夏组	上段	T15:*Damesella* T14:*Taitzuia* T13:*Amphoton* T12:*Crepicephalina* T11:*Liaoyangaspis*	
		徐庄阶		下段	T10:*Jiangsucephalus* T9 :*Zhaishania* - *Plesigangdeeria* T8:*Poriagraulos weijiensis* T7:*Sunaspis* T6:*Hsuchuangia* - *Zhongtiaoshanaspis*	
		毛庄阶	馒头组	上段	T5:*Shantungaspis* T4:*Weijiaspis* - *Tongshania*	
	下统	龙王庙阶		中段	T3:*Tingyuania* - *Redlichia*	
				下段	T2:*Redlichia chinensis* T2-3:*Leptoredlichia* - *Zhanglouia* T2-2:*R. weijiensis* - *R. baishanensis* T2-1:*R. murakamii*	
		沧浪铺阶	昌平组		T1:*Megapalaeolenus*	
			猴家山组			K-Ar 测龄值 500 Ma,513.5 Ma
震旦系			金山寨组			

第五章
石炭纪—二叠纪

区内的石炭纪—二叠纪地层仅发育在晚石炭世及二叠纪时期，分属徐淮地层分区和鲁西地层分区。广泛分布在郯庐断裂西侧，与寒武纪—奥陶纪地层一起褶皱组成复式向斜核部。同时，还零星出露于徐州贾汪、利国、三堡、丰县华山等地。自下而上分：海陆交互相、陆相含煤建造、河湖相红色岩建造，残留厚度 800～1 600 m。平行不整合在奥陶系之上，各组之间均为整合，上被侏罗系及更新地层不整合覆盖。其内蕴藏着丰富的煤、耐火粘土、高岭土、陶土、钾长石等矿产。

石炭纪—二叠纪地层的研究，始于刘季辰和赵汝钧(1919)、谢家荣(1932)在贾汪煤田调查，自下而上划分为泉旺头石灰岩、青山泉层、大沟沿砂岩层、铜山含煤层。日本人小贯义男等(1943)在贾汪煤炭开发中，根据采煤勘察资料，划分“屯头炭层群”、“小湖炭层群”和“夏桥炭层群”三个含煤段。李四光(1952)、胡希廉(1954)将山西太原地区的地层单位引用到本区。第一届全国地层会议(1959)至今，徐州矿务局、江苏地矿局及江苏煤炭系统的生产、科研、教学单位广泛引用了太原和本溪地区的地层名称。

区内曾引用地层单位 19 个，现采用 10 个，其中 1 群、4 组、5 段(表 5 - 1)。

第一节　岩石地层单位

本溪组　C_2b　(05 - 32 - 1218)

【创名及原始定义】　赵亚曾 1926 年创名，原称本溪系。创名地点为辽宁省本溪市新洞沟与蚂蚁沟间牛毛岭。本系位居奥陶纪石灰岩之上，共厚约九十余公尺，全部均为页岩、砂岩及石灰岩。

【沿革】　1954 年王钰等复测牛毛岭剖面改称本溪统，厚度 145.15 m。底部(14.6 m)为杂色页岩夹 G 层铝土页岩；下部(74.6 m)为黄色砂岩和砂质页岩；上部(55.95 m)为 5 层石灰岩与黄色钙质页岩、砂岩互层。1959 年第一届全国地层会议之后称本溪组，至今广泛引用(表 5 - 1)。

【现在定义】　指发育在太子河、大连-复州小区平行不整合于马家沟组之上，以黄色砂

表 5-1　徐州地区石炭纪—二叠纪地层划分沿革表

作者	年代	地区	地层划分（自上而下）
谢家荣	1932	贾汪	二叠纪 — 煤系：铜山含煤层、大沟沿砂岩层；上石炭纪 — 太原系：青山泉层；中石炭纪 — 泉旺头石灰岩；马家沟灰岩
小贯义男	1943	贾汪	山东系 — 山西统：夏桥炭层群、小湖炭层群；太原统：屯头炭层群；章丘统；济南系
李四光	1952	徐州	三叠纪 — 红色砂岩页岩层；二叠石炭纪 — 石盒子系、山西系、太原系；中石炭纪 — 泉旺头灰岩；奥陶纪
刘之远、盛金章	1952	贾汪	二叠—石炭纪 — 夏桥炭层、小湖子炭层、屯头炭层；中石炭纪 — 泉旺头石灰岩；马家沟统
胡希康	1954	贾汪	石盒子系 — 夏桥系；山西系 — 小湖系；太原系 — 屯头系；本溪系 — 泉旺头灰岩；奥陶纪
全国地层会议	1959	贾汪	P_1 — 下石盒子组、夏桥组、小湖组；C_3 — 屯头组；C_2 — 本溪群泉旺头灰岩；O_2 — 马家沟组
徐州矿务局	1974	徐州	P_2 — 石千峰组、上石盒子组；P_1 — 下石盒子组、山西组；C_3 — 太原组；C_2 — 本溪组；O_2 — 马家沟组
江苏地层表编写组	1978	徐州	P_2 — 石千峰组(?)、上石盒子组；P_1 — 下石盒子组或夏桥组、山西组或小湖组；C_3 — 太原组或屯头组；C_2 — 本溪组或泉旺头组；O_2 — 阁庄组
盛金章、王仁农	1983	沛县大屯	P_2 — 上石盒子组；P_1 — 下石盒子组、山西组；C_3 — 太原组；C_2 — 本溪组；O_2 — 马家沟组
江苏地矿局	1986	徐州	P_2 — 石千峰组、上石盒子组；P_1 — 下石盒子组、山西组；C_3 — 太原组；C_2 — 本溪组；O_2 — 阁庄组
本书	1997	徐州地区	P_2 — 石千峰群、石盒子组（上段）；P_1 — 石盒子组（下段）、山西组（夏桥段、小湖段）；C_2 — 太原组（屯头段、泉旺头段）、本溪组（湖田段）；O_2 — 马家沟组（晁所段）

岩、紫色或黄绿色页岩为主，夹铝土质页岩及铝土矿，有时夹薄煤层或煤线及灰岩凸镜体，底部常具不规则铁矿层的一套含铁铝碎屑岩。其上覆地层为太原组呈整合接触。本溪组在江苏省内仅发育下部含铁铝碎屑岩，以湖田段代之。

湖田段　C_2b^h　(05-32-1219)

【创名及原始定义】　关士聪、李星学、张文堂1952年在手稿中创名“湖田统”，创名地点在山东省淄博煤田湖田矿区，丁培榛、范嘉松等1961年介绍。将本溪统的下部铁铝岩层命名为“湖田统”，是一个多次沉积与侵蚀的产物，时代为前中石炭纪。本溪统上部仍用日本人小贯义男的地层名称“章丘统”，时代属中石炭纪。两者的接触关系为假整合。

【沿革】　省内新引用地层单位(表5-1)。

【现在定义】　指本溪组底部的铁铝岩系，主要岩性为紫红色铁质泥岩、灰黄—灰白色铝土质泥岩及青灰—灰白色粘土岩。底以奥陶系古风化面为界，与下伏马家沟组呈平行不整合、局部(微角度)不整合接触，顶以铝土矿之顶面为界。

江苏省内本溪组仅发育湖田段，与下伏奥陶系马家沟组晁所段白云岩、上覆太原组泉旺头段最低一层灰岩均呈平行不整合接触。

【层型】　正层型在山东省。省内次层型为铜山县大泉乡大李庄耐火粘土矿区0线剖面(117°26′，34°28′)，江苏地质五队1972年测制，房尚明1994年修改补充。

太原组屯头段

15. 灰紫色含铁质结核页岩　0.47 m

——————— 整　合 ———————

太原组泉旺头段　厚度45.29 m

14. 灰白(深灰)色灰岩(Ls15)，夹灰黄(黑)色页岩扁豆体　10.20 m

13. 灰绿色砂岩，含菱铁矿鲕粒(氧化后为赤红色)，可相变为砂质页岩或黑色页岩　3.06 m

12—9. 深灰、杂色(铁铝)页岩，与含少量鲕粒灰色灰岩(Ls16)互层，含星点状黄铁矿铁质结核　6.08 m

8. 灰白色灰岩(Ls17)，夹少量灰绿色页岩及泥质灰岩，下部含燧石结核。含䗴 *Eostaffella oldae*, *E. proikensis*, *E. postmosquensis acutiformis*, *E. oblonga*, *E. lepida*, *E. jiawangica*, *Millerella minuta*, *M. marblensis*, *M. rossica*, *Pseudostaffella kanumai*, *P. needhami*, *P. quanwangtouensis*., *P. antiqua*, *Profusulinella parva*, *P. simplex*, *P. ovata*, *P. trisulcata*, *P. pseudoelongata*, *P. venusta*, *P. extensa*, *P. rhomboides*, *P. quasiparva*, *P. parvaconvoluta*, *P. subaljultovica fragilis*, *P. cybaea*, *Verella prolixa*, *V.* cf. *spicata*, *Schubertella fusiformis*, *S. obscura penchiensis*, *S. magna*, *S. gracilis znensis*, *Ozawainella paralenticula*　22.54 m

7—4. 灰白色灰岩(Ls18)，灰绿紫红夹杂紫灰黄色铁铝页岩互层。含䗴 *Eostaffella obesa*, *E. angularis*, *Ozawainella aurora*, *O. janponica*, *O. intermedia*　3.41 m

—————— 平行不整合 ——————

本溪组湖田段　厚度31.29 m

3. 杂色铁铝页岩，以紫红与灰绿、灰黄色不均匀混杂形成花斑状铁铝质不均匀分布，有的以浅灰绿色铝土质为主，具鲕状结构，并夹耐火粘土矿层，局部夹铝土矿及铁矾土扁豆体；有的以紫红色铁质页岩为主，并含铁矿结核，上部有时夹灰黄色砂岩。厚度变化大　26.79 m

2. 紫红色铁质页岩，页理较发育，并含赤褐铁矿结核，局部富集可形成贫铁矿层(山西式铁矿) 4.50 m

——————— 平行不整合 ———————

下伏地层：**马家沟组晁所段** 灰色白云岩

【地质特征及区域变化】 岩性以紫红及灰绿、灰黄色混染成花斑状铁铝页岩为主要特征。岩性变化不大，铁质页岩多居下部，紫红色为主，常夹杂少量灰绿色或灰黄色斑块，局部含赤铁矿结核，或夹鸡窝状或不规则凸镜状贫铁矿，俗称“山西式铁矿”；铝土页岩多居上部，灰白色和灰绿色占优势，部分夹杂紫红色斑块，鲕粒结构比较发育，常夹耐火粘土，俗称“G 层铝土”。大屯 D19 孔，紫红色铁质页岩中含腕足类 *Chonetes* cf. *carbonifera*。贾汪大李庄一带，偶夹小型的铝土矿及铁铝矾土凸镜体，平行不整合在马家沟组晁所段之上。厚度一般是几米至 10 多米，常受下伏古侵蚀面的岩溶地貌控制，贾汪地区最厚达 20～30 m，局部近 50 m，并由此向西、向南变薄，丰沛地区 10 m 左右，局部可达 20 余米。徐州市向南多为 10 m，淮北一般数米。

李四光(1930)在青山泉附近相当剖面第 14 层采得䗴 *Fusulina cylindrica*，*Fusulinella bocki*；谢家荣(1931)在大泉村南庄附近相当层位采得石燕 *Choristites* (*Spirifer*) *mosquensis*；万世禄、丁惠(1986)在贾汪附近相当剖面第 8 层，采得牙形刺 *Idiognathoides corrugatus* 等。该段时代归为晚石炭世。

太原组 C_2t (05－32－1220)

【创名及原始定义】 太原组最早称太原系。翁文灏、Grabau 1922 年创名(手稿，论文于 1925 年发表)。诺林(Norin)1922 年介绍。创名地点为太原西山。太原系是指：“华北晚古生代含煤地层的下部”。翁文灏等把华北晚古生代含煤地层分成两部分。下部称太原系，上部称山西系。在太原西山，太原系是指奥陶系风化面以上的一段海陆交互相含煤地层。

【沿革】 诺林(1922)将山西省太原西山月门沟太原系代表奥陶纪灰岩之上至山西系北岔沟砂岩之间的一套地层，以铁铝岩层为底，斜道灰岩为顶，其间为砂岩—页岩—煤—石灰岩组成多个旋回。全国地层委员会(1959)改称太原组，后广为引用(表 5－1)。

【现在定义】 指华北月门沟煤系(群)下部地层。由海陆交互相的页岩夹砂岩、煤、石灰岩构成的多个旋回层组成。以最低一层灰岩为底，与本溪组铝土岩顶面分界，以最上部一层灰岩为顶面与山西组分界。

江苏省根据岩性组合特征，分下部泉旺头段和上部屯头段。

泉旺头段 C_2t^q (05－32－1221)

【创名及原始定义】 谢家荣(1932)在贾汪含䗴的莫斯科层中，采得石燕化石(*Spirifer mosquensis*)，将其创名泉旺头石灰岩。原义为：白色坚密质薄层状石灰岩或粉红色石灰岩，属中石炭纪，与其下之奥陶纪灰岩间，应有一不整合存在。

【沿革】 曾以泉旺头群、泉旺头组被引用，本次对比研究称泉旺头段(表 5－1)。

【现在定义】 由灰白色局部深灰色中厚层含燧石结核泥晶灰岩夹灰绿色铝土页岩和杂色铁铝页岩组成。底以最低一层灰岩与湖田段铁铝页岩(G 层铝土)整合接触，顶与屯头段底部铝土岩(E 层)整合接触，隶属太原组底部。

屯头段　C_2t^t　(05-32-1222)

【创名及原始定义】　日本人小贯义男等[①](1943)于贾汪创屯头炭层群。指太原统中的一段煤与砂页岩及石灰岩互层，岩层厚度165～175 m。

【沿革】　曾以“屯头炭层”、“屯头煤层”、“屯头系”、“屯头组”等长期引用(表5-1)。本次对比研究称屯头段。

【现在定义】　由灰、灰黑色砂质页岩、煤层、深灰色灰岩组成，夹浅灰色砂岩及铝土岩。底以灰绿色铝土岩(E层)与泉旺头段灰岩整合接触，顶以最上一层灰岩与山西组小湖段灰黑色页岩整合接触，隶属太原组中上部。

【层型】　泉旺头段、屯头段创名时未测剖面；选层型为铜山县坨城煤矿景山3—12钻孔太原组剖面(117°09′,34°26′)，江苏省煤田地质勘探公司1990年测制，房尚明1994年修改补充。

上覆地层：山西组小湖段　黑色页岩

——————　整　合　——————

太原组	总厚度 184.76 m
屯头段	厚度 172.97 m
50. 褐灰色生物屑粉晶灰岩(Ls1)。含䗴 *Boultonia* sp.，*Pseudofusulina*?sp.，*Schwagerina* sp.，*Ozawainella* sp.，*Rugosofusulina* aff. *praeviaorintaie*，*R.* cf. *complicata*，*Robustoschwagerina*? sp.；有孔虫 *Plectogyra rzhevica*，*Brunsia* cf. *spirillinoides*，*Geinitzina* sp.，*Hemigordius* cf. *yuxianensis*，*Glomospira* cf. *gordialis*，*G. regularis*，*Climacammina* sp.，*Palaeotextularia gibbosaeformis*，*Tetrataxis* aff. *minima*，*T. planispiralis*；牙形刺 *Sweetognathus whites*，*Streptognathodus oppletus*，*Diplognathodus* sp.，*Hindeodella mutidenticulata*，*Synprioniodina microdenta*，*Ligonodina* sp.，*Hibbardella obtusa*，*Ozarkodina delicalula*	1.50 m
49—48. 浅灰、黑灰色砂质页岩，中夹0.20 m煤层	2.75 m
47. 褐灰色生物屑粉晶灰岩(Ls2)。含海百合茎碎屑及䗴 *Triticites* cf. *paramontiparus*，*Schubertella elongata*，*S. pusilla*，*Schwagerina grandensis*，*S. jewetti*，*S. exuberata macra*，*Boultonia* cf. *cheni*，*B.* cf. *willsi*，*Pseudofusulina exuberata macra*，*Fujimotoella*? sp. (可归 *Triticites*)，*Dunbarinella* sp.，? *Rugosochusenella gregaria*；有孔虫 *Geinitzina postcarbonica*，*G.* aff. *multicamerata*，*G. primitiva*，*G.* cf. *spandeli*，*Nodosaria grandis*，*N. parva*，*N. mirabilis caucasica*，*N. netchajewi*，*Hemigordius* sp.，*Palaeotextularia* sp.，*Endothyra* aff. *irinae*，*Tolypammina* sp.，*Plectogyra* sp.，*Climacammina exima*，*C. nelumboforme*，*C. elegantula*，*C. bicammina*，*C. obsoleta*，*Glomospira gordialis*，*Globivalvulina minima*，*Brunsia spirillinoides*，*Cribrogenerina* aff. *maxima*，*C*，*prosphaerica*，*Palaeotextularia simplex*，*P. angusta*，*P. lata*，*Palaeospiroplectammina diversa*，*Eotuberitina reitlingerae*，*Tetrataxis* cf. *minuta*	0.60 m
46. 灰色细砂岩，顶、底部为深灰、褐灰色砂质页岩	6.25 m
45. 灰黑色页岩，上部夹粉砂岩，下部含菱铁矿鲕粒、结核	12.75 m
44. 褐灰色生物泥晶灰岩(Ls3)。含䗴、海百合茎、珊瑚、腕足类及牙形刺 *Streptogna-*	

① 此处和本章创名及原始定义中“日本人小贯义男等(1943)”的参考文献为：小贯义男、大山理隆，1943，淮海省柳泉炭田地质调查报告，江苏省地质资料处。

thodus elongatus 等 1.50 m

43—42. 深灰色砂质页岩，粉细砂成分较高，顶部为 0.05 m 煤层，底具菱铁矿条带。含植物 *Stigmaria ficoides* 6.75 m

41. 浅褐灰色生物屑粉晶灰岩(Ls4)，上部见少量黑色燧石结核，底部以黑色生物屑泥晶灰岩为主，含䗴、海百合茎、腕足类、珊瑚等及有孔虫 *Glomospira irregular*，*Ammovertella heatli*，*Tolypammina* spp.，*Plectogyra* cf. *minuta*，*Palaeotextularia* spp.，*Climacammina collosa*.，*Tetrataxis* cf. *plana*，*Nodosaria* sp；牙形刺 *Streptognathodus elongatus*，*S. expansus*，*Hindeodella taiyuaensis* 11.30 m

40. 灰黑色页岩，含菱铁矿鲕粒，顶部为 0.05 m 煤线 1.75 m

39. 褐灰色生物屑泥晶灰岩(Ls5)。含䗴及有孔虫 *Nodosaria*? sp.，*Palaeotextularia* cf. *grandis*，*P. longissima*，*Climacammina* sp.，*Globivalvulina scaphoidea*，*Tetrataxis* sp.；牙形刺 *Hindeodella* sp.，*Streptognathodus elongatus*，*S. wabaunsensis*；三叶虫 *Pseudophillipsia* (*Carniphillipsia*) sp. 3.22 m

38—36. 灰色中细粒岩屑石英砂岩，夹灰黑色砂质页岩、粉细砂岩、薄层黄铁矿和 0.25 m 煤层，上部褐灰色粘土质粉细砂岩。含植物 *Lepidodendron oculusfelis* 9.02 m

35. 灰黑色页岩，上部夹粉砂岩，下部含菱铁矿鲕粒、结核。含植物 *Cordaites* sp. 3.10 m

34. 褐灰色生物屑泥晶灰岩 (Ls6)。含䗴、海百合茎，珊瑚及有孔虫 *Tuberitina collosa*，*Eotuberitina maljavkini*，*E. reitlingerae*，*Plectogyra* cf. *parva*，*P. bradyi* var. *compressa*，*Globivalvulina kamensis*，*Climacammina climacamminoides*，*Palaeotextularia bruta*，*P. longissima*，*Cribrogenerina sphaerica*，*Nodosaria* aff. *netchajewi*，*N. concinna*，*N. netchajewi*，*Tetrataxis minima*，*Geinitzina primitiva*，*G. postcarbonica*；牙形刺 *Metalonchodina bidentata*，*Hibbardella* sp.，*Streptognathodus fuchengensis*，*S. elongatus*，*Ligonodina* sp. 2.90 m

33. 灰黑色含砂质页岩，顶部为 0.40 m 的煤层 5.30 m

32. 褐灰色生物屑泥晶灰岩(Ls7)，含海百合茎 0.12 m

31. 深灰色砂质页岩与灰色粉细砂岩互层，顶部为 0.05 m 煤层。含植物 *Stigmaria ficoides* 9.79 m

30. 褐灰色生物屑泥晶灰岩(Ls8)。含有孔虫 *Tetrataxis angusta*，*T. minima*，*Eotuberitina* sp.，*Nodosaria magna*，*N. bella*，*N. netchajewi* var. *ronda*，*N. netchajewi* var. *subquadrata*，*Climacammina aljiutovica*，*C.* cf. *usolensis*，*Palaeotextularia longissima*，*Palaeonubecularia* sp.；牙形刺 *Streptognathodus wabaunsensis*，*Hindeodella* sp.；苔藓虫 *Sulcoretepora* sp.，*Fistuliporaidae*，*Polypora* sp. 2.15 m

29. 灰黑色页岩，顶部为 0.63 m 的煤层 1.45 m

28. 深灰色生物屑粉晶灰岩(Ls9)。含珊瑚及䗴 *Boultonia* cf. *gracilis*，*B. cheni*，*Ozawainella machalensis*，*O. angulata*，*Quasifusulina cayeuxi*，*Millerella minuta*，*Triticites* sp.，*Rugosofusulina soluta*，*Schwagerina subnathorsti*，? *Pseudofusulina hawkinsi compacta*；有孔虫 *Plectogyra* sp.，*Eotuberitina reitlingerae*，*Tetrataxis* cf. *hemisphaerica*，*Climacammina* cf. *prisca*，*Palaeotextularia lata*，*P. angusta elongata*，*Nodosaria parva*；牙形刺 *Streptognathodus elongatus* 3.00 m

27. 深灰、浅灰色页岩，顶底为煤层 1.30 m

26. 青灰色中砂岩，含砂球和菱铁矿鲕粒、团块 1.80 m

25—23. 灰、深灰色砂质页岩夹褐灰色石英粉细砂岩、黑色页岩、煤线、薄煤层，含植物 *Neuropteris* sp.，*Cordaites* sp.；板足鲎 *Eurypterida* 18.55 m

22. 深灰色生物屑泥晶灰岩(Ls10)。含䗴和有孔虫 *Bradyina subsphaerica*，*B.* cf. *nautili-*

formis, *Nodosariagra cilis*, *N. grandis*, *Plectogyra symmetrica*, *Tetrataxis nana*, *Climacammina* sp., *Geinitzina* sp.；牙形刺 *Streptognathodus elongatus*, *S. oppletus*；三叶虫 *Paladin*(*Kaskia*) sp. 4.70 m

21—19. 灰色粉砂岩与深灰色砂质页岩互层，底部为浅灰色细砂岩和页岩。含遗迹化石 *Zoophycus* sp；植物 *Sphenophyllum oblongifolium*，*Cordaites* sp. 14.20 m

18. 灰黑色页岩，夹2～3层菱铁矿。含腕足类、鹦鹉螺碎片(*Aulichnite*)；腹足类 *Euphemites* cf. *orbignyi*；双壳类 *Palaeoneilo* sp. 12.25 m

17—16. 褐灰色生物屑泥晶灰岩(Ls11)，下部深灰色钙质页岩。含腕足类和双壳类碎片、䗴、有孔虫及牙形刺 *Streptognathodus elongatus*, *S. fuchengensis*, *Diplognathodus* sp., *Anchignathodus minutus*, *Synprioniodina* sp., *Hindeodella delicatula*, *Lonchodina festiva* 1.05 m

15. 灰色生物屑泥晶灰岩(Ls12)，含䗴 *Pseudofusulina sphaerica*, *P.* aff. *firma*, *Rugosofusulina* cf. *robusta*, *R. complicata*, *R.* cf. *quasicomplicata*, *Quasifusulina compacta*, *Ozawainella* sp.；有孔虫 *Nodosaria gracilis*, *N. concinna*, *Bradyina* sp., *Climacammina* sp., *Cribrostomum bradyi*, *Tetrataxis minuta*, *Palaeotextularia* sp., *Syzrania* sp., *Endothyranella* sp., *Globivalvulina* sp., *Plectogyra soshkinae*, *Geinitzina* sp.；牙形刺 *Hindeodella* sp., *Streptognathodus wabaunsensis*, *S. gracilis*, *S. elongatus*, *S. oppletus*, *S. parvus* 6.25 m

14. 焦煤夹0.30 m火成岩 1.42 m

13—11. 深灰色页岩、砂质页岩夹青灰色石英砂岩。含少量腕足类、腹足类及植物 *Stigmaria ficoides* 8.98 m

10. 灰色生物屑粉晶灰岩(Ls13)。含海百合茎及䗴 *Ozawainella* sp., *Rugosofusulina* sp., *Quasifusulina pseudoelongata*；有孔虫 *Glomospira* cf. *gordialis*, *Climacammina* sp., *Palaeotextularia* sp. 0.75 m

9—8. 褐灰色砂质页岩与青灰色粉砂岩互层，顶部有5 cm天然焦，见小型槽状交错层理。含植物 *Neuropteris* sp. 5.50 m

7. 灰黑色页岩夹2层煤(0.29 m和1.28 m) 8.19 m

6. 灰色中细砂岩，钙质胶结，含黄铁矿和植物化石碎片 2.07 m

5. 青灰色铝土页岩 0.76 m

———— 整 合 ————

泉旺头段 厚度 11.79 m

4. 浅灰色灰岩(Ls15)，局部含泥质及黄铁矿 6.76 m

3. 灰色页岩，含黄铁矿 3.58 m

2. 灰白色灰岩(Ls16)，含黄铁矿，局部含灰绿色粘土 1.45 m

———— 整 合 ————

下伏地层：**本溪组湖田段** 紫红色页岩，局部含黄绿色斑点，富含铁质

【地质特征及区域变化】 本区太原组以砂页岩、煤、灰岩互层(组成10多个旋回)，含海相生物化石为主，夹铝土页岩，与上覆山西组和下伏本溪组整合接触。厚度170～220 m。分下部泉旺头段，上部屯头段。

下部泉旺头段，乳白、浅灰、肉红色，局部灰黑色，中厚层泥晶灰岩，中、下部常含燧石结核和黄铁矿，灰岩间常夹浅灰色串珠状铝土页岩，局部夹铁质页岩和粉细砂岩，偶见煤线。含䗴丰富，根据芮琳(1983)及盛金章、王仁农(1984)的研究，贾汪泉旺头村附近其底部

灰岩（Ls18），含 *Ozawainella*，*Eostaffella* 等；中部灰岩(Ls17)普遍含 *Profusulinella*，*Eostaffella*，*Verella*，*Millerella*，*Schubertella* 等；顶部灰岩(Ls15)在沛县大屯含 *Fusulinella*，*Beedeina*。李四光（1930）曾在贾汪西部青山泉附近采到 *F. bocki* 和 *Fusulina cylindrica*。万世禄和丁惠(1986)在贾汪和大屯采到牙形刺，丁惠等（1990）在苏皖边区建立了 Y1(B1)*Idiognathoides sinuatus* - *I. corrugatus* - *Declinognathodus lateralis* 组合带和 Y2(B2)*Idiognathodus magnificus* - *I. shanxiensis* 组合带：另外还含腕足类 *Choristites pavlovi*，*C.*（*Spirifer*）*mosquensis*，*Eliva mignon*；珊瑚 *Chaetetes* sp.，*Favosites* sp.，*Caninia* sp.；菊石 *Gastriceras peronnatum*；海百合 *Eupachycrinus pustulosus*，*Graphiocrinus houkouensis*，*Sinocrinus linchengensis* 等，厚度 10～45 m。

上部屯头段，灰黑色页岩或砂质页岩，煤层与深灰色泥晶灰岩或生物屑泥晶灰岩，组成 12～13 个沉积旋回，有时夹浅灰色铝土页岩和不稳定的粉细砂岩。灰岩一般具有层次多，单层薄而稳定，延展广泛等特点，部分灰岩富含黄铁矿和燧石结核；煤层薄，层次多(11～25号)，一般 11 层，其中可采煤一般 3 层(17、20、21 号)，局部可采煤可达 5 层(12、13、15、18、19 号)，煤质具高硫低灰的特点；碎屑岩以泥砂质为主，常含海绿石、黄铁矿、菱铁矿等，丰县华山地区物质组合比较特殊，碎屑岩类主要由微粒的钾长石组成，页岩和砂质页岩含钾长石高达 80%～90%，K_2O 含量高达 13%左右，部分达 16%，接近钾长石的理论值，以致形成大型钾长石矿床。含生物化石丰富，䗴 *Sphaeroschwagerina*，*Pseudoschwagerina*，*Quasifusulina*，*Rugosofusulina*，*Pseudofusulina*，*Boultonia*，*Schwagerina* 最盛；有孔虫由下而上有：*Bradyina*，*Nodosaria*，*Climacammina*；*Eotuberitina*，*Tuberitina*，*Globivalvulina*；*Tolypammina*，*Palaeotextularia*；*Geinitzina*，*Nodosaria*，*Hemigordius*。

牙形刺由下至上有：*Streptognathodus elongatus*，*S. wabaunsensis*，*S. gracilis*；*Sweetognathus whitei*，*S. subsymmetricus*，*Diplognathodus triangularis*。

植物以 *Lepidodendron szeianum* - *Neuropteris ovata* 为主。还有腕足类 *Dictyoclostus taiyuanfuensis*，*D. semireticulatus*，*Chonetes* cf. *corbonifera*，*C. pygmaea* 等；珊瑚 *Lophocarinophyllum acanthiseptum*；苔藓虫 *Fistuliporaidae* sp.；腹足类 *Euphemites* cf. *orbignyi*；三叶虫 *Phillipsia*（*Carniphillipsia*）sp.；海百合茎 *Sinocrinus linchengensis* 等。厚度 155～175 m。

江苏省太原组时代为晚石炭世。

山西组　$P_1\hat{s}$　(05 - 32 - 1223)

【创名及原始定义】　“山西”一名用于地层，始于 1907 年，Willis 和 Blackwelder 在他们的专著《Reaserch in China》中称：“从 Richthofen 和其他观察者的考察中，可知石炭纪和二叠-石炭纪陆相沉积在山西省广泛出露。因此，我们提出山西系的名称，在太原府附近向南到汾河向西弯曲处，我们时常发现它们。在太原府和文水县之间露头是几乎连续的。那儿有两套主要地层：(1) 杂色软页岩，Richthofen 称为大阳层，它包含煤层，并直接覆盖在震旦纪灰岩之上；(2) 一大套浅红色砂岩夹少量砂质页岩”。

【沿革】　1922 年诺林于西山月门沟，新厘定山西系为含煤建造的上部，代表太原系之上不含海相石灰岩的陆相含煤砂页岩建造。1959 年第一届全国地层会议后改称山西组，后广为引用(表 5 - 1)。

【现在定义】　指华北月门沟煤系(群)上部地层，由陆相砂岩、页岩、煤构成的多个旋回层组成，夹数层厚度不等的含舌形贝及双壳类化石的非正常海相层。其下界为同属月门沟煤系的太原组最上一层石灰岩顶面，上界为石盒子组底部灰绿色长石石英砂岩的底面，均为整合接触。

江苏省山西组地表仅在贾汪一带零星出露，根据岩性及含煤层变化，分下部小湖段和上部夏桥段。

小湖段 $P_1\hat{s}^x$ （05－32－1224）

【创名及原始定义】 小贯义男等(1943)在江苏贾汪创小湖炭层群。指山西统下部的含炭岩组，由黄褐色砂岩、灰色砂质页岩、黑色页岩及A、B、C炭层组成，厚度65～80 m。

【沿革】 1952年以后煤炭系统以“小湖炭层”、“小湖煤层”、“小湖系”、“小湖组”等长期引用。本次对比研究改称小湖段。

【现在定义】 指由浅灰色砂岩、灰黑色页岩或砂岩及多层煤层组成韵律层。底界以灰黑色页岩(俗称海相页岩)与太原组顶部灰岩分界，顶界以杂色页岩与夏桥段灰白色砾砂岩分界，均为整合接触。

夏桥段 $P_1\hat{s}^{xq}$ （05－32－1225）

【创名及原始定义】 小贯义男等(1943)在江苏贾汪创立“夏桥炭层群”，指山西统上部的含炭岩组，由黄褐色砂岩、赭色页岩及上层炭和下层炭组成，厚度115 m。

【沿革】 刘之远、盛金章(1952)称“夏桥炭层”，胡希廉(1954)称“夏桥系”，第一届全国地层会议(1959)称“夏桥组”等并被长期引用。本次对比研究改称夏桥段(表5－1)。

【现在定义】 指山西组上部灰白色含砾砂岩、深灰色砂质页岩夹灰绿色高岭石岩(B层铝土)组成下旋回；浅灰色砂岩、灰黑色页岩、砂质页岩夹主要可采煤层(1—4号)组成上旋回。底部以灰白色含砾砂岩与小湖段顶部杂色页岩分界，顶部以灰黑色含煤页岩与石盒子组底部浅灰色砂岩分界，均为整合接触。

【层型】 山西组正层型在山西省太原市西山。省内小湖段、夏桥段创名时未测剖面；选层型为铜山县郑集S－1钻孔剖面(117°03′,34°26′)，江苏省煤田地质勘探公司1990年测制，房尚明1994年修改。

上覆地层：**石千峰群** 灰绿微带肉红、橘红色(含细砾)中粗砂岩，具大型交错层理，含植物化石碎片

——————— 整 合 ———————

石盒子组 总厚度719.70 m

上段 厚度533.72 m

86. 灰绿、紫红、杂色砂质页岩夹粉细砂岩 15.32 m
85. 褐色巨粒砂岩，底部深绿色细砂岩 0.10 m
84. 紫红、灰绿、棕黄、杂色砂质页岩，局部夹粉细砂岩，含菱铁矿鲕粒及植物根痕 49.65 m
83. 灰绿色细砂岩，上部夹少量砂质页岩，具缓波状层理，下部夹薄层粉砂岩，具交错层理。含植物碎片和孢粉 *Pityosporites* sp.，*Klansipollenites* sp.，*Linuitisporites* sp.，*Punctatisporites palmipedites*，? *Pteruchipollenites* sp. 12.35 m
82. 灰白色含砾粗砂岩，上部含砾细砂岩，板状交错层理发育 11.70 m

81—77. 灰绿、紫红、棕黄、深灰杂色细砂岩(有时具斜型斜交层理、泥砾)与杂色砂质页岩(局部含菱铁矿鲕粒)互层，局部夹铝土质页岩、煤线。含孢粉 *Vestigisporites* sp.，*Macrotorispora media*?，*Raistrickia fulgida*，*Punctatosporites major*，*Cyclogranisporites* sp.，*Apiculatisporites minutus*，*Torispora securis*，*T. verrucosus*，*Triquitrites* sp.，? *Vitreisporites* sp.，*Laevigatosporites vulgaris* 33.05 m

76—74. 灰白色含砾粗砂岩，具大型交错层理，夹杂色砂质页岩 18.75 m

73—71. 灰绿、紫红杂色砂质页岩夹粉砂岩、粉细砂岩、页岩和煤线，有时可见泥球、砂球及菱铁矿鲕粒。含植物 *Pecopteris* sp.；孢粉 *Leiotriletes adnatus*，*Triquitrites* sp.，*Horridctriletes* sp.，*Punctatosporites rotundus*，*Torispora securis*，*T. verrucosus* 53.58 m

70. 灰绿色细砂岩夹深灰色砂质页岩，底部含泥球 6.82 m

69—67. 深灰、灰绿、紫红、棕黄、杂色砂质页岩，局部含菱铁矿鲕粒，上部夹薄层中细砂岩，中部夹灰色硅质页岩，底部夹煤线。含孢粉 *Torispora securis*，*Triquitrites* cf. *trunatus*，*Laevigatosporites vulgaris*，*Leiotriletes* sp.，*Punctatisporites* sp.，*Granulatisporites* sp.，*Convolutispora* sp. 46.45 m

66. 灰绿色岩屑细砂岩 2.23 m

65—63. 灰绿、紫红杂色砂质页岩，含菱铁矿鲕粒夹灰绿色页岩、硅质页岩，具生物扰动构造。含植物 *Fascipteris* sp.，*Gigantonoclea*? sp. 32.02 m

62. 深灰色含硅质页岩 2.38 m

61. 灰色粉砂岩，含少量泥质。含孢粉 *Laevigatosporites vulgaris*，*Leiotriletes adnatus*，*Punctatosporites granifer*，*P. major*，*Macrotorispora* sp.，*Alisporites* sp.，*Florinites* sp.，*Calamospora* sp.，*Triquitrites* sp.，*Torispora securis*，*Cyclogranisporites* sp.，*Verrucosisporites* sp. 9.62 m

60—59. 灰绿色砂质页岩，夹薄层粉砂岩、页岩及煤线，含菱铁矿鲕粒和结核。含植物 *Taeniopteris* sp.；孢粉 *Laevigatosporites vulgaris*，*Cyclogranisporites micaceus*，*Macrotorispora* cf. *laevigata*，*Punctatosporites granifer*，*Granulatisporites granulatus*，*Horridctriletes* sp.，*Reticulatisporites* sp.，*Torispora securis*，*Triquitrites* sp.，*Macrotorispora cathayensis* 25.78 m

58—57. 浅灰、灰绿色中粗(细)粒砂岩，夹含菱铁矿鲕粒砂质页岩，具大型板状斜层理 13.27 m

56—55. 灰绿、紫红杂色砂质页岩，上部深灰色粉砂质页岩。含植物 *Taeniopteris* sp. 18.23 m

54. 灰绿色粉细砂岩 2.50 m

53. 灰绿色砂质页岩夹粉细砂岩，局部含菱铁矿鲕粒，偶夹煤线。含植物 *Gigantonoclea* sp.，*Phyloblatta* sp.；孢粉 *Triquitrites bransonii*，*Torispora securis*，*Anticapipollis* cf. *elongata*，*Punctatosporites granifer*，*Granulatisporites granulatus*，*Vesicaspora* cf. *wilsonii*，*Cyclogranisporites* sp. 27.72 m

52. 灰绿色(含砾)中细粒岩屑砂岩，具交错层理，顶部夹砂质页岩和粉细砂岩 13.70 m

51—48. 灰绿、紫红、棕黄杂色砂质页岩，局部含菱铁矿鲕粒团块，中部夹灰绿色粉细砂岩团块，上部夹页岩及煤线。含植物 *Gigantonoclea* sp. 102.38 m

47—45. 浅灰色含砾中粗(细)砂岩，夹砂质页岩，局部夹碳质页岩，具交错层理(奎山砂岩)，含植物 *Taeniopteris* sp.，*Annularia* sp. 36.12 m

下段 厚度 185.98 m

44. 深灰色页岩夹砂页岩，含菱铁矿鲕粒 5.48 m

43—39. 灰绿、紫红、棕黄杂色砂质页岩(菱铁矿鲕粒)与灰色细砂岩(具交错层理)互层，底部夹铝土质页岩。含植物 *Gigantonoclea*? sp.，*Taeniopteris* sp.? 71.52 m

38—35. 深灰色粉砂质页岩与灰色粉砂岩互层，含菱铁矿鲕粒、带条、团块，上部夹煤线。含植物 *Compsopteris* sp.，*Sphenopteris* sp.，*Lobatannularia* sp.，*Gigantonoclea* sp.，*Pecopteris* sp.，*Psygmophyllum multipartitum*，*Taeniopteris* sp.；孢粉 *Granu-*

latisporites granulatus, *G. minutus*, *Punctatisporites palmipedites*, *P. parapalmipedites*, *P. granifer*, *Florinites* sp., *Calamospora* sp., *Verrucosisporites convolutus*, *Gulisporites cochlearius*, *Macrotorispora media*, *Reticulatisporites* sp., *Torispora securis*, *T*, *verrucosus*, *Cyclogranisporites* sp., *Triquitrites* sp., *Limitisporites rhomfiformis* 31.93 m

34. 浅灰色细砂岩 6.00 m

33—32. 灰绿、深灰色砂质页岩夹粉细砂岩。含植物 *Gigantonoclea* sp., *Lobatannularia* sp.；孢粉 *Gulisporites cochlearius*, *Punctatosporites granifer*, *Verrucosisporites* cf. *convolutus*, *Macrotorisporites media*, *Vitrerisporites signatus*, *Granulatisporites* sp., *Torispora securis*, *Triquitrites bransonii*, *T. desperatus* 15.55 m

31. 浅灰色含砾中粗砂岩，具大型交错层理，底部夹灰白色中细砂岩和灰绿色细粒杂砂岩 15.25 m

30—29. 深灰、紫红、棕黄杂色页岩，局部含菱铁矿鲕粒，下部为灰绿色砂质页岩。含植物 *Pecopteris* sp.；孢粉 *Punctatosporites granifer*, *Verrucosisporites* cf. *convolutus*, *Punctatisporites* cf. *punctatus*, *Laevigatosporites vulgaris*, *Granulatisporites* sp., *Macrotorisporites media*, *Platysaccus* sp., *Torispora securis*, *Florinites* sp., *Cyclogranisporites* sp. 28.35 m

28. 浅灰色细砂岩，具大型板状斜层理(顶板砂岩) 11.90 m

—————— 整 合 ——————

山西组 总厚度 221.40 m

夏桥段 厚度 85.90 m

27. 灰至深灰色页岩夹砂质页岩、粉细砂岩和碳质页岩。含植物 *Pecopteris* sp.；孢粉 *Florinites* sp., *Punctatosporites granifer*, *Macrotorispora media*, *Gulisporites cochlearius*, *Torispora securis*, *Triquitrites* sp., *Valiasaiccites validus*, *Guthulapollenites* sp., *Granulatisporites* sp. *Vitreisporites* cf. *singnatus*, *Verrucosisporites* cf. *convolutus* 19.06 m

26. 黑色煤层(1)夹碳质页岩。含孢粉 *Macrotorispora media*, *Punctatosporites undulatus*, *Granulatisporites* sp., *Verrucosisporites* sp., *Gulisporites* sp. 3.05 m

25. 褐灰色页岩 3.20 m

24. 灰色粉砂岩夹砂质页岩。含植物 *Pecopteris* sp., *Tingia* sp. 5.10 m

23. 浅灰色细砂岩，含菱铁矿鲕粒和条带 4.00 m

22. 灰色砂质页岩，底部为深灰色页岩 1.35 m

21. 黑色煤层(2)。含孢粉 *Punctatosporites granifer*, *Granulatisporites* cf. *piroformis*, *Gulisporites cochlearius*, *Triquitrites* cf. *pannus*, *Punctiatsporites minutus*, *Torispora securis*, *Macrotorisporites media*, *Calamospora* sp., *Cyclogranisportes* sp. 1.74m

20—19. 褐灰、深灰色页岩、砂质页岩，含菱铁矿团块，夹粉细砂岩、两层薄煤。含植物 *Stigmaria* sp., *Pecopteris* sp., *Tingia* sp. 13.60 m

18. 浅灰、褐灰色细砂岩(底板砂岩)，含菱铁矿团块 2.10 m

17. 灰、深灰色砂质页岩，中下部具棕黄色斑块。含植物 *Pecopteris* sp.；孢粉 *Punctatosporites* cf. *undulatus*, *P.* cf. *minutus*, *Triquitrites* sp., ? *Platysaccus* sp., *Granulatisporites* sp., *Torispora securis*, *Florinites* sp. 6.30 m

16—14. 灰白、紫红、棕黄杂色(砂质)页岩，夹铝土质页岩或高岭石岩 10.90 m

13. 灰绿色(含砾)粗砂岩，上部灰绿色细粒杂砂岩为主，具交错层理(分界砂岩) 15.50 m

小湖段 厚度 135.50 m

12. 灰绿夹紫红，杂色砂质页岩夹页岩 12.90 m

11—9. 灰绿，深灰色(砂质)页岩夹深灰色粉细砂岩(具交错层理)、碳质及镜煤条带，煤团。含植物 *Tingia* sp.，*Cordaites* sp.，*Pecopteris* sp.；孢粉 *Sinulatisporites shanxinsis*，*S. sinensis*，*Gulisporites cochlearius*，*Punctatosporites granifer*，*P. minutus*，*P.* cf. *palmipedites*，*Laevigatosporites vulgaris*，*Cyclogranisporites* cf. *micaceus*，*Vesiculatisporites undulatus*，*Calamospora* sp.，*Torispora securis*，*T. undulatus*，*Leiotriletes* sp. 30.80 m

8. 浅灰，褐灰色中细砂岩，夹深灰色砂质页岩，具平行、缓波状及交错层理，含菱铁矿鲕粒及团块、煤线、镜煤条带等。含孢粉 *Sinulatisporites shanxiensis*，*S.* cf. *sinensis*，*Gulisporites cochlearius*，*Laevigatosporites vulgaris*，*Secarisporites verrucusus*，*Punctatosporites granifer*，*Cycadopites* sp.，*Calamospora* sp.，*Cyclogranisporites* sp.，*Verrucosisporites* sp. 61.36 m

7. 黑色煤层(7) 2.39 m

6. 深灰色砂质页岩，下部夹页岩及少量碳质页岩。含孢粉 *Punctatosporites granifer*，? *Sinulatisporites* sp.，*Gulisporites* sp.，*Calamospora* sp.，*Florinites* sp.，*Verrucosisporites* cf. *microtuberosus* 7.85 m

5. 黑色煤层(8) 0.55 m

4—2. 黑色页岩，灰黑色砂质页岩。含孢粉 *Gulisporites cochlearius*，*Punctatisporites minutus*，*Limitisporites* sp.，*Grassispora* sp.，*Florinites* sp. 19.65 m

——————— 整　合 ———————

下伏地层：**太原组屯头段**　褐灰色生物屑粉晶灰岩。含䗴、有孔虫、牙形刺等化石

〔注〕：S-1 钻孔仅揭露到第 3 层，第 2 层以下层位，据景山 3-12 孔。

【地质特征及区域变化】　山西组以浅灰色砂岩和深灰色砂质页岩为主，夹煤层和黑色页岩，由下向上沉积物由粗变细，颜色由浅变深的旋回结构比较清楚，每个旋回层的厚度多为 20～60 m，局部 70～80 m，由 5 个主要的旋回层组成。砂岩中大型的板状斜层理和槽状交错层理比较发育，并常见泥包砂或砂包泥形成蠕虫状“花砂岩”，或称“叶片状砂岩”。深灰色砂质页岩或粉砂岩常与灰黑色页岩互层，具微波状水平层理。含煤 2～10 层（煤号 1～10），可采煤 2～5 层，单层厚度 1～5 m，总厚度 5～15 m，具有低硫、低磷、低水分、中灰分陆相煤的特点。含丰富的植物，底部含腕足类，厚度 140～240 m。

下部小湖段，砂质成分较高，砂岩占 60%～80%。小湖段底部“海相页岩”，在华北是区域对比的标志层。含腕足类 *Dictyoclostus taiyuanfuensis*，*Lingula* sp. 等；植物 *Emplectopteridium alatum* 等。曾根据化石划归太原组。7 号煤在全区稳定可采，也是地层对比的良好标志。利国地区主要可采煤层的顶、底板——水云母砂页岩，含铁较低，为良好陶瓷原料。中、上部含丰富植物 *Emplectopteridium alatum*，*Emplectopteris triangularis*，*Callipteridium koraiense*，*Taeniopteris multinervis* 等；孢粉以 *Macrotorispora media* - *Torispora securis* 组合为主。顶部含植物 *Ullmannia* cf. *bronnii*（沛县大屯地区）。厚度 110～150 m。包括三个主要的旋回层，自下而上为：

第一沉积旋回：由底部海相黑色页岩向上渐变为砂质页岩及砂岩，由反序变为正序沉积结构，上部夹可采煤层 5、7、8 号煤，页岩中常含黄铁矿和硅质结核。在丰县、沛县夹 1～2 层薄层或凸镜状灰岩或泥灰岩。厚度 30～70 m，海相页岩厚度几米到 30 m，局部 40～50 m。

第二沉积旋回：由浅灰色粗细砂岩至顶部灰黑色页岩或砂质页岩夹 5 号煤层，厚度 25～

80 m。

第三沉积旋回：由不含煤的浅灰色砂岩→深灰色砂质页岩→杂色页岩组成，厚度 20～40 m。

上部夏桥段仅在丰沛隆起(纬线 34°40′)以南(徐州地层小区)出现，岩性以灰黑色砂质页岩和页岩为主，夹浅灰色砂岩。含植物 *Lobatannularia sinensis*，*Cladophlebis nystroemii*，*Tingia carbonica*，*Taeniopteris serrulata*，*Pecopteris lativenosa*，*P. taiyuanensis*，*Cordaites schenkii*，*Sphenophyllum oblongifolium*，*Pterophyllum cutilliforme* 等。与此共生的孢粉为 *Macrotorispora media* - *Torispora securis* 组合带。厚度 70～95 m。包括两个主要沉积旋回：

下部旋回以浅灰色"分界砂岩"开始，至夹有浅灰绿色高岭石岩(B层铝土或形成大型高岭石岩硬质粘土矿床)的灰黑色页岩、砂质页岩结束，"分界砂岩"和"B层铝土"均为良好的地层对比标志。厚度 20～30 m。

上部旋回由浅灰色(底板)砂岩开始至灰黑色砂质页岩、页岩夹煤层结束，上部夹 1～4 号煤层为主要特征，煤层顶、底板附近常夹鲕状菱铁矿薄层或凸镜体。厚度 50～70 m。

山西组时代为早二叠世。

石盒子组 $P_{1-2}\hat{s}$ (05-32-1227)

【创名及原始定义】 起初称石盒子系，1922 年诺林创名于太原东山陈家峪石盒子沟。指月门沟煤系之上，石千峰系之下的一套黄绿色、紫红色砂页岩系，并分为下石盒子系和上石盒子系。"下石盒子系几乎全由灰、绿、黄等色的泥质沉积物和淡色的砂岩组成；上石盒子系则以巧克力色的沉积物为主要成分"。石盒子系以骆驼脖子杂砂岩底为下界，以大羽羊齿带为上界。

【沿革】 1924 年诺林又将其分为下石盒子系和上石盒子系。1952 年李四光将石盒子系引用区内。1959 年第一届全国地层会议将上、下石盒子系改称上石盒子组和下石盒子组，后广为引用。本次对比研究统称石盒子组。

【现在定义】 指华北地层区上古生界上部，由灰绿、灰白色砂岩，黄绿、杏黄、巧克力、灰紫、暗紫红等色粉砂质泥岩、页岩组成，夹黑色页岩、煤(层)线。下伏地层为灰、灰黑色为特征的含煤岩系月门沟群，以出现绿色砂、页岩为本组底界；上覆地层为以红色为特征的石千峰群，以出现鲜艳红色泥岩为划界。

江苏省内主要岩性为一套杂色不含可采煤层的页岩、砂岩组成。下伏地层为山西组，上覆地层为石千峰群，均为整合接触。

【层型】 正层型在山西省。省内次层型为铜山县郑集 S-1 钻孔剖面（见山西组夏桥段剖面描述）。

【地质特征及区域变化】 省内次层型岩性为一套不含可采煤层的杂色页岩、砂岩。在贾汪和徐州九里山一带与上覆石千峰群整合接触。厚度 700 m 左右；丰沛隆起以北，被侏罗系或第三系不整合覆盖，剥蚀残留厚度 450～700 m 左右。丰沛地层小区底界与山西组下部的小湖段接触。徐州地层小区与山西组上部夏桥段接触，由砂岩—页岩构成下粗上细正粒序多旋回，一般出现 10～20 个旋回，每个旋回厚 15～30 m 左右。下部几个旋回的页岩以灰黑、灰绿色为主，上部几个旋回的页岩为杂色页岩，类似"桃花页岩"。以"奎山砂岩"为标志，分上、下两段：

下段：下部在丰沛地区主要为砂质页岩，夹有煤线或不可采薄煤层，俗称"紫煤段"，厚度 40～70 m。含植物 Z3 *Emplectopteridium alatum* - *Gigantonoclea lagrelii* 组合带，同时还含

有 *Taeniopteris multinervis*, *T. shansiensis*, *T. yernauxii*, *Callipteridium koraiense*, *Annularia gracilescens*, *Odontopteris* cf. *orbicularis*, *Sphenophyllum thonii*, *Sphenopteris tenuis*, *Pecopteris echinata*, *P. tuberculata*；另外还见到 *Gigantopteris nicotianaefolia*, *Lobatannularia* cf. *ensifolia*。从植物组合来看，与徐州地层小区山西组上部夏桥段为同期不同岩性，分属不同组段；上部地层全区普遍存在，一般由5～7个砂岩—页岩旋回组成。丰沛地层小区多为灰绿色粉细砂岩和杂色页岩，厚度100～135 m；徐州地层小区砂岩有所增多，沉积物变粗，以浅灰色(含砾中粗)中细砂岩与砂质页岩、泥质页岩(深灰色、灰绿色页岩)、杂色页岩交互出现，厚度140～185 m 。含植物 Z4 *Gigantopteris dictyophylloides* - *Psygmophyllum multipartitum* 组合带，有 *Lobatannularia ensifolia*, *L. lingulata*, *Pecopteris unita*, *P. norinii*, *P. liuiana*, *P. lativenosa*, *P. anderssonii*, *Neuropteridium coreanicum*, *Compsopteris wongii*, *Gigantonoclea lobata*, *G. hallei*, *G. taiyuanensis*, *G. rosulata*, *Taeniopteris tingii*, *Rhipidopsis lobata*, *Chiropteris kawasakii*, *C. reniformis* 等；孢粉为 B3 *Macrotorispora cathayensis* - *Punctatosporites granifer* 组合带；腕足类 *Lingula* sp. 等。厚度140～250 m。

上段：底为奎山砂岩，以灰、紫灰、紫红色含砾中粗砂岩为主，常夹浅灰色细砂质页岩及暗灰色页岩。张双楼王庄和义安一带较发育，厚度50 m左右；其上由含砾粗砂中细粒砂岩—杂色页岩、砂质页岩组成的旋回，厚度500 m左右。局部夹煤线或薄煤层。含植物 Z5 *Gigantopteris nicotianaefolia* - *Lobatannularia multifolia* 组合带。有 *L. ensifolia*, *L. lingulata*, *Gigantonoclea taiyuanensis*, *Pecopteris tenuicostata*, *P. nervosa*, *P. anderssonii*, *Neuropteridium coeanicum*, *Odontopteris orbicularis*, *Taeniopteris angustifolia*, *T. nystroemii*, *T. tingii*, *T. densissima*, *Chiropteris kawasakii*, *C. reniformis*, *Fascipteris densata*, *Sphenobaiera spinosa*, *Cladophlebis permica*, *Compsopteris wongii* 及腕足类 *lingula* sp. 等。厚度535～555 m。

石盒子组时代为早二叠世晚期—晚二叠世早期。

石千峰群　$P_2\hat{S}$　(05-32-1228)

【命名及原始定义】 原称石千峰系，1922年诺林创名于太原西山石千峰一带。指“石盒子系以上的巧克力、暗红色砂岩、泥灰岩层。包括(1)银杏植物带，(2)石膏泥灰岩带，(3)砂岩带三部分”。

【沿革】 1924年，诺林将银杏带下移归入上石盒子系。太原西山石千峰山附近石千峰系见不到上覆地层，即石千峰系未见顶，其上界范围未定。所以以后相当长的时间内(直到50年代末之前)，使用石千峰系者，其上界直至延长系，将目前所称的二马营组也包括了进去。到1959年甘克文、斐宗诚、中国科学院山西地层队刘鸿允等，于不同地方分别确定了基本一致的石千峰统(均改系称统)的上界。其上覆地层甘克文(陕北)称纸坊统，斐宗诚(晋东南)称辛庄沟层，刘鸿允(宁武)称二马营统。这样，就基本上确定了以“石千峰”这一地理名称的地层单位的范畴。

1959年刘鸿允等在确定了石千峰统范围的同时，将石千峰统划分为三个组，并以宁武静乐盆地所测的孙家沟石千峰统剖面上或附近的村名，将三个组分别称孙家沟组、刘家沟组、和尚沟组，并逐渐被地质工作者所接受和使用。第一届全国地层会议(1959)改称石千峰组，并重新厘定含意：它是干旱气候下的沉积，以砂砾，碎屑岩及粘土页岩为主，色多紫红，夹有泥灰岩，石膏薄层和风成砂岩。此次地层对比研究，考虑到岩石地层单位划分命名原则，山西省内基本上采用刘鸿允等的划分和命名，只是将石千峰统改为石千峰群。底界略向上移至鲜红色泥岩开始。江苏省地质局1963年，将其引用区内。江苏省内经对比研究采用山西省划分方案，将石千峰组改为石千峰群。

【现在定义】 指华北地层大区石盒子组之上，由红色泥岩和长石砂岩组成的一套内陆干旱盆地河湖相沉积岩系。自下而上包括孙家沟组、刘家沟组、和尚沟组，上覆地层为延长组。

江苏省石千峰群地表较少出露，多被中、新生代地层不整合覆盖，未细分。

【层型】 正层型在山西省。省内次层型为铜山县沿湖农场毛溜南Ⅲ-5钻孔剖面(117°06′，34°27′)，徐州矿务局地质勘探队1973年测制。

上覆地层：第四系　粘土与砂互层

～～～～～～ 不　整　合 ～～～～～～

石千峰群	总厚度 520.26 m
11. 暗紫色粉砂岩，夹灰绿色泥钙质条带、结核、团块，含较多云母	25.08 m
10. 暗紫色页岩与粉砂岩互层，含云母及少量石膏细脉	30.37 m
9. 暗紫色页岩，夹灰绿色砂质页岩条带、泥钙质团块及结核、石膏薄层及细脉，下部夹薄层粉细砂岩及砂质页岩	130.90 m
8. 暗紫色含砂泥条带(团块和结核)砂质页岩夹粉细砂岩，含云母及钙质结核	50.42 m
7. 绛紫色页岩夹砂质页岩及粉细砂岩，含云母和灰绿色钙质结核，具交错层理	152.08 m
6. 肉红及灰绿色含钙质结核中细砂岩	23.40 m
5. 暗紫色含钙质结核页岩夹粉细砂岩	34.10 m
4. 肉红及灰绿色(含砾)粗—细砂岩，下粗上细	41.12 m
3. 暗紫夹灰绿色含砂质页岩	10.72 m
2. 灰白色含砾粗砂岩，夹灰绿色薄层粉细砂及页岩团块	22.07 m

———————— 整　合 ————————

下伏地层：石盒子组　杂色页岩夹灰绿色砂岩，局部含有菱铁矿鲕粒

【地质特征及区域变化】 本区石千峰群露头较少，多以钻孔揭露岩性为主，现归纳如下：下部多为灰白带肉红色含砾长石石英粗砂岩，厚度40 m左右。可与“平顶山砂岩”对比，下与石盒子组整合；中、上部为肉红、灰绿色(含砾)长石石英中细砂岩与暗紫红色页岩互层，向上以暗紫色(砂质)页岩为主，或粉砂岩与砂页岩互层，常夹灰绿色钙质条带、团块、结核和灰白色薄层或网状石膏。残留厚度60～500 m左右。本群时代为晚二叠世。

第二节　生物组合特征

本省徐州地区石炭纪—二叠纪地层中，化石丰富，门类繁多。主要有䗴、非䗴有孔虫、牙形刺、植物、孢粉。其次为腕足类、珊瑚、头足类、腹足类、双壳类、三叶虫、苔藓虫、棘皮类、轮藻、介形类、鲎、昆虫等，根据现有资料综合如下。

1. 䗴

石炭纪地层中富含䗴，研究者众多，现将芮琳(1983)、盛金章、王仁农(1984)、江苏煤田地质勘探公司(1990)等研究成果综合如下：

A1 *Ozawainella aurora* 带　分布在太原组泉旺头段下部，上限止于 *Profusulinella* 的出现，主要有为 *Ozawainella aurora*，*O. janbonica*，*O. intermedia* 等，时代属威宁期。本带仅在

贾汪泉旺头段见之，也是华北地层大区唯一的一个点，被视为中国北部含䗴地层最低的一个带。

A2 *Profusulinella parva* 带 分布在贾汪、利国、沛县等地的太原组泉旺头段中部，以 *Profusulinella* 的原始种群占优势为特征，主要分子有 *P. parva*，*P. parvaconuoluta*，*P. extensa*，*P. ovata*，*P. trisulcata*，*P. Pseudoelongata*，*P. venusta*，*P. cybaea*，*P. subaljuitovica fragilis*，*P. simplex* 等，时代属威宁期。

A3 *Fusulinella - Beedeina* 组合带 分布在太原组泉旺头段上部，以含 *Fusulinella*，*Beedeina* 为特征，主要分子有 *Fusulinella provecta*，*F. laxa*，*F. obesa*，*F. bocki*，*F. irumensis*，*Beedeina yangi* 等，时代属威宁期。

A4 *Sphaeroschwagerina* 带 分布在太原组屯头段，以富含 *Sphaeroschwagerina* 为特征，另外 *Quasifusulina*，*Rugosofusulina*，*Pseudofusulina*，*Boultonia*，*Schwagerina* 五属也占绝对优势。时代属马平期，据其产出层位，又可分为二个亚带。

A4-1 *Rugosofusulina valida - Pseudofusulina firma* 亚带 分布在屯头段下部。

A4-2 *Boulitonia gracilis - Schwagerina cervicalis* 亚带 分布在屯头段中上部。

2. 非䗴有孔虫

石炭纪地层中非䗴有孔虫，含量丰富，共有 21 属，103 种。现据省煤田地质勘探公司(1990)研究成果介绍如下：

X1 *Bradyina - Nodosaria - Climacammina* 组合带 分布在铜山县坨城等地太原组屯头段下部，以含 *Bradyina* 并占优势为特征，主要分子有 *B. subsphaerica*，*B.* cf. *nautiliformis*，*Nodosaria*，*Climacammina* 等。时代属马平期。与䗴 *Rugosofusulina valida - Pseudofusulina firma* 亚带相伴生。

X2 *Eotuberitina - Tuberitina - Globivalvulina* 组合带 分布在太原组屯头段中部，主要分子有 *Eotuberitina reitlingerae*，*E. maljavkini*，*Tuberitina collosa*，*Globivalvulina scaphoidea*，*G. kamensis* 等。时代属马平期。

X3 *Tolypammina - Glomospira - Palaeotextularia* 组合带 分布在太原组屯头段上部，以较多的 *Tolypammina* 为特征，还有 *Glomospira*，*Palaeotextularia*，也是本带的主要分子，时代属马平期。

X4 *Geinitzina - Nodosaria - Hemigordius* 组合带 分布在太原组屯头段顶部，以 *Geinitzina* 大量出现为特征。常见分子有 *G. Postcarbonica*，*G. Longa*，*G. primitiva*，*G.* aff. *multicamerata*，*Nodosaria bella*，*N. longissima*，*N. concinna*，*N. grandia* 及 *Hemigordius* 等。时代属马平期。

上述 X2、X3、X4 三个组合带大致与䗴 *Boulitonia gracilis - Schwagerina cervicalis* 亚带相当。

3. 牙形刺

本区的牙形刺见于石炭纪地层中，含量较丰富，据现有资料统计，共有 20 属、40 种，现将万世禄和丁惠 (1986)、丁惠等 (1990) 的研究成果综合如下：

Y1 *Idiognathoides sinuatus - I. corrugatus - Declinognathodus lateralis* 组合带 分布在太原组泉旺头段中、下部，本区仅见于 *Idiognathoides sinuatus*，*I. corrugatus*。时代属威宁期。据万世禄、丁惠研究，该带是华北石炭纪牙形刺最低层位，与䗴 A1、A2 两个带伴生。

Y2 *Idiognathodus magnificus - I. shanxiensis* 组合带 分布在太原组泉旺头段中、下

部。时代属威宁期。

Y3 *Streptognathodus elongatus - S. wabaunsensis - S. gracilis* 组合带 分布在太原组屯头段中、下部，本区以丰富的 *Streptognathodus oppletus*，*S. fuchengensis*，*S. parvus*，*S. gracilis*，*S. expansus* 等为特征。时代属马平期。

Y4 *Sweetognathus whitei - S. subsymmetricus - Diplognathodus triangularis* 组合带 分布在太原组屯头段顶部，除带分子外，*Sweetognathus inornatus*，*S. sulcatus*，*Diplognathodus expansus* 等亦是本带的主要分子。为华北地层大区石炭纪牙形刺的最高层位。时代属马平期。

4. 植物

据统计太原组、山西组、石盒子组含植物 35 属 125 种，从下而上可分 5 个组合带，现介绍如下：

Z1 *Lepidodendron szecianum - Neuropteris ovata* 组合带 分布在太原组屯头段，本带以 *Lepidodendron*，*Neuropteris*，*Calamites* 最为繁盛，除带分子外，还有 *Lepidodendron gaudryi*，*L. oculusfelis*，*Neuropteris plicata*，*N.* cf. *gigantea*，*Calamites suckowii*，*C. cistii*，*Sphenophyllum oblongifolium* 等，属早期华夏植物群，时代为马平期。

Z2 *Emplectopteris triangularis - Emplectopteridium alatum* 组合带 分布在山西组小湖段，以带分子及 *Callipteridium koraiense*，*Taeniopteris multinervis*，*T. mucronata* 等首次出现为特征，还有 *Sphenophyllum oblongifolium*，*S. rotundatum*，*Pecopteris arcuata*，*P. wongii* 等亦是本带的主要分子，属中期(A)华夏植物群。时代为栖霞期。

Z3 *Emplectopteridium alatum - Gigantonoclea lagrelii* 组合带 分布在山西组夏桥段及石盒子组下段下部，本带蕨类植物更为繁盛，以 *Emplectopteridium alatum*，*Gigantonoclea lagrelii* 为代表，*Pecopteris*，*Taeniopteris* 又有新的发展，*Emplectopteris triangularis*，*Callipteridium koraiense* 等进一步繁衍丛生，*Gigantonoclea*，*Annularia gracilescens*，*Lobatannularia ensifolia*，*Odontopteris orbicularis* 等开始出现，具有过渡性质，起着承前启后的作用。属中期(B) 华夏植物群。时代为茅口期。

Z4 *Gigantopteris dictyophylloides - Psygmophyllum multipartitum* 组合带 分布在石盒子组下段上部，以 *Gigantopteris*，*Taeniopteris*，*Gigantonoclea*，*Pecopteris* 及 *Lobatannularia* 达到空前繁盛，*Chiropteris reniformis*，*Psygmophyllum multipartitum*，*Rhipidopsis lobata* 等开始出现，并迅速繁衍丛生，银杏类植物在本带开始发展。属晚期(C)华夏植物群。时代为吴家坪早期。

Z5 *Gigantopteris nicotianaefolia - Lobatannularia multifolia* 组合带 分布在石盒子组上段，本带大羽羊齿、瓣轮叶达到极盛，以 *G. nicotianaefolia*，*L. multifolia* 为代表。银杏类中的 *Sphenobaiera spinosa* 也为特征分子。从 Z4 带延入的 *Gigantonoclea*，*Chiropteris*，*Pecopteris*，*Compsopteris* 等也占一定的优势，它们属晚期华夏植物群，时代为吴家坪晚期。

5. 孢粉

本区二叠纪地层富含孢粉，计 50 属、80 种，组合特征自下而上可划分为 4 个带，现介绍如下：

B1 *Sinulatisporites shanxiensis - Gulisporites cochlearius* 组合带 以孢子占绝对优势，占总量的 95%，花粉仅占 5%，它们 *Sinulatisporites* 的出现到消失为特征，*Qulisporites* 和 *Sinulatisporites* 两属约占总量的 60%，其次有 *Vesiculatisporites unclulatus*，*Radiizonates solaris*，*Cyclogranisporites* cf. *micaceus* 等，石炭纪上延的 *Crassispora*，*Florinites* 等也占一定的比例。本

带产于山西组小湖段，与植物 Z2 带同一层位。

B2 *Macrotorispora media* - *Torispora securis* 组合带 以孢子占绝对优势约占 95%，其中以单裂缝的属种明显增加，有的层位高达 69%，出现特有的 *Macrotorispora*，B1 带含量很高的 *Sinulatisporites* 到此基本绝灭。组成分子有 *Macrotorispora media*，*Torisporasecuris*，*T. verrucosa*，*Punctatosporites undulatus*，*P. rotundus*，*Laevigatosporites vulgasis* 等，本带产出于山西组夏桥段及石盒子组下段下部，与植物 Z3 带同一层位。

B3 *Macrotorispora cathayensis* - *Punctatosporites granifer* 组合带 孢子仍占绝对优势达 95.7%，单裂缝孢子基本与 B2 带相似，出现一些新的属种，以含 *Macrotorispora cathayensis*，*Punctatosporites granifer* 为特征，本带上限以 *Macrotorispora* 绝灭为标志。本带产出于石盒子组下段上部，与植物 Z4 带同一层位。

B4 *Laevigatosporites perminutus* - *Linuitisporites minutus* 组合带 孢子含量减少为 46.6%，花粉增加，达 53.4%，其中以裸子植物花粉占主导地位。花粉主要有 *Linuitisporites minutus*，*Vestigisporites* cf. *methoris*，*Platysaccus* sp.，*Alisporites* sp.，*Suliatisporites* sp.，*Valiasaccites* sp.，*Falcisporites* sp. 等，孢子主要有 *Laevigatosporites perminutus*，*Gulisporites cochlearius*，*Punctatisporites palmipedites*，*Leiotriletes* sp.，*Torispora* sp. 等。本带产出于石盒子组上段，与植物 Z5 带同一层位。

第三节 年代地层

目前我国石炭、二叠纪年代地层划分尚未统一。现采用石炭系分下统岩关阶、大塘阶；上统威宁阶、马平阶。二叠系分下统栖霞阶、茅口阶；上统吴家坪阶、长兴阶。区内主要以䗴、植物、牙形刺等生物带进行区域对比，确定其年代。

一、石炭系上、下统分界问题

䗴 A1—A4 四个带，均可与国内、外石炭系上统对比，牙形刺组合也如此。据芮琳(1983)研究，本区 A1 带 *Ozawainella aurora* 为乌拉尔石炭系中统（三分）巴什基尔阶(Basshkirian）下部 *Pseudostaffella antizua* 带的特征分子，与华南威宁阶底部及宁镇地区对应的黄龙组底部或老虎洞组的 *Pseudostaffella* 带可对比。A1 带中的 *O. janponica* 为日本西部秋吉灰岩，北美宾夕法尼亚系(C_2)莫洛阶下部 *Millierella* 带的重要分子。A1 带的 *O.* (*Eostaffella*) *intermedia* 在辽宁太子河流域及复州地区与 *Profusulinella* 共生，但主要是出现在 *Profusulinella* 之下。本溪小后沟北岗子小市灰岩之下紫红色泥质灰岩凸镜体所含 *Eostaffella subsolana*，*E. quasiampla*，*Ozawainella* (*Eostaffella*) *intermedia* 与本区 A1 带的面貌十分相似，其下的铁铝页岩含丰富的腕足类 *Ovatia tenuistriatus*，*Linoproductus corrugatus*，*L. praelineatus* 等(刘发，1987)，层位可能相当本区的本溪组湖田段䗴 A1 带，都是华北石炭系最低的化石带，牙形刺 Y1 组合带也如此，层位也为华北石炭系最低的化石带，我们以这两个门类化石带的底界作为石炭系上统威宁阶的下限。

区内缺失下石炭统，上石炭统威宁阶直接平行不整合在奥陶系之上。威宁阶与马平阶划分以䗴 A3 与 A4 带和牙形刺 Y2 与 Y3 组合带为界。

二、石炭系与二叠系分界

目前众说纷纭，莫衷一是。现暂随从我国传统的划分方案，将 *Pseudoschwagerina* 或 *Sphaeroschwagerina* 带、植物 Z1 带之顶作为石炭系的顶界，以出现大量植物化石作为二叠系的开始。从全国情况来看，贵州龙吟一带马平阶顶部的 *Robustoschwagerina schellwieni* 是目前我国石炭系最高的带化石，本区郑集 S-1 钻孔均发现了 *R.* sp. 重要分子，在淮南定为 *Robustoschwagerina guqiaoensis*。由此可见，徐淮地区太原组顶部与马平阶顶部的时限基本可以对比。

三、二叠系阶的划分

栖霞阶与茅口阶以植物 Z2 带与 Z3 带为分界；茅口阶与吴家坪阶以植物 Z3 与 Z4 为分界；吴家坪阶以植物 Z5 顶界与长兴阶分界。

第四节 问题讨论

一、石炭系与二叠系划分的不同认识

最近不少学者根据牙形刺和有孔虫的研究，提出与 *Sphaeroschwagerina* 带等䗴类共生的牙形刺 Y4 *Sweetognathus whitei* - *S. subsymmetricus* - *Diplognathodus triangularis* 组合带及非䗴有孔虫 X4 *Geinitzina* - *Nodosaria* - *Hemigordius* 组合带控制的一段地层(Ls4 顶—Ls1 顶)划归二叠纪，理由是国外同类化石带都是在二叠纪中出现。

以 *Triticites* 带与 *Pseudoschwagerina* 带之间的界线作为石炭系与二叠系的界线。从华北情况来看，*Triticites* 带的富集区只是局限于华北地台腹地，即鄂尔多斯以东，黄河之北，渤海湾之西，燕山之南地区。华北周边地区十分贫乏，有的地方见不到踪迹。

在 *Pseudoschwagerina* 上部某一个亚带找出二叠系的底界，在龙吟组(狭义)与包磨山组之间，在 *Sphaeroschwagerina glomerosa* - *S. constons* 与 *Robustoschwagerina schellwieni* 之间划界(张遴信，1983)，尚待进一步研究。

夏国英(1987)推广河南禹县段以䗴 *Schwagerina* - *Mccloudia* - *Nagatoella* 带(相当本区屯头段上部 Ls4—Ls1)作为二叠系底界，伴有珊瑚 *Allotropiophyllum* 组合，牙形刺 *Diplognathodus expansus* - *D. oertlii* - *Streptognathodus elongatus* 组合的上部及 *Sweetognathus whitei* - *S. merrilli* 组合等，其 *Pseudoschwagerina* 趋于消亡状态。

二、地层多重划分对应关系

石炭纪—二叠纪地层现进行岩石地层、生物地层、年代地层划分，岩石地层单位的穿时性，山西组与石盒子组之间比较明显，其对应关系见表 5-2。

三、地层时空分布

从地层时空分布图(图 5-1)可以看出：

(1) 本溪组层位变化与太原组底界的变化有一定关系。本溪组顶界，即太原组底界，在郯庐断裂带东侧的本溪、复州和西侧临沂、徐州等地最低，由此向西、向南逐步抬高，特别

表 5-2　徐州地区石炭纪—二叠纪地层多重划分对应表

年代地层 系	年代地层 统	年代地层 阶	岩石地层 组	岩石地层 段	生物地层：鏟(A)、植物(Z)、孢粉(B)	生物地层：鏟(A)、植物(Z)、孢粉(B)	生物地层：非鏟有孔虫(X)	生物地层：牙形刺(Y)
侏罗系			三台组					
二叠系	上统	长兴阶	石千峰群					
二叠系	上统	吴家坪阶	石盒子组	上段	Z5 *Gigantopteris nicotianaefolia* - *Lobatannularia multifolia*	B4 *Laevigatosporites perminutus* - *Linuitisporites minutus*		
二叠系	上统	吴家坪阶	石盒子组	下段	Z4 *Gigantopteris dictyophylloides* - *Psygmophyllum multipartitum*	B3 *Macrotorispora cathayensis* - *Punctatosporites granifer*		
二叠系	下统	茅口阶	石盒子组／山西组	夏桥段	Z3 *Emplectopteridium alatum* - *Gigantonoclea lagrelii*	B2 *Macrotorispora media* - *Torispora securis*		
二叠系	下统	栖霞阶	山西组	小湖段	Z2 *Emplectopteris triangularis* - *Emplectopteridium alatum*	B1 *Sinulatisporites shanxiensis* - *Gulisporites cochlearius*		
石炭系	上统	马平阶	太原组	屯头段	Z1 *Lepidodendron szecianum* - *Neuropteris ovata*	A4-2 *Boulitonia gracilis* - *Schwagerina cervicalis*	X4 *Geinitzina* - *Nodosaria* - *Hemigordius*	Y4 *Sweetognathus whitei* - *S. subsymmetricus* - *Diplognathodus triangularis*
石炭系	上统	马平阶	太原组	屯头段	A4 *Sphaeroschwagerina*	A4-2	X3 *Tolypammina* - *Glomospira* - *Palaeotextularia*	Y3 *Streptognathodus elongatus* *S. wabaunsensis* - *S. gracilis*
石炭系	上统	马平阶	太原组	屯头段	A4	A4-2	X2 *Eotuberitina* - *Tuberitina* - *Globivalvulina*	Y3
石炭系	上统	马平阶	太原组	屯头段	A4	A4-1 *Rugosofusulina valida* - *Pseudofusulina firma*	X1 *Bradyina* - *Nodosaria* - *Climacammina*	Y3
石炭系	上统	威宁阶	太原组	泉旺头段	A3 *Fusulinella* - *Beedeina*			Y2 *Idiognathodus magnificus* - *I. shanxiensis*
石炭系	上统	威宁阶	太原组	泉旺头段	A2 *Profusulinella parva* A1 *Ozawainella aurora*			Y1 *Idiognathoides sinuatus* - *I. corrugatus* *Declinognathodus lateralis*
石炭系	上统	威宁阶	本溪组	湖田段				
奥陶系			马家沟组	晁所段				

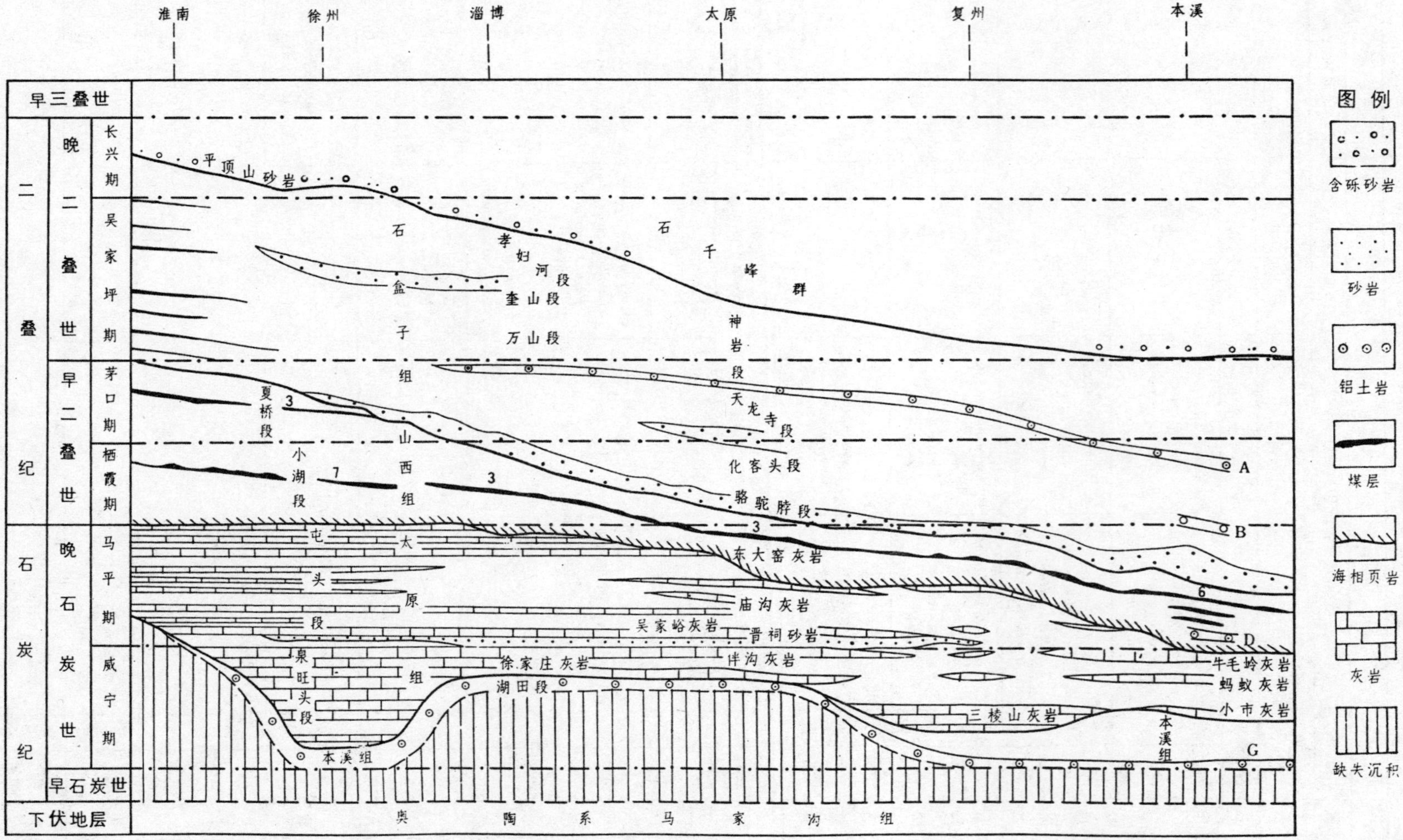

图 5-1　石炭纪—二叠纪岩石地层的时空分布图

向西南至淮南、豫西确山，抬高更为明显。

(2) 太原组泉旺头段顶面，在较大范围内是近似等时的界面，例如本区泉旺头段最顶部的(Ls15—Ls16)灰岩，与淄博地区的徐家庄灰岩、草埠沟灰岩，太原西山的伴沟灰岩，本溪地区的牛毛岭灰岩等，均含有相同面貌的䗴类化石。

(3) 太原组、山西组、石盒子组的顶、底界线，总的趋势是由北向南、由东向西逐渐抬高，时代由老渐新。其中的标志层及煤层等，也同步穿时变化。本区山西组的7号煤，与山西太原的“丈八煤”(3号)，淮南的煤1，淄博煤3，本溪地区的6号煤等，均为同一层煤，其时代不同。所谓的A、B、C、D、E、G的铝土层，也基本如此。

第六章 晚侏罗世—白垩纪

区内受印支—燕山运动早期的影响使古生界及以下地层遭受构造变动，形成一些NE、NNE、EW向的山间盆地、断陷，控制了晚侏罗世—白垩纪地层沉积和分布。沉积了红色类磨拉石建造（三台组）→灰色复陆屑建造（莱阳群）→火山岩建造（青山群）→红色类磨拉石建造（王氏群），含植物、鱼、叶肢介、介形虫、双壳类、腹足类、孢粉等化石，厚度0～3 900 m或大于3 900 m，不整合在石千峰群及以下更老的地层之上。除莱阳群与三台组为整合外，各群之间均为不整合。省内仅在东海县马陵山—宿迁市峰山一带断续出露。赋存有建材、型砂等矿产，具弱油气显示。据钻孔揭示，这套地层呈三个条带分布（图6－1）：

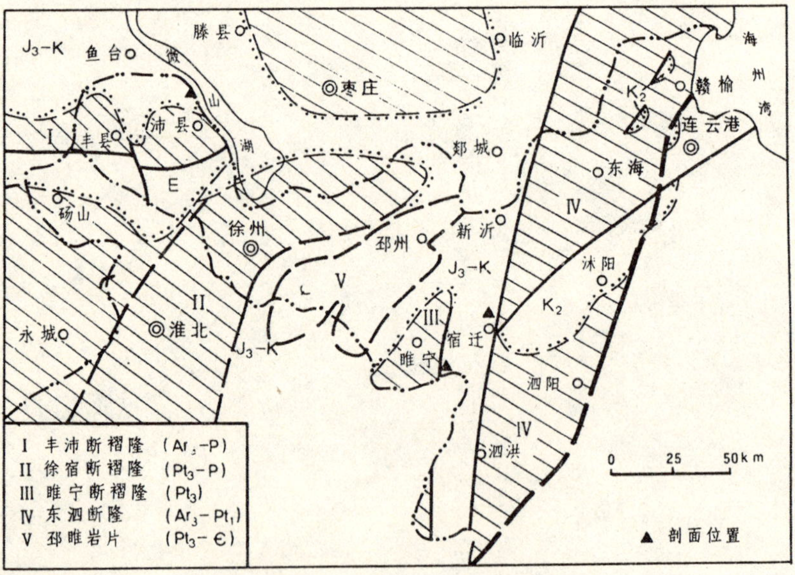

图6－1 晚侏罗世—白垩纪地层分布图

西带：包括丰县、沛县北部一带（简称丰沛地区），位于丰沛断褶隆起北侧，属鲁西南盆地的南缘。晚侏罗世—白垩纪地层较发育。

中带：包括铜山、邳州、睢宁、宿州、灵璧一带(简称铜邳地区)，位于徐州弧形构造内侧，由以往称棠张断陷、双沟断陷、八义集断陷组成，晚侏罗世—白垩纪地层发育较全。

东带：包括邳州、睢宁、新沂、宿迁、泗洪、泗县(简称邳睢地区)及沭阳、赣榆一带，由庆安断陷(桃园-龙集凹陷)、郯庐断裂带(江苏境内)及沭阳断陷、欢墩断陷组成。以晚白垩世地层发育较全。

对这套地层的调查研究，始于20年代初。嗣后，直到50年代初，随着矿产和煤田普查、区域地质调查及地质研究工作的开展，先后引用蒙阴系、青山组、王氏组等。在丰县、沛县、铜山县、邳州市、睢宁县、新沂市平原覆盖区，经钻探相继发现了这套地层，但各家的划分及时代归属，存在不同意见(表6-1)。

表6-1　晚侏罗世—白垩纪地层划分沿革表

刘季辰 赵汝钧		江苏省煤炭局	江苏区测队		江苏区测队		安徽区调队		煤炭部研究所		王仁农			江苏地矿局		本书	
1924		1960	1969		1976		1977		1978		1979			1984		1997	
宿迁		丰县、沛县	新沂		徐州、邳县		泗县、睢宁		苏鲁豫皖边界		微山湖西侧			江苏北区		江苏北区	
		第四系			第四系		第四系		第四系		第四系						
下新统	?雨花台层	第三系	R	第三系	E	官庄组	N_2	上新统	N_2	上新统	第三系			E_2	官庄组	E	官庄群
?白垩纪	?赭色砂砾岩层		K_2	王氏组			K_2	王氏组	E	下第三系	K_2	青山组	四段 三段	K_2	王氏组	K_2	王氏群
上侏罗纪?	?斑岩系?		K_1	青山组	K_1	青山组 上部 下部	K_1	青山组 上段 下段	K_1	青山组	K_1		二段	K_1	青山组	K_1	青山群
				缺失			J_3	泗县组	J_3	分水岭组			一段	J_3	蒙阴组		莱阳群
							J_{1-2}	义井组	J_{1-2}	汶南组	J_3	蒙阴组	二段 一段			J_3	三台组
		石盒子统		石千峰组		古生界		未见底		古生界及更老地层	P_2	上石盒子组		P_2	石千峰群		石千峰群及以下地层

随着研究工作的不断深入，证实江苏境内地层南北差异已不明显，但考虑地层名称引用历史现状，仍将这套地层归属华北地层大区。

这套地层曾引用地层名称10个。现采用岩石地层单位3个群、1个组。

第一节　岩石地层单位

三台组　J_3s　(05-32-1280)

【创名及原始定义】　最早由Solgar创名，称为三台系，地点在山东省淄博市三台山，创名时间约在20世纪初(具体不详)，后经谭锡畴(1923)介绍，称为"三台系或红绿砂岩系"。谭锡畴描述三台系为："本系分布于淄博煤田之西部，位于上昆仑系之上。岩石为红绿棕紫浅灰黄各色砂岩，与上昆仑系接近处变为砾岩……历来地质学者于本系未显著划分，Lorenz称之为中生代地层，Willis归之于新泰系内，其后Solgar博士始划分之，名之为三台系。因本系化石绝迹，时代未能确定，但按其位置所在，似仍属于侏罗纪也"。

【沿革】　1961年北京地质学院于淄博市三台山选测剖面，并将三台系改称三台组。1993年山东区调队将其定为三台组选层型。省内丰县、沛县一带，1960江苏省煤炭局划归第三系。1977年安徽区调队划归义井组上部，后经大量钻探对比研究，1978年煤炭部研究所称汶南组；1979年王仁农称蒙阴组。现称三台组(表6-1)。

【现在定义】　指位于坊子组之上，莱阳群之下的一套以紫红色为主夹灰绿、黄白等色砂岩，有时夹有较多的砾岩。与坊子组、莱阳群为平行不整合接触，有时与坊子组为整合接触。江苏省内主要见于钻孔揭示，岩性为灰紫色、灰绿色砂岩、粉砂岩夹含砾砂岩、泥岩、砾岩组成。与下伏石盒子组为不整合接触，与上覆莱阳群为整合接触。

【层型】　正层型在山东省淄博市三台山。省内次层型为沛县大屯井田D39孔三台组钻孔剖面(116°56′,34°51′)，燃料化学工业部煤田147队1974年测制。

上覆地层：**莱阳群**　灰色长石石英细砂岩，裂隙有石膏脉充填

——————整　合——————

三台组	总厚度268.50 m
10. 紫灰色薄层含云母长石石英细砂岩夹薄层粉砂岩和砂质泥岩，泥质胶结，具波状层理，裂隙有方解石脉充填	56.10 m
9. 暗紫色泥岩与灰绿色薄层粉砂岩互层	3.70 m
8. 紫灰色粉砂岩，泥质胶结，夹紫红色泥质条带，略显波状层理	111.20 m
7. 破碎带，紫红色，由粉砂岩，砂质泥岩角砾组成	8.30 m
6. 紫红色粉砂岩，泥质胶结，被云煌岩脉侵入	15.60 m
5. 暗紫色长石石英细砂岩，具水平层理	1.70 m
4. 紫红色砾岩，砾石有石英岩、灰岩、变质岩，少量燧石，直径1～2 cm，棱角—椭圆状，分选差，砂泥质胶结	7.90 m
3. 紫红色粉砂岩，局部具波状水平层理	49.00 m
2. 紫红色砾岩，砾石有石英岩、灰岩、变质岩，磨圆度较好，分选差，砂泥质胶结	15.00 m

~~~~~~~~不 整 合~~~~~~~~

下伏地层：**石盒子组**　砂岩，砂质泥岩，泥岩　65.20 m

【地质特征及区域变化】　区内主要以紫红色砾岩不整合在石千峰群及以下不同层位之上。顶以紫红色砂、泥岩与莱阳群灰、灰绿色粉细砂岩分界，地表未出露。西带：丰县、沛县
~~~~~~~~

一带钻孔揭示较全，岩性分：下部紫红色砾岩夹含长石石英中(粗)砂岩，粉砂岩。砾石以石英岩、灰岩、变质岩为主，少量燧石，砾径0.2～5 cm，棱角至椭圆状，分选性差，砂泥质、硅质胶结，具斜层理、楔形层理。粉砂岩具波状水平层理，厚度50～70 m；上部暗紫红色含云母长石石英细砂岩、粉砂岩互层，夹砂质泥岩、泥岩或泥岩包体、条带钙质结核，泥质胶结，具波状斜层理、水平层理。厚度由南向北有增厚趋势，丰县大程庄一带160 m左右；沛县北部200～270 m左右。中带：铜山、睢宁、邳州等一带，仅揭示其上部暗紫色粉细砂岩夹紫红色泥岩，厚度大于47 m。东带：邳州、新沂、宿迁、睢宁、泗县等交界地区，仅揭示其上部暗紫色粉砂岩、砂质泥岩夹灰色中细砂岩。含孢粉以*Classopollis*占优势，厚度大于30 m。

三台组与下伏地层为不整合，主要依据：①据钻孔揭示，三台组与下伏地层产状不一，直接接触，其底部砾岩具底砾岩性质；②从区域上看，在继承式坳陷区三台组与坊子组为平行不整合接触；在上叠式坳陷区三台组不整合覆盖在古生界及太古界不同层位之上，表明三台组沉积范围远远超出坊子组的范围。

从三台组岩性、沉积构造分析，其沉积时气候炎热，距物源近，环境多变的快速沉积，属山间盆地洪冲积—河湖相类磨拉石建造，对盆地起到填平的作用。时代为晚侏罗世。

莱阳群　K_1L　(05-32-1281)

【创名及原始定义】　1923年谭锡畴创名，称为“莱阳层”，地点为山东省莱阳城一带，当时将其置于“蒙阴系”内，将“蒙阴系”排序为“丁”，“莱阳层”排为“丁一”。谭锡畴描述“蒙阴系”曰：“由化石考察，本系似与山东东部莱阳层及青山层相当。唯三系地层须分别叙述，不能混为一谈，故以(丁)冠以有系之上，而以丁一、丁二指示莱阳、青山两层，所以表明莱阳、青山两层为蒙阴系之分层也”。又描述“莱阳层”：“本层在山东东部莱阳、即墨、胶县、诸城、莒县等处特别发育，与泰山系及五台系均成不整合接触。莱阳本层可分出三部：下部以浅棕色黄色页状砂岩为主，夹绿紫红色泥质页岩及黄灰色粗砂岩，有时呈砾状；中部含灰绿色薄层页岩及黑灰色灰质硬页岩，夹黄色灰色砂岩；上部为黄灰绿及浅红色砂岩，夹绿灰红色泥质岩及黑色页岩”。

【沿革】　中国地质学编辑委员会等(1956)在《中国区域地层表(草案)》中，改称莱阳组，后为广泛引用。1965年地质部石油局将莱阳组改为莱阳群。区内丰县、沛县一带，1964年前苏鲁煤炭系统划归第三系，后经大量钻探对比研究将其部分划归蒙阴组及分水岭组；睢宁一带划归泗县组；铜山县棠张一带划归青山组；八义集一带划归分水岭组，现称莱阳群(表6-1)。

【现在定义】　指不整合于元古宇、古生界或平行不整合于侏罗系及以下地层之上，整合于青山群之下，以黄绿灰色页岩为主夹紫色砂页岩，泥晶灰岩。含叶肢介、植物化石。各地岩性变化较大，分组也不一致。自下而上分：瓦屋夼组、林寺山组、止凤庄组、水南组、龙旺庄组、杨家庄组、曲格庄组、杜村组、法家堂组。江苏省内难以分组，底与三台组整合接触，区域上顶与青山群不整合接触。

【层型】　正层型在山东省莱阳市。省内次层型为睢宁县李甘庄71-2孔钻孔剖面(117°58′，33°49′)，江苏省煤田勘探团六营1972年测制，徐学思1994年补充修改。

上覆地层：**第四系**　灰白、淡黄色粘土

～～～～～～～～ 不 整 合 ～～～～～～～～

莱阳群　　　　　　　　　　　　　　　　　　　　总厚度611.60 m

21. 深灰色砂质泥岩，具缓波状层理。含植物化石碎片	43.00 m
20. 浅灰、灰色粉砂岩，具缓波状层理	8.00 m
19. 深灰色砂质泥岩	10.90 m
18. 浅灰、灰色粉砂岩，具缓波状层理。含植物化石碎片	12.00 m
17. 深灰色泥岩夹薄层粉砂岩。含植物化石 *Pagiophyllum* sp.，*Chiaohoena* sp.	75.70 m
16. 灰微带绿色砂岩	5.20 m
15. 深灰、灰黑色砂质泥岩及细砂岩，具缓波状层理。含植物化石 *Pagiophyllum* sp.；孢粉以 *Classopollis* spp. 及 Schizaeaceae 为主	197.00 m
14. 浅灰、灰色粉砂岩，钙质胶结，含植物化石碎片	8.60 m
13. 灰、深灰色砂质泥岩，具缓波状层理，局部含少量石膏。含植物化石碎片	7.70 m
12. 灰、深灰色泥质砂岩，顶部为细粒砂岩，钙质胶结，具缓波状层理，含植物化石碎片	9.00 m
11. 灰、深灰色砂质泥岩夹粉砂岩及泥岩。含石膏、黄铁矿、植物化石碎片	38.40 m
10. 灰色粉砂岩，泥质胶结，局部含石膏	34.70 m
9. 灰、深灰色砂质泥岩。含石膏，黄铁矿及植物化石碎片	13.60 m
8. 浅灰、灰色粉砂岩，夹细粒砂岩，砂质泥岩，具缓波状层理。含植物化石 *Brachyphyllum* sp.，*Frenelopsis* cf. *parceramosa*	52.40 m
7. 深灰、灰黑，暗紫色砂质泥岩夹粉砂岩。含石膏，黄铁矿，及植物化石碎片	38.00 m
6. 深灰、暗紫红色粉砂岩，具缓波状层理	23.80 m
5. 深灰、暗紫色砂质泥岩夹粉砂岩。含植物化石碎片	30.10 m
4. 灰、灰绿色中粒砂岩夹粉砂岩，前者局部含砾，砾径 0.5～1 cm，中等磨圆度	3.50 m

———————— 整　合 ————————

下伏地层：**三台组**　暗紫色粉砂岩，夹细粒砂岩。含孢粉 *Classopollis* 占优势

【地质特征及区域变化】　区内地表未出露，从钻孔资料难以分组，经区域对比研究，底与三台组整合接触，顶与青山群不整合接触(次层型剖面与上覆第四纪地层为不整合接触关系)。从钻孔已揭示的宏观岩性来看，是一套灰、灰黑色为主的砂泥(页)岩，只是各地砂、泥含量有异，其保存的状况与三台组一致。从分布特点可分西、中、东带。

西带：岩性分为下部灰、灰绿、灰褐色含云母长石石英细砂岩夹粉砂岩、泥岩薄层及条带、包体；中部深灰色泥岩夹薄层石膏、菱铁矿结核；上部灰、灰绿色(粉)细砂岩夹薄层泥岩，厚度 0～868 m 或大于 868 m。

中带：据钻孔揭示以深灰、灰黑色泥质(粉)细砂岩为主夹薄层(泥)灰岩、钙质砂岩，厚度 0～253 m 或大于 253 m。

东带：据钻孔揭示，以灰、深灰色(中)细砂岩、粉砂岩、砂质泥岩互层为主，夹泥灰岩薄层，石膏及黄铁矿，厚度 0～612 m 或大于 612 m。

莱阳群是灰色复陆屑建造，继承了三台组沉积时的坳陷。与三台组沉积时相比，气候由炎热变温湿；水体由浅变深；水动力由强减弱；由氧化环境变为(弱)还原环境；沉积速度由快速沉积变缓慢沉积；物源由近源变为较远源；沉积时，坳陷区逐渐下沉，先形成大小不等的湖，随着湖变深，湖湖相连形成较大的内陆湖。气候温湿，适宜生物生长，热河生物群繁盛。由于地壳下沉速度与陆源物质供给和沉积速度近似平衡，沉积环境变化不大，为湖滨三角洲到湖相。西带属鲁西南湖盆，沉积厚度大于 868 m；中、东带，属邳(州)睢(宁)铜(山)盆地，沉积厚度大于 612 m。当时，这两个湖盆可能在台儿庄一带湖水是相通的。沉积之后，地

壳受到以断块活动为主的构造变动，形成一些北北东向、东西向断陷及断裂带，控制了青山群火山岩系分布和王氏群的沉积。时代属早白垩世。

据钻孔揭示与莱阳群相当的层位，在河北南部，合肥盆地都有存在，具有区域性分布，它们之间的关系值得深入研究。

青山群　K_1Q　(05-32-1282)

【创名及原始定义】　1923年谭锡畴创名于山东省莱阳市沐浴店青山后，称为“青山层”。在莱阳青山由作者发现爬行类骨骸，故本层以青山名。在莱阳本层位于莱阳层之上，含棕色凝灰砾岩、绿色紫色浅红色凝灰岩，与岩流及红色粘土岩相间而生。其下部有绿灰紫棕色泥质灰岩，及浅黄红色砂岩。

【沿革】　中国地质学编辑委员会等(1956)在《中国区域地层表(草案)》中，改称青山组；1965年地质部石油局将青山组改为青山群，后广为引用。区内宿迁一带出露的火山岩系，1924年刘季辰等称斑岩系；1929年李捷称凝灰岩层。1963年江苏省地质局引用青山组。1964年江苏煤炭系统在丰县、沛县一带钻孔中揭示的火山岩系划归第三系，70年代在铜山、邳州、睢宁一带钻孔中揭示的火山岩称青山组，其底界各家划分不一(表6-1)。

【现在定义】　指位于莱阳群之上，王氏群之下一套火山岩系，间夹正常沉积岩层。在山东境内其分布特点：沂沭断裂带以西为中基性火山岩；断裂带内南部为中一基性火山岩，北部中基性夹酸性火山岩；断裂带以东为中基性与酸性火山岩相间。自下而上分：后夼组、八亩地组、石前庄组、方戈庄组。江苏省内出露零星，不能细分。

【层型】　正层型在山东省莱阳市。省内次层型为宿迁市晓店乡峰山剖面(118°19′，34°05′)，江苏地质五队1994年实测。

上覆地层：**王氏群**　紫红色厚层砂砾岩，砾石以片麻岩为主，次为安山岩、流纹岩，大小不等，一般5～10 cm，大者大于50 cm，钙铁质胶结

～～～～～～～～ 不 整 合 ～～～～～～～～

青山群	总厚度 191.40 m
8. 灰绿色安山岩，斑状结构，块状构造	10.00 m
7. 黄褐、浅肉红色凝灰质砂岩，具微层理	27.80 m
6. 灰白、土黄色凝灰岩，由晶屑，安山岩及其他岩屑组成，偶见角砾	19.80 m
5. 砖红色熔结角砾凝灰岩，角砾以英安岩，流纹岩等为主，大小0.5～1 cm，占10%左右，晶屑、岩屑较多	30.00 m
4. 肉红色流纹岩，斑状结构，致密块状	42.90 m
3. 黄褐色流纹质凝灰角砾岩，角砾以流纹岩，英安岩为主，少量安山岩，角砾大者10 cm×15 cm，占30%～50%	6.90 m
2. 肉红色流纹岩，斑状结构	54.00 m

════════ 断层接触 ════════

下伏地层：**宿迁组**　灰白色长石石英中细砂层

【地质特征及区域变化】　区内难以分组。底不整合在莱阳群及以下不同层位之上，顶被王氏群紫红色砾岩及以上地层不整合覆盖。地表仅零星出露于宿迁峰山一带，丰县、沛县、铜山、邳州、睢宁等地为钻孔所揭示。据钻孔资料，青山群分布与莱阳群相似，可分为西、中、

东带：

西带：为灰绿、紫色角砾状、杏仁状安山玄武岩、玄武岩、橄榄玄武岩夹火山碎屑岩(4层以上)、细砾岩，厚度0～620 m或大于620 m，不整合在莱阳群之上。断续向东延伸，与台儿庄—四户断陷相接，呈近东西向分布；

中带：为灰绿、灰紫色英安岩、(角闪、辉石、玄武)安山岩、安山玄武岩夹火山碎屑岩（5层以上)、凝灰质粉砂岩，厚度0～550 m或大于620 m，不整合在莱阳群及以下老地层之上。下部英安岩全岩同位素年龄值为105 Ma；

东带：为灰绿、灰紫色安山岩、辉石角闪安山岩夹肉色流纹岩、火山碎屑岩(3层以上)、凝灰质砂岩，厚度0～345 m或大于345 m，不整合在上元古界及更老地层之上，受构造破坏与其他地层呈断层接触。

青山群，属陆相中基性、中性夹酸性火山岩：①喷发类型：裂隙式、串珠式，火山喷发受断裂带的控制，岩浆沿断裂上涌喷出地表；②活动特征：间隙式多次喷发，熔岩与火山碎屑岩相间出现，郯庐断裂带则以双峰式火山活动为特征；③岩浆成分空间变化：自西向东，由中基性→中性夹酸性，酸度增高。

青山群沉积之后，地壳又经受了一期以断块运动为主的构造变动。郯庐断裂东侧以东，东(海)-泗(洪)断隆裂解，在沭阳—赣榆一带新生一些NE向雁列式断陷盆地；以西，仍保持了原有隆坳格局。

【其他】　在沛县大屯D27孔，火山岩系之上有近60 m灰、深灰色钙质粉砂岩，含叶肢介：*Yanjiestheria*及鱼鳞化石，其归属有不同的认识：①作为正常层序归青山组(群)或与王氏组(群)对比；②认为是非正常层序，按宏观岩性特征划归分水岭组(莱阳群)，断层引起地层重复。从区域宏观岩性特征及所反映的沉积环境分析，本书采纳后者的意见。时代属早白垩世。

王氏群　K_2W　(05-32-1283)

【创名及原始定义】　1923年谭锡畴创名，地点在山东省莱阳市城西南“王氏村”[①]。王氏系或红色粘土层，化石发现于莱阳王氏村一带，故系以村名。在莱阳溪谷本系含红色粘土，夹红色白灰棕色砾岩。诸城、胶县、高密本系可分为三部：下部含红色粘土夹红色灰色砾岩，中部为红色粘土夹绿色灰色粘土及砾岩，上部含粗砾岩夹棕红色硬砂岩。

【沿革】　中国地质学编辑委员会等(1956)在《中国区域地层表(草案)》中，改称王氏统；1960年长春地质学院改称王氏组；1962年斯行健、周志炎称王氏群，嗣后，广为引用。区内东海马陵山—宿迁峰山一带紫红色砂砾岩，1924年刘季辰等称赭色砂砾岩层。1956年潘廓祥将赣榆县欢墩钻孔揭示紫红色砂砾岩划归蒙阴系。丰县、沛县、铜山县一些钻孔揭示的这套地层，不同单位将其划归第三系、官庄组、青山组上部(表6-1)。本次清理采用王氏群。

【现在定义】　指位于青山群或大盛群之上，五图群之下的一套红色砂砾岩为主夹白色含砾砂岩、灰绿色泥岩、泥质粉砂岩。自下而上分林家庄组、辛格庄组、红土崖组、金岗口组、胶州组。江苏省出露零星，不能细分。

【层型】　正层型在山东省莱阳市。省内次层型为东海县山左口乡新金家实测剖面(118°29′，34°25′)，江苏地质五队1994年实测。房尚明1994整理。

---

① 经核查王氏村是望氏村之误称，望氏村在莱阳城西南7 km。

王氏群 总厚度>1 718.8 m

上部

34—28. 紫红色页岩夹紫红、灰色薄—中层细(含砾中粗砂)砂岩。下部夹薄层砂质泥灰岩;上部夹绿色页岩、页状砂质泥灰岩。(未见顶) >576.8 m

27—26. 紫红色中厚层含砾中粗砂岩,夹薄层细砂岩,砾石为各种片麻岩,脉石英,砾径 0.3～3 cm,大者 4～6 cm 78.7 m

25. 紫红色破碎带,角砾由各种砂岩,硅化裂隙有方解石充填 89.4 m

24—23. 紫红色薄—中层含泥砾细砂岩,具微层理,局部泥裂发育,含虫迹 164.3 m

22. 紫红色粉砂质页岩夹中厚层粗砂岩 8.3 m

21—19. 紫红色薄层细砂岩(局部含泥砾)夹紫红色含云母泥质粉砂岩、中厚层含砾粗砂岩凸镜体,含虫迹 219.3 m

18—16. 紫红色薄—中厚层含砾粗(细)砂岩,夹紫红色薄层含泥(砾)粉砂岩,局部含虫迹 53.2 m

15—12. 紫红色—厚层含泥砾细砂岩,紫红色薄层泥质砂岩,局部具泥裂,含虫迹 167.0 m

下部

11. 紫红色薄层含泥质粉砂岩夹砾岩凸镜体,具微层理 45.2 m

10—8. 紫红色砾岩夹中厚层细砂岩,砾石一般几毫米到 10 cm,大者 8～20 cm 53.1 m

7—5. 砖红色薄、中厚层细砂岩,下部夹紫红色砾岩、褐黄色中厚层泥质粉砂岩 73.6 m

4—2. 紫红色含砂砾岩夹紫红色薄层—中厚层泥质粉砂岩、粉(细)砂岩 189.9 m

══════ 断层接触 ══════

下伏地层:东海杂岩 灰色斜长片麻岩

〔注〕:江苏地质六队在相当于本剖面上部层位采集到植物 *Manica* (*Changlingia*) cf. *tholistoma*、*Frenelopsis parceramosa*、*Forctine* sp. 和双壳类、大型爬行动物足印痕及虫迹等化石。

【地质特征及区域变化】 区内难于分组,底与青山群及以下地层不整合或断层接触,顶被官庄群及以上地层不整合覆盖。仅出露东海马陵山一宿迁峰山一带,丰县、沛县、铜山、邳州、睢宁、沭阳、赣榆等地钻孔中也有揭示。以东海—宿迁一带出露好,岩性具代表性,保存状况与青山群相似,可分东、中、西带,各地岩性略有差异。东带:东海—宿迁一带,下部紫红色砾岩、砂砾岩、含砾细砂岩,含泥质粉砂岩夹砾岩凸镜体。砾石成分复杂,近源取材,因地而异,砾径 0.5～10 cm,大者大于 50 cm,棱角—次圆状,分选性差,钙泥质胶结,厚度 0～262 m 或大于 262 m 左右;上部紫红色(含砾)薄—中厚层细砂岩、粉砂岩、页岩互层夹棕红色块状粉细砂岩、砂质泥灰岩,青灰色(含铜)细砂岩凸镜体(薄层),具微层理、交错层、泥裂,厚度 0～1 267 m 或大于 1 267 m。含植物、孢粉、双壳类、大型爬行动物足印痕、虫迹等化石。沭阳一带钻孔揭示厚度 0～320 m 或大于 320 m;赣榆一带钻孔揭示厚度 0～700 m 左右;

中带:铜山县棠张、邳州八义集等地,下部灰紫色砾岩、安山质角砾岩、含角砾凝灰岩、凝灰质粉砂岩;上部紫色杂砂岩、粉细砂岩夹灰绿、灰紫色粉砂质页岩、泥岩,厚度 0～800 m 或大于 800 m。

西带:丰县、沛县一带,下部为灰紫、紫红色砾岩、砂砾岩与含砾细砂岩互层,砾石有火成岩、泥灰岩、泥岩、砂岩、泥质岩,直径 0.5～13 cm,棱角—次棱角,分选差,砂泥质胶结,厚度 0～697 m 或大于 697 m;上部为紫红色、灰褐色粉砂岩、泥岩互层夹薄层灰岩,厚度 0～800 m左右,不整合在青山群及以下地层之上或断层接触。时代为晚白垩世。

第二节　生物组合特征

晚侏罗世—白垩纪时期，本区属环太平洋生物区，目前区内化石发现较少，仅有鱼、叶肢介、双壳类、植物、孢粉等。现参考前人成果，按生物分类分述如下。

1. 鱼

据江苏地质五队(1990)报道，邳州地区三台组及莱阳群中含 *Lycoptera*，是热河生物群重要分子。

2. 叶肢介

据燃料化学工业部煤田地质局147队(1974)、江苏地质五队(1990)报道，邳州、沛县地区三台组上部、莱阳群下部含 *Estheries*；三台组、莱阳群中部、王氏群下部含 *Yanjiestheria*，均为热河动物群重要分子。

3. 双壳类

据燃料化学工业部煤田地质局147队(1974)报道，沛县三台组下部含 *Sphaerium* cf. *jeholense*，是 *T－P－N* 组合(*Trigonioides－Plicatounio－Nippononaia*)重要分子。

4. 植物

据江苏煤炭地质勘探团(1972)、江苏省地质矿产局(1984)、江苏地质六队(1986)资料，睢宁莱阳群含 *Pagiophyllum*，*Cpiaohomu*，*Brachyphyllum*，*Frenelopsis* cf. *parceramosa*；新沂、东海王氏群含 *Manica* (*Changlingia*) cf. *tholistoma*，*Frenelopsis parceramosa*，*Forctine*。

5. 孢粉

据燃料化学工业部煤田地质局147队(1974)、江苏地质五队(1990)研究，主要有：*Classopollis*，*Lygodioisporites*，*Schizaeoisporites*，*Cicatricosisporites*，*Cvathiadites*，*Cycadopites*，*Ginkgocycadophytus*，*Podocarpidites*，*Cedripites*，*pinuspollenites*，*Perinopollenites*，*Protopinus*，*Psophosphaera*，*Ephedripites*，*Deltoidospora*，*Klukisporis* 等，具晚侏罗世至白垩纪特色。三台组以 *Classopollis* 为主；莱阳群中产 *Classopollis*，*Schizaeoisporites*；王氏群产 *Psophosphaera*，*Monosulcites*，*Cedripites*，*Cyathidites*，*Triletes* 等，在我国晚侏罗世—白侏纪地层中都有产出。

第三节　年代地层划分及界线讨论

区内侏罗系采用三分，白垩系两分，其年代地层的确定主要依据生物组合和同位素年龄资料，并参照《国际地层时代对比表》(1990)。

一、同位素年龄

据江苏地质五队(1984)报道，本区青山群底部K－Ar法同位素年龄值105 Ma(全岩)与山东蒙阴地区青山群4段107.21 Ma(K－Ar)相近。王氏群同位素年龄值为97 Ma。

二、年代地层界线讨论

本区缺失侏罗系下、中统，仅发育与上统相对应的三台组。

1. 侏罗系与白垩系的分界

区内晚侏罗世—白垩纪地层主要依据生物组合特征及其区域对比来确定时代。三台组在山东蒙阴地区含叶肢介 *Palaeolimnadia chuanheiensis*，*P. longmenshanensis*，*Eusestheria taniiformis*；孢粉 *Classopollis* 96.5%。时代归早中侏罗世或晚侏罗世。到滕县、丰县、沛县一带含孢粉 *Classopollis*，*Quadaeculina* 为主，时代为晚侏罗世。从蒙阴盆地莱阳群所含化石与青山群相似，应归热河生物群，生长时期(地质年龄)为 135～122 Ma，推测莱阳群年龄 135～127 Ma 左右，故区内莱阳群时代归早白垩世。据此，本区侏罗系与白垩系的分界在相对应的三台组与莱阳群之间。

2. 白垩系下统和上统的分界

本区青山群底部 K－Ar 法同位素年龄值 105 Ma(全岩)与山东蒙阴地区青山群 4 段 107.21 Ma(K－Ar)相近。从蒙阴盆地莱阳群所含化石与青山群相似，都含热河生物群重要分子，应归热河生物群，故区内青山群归早白垩世。

山东莱阳、诸城等地王氏群中含爬行动物化石 *Shantungosaurus giganteus*，*Tsintaosaurus spinorhinus*，*Szechuanosaurus*，*Tanius chingkankouensis*，*Chinkankousaurus fragilis* 及大量恐龙蛋化石。向南断续延入区内，现仅见“足痕”，按爬行动物生成时代，王氏群应归晚白垩世。

根据以上分析，白垩系下统与上统的界线应在相对应的青山群与王氏群之间。

第四节　问题讨论

一、沉积格架及区域变化

从《1∶50 万江苏省布格重力异常图》上，区域重力场与钻孔揭示的地层对应分析：西带丰县—沛县一带，14～26×10^{-5}m/s^2 正异常区钻孔揭示第四系之下是古生界和上太古界隆起区(称丰沛隆起)，其北侧为 6～12×10^{-5} m/s^2 相对低重力场区与山东鱼台、滕县低重力区联成一体，经钻孔揭示新生界之下为晚侏罗纪—白垩纪地层，是鲁西南沉积盆地的一部分，重力场与地层分布吻合较好。中、东带徐州—宿州以东，新沂—睢宁以西称邳睢铜地区，6～14×10^{-5} m/s^2 分布区是古生界、上元古界出露区；在－4～2×10^{-5} m/s^2 相对重力负异常区，经钻孔揭示第四系之下为晚侏罗世—白垩纪地层。

为什么密度相同的古生界出露区(中、东带)的重力场与(西带)丰沛地区没有出露古生界的重力场相比低 12×10^{-5} m/s^2 左右？如果以丰沛地区的重力场反映了相对生根的原地古生界为依据，那么，邳睢铜地区出露的古生界及上元古界之下有低密度的地层存在，才能使其重力场减低。据钻孔揭示，重力负异常区是晚侏罗世—白垩纪地层。这一带出露的古生界和上元古界是不生根的，其下有晚侏罗世—白垩纪地层存在。

现存的中带棠张、八义集、双沟断陷及东带庆安断陷是后期构造变动的结果，非孤零断陷，有的就是构造窗或是向斜叠加的构造窗。沉积时它们属同一个盆地：

(1) 莱阳群的岩性各“断陷”相似，都是灰、灰黑色细碎屑岩夹泥灰岩，由西向东厚度增大，灰岩夹层增多。盆缘沉积尚未揭示，盆边难以断定，现揭示的岩性，反映了较大范围的湖相沉积。

(2) 王氏群岩性东粗西细，宿迁—东海一带王氏群下部砾岩多而厚，向西到棠张一带下部没有砾岩或很薄。表明东距陆源区近，西距陆源远，如棠张是断陷盆地，王氏群的岩性不可能没有附近陆源的砾石。棠张一带王氏群岩性，其沉积时并非是封闭断陷式的沉积，而反映了更大范围湖相沉积。

从已揭示的三个条带岩性组合特征来看：①地层层序沉积建造一致。自下而上：红色类磨拉石建造→灰色复陆屑建造→火山岩建造→红色类磨拉石建造，不整合在古生界及以下不同地层之上。②地层含生物及接触关系相同。灰色复陆屑建造(莱阳群)、火山岩建造(青山群)含热河生物群(据邻区资料)，其上、下接触关系亦相同。③沉积环境相似。沉积时古气候经历了炎热→温湿→炎热的变化；古环境由山间盆地→向山间断陷转化；都经历了一期岩浆喷发。④沉积盆地的恢复。从现有资料分析，西带是鲁西南盆地南缘；中、东带很可能同属一个较大的盆地。

二、地层多重划分对应关系

区内晚侏罗世—白垩纪地层，进行了岩石地层，生物特征、年代地层的划分。利用同位素年龄资料，并主要依据岩石地层单位中生物组合特征及其区域对比确定地层时代及它们之间相互关系(表 6-2)。

表 6-2 晚侏罗世—白垩纪地层多重划分对应表

年代地层		岩石地层	生物组合特征			同位素年龄
系	统	组名	叶肢介	双壳类	植物	(Ma)
下第三系	始—渐新统	官庄群				65
白垩系	上统	王氏群	*Yanjiestheria*		*Manica* cf. *tholistoma*, *Frenelopsis porceramosa*	97
	下统	青山群 莱阳群	热河生物群：*Estherites*, *Yanjiestheria* 鱼：*Lycoptera*	*Sphaerium* cf. *jeholense*, *Corbicula* cf. *tetoriensis*, "*Unio*" *obrufschewi*	*Pagiophyllum chiaohoena*, *Cpiaohomu*, *Brachyphyllun*, *Frenelopsis* 轮藻：*Mesochara*, *Atopochara*	105(全岩)
侏罗系	上统	三台组	鱼：*Lycoptera* 叶肢介：*Estherites*, *Yanjiestheria*	*Sphaerium* cf. *jeholense*	孢粉：*Classopollis*	135(140)
	中统	缺失				
	下统					
二叠系	上统	石千峰群及以下地层				208(205)

三台组在山东蒙阴地区含叶肢介 *Palaeolimnadia chuanheiensis*, *P. longmenshanensis*, *Eusestheria taniiformis*；孢粉 *Classopollis* 96.5%，时代归早中侏罗世或晚侏罗世。到滕县、丰县、沛县一带含孢粉 *Classopollis*, *Quadaeculina* 为主，时代为晚侏罗世。到河北南部丘县、临西一带相当丘城组下段红层中含介形虫 *Cypridea*, *Ziziphocyris*, *Cypridea* (*Pseudocypridina*)；轮藻 *Euaclistochara*, *Flabellochara*, *Mesochara*, *Aclistochara*，时代为早白垩世。由此可见，三台组及其相当层位，从东(山东淄博、蒙阴)到西(河北南部)时代从晚侏罗世至早白垩世，区内三台组与上覆莱阳群为整合，从区域构造演化规律来看，属晚侏罗世至早白垩世或早白垩世

的可能性更大。

莱阳群的时代实质是热河生物群时代的归属问题，共有三种意见：①晚侏罗世；②晚侏罗世—早白垩世；③早白垩世。

蒙阴盆地莱阳群所含化石与青山群相似，应归热河生物群，生长时期（地质年龄）为135～122 Ma，青山群年龄127～105 Ma（K-Ar）左右，推测莱阳群年龄135～127 Ma左右，故区内莱阳群、青山群归早白垩世。

据山东莱阳、诸城等地王氏群中含爬行动物化石 *Shantungosaurus giganteus*，*Tsintaosaurus spinorhinus*，*Szechuanosaurus*，*Tanius chingkankouensis*，*Chinkankousaurus fragilis* 及大量恐龙蛋化石。向南断续延入区内，现仅见“足痕”，按爬行动物生成时代，王氏群应归晚白垩世。

第七章
第三纪

本区早第三纪地层地表未出露，主要分布在本省西部的欢口和黄口盆地；晚第三纪地层除上述盆地及郯庐断裂带内有分布外，并在新沂马陵山和泗洪重岗山等地零星出露。第三系不甚发育，地层缺失较多，早第三纪古地理的轮廓基本上是白垩纪末期的继续和发展，古新世隆起剥蚀，始新世开始发育一些小型内陆断陷盆地，沉积了碎屑岩建造，局部夹泥灰岩和膏岩层。沉积厚 1 000 多米。与下伏地层为不整合接触。赋存主要矿产有石膏和玻璃砂。

1955 年杨钟健等首先创建下草湾系，1958 年淮阴地质队命名宿迁层，以后江苏区测队(1979)，江苏省地矿局(1984)等较系统地建立和完善地层层序。原使用地层单位 1 群 5 组，现采用 1 群 2 组（表 7 - 1）。

表 7 - 1　第三纪地层划分沿革表

谭锡畴		杨钟健、周明镇		江苏地质局淮阴地质队		江苏区测队		江苏地质矿产局		本书	
1923		1955		1958		1979		1984		1997	
山东新泰		泗洪下草湾		宿迁白马涧		宿迁		苏北		苏北	
E_2	官庄系	Q_1	下草湾系	Q	第四系	Q	第四系	Q	第四系	Q	第四系
				N	宿迁层	N_2	桂五组	N_2	宿迁组	N_2	宿迁组
				K	红色砂页岩	N_1	下草湾组	N_1	下草湾组	N_1	下草湾组
							峰山组				
						E_{1-2}	阜宁组	E_{2-3}	大汶口群	E_{2-3}	官庄群
								E_2	官庄组		
K	蒙阴系							K_2	王氏组	K_2	王氏群

第一节　岩石地层单位

官庄群　$E_{2-3}G$　(05 - 32 - 1301)

【创名及原始定义】　1923 年谭锡畴创名官庄系，地点在山东省蒙阴县常路乡骑路官庄村。官庄系分上、中、下三部分。下部为红色松砂岩及砾岩；中部红色松砂岩、黄灰浅绿色砂岩、浅灰绿色泥灰岩及灰白色灰岩；上部为砾岩及红色松砂岩。时代属始新世。

【沿革】 1976年江苏区测队将徐州利国、铜山县单村及山东省韩庄、大洼一带出露的紫红色砂砾岩、砂岩及铜山县郑集、马坡、敬安等地井下类似岩性称为官庄组。时代为始新一渐新世。1981年王从凤等将丰县井下紫红色砂岩，含膏泥岩及含钙砂泥岩中所含孢粉化石，与山东大汶口组对比，称为大汶口组，时代定为渐新世。1984年江苏省地质矿产局将这套地层下部的紫红、灰绿色砂岩、砂砾岩划归官庄组，时代为始新世，上部含膏盐的砂泥岩归于大汶口群，时代为始新一渐新世。本次对比研究将原官庄组和大汶口群归并称官庄群，时代为始新一渐新世(表7-1)。

【现在定义】 下与白垩系或更老地层呈不整合接触，上被第四系不整合覆盖，岩石组合为含膏盐的红色、灰色碎屑岩系，自下而上包括固城组、卞桥组、常路组、朱家沟组和大汶口组。江苏省区内难以分组。

【层型】 正层型在山东省蒙阴县。省内次层型为丰县史小桥4-2孔钻孔剖面（116°38′，34°46′），江苏第四煤田勘探队1978年测制。

上覆地层：下草湾组 灰绿色泥岩

~~~~~~~~~ 不 整 合 ~~~~~~~~~

官庄群 总厚度 660.0 m

上段 厚度 425.9 m

38. 灰绿、灰色泥岩，粉砂岩，夹青灰色泥灰岩及少量灰白色细砂岩 14.6 m

37. 黄绿、灰绿、灰色粉砂岩夹二层石膏，具交错层理。含介形虫 *Sinocypris multipuncta*、*Cyprois* sp.；孢粉被子植物占优势(占64%)，裸子植物次之(占30%)，蕨类孢子(6%)；被子植物以 *Ulmipollenites*，*Ulmoideipites tricostatus* 为主，裸子植物 *Pinacea* 含量较高 20.6 m

36. 浅灰、褐色中细砂岩与粉砂岩不等厚互层。含轮藻 *Gyrogona huajiazhuangensis* 13.6 m

35—33. 浅灰、灰白色(粗)细砂岩、粉砂岩互层，具水平层理，夹石膏(21层)。含介形虫 *Cyprois* sp.，*Candona* sp. 及孢粉 120.8 m

32. 灰白色石膏层 1.7 m

31—30. 灰、灰褐色钙质泥岩、粉砂岩、细砂岩夹石膏 13.8 m

29. 灰、浅灰色细砂岩，夹四层石膏层。含介形虫 *Neomonoceratina porecta* 22.8 m

28—27. 灰、灰绿色粉砂岩、细砂岩频繁互层，夹石膏层 24.2 m

26. 灰白色石膏层 9.1 m

25—24. 灰、灰绿色(粉)细砂岩，夹盐岩及石膏团块 14.2 m

23. 灰、灰白色石膏层 0.5 m

22. 灰、灰绿色粉、细砂岩互层，夹盐岩及三层石膏。含轮藻 *Rhabdochara kisgyonensis*，*Harrisichara* sp. 及孢粉 19.6 m

21—20. 浅灰、棕灰、灰绿色粉、细砂岩，夹石膏层，含孢粉 10.0 m

19—18. 浅灰、灰色盐岩夹粉、细砂岩，顶部为厚1 m的石膏层夹细砂岩。含孢粉 21.3 m

17. 浅灰色粉砂岩 0.3 m

16. 盐岩 1.3 m

15. 灰、灰褐夹暗红色粉砂岩、细砂岩、石膏层夹细砂岩 16.0 m

14. 灰、灰绿、暗紫红色粉砂岩，顶、底部含石膏。含孢粉 25.8 m
~~~~~~~~~

13. 绛紫、紫红、浅灰绿色细砂岩 75.7 m

下段 厚度 34.1 m

上部

12. 灰紫色粗粉砂岩 14.6 m

11. 绛紫色细砂岩。产介形虫 *Eucypris* sp.，*Parailyocypris changzhouensis*；轮藻 *Grovesichara changzhouensis*，*Charites* sp.，*Obtusochara lanpingensis*，*Neochara squalida* 58.7 m

10—7. 紫灰、绛紫、灰绿色粉砂岩与暗灰红色细砂岩互层 48.2 m

6. 绛紫、暗灰夹绿灰色粉砂岩 52.5 m

下部

5—2. 灰红、绛紫、暗灰色细砂岩夹红灰色粉砂岩。含轮藻 *Gyrogona* sp. 48.5 m

1. 灰紫红、暗红色含砾中粗粒砂岩。(未见底) 11.6 m

【地质特征及区域变化】 区内岩性可分上、下二段。上段岩性为灰绿、灰白、灰红色粉细砂岩，灰绿、灰黑色钙质泥岩、粘土岩、夹石膏、膏盐泥岩、含膏泥岩、泥灰岩；下段为紫红、灰绿色中细砂岩、砂砾岩。不整合覆于中生界、古生界和淮河群等不同地层之上，顶界与下草湾组不整合接触。主要化石有：介形虫、轮藻、孢粉、叶肢介、腹足类等。岩性各地有所变化，铜山郑集一带和邳北地区，以红色砂岩、砂砾岩为主，向上部变细，为灰红、灰绿色粉细砂岩，邳北地区尚见夹泥灰岩、灰岩和页岩，普遍夹多层石膏或盐岩。丰沛地区岩性较细，主要为灰红、灰绿色粉细砂岩夹砂砾岩及少量石膏。残存厚度黄口盆地自东向西渐增，邳北、碾庄北厚度 18～116 m，往西至郑集 520 m，敬安一带大于 870 m。欢口盆地以近盆地北侧闵陈庄一带较厚，大于 743 m，往南递减至史小桥，大于 692 m，向南至丰县以东仅 350 m。官庄群属于河湖相沉积，下段以河流相为主，其次为湖相，上段以湖相为主。官庄群的时代在山东省为古新世—早渐新世，在江苏为始新世—渐新世。

下草湾组 N_1x (05-32-1311)

【创名及原始定义】 1955 年杨钟健、周明镇于泗洪县双沟乡下草湾，创立“下草湾系”。指分布在下草湾引河两岸第三纪(?)红色粘土之上，其岩性下部为浅绿色粘土，上部为红色砂质土与灰绿色砂质粘土互层，产金龟化石，时代归早、中更新世。

【沿革】 1964 年周明镇、王伴月根据泗洪下草湾淮河象及犀化石，将“下草湾系”的下部(A 层)定为中新世，上部(B 层)仍为早更新世。1970 年周明镇、李传夔重新研究了 A 层的 *Trogontherium sinensis*，认为是中国河狸的原始类型，并建立新属 *Youngofiber*，时代定为中新世。1973 年刘冠邦等在泗洪县创泗洪组，相当于下草湾组上部。江苏区测队(1979)于 A、B 层中均采到了大量的中新世动、植物化石，据此，将下草湾系修订为下草湾组，时代确定为中新世中晚期。同时将其下之棕黄色砂岩称峰山组，时代定为中新世早期，另外还创有与下草湾组相当层位的花果山组。江苏地矿局(1984)将峰山组、下草湾组归并称下草湾组，时代为中新世。以后沿用至今。花果山组、泗洪组为同物异名，建议停用。

【现在定义】 下段棕黄、黄褐色（含）砂砾岩、砾岩相间，夹粉砂质泥岩；上段灰绿、浅灰夹粉红色泥岩、钙质泥岩，夹灰白色凹凸棒粘土岩、灰黄色砂、砾岩，局部夹玄武岩。含脊椎动物、双壳类、植物等化石。区域上，下以棕黄色砾岩与官庄群或三垛组以下不同地层不整合接触，上被宿迁组、戚咀组及以上不同地层不整合覆盖。

【层型】 正层型为泗洪县双沟下草湾剖面（118°13′，33°29′），杨钟健、周明镇1958年实测。次层型为小汪庄剖面(118°5′,33°12′)，江苏区调队1979年实测。正层型剖面如下：

下草湾组 总厚度 >20 m

2. 红色砂质土与灰绿色砂质粘土互层。含脊椎动物 *Cinemys reveesii*。(未见顶) >15 m

1. 浅绿色粘土，夹坚硬的白色灰质结核。含脊椎动物 *Youngofiber*。(未见底) >5 m

次层型：泗洪县峰山乡小汪庄剖面

上覆地层：**戚咀组** 棕黄色砂质粘土

~~~~~~~~~~ 不 整 合 ~~~~~~~~~~

下草湾组 总厚度>6.8 m

4. 浅黄色细砂岩，含少量泥岩砾、石英砾，成细条带分布，厚薄不一，并夹凸镜状灰色粉砂岩薄层 1.2 m

3. 浅肉红色粗砂岩，底部呈灰黑色 0.5 m

2. 灰白色钙质砾岩。砾石成分为石英、钙质泥岩、钙质粉砂岩等，一般呈次圆状，分布不均。含哺乳类 *Youngofiber sinensis*、*Stephanocemas* sp.，*Dicrocerus* sp.，*Micromeryx* sp.，Moschidae，*Cervidae*，Rhinocerotidae，*Artiodactyla*，*Rodentia*；爬行类 *Amyda*，Emydidae；鱼 *Pseudobagrus* sp.，*Ctenopharyngodon idellus*，*Mylopharyngodon piceus*；双壳类 *Unio* sp.，*Acuticosta elongata*，*A. immutata*，*A. huoerguosica*，*Cuneopsis* sp.，*Psilunio* sp. 等 0.4 m

1. 浅灰绿色含粉砂钙质泥岩，局部见白色钙质团块。(未见底) >4.7 m

【地质特征及区域变化】 下段为棕黄、黄褐色(含)砂砾岩、砾岩相间，夹粉砂质泥岩；上段岩性为灰绿、浅灰夹粉红色泥岩、钙质泥岩，夹灰白色凹凸棒石粘土岩、灰黄色砂、砾岩，局部夹玄武岩。

下草湾组中所含化石主要有：脊椎动物、双壳类、植物、轮藻等。下草湾—管镇一带为灰绿色钙质泥岩，棕黄色细砂岩、砂砾岩，厚度382 m；峰山地区为棕黄色中细粒砂岩、砂砾岩，厚度78 m；古城石鼓山夹二层粗玄岩及粗玄岩与气孔状玄武岩互层，厚度8.4 m和大于56 m，盱眙河桥为浅灰绿色钙质泥岩夹灰黑色玄武岩，厚度84 m；丰沛地区厚度110余米。其下与官庄群及以下地层呈不整合接触关系。泥岩常具微层理，粉细砂岩多具水平层理，属河湖相沉积，上部以湖相为主，下部以河流相为主。时代为中新世。

宿迁组 N_2s (05-32-1312)

【创名及原始定义】 江苏省地质局淮阴地质队(1958)于宿迁玻璃砂矿创“宿迁层”，为灰白微带灰绿色之砂砾层，泥质较高，中夹多层砂质粘土层，不整合于白垩系红色砂页岩之上，时代为新第三纪。

【沿革】 1923年刘季辰、赵汝钧称雨花台层，1964年夏树芳等将宿迁层改称宿迁组，一直沿用至今(表7-1)。

【现在定义】 指豆冲组和王氏群间的一套灰白、灰绿色中粗砂，灰绿、棕黄色粘土、含砾亚粘土及灰黄、棕黄色粉细砂层，局部夹玄武岩。含脊椎动物和孢粉化石。下以灰色砾石亚粘土层与王氏群紫红色砂砾岩不整合接触；上以灰色粗砂，亚粘土层与豆冲组（下更新
~~~~~~~~~~

统）灰黄色砾石、中细砂层不整合接触。

【层型】 创名时未测剖面;选层型为新沂县王圩剖面(118°20′,34°9′),江苏地质五队1977年实测。

上覆地层：豆冲组　灰黄色砾石、中细砂层

～～～～～～ 不 整 合 ～～～～～～

宿迁组	总厚度 42.8 m
10. 灰色粗砂亚粘土层，向下渐变为中粗砂层	0.5 m
9. 浅灰、灰绿色中粗砂层	5.5 m
8. 浅灰、灰绿色含砾粗砂层，含砾量约20%，砾石成分为石英、硅质岩、燧石和长石组成，呈次棱角状，砾径一般0.2～1 cm，粗砂以石英、长石为主	0.6 m
7. 浅灰色粗砂，松散，底部含少量细砾	2.6 m
6. 上部灰黄色夹绿色粘土层，下部棕黄、灰绿色相杂细砂亚粘土层，底部相变为粉砂层	3.1 m
5. 灰白色中粗砂层，夹数层薄层灰绿色细砂亚粘土层，与下层界线清晰，具冲刷痕迹	13.7 m
4. 浅绿、灰绿色亚粘土层，具水平层理	2.9 m
3. 灰绿、浅绿色亚粘土和粗砂亚粘土互层，底部含零星细砾，具水平层理	11.1 m
2. 浅绿、棕黄、紫红等杂色含砾、粗砂亚粘土层，含砾量占15%，砾石成分为脉石英、片麻岩、长石等，具次棱角状，砾径0.2～2 cm左右	1.5 m
1. 灰色砾石亚粘土层，砾石成分以脉石英为主，砾径1～3 mm左右	1.3 m

～～～～～～ 不 整 合 ～～～～～～

下伏地层：王氏群　紫红色砂砾岩

〔注〕:层7和层3产孢粉:木本植物花粉占总量的50%(其中裸子植物花粉占总数的16.7%),草本植物花粉占34.3%,蕨类孢子占15.7%。主要为 *Pinus*, *Cupressaceae*, *Quercus*, *Gramineae*, *Artemisia* 及 *Morus*, *Leguminosae*, *Cruciferae*, *Chenopodiaceae* 等。

【地质特征及区域变化】 区内主要出露在新沂、宿迁马陵山、泗洪重岗山等地，丰沛、泗洪一带钻孔也有揭示。岩性主要为灰白、灰绿色及中粗砂，灰绿、棕黄色粘土、含砾亚粘土及灰黄、棕黄色粉细砂层。含脊椎动物和孢粉化石。岩性、厚度横向变化较大，以马陵山地区发育较好，山麓岩性较粗，以含砾粗砂为主，夹砂质粘土，厚度较薄，仅13 m。宿迁县晓店、嶂山、井头一带岩性为灰白、灰绿色中细砂，质纯，以石英砂为主，夹长石砂，可作为玻璃原料，厚21.5 m。丰沛和沂沭河平原地区岩性较细，为灰绿色砂质粘土，或与灰白色粉细砂呈韵律互层或夹砂层，其厚度在山麓地带一般厚20～50 m，平原地区可达70～120 m，以宿迁一带最厚，钻孔控制最大厚度120 m，下与王氏群紫红色砂砾岩不整合接触。东海县安峰山见玄武岩，厚度大于53 m，平行不整合在青山组之上。

本组岩相横向变化较大，山麓地区岩性较粗，砂砾分选性及磨圆度均差，为洪积—坡积沉积；山麓外缘，分选渐好，局部具斜层理或夹砂凸镜体，为冲—洪积或滨湖—洪积沉积；平原地区岩性较细，为粘土与粉细砂互层，属河湖相沉积。

时代为上新世。

第二节　生物组合特征

第三纪时期，本区属环太平洋生物区，动、植物化石相当丰富，种类繁多，已发现化石有：介形虫、腹足类、双壳类、叶肢介、哺乳类、爬行类、鱼、轮藻、孢粉和植物等。其中以哺乳类、介形虫、轮藻和孢粉，对第三系的划分和对比起着重要作用。现归纳前人的研究成果分述如下。

1. 介形虫

据江苏省地质矿产局(1984)报道，官庄群所发现的介形虫主要有 *Parailyocypris changzhouensis*，*Sinocypris multipuncta*，*Cypris decaryi*，*C. subglobosa*，*Cyprois* sp.，*Eucypris* sp.，*Limnocythere* sp.，*Cyprinotus* (*Heterocypris*) *jintanensis*，*Pinocypris postiacuta*，*Candoniella albicans*，*Ilyocypris subbradvi*。

据陈华成、吴其切(1989)报道，下草湾组中发现的介形虫有 *Cypris* sp.，*Candona* sp.，*Eucypris* sp.，*Cyprinotus* sp.。

2. 腹足类

据江苏省地质矿产局(1984)报道，官庄群中有 *Physa* sp.，*Pseudamnicola* sp.，*Sinoplanorbis* sp.，*Australorbis* cf. *huanghoensis*。

3. 叶肢介

据江苏省地质矿产局(1984)报道，官庄群中含 *Paraleptestheria* sp.。

4. 轮藻

据江苏省地质矿产局(1984)报道，官庄群中主要有 *Grovesichara changzhouensis*，*Obtusochara lanpingensis*，*Gyrogona huajiaxhuangensis*，*Neochara sqalida*，*Rhabdochara kisgyonensis*，*Charites* sp.，*Harrisichara* sp.，*Stephanochara* sp.，*Peckichara* sp.，*Croftiella* sp.。

据陈华成、吴其切(1989)报道，下草湾组中有 *Tectochara meriani*，*Grambastichara tornata*，*Obtusochara jianglingensis*，*Gyrogona qianjiangica*，*Sphaerochara parvula*，*Croftiella* sp. 等。

5. 孢粉

据王从凤、钱少华(1981)研究，官庄群上段含两个组合带，上部为 *Meliaceoidites* - *Retitricolpites* 及 *Retricolpopollenites* - *Ephedripites* 组合；下部为 *Taxodiaceaepollenites* - *Retitricolpites* 及 *Retricolporpollenites* - *Ephedripites* 组合。

据胡存礼(1987)研究，下草湾组下部的孢粉组合以被子植物花粉为主，约占整个组合的65%～85%，其中木本被子植物的花粉含量较高，主要有 *Ulmus* (36%)，*Quercus* (5.1%～16%)，*Castanea* (7.1%)，*Carya* (1.4%～16.8%)，*Juglans* (0%～5%)，*Betulaceae* (10%)，*Acer* (7.5%)，*Rhus* (0%～5.4%)，*Liquidambar* (0%～7%)，*Pterocarya* (0%～5 %)，*Salix* (0%～3.7%)；草本植物主要有 *Convolvulus* (0%～8%)，*Ranunculaceae* (0%～6%)，*Potamogetonaeeae* (0%～2.8%)。裸子植物花粉约占总数的6%～24%，主要有 *Pinus* (0%～2%)，*Taxodiaceae* (0%～4%) 和 *Larix* (0%～1.8%)，次为 *Picea*，*Tsuga*，*Ephedra*，*Ginkgo* 及 *Cycas* 等。蕨类植物孢子约占总数的5%～18%，以 *Pteris* 为常见分子(有时含量达11%)，还有 *Ceratopteris*，*Polypodiaceae* 等。这一孢粉组合与盐城组下段孢粉组合类同，为中新世早期面貌。

下草湾组上部的孢粉组合面貌与下部孢粉组合相似，仍以被子植物花粉占优势，孢粉组合具晚第三纪色彩，与盐城组孢粉组合可对比。因此，下草湾组孢粉组合的时代定为中新世是比较可靠的。

据江苏省地质矿产局(1984)研究，宿迁组孢粉组合以具囊松粉和草本植物花粉含量较高，后者占总含量34%以上，其面貌较接近于盐城组或雨花台组，孢粉组合时代属晚第三纪。

6. 植物

据江苏省地矿局(1984)和陈华成、吴其切(1989)报道，下草湾组中有 *Podogonium oehningense*，*Zelkova ungeri*，*Castanea miomollisima* 等。

7. 脊椎动物

本区脊椎动物化石主要产于下草湾组，属中新世动物群，数量相当丰富，据李传夔、林一璞、顾玉珉、侯连海、吴文裕、邱铸鼎(1983)、江苏省地矿局(1984)及陈华成、吴其切(1989)研究，主要有鱼类 *Hypophthalichtys* sp.，*Ctenoparyngodon* sp.，*Elopichys* sp.，*Xenocypris* sp.，*Cyprinus* sp.，*Pseudobagrus* sp.；两栖类 *Rana* sp.；爬行类 *Chinemys reevesii*，*Trionyx* sp.，*Varanus* sp.；鸟类 *Aquila* sp.，*Mioaegypius gui*；哺乳类 *Plesiaceratherium shangwangensis*，*Stegolophodon hueiheensis*，*Galerix* sp.，*Lanthantherium* sp.，*Crocidosorex* sp.，? *Myotts* sp.，*Prosciurus* sp.，*Spermophilinus* sp.，*Sciurus* sp.，*Miopetaurista* sp.，*Youngofiber sinensis*，*Sayimys* sp.，*Diatomys* cf. *shantungensis*，*Cricetodon* aff. *mein*，*Megaricetodon* aff. *collongensis*，*Democricetodon* cf. *brevis*?，*Spanocricetodon* sp.，*Alloptox* sp.，*Amphicyon* sp.，*Proputorinus* sp.，*Mustela* sp.，*Proticitherium* sp.，*Rulengchia hueiheensis*?，*Anchitherium* sp.，*Pecarichoerus* sp.，*Dorcatherium* sp.，*Micromeryx* sp.，*Dicrocerus* sp.，*Amphimoschus* sp.，*Lagomeryx* sp.，*Palaeotragus* sp.，*Delphinus* sp.，*Dionysopithecus shuangouensis*，*Platodontopithecus jianghuaiensis* 等。

第三节　年代地层

本区第三纪地层主要依据其中所含生物化石来确定年代，由于各门类化石的研究程度差异较大，进化特点不同以及研究者的观点不一，同一地层单位中所产的不同类化石所提供的时代依据有所出入。因此，本次清理对年代地层的划分，是依据古生物组合特点，地层层序特征和与有关层位对比等因素综合考虑而定的。

一、第三系的下界

根据以往研究成果，区内缺失古新统。江苏省地矿局(1984)将官庄群底界作为相对应的第三系的下界。官庄群所含叶肢介 *Paraleptestheria* sp. 为始新世常见分子。轮藻以 *Peckichara* 为首要，最可能属早始新世，未发现古新世化石，与下白垩统等呈不整合接触关系。因此，本区第三系的下界应划在相对应的官庄群之底。

二、下第三系与上第三系的分界

本区下草湾组产十分丰富的脊椎动物化石，周明镇、王伴月(1964)及周明镇、李传夔(1978)将下草湾组产 *Stegolophodon hueiheensis*，*Brachypotherium*，*Youngofiber sinensis* 层段归中新世。据陈华成、吴其切(1989)研究，下草湾组时代的确定主要依据丰富的脊椎动物化石，为中中新世，其他门类化石都反映出第三纪或晚第三纪的特色。因而下草湾组的时代属于中新世。根据上述研究成果，本区下第三系与上第三系的界线应置于对应的下草湾组之底。由于区内未见到下草湾组与官庄群直接接触关系，故下第三系与上第三系的界线暂划在相对应的官庄群与下草湾组之间。

三、始新统与渐新统的界线

据江苏省地矿局(1984)研究，官庄群下段含介形虫 *Parailyocypris changzhouensis*；轮藻 *Grovesichara changzhouensis*, *Obtusochara lanpingensis*, *Neochara squalida* 等是华南始新世生物群中的常见属种。官庄群下段的时代属于始新世。

官庄群上段孢粉组合与三垛组、华北地区沙河街组一、二段及山东泰安大汶口组孢粉组合大致相似，其时代相当渐新世早、中期。官庄群上段的时代应属渐新世。据此，本区始新统与渐新统分界线是在相对应的官庄群下段与上段之间。

四、中新统与上新统的分界

据江苏省地矿局(1984)及陈华成、吴其切(1989)研究，下草湾组所含哺乳动物群的时代相当于欧洲的奥尔良期(Orleanian)或阿拉冈中期(Aragonian)。双壳类可与新疆准噶尔盆地中新世双壳类动物对比。植物以豆类为主，时代侧重于中新世。轮藻组合面貌与西宁盆地中新统贵德群下段，江汉盆地中新统广华寺组相似。孢粉组合具晚第三纪色彩，与盐城组下段大致可以对比。因此，下草湾组应与中新统对应。

据江苏省地矿局(1984)研究，宿迁组所含哺乳动物 *Stegodon primitium* 首先发现于云南班果晚上新世地层中。孢粉组合面貌接近于盐城组或雨花台组。宿迁组应属上新统。因而本区中新统与上新统的分界线置于相对应的宿迁组底部。

第四节 问题讨论

一、沉积特征

本区早第三纪为断坳型盆地沉积，由于受构造运动影响，缺失古新世的沉积。始新世早期，开始形成欢口和黄口断坳盆地并接受沉积，隆起区剥蚀作用较强，盆地内快速堆积了一套红色粗碎屑岩建造，属山间洪积相为主夹湖相沉积。始新世晚期盆地由断陷变为坳陷，加上气候炎热，水体快速蒸发，沉积了湖沼相含石膏紫色碎屑岩，赋存有工业价值石膏矿。

晚第三纪时，盆地形成比较开阔的坳陷型盆地，这一时期气候湿润多雨，河流作用增强，并有大面积的浅水湖泊，先后分别堆积了河湖相的下草湾组和宿迁组碎屑岩。

二、地层多重划分对应关系

本区第三纪地层进行了岩石地层、生物特征和年代地层的划分。其相互关系见表 7-2。

表 7-2 第三纪地层多重划分对应表

年代地层			岩石地层	生物特征			
系		统	组	介形虫	轮藻	孢粉	脊椎动物
第三系	上第三系	上新统	宿迁组			*Quercus*, *Ulmus*, *Pterocarya*, *Salix*, *Pinus*, *Gramineae*, *Leguminosae*	*Stegodon primitium*
		中新统	下草湾组	*Cypris*, *Candona* *Eucypris*, *Cyprinotus*	*Tectochara meriani*, *Grambastichara tornata*, *Obtusochara jianglingensis*, *Gyrogona qianjiangica*	*Quercus*, *Castanea*, *Pinus*, *Ephedra*, *Gramineae*, *Artemisia*, *Peridium*, *Ceratopteris*	*Plesiaceratherium shangwangensis*, *Stegolophodon hueiheensis*, *Stephanocemas* sp., *Dicrocerus* sp., *Micromeryx* sp., *Dionysopithecus shuangouensis*
	下第三系	渐新统	官庄群	*Cyprois* sp., *Pinocypris postiacuta*, *Cypris decaryi*, *Cyprinotus*, *Parailyocypris changzhouensis*	*Charites stephanochara*, *Gyrogona crofiella*, *Grovesichara changzhouensis*, *Peckichara*, *Obtusochara*	*Meliaceoidite* - *Retitricolpites*, *Tricolpopollenites* - *Ephedripites* 组合, *Taxodiaceaepollenites* - *Retitricolpites*, *Tricolporpollenites* - *Ephedripites* 组合	
		始新统					
		古新统					

第二篇　华南地层大区

本区属华南地层大区扬子地层区，跨越下扬子和连云港地层分区。两者大致以淮阴—响水口一线为界(图1-1)。

下扬子地层分区地层发育齐全，保存较好。中元古代地层〔埤城(岩)群、张八岭(岩)群〕是一套变火山岩系为主的地层，组成浅变质基底，零星出露于淮河南岸，镇江一带钻孔中也有揭示。震旦纪至第三纪地层主要出露于长江南岸，组成宁镇山脉、茅山山脉、宜溧山地，淮河、太湖沿岸等地零星出露形成孤山。震旦纪至早三叠世地层为浅海碎屑岩与碳酸盐岩相间为主组成主要沉积盖层，厚度万米以上，不整合在中元古代地层不同层位之上，其间多为整合少数为平行不整合接触。其中，早震旦世沉积以碎屑岩和冰碛岩为特征，晚震旦世至奥陶纪以(镁质)碳酸盐岩为主，志留纪至早石炭世以碎屑岩为主，晚石炭世至早二叠世为碳酸盐岩，晚二叠世以含煤碎屑岩为主，早三叠世为碳酸盐岩夹膏盐层。中三叠世晚期至中侏罗世为陆相湖盆，沉积了红色碎屑岩—含煤碎屑岩—红色碎屑岩，厚度0～5 000 m 或大于5 000 m，整合或不整合在中三叠世早期地层及以下不同层位之上。晚侏罗世至白垩纪为山间断陷型盆地，沉积了碎屑岩—火山岩—红色碎屑岩，厚度零到万米以上，不整合在中侏罗世及更老地层之上。第三纪为断坳型盆地，沉积了红色夹黑色碎屑岩及灰色砂砾层夹多层玄武岩，尤以苏北盆地最发育，厚度零到数千米。不整合在其下不同老地层之上。

连云港地层分区地层发育不全，中元古代地层〔海州(岩)群〕为以含变质磷矿、变质火山岩为特征的区域浅变质岩，厚度数千米。晚元古代至早白垩世为长期隆起，缺失沉积。晚白垩世在一些孤零断陷盆地中有红色碎屑岩沉积，厚度千米左右。

本区曾用岩石地层单位(不包括第四纪地层单位)为8个群，137个组，13个段。现采用的岩石地层单位数为5个群，54个组，2个段，非正式岩石地层单位4个，约占曾用地层单位数的五分之二，其中区内创名岩石地层单位44个(表1-1)。

第八章
中元古代

中元古代地层为区域浅变质岩系，分海州(岩)群、张八岭(岩)群、埤城(岩)群。

海州(岩)群自下而上分锦屏(岩)组、云台(岩)组，主要出露于连云港、海州、灌云一带；张八岭(岩)群在盱眙零星出露，是张八岭地区张八岭(岩)群北延的一部分；埤城(岩)群仅在镇江埤城钻孔中见到。它们之间未见直接关系。

海州(岩)群　Pt_2H　(06-32-2004)

【创名及原始定义】　1978年江苏地质六队①将连云港市海州一带变质岩系称海州群。自下而上分朐山组、锦屏组、云台组。前两组之间为不整合，属中元古代。

【沿革】　1980年江苏区调队重新厘定其定义，自下而上分锦屏组、云台组。不整合在朐山花岗岩体(原朐山组)之上，后为地质界引用(表8-1)。

【现在定义】　不整合于朐山花岗岩之上的一套浅变质的含磷岩系和火山岩系，自下而上分锦屏(岩)组、云台(岩)组。

锦屏(岩)组　Pt_2j　(06-32-2002)

【创名及原始定义】　1958年张鉴模于江苏海州锦屏山创锦屏统。自下而上分：砾石片岩层5～10 m；磷灰岩层100 m；结晶片岩层90 m。底与朐山系(混合片麻岩及混合花岗岩)不整合；顶与云台统整合，隶属元古界云台系下部。

【沿革】　1965年江苏区测队改称锦屏含磷组。1978年江苏地质六队改称锦屏组。本次对比研究改称锦屏(岩)组。

【现在定义】　下部暗绿色绿泥(云母)片岩夹大理岩、磷灰岩、石英岩、石墨片岩和锰磷矿凸镜体；中部灰绿色钙质云母片岩，具白色斑点；上部灰白色(含磷)大理岩夹磷灰岩与灰绿色绿泥钙质云母片岩互层。底以含砾白云石英片岩与花岗片麻岩不整合，顶以大理岩消失与云台(岩)组分界，整合接触(?)。

【层型】　创名时未测剖面；选层型为连云港市东山磷矿区5勘探线剖面(119°07′,34°32′)，

① 江苏地质六队，1978，江苏省东北部地区基岩地质构造图。

表8－1 中元古代地层〔海州(岩)群、锦屏(岩)组及云台(岩)组〕划分沿革表

作者/单位	年代	地区	地层划分(自上而下)
刘季辰、赵汝钧	1924	东海邳县	震旦纪：城山石英岩层 震旦纪前系 五台系：云台山结晶片岩层 太古界：胸山片麻岩系
华东地质局304队	1956	新海连市	白垩纪：蒙阴系 砂岩 前震旦纪 云台系：片麻状片岩及片麻岩；含磷地层；砾石片岩 胸山系：混合花岗岩及混合片麻岩
张鉴模	1958	海州	元古界 云台系：云台统；锦屏统 太古界：胸山系
全国地层委员会	1962	淮阳山 淮河下游	下震旦统：八公山组 前震旦系：? 云台组 含磷组 ? 胸山组
江苏省地质局	1963	徐州 连云港	下震旦统：城山组 太古界 坪上组：上段；下段
江苏区测队	1965	连云港 灌云	震旦—寒武系 前震旦系：云台组；锦屏含磷组；胸山组
江苏地质五队	1966	新浦	第四系 前震旦纪：云台组；锦屏含磷组(上含磷组、中部、下含磷组)；胸山系
江苏地质六队	1978	连云港	中元古界 海州群：云台组；锦屏组 胸山组
省冶金地勘公司等	1978	连云港	第四系 前震旦系：锦屏含磷组(上段、下段) 云台组 …?… 洙边组
江苏地矿局	1984	连云港 盱眙	震旦系：莲沱组 中元古界：张八岭群 …?…?… 海州群：云台组；锦屏组 混合花岗岩
江苏区调队	1986	连云港 淮阴	震旦系 上—中元古界 海州群：云台组 下元古界：锦屏组；石桥群 上太古界：东海群；胸山组
本书	1997	连云港 盱眙	下震旦统：周岗组 中元古界：张八岭(岩)群 …?…?… 海州(岩)群：云台(岩)组 —?— 锦屏(岩)组 下元古界—上太古界：胸山花岗岩

华东地质局304队1956年测制，江苏地矿局1984年补充修改。

上覆地层：云台(岩)组　灰白、灰绿色白云斜长变粒岩

——————— 整　合(?) ———————

锦屏(岩)组	总厚度161.00 m
上部	
19. 棕红色含锰磷大理岩，暗绿色黑云绿泥片岩	10.50 m
18. 暗褐色含锰磷灰岩夹含锰大理岩	7.40 m
17. 暗褐色含磷大理岩	2.80 m
16. 浅褐色细粒磷灰岩	3.10 m
15. 灰白、淡绿色钙质云母片岩、石榴子石大理岩，可相变为细粒磷灰岩	12.70 m
14. 灰白色细粒磷灰岩与含磷大理岩互层	7.40 m
中部	
13. 暗灰色绿泥钙质云母片岩	17.80 m
12. 暗灰色云母绿泥片岩，具白色斑点	16.50 m
11. 灰白色钙质云母绿泥片岩，具白色斑点	22.40 m
10. 白色大理岩(可变为钙质云母绿泥片岩)	3.80 m
9. 暗灰色云母绿泥片岩，具白色斑点	15.80 m
下部	
8. 白色大理岩	2.00 m
7. 暗绿色钙质绿泥黑云片岩。含较多的黄铁矿晶粒和石英粒，钙质增加可相变为大理岩	13.60 m
6. 灰色阳起石榴子石大理岩	0.80 m
5. 暗绿、灰色钙质绿泥云母片岩，云母、钙质相互增减，可相变为大理岩	18.00 m
4. 暗灰色石墨片岩	0.90 m
3. 暗绿色钙质绿泥云母片岩	2.00 m
2. 灰色大理岩	3.50 m

～～～～～～ 不整合 ～～～～～～

下伏：古老岩体　花岗片麻岩

次层型：锦屏磷矿西山采坑〔锦屏(岩)组与花岗片麻岩倒转接触关系的唯一出露点〕(图8-1)。

锦屏(岩)组	总厚度>21.40 m
5. 灰色白云斜长变粒岩。(未见顶)	>10.00 m
4. 灰色白云片岩，底部夹褐色锰磷矿凸镜体和含磷大理岩	8.00 m
3. 灰黑色含碳质石英片岩	1.50 m
2. 灰色含砾白云石英片岩。砾石成分主要为混合花岗岩，大小不一，大者30 cm×20 cm，小者4 cm×1 cm，形状有浑圆、半浑圆、压扁、棱角状，无分选性，长轴大致与片理平行，底面凹凸不平	1.90 m

～～～～～～ 不整合 ～～～～～～

下伏：花岗片麻岩

【地质特征及区域变化】　岩性分三部分：下部(含矿层)灰、灰绿色云母石英片岩、钙质

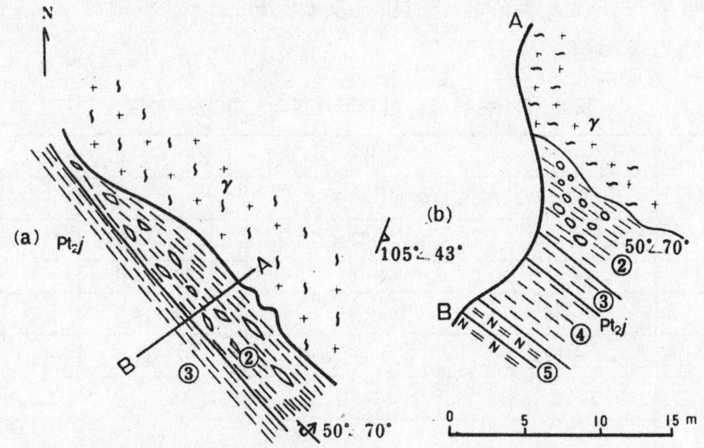

图 8-1 连云港市西山锦屏(岩)组与花岗片麻岩接触关系素描图

(a) 平面图；(b) 剖面图；②剖面层号

云母片岩夹磷灰岩、含磷大理岩、白云钠长变粒岩，厚 40～120 m 左右。大浦一带为白云质大理岩夹磷灰岩，底有 10 m 左右含砾白云石英片岩夹碳质石英片岩；东山地表为白云钠长变粒岩、薄层石英岩夹石英片岩、锰磷矿和含磷大理岩凸镜体，底为蛭石化黑云片岩(钻孔中见花岗片麻岩砾石)；西山为磷灰岩、含磷大理岩、云母大理岩夹钙质云母片岩，其底有 10 m 左右白云石英片岩夹碳质石英片岩，底含花岗片麻岩砾石。磷矿层以大浦、西山富集较好，陶湾次之；中部灰白、肉色白云钠长变粒岩夹云母大理岩、钙质绿泥云母片岩，厚度 80～250 m 左右。大浦一带为(绿帘)白云钠长变粒岩夹云母大理岩；锦屏一带变为钙质绿泥云母片岩，厚度 76～122 m；上部(含矿层)灰白、灰绿色云母石英片岩、白云质大理岩、云母大理岩夹磷灰岩、含磷大理岩、白云钠长变粒岩。大浦一带灰白色白云钠长变粒岩，厚度 80～250 m；东山为钙质云母片岩、大理岩，厚度 44 m 左右，磷矿层以新浦、东山两矿区较好。

岩石组合和厚度变化，由北向南片岩增加，北以石英白云片岩和碳酸盐石英片岩为主，南则逐渐过渡为石英钠长绿帘（绿泥）云母片岩为主，厚度增大。

大理岩中含微古植物(江苏地质六队，1987) *Leiopsophosphaera solida*，*Asperatopsophosphaera umishanensis* var. *minor*，*Taeniatum* sp.，*Polyporata* sp.，*Dictyosphaera macroreticulata*，*Trematosphaeridium* sp.，*Triangumorpha* sp.，*Trachysphaeridium* sp.，*Synsphaeridium* sp.，*Stictosphaeridium implexum* 等，时代为中元古代。

据陶湾矿区 T19 线，在云台(岩)组和锦屏(岩)组中，连续采集 64 个“有序”等离子光谱微量元素分析样；在云台(岩)组、锦屏(岩)组和花岗片麻岩中依次采集了 26 个“有序”硅酸盐分析样，进行最优分割法电算处理(表 8-2)。无论是微量元素还是主要氧化物有序最优分割结果与实际岩石地层分层都相吻合。

锦屏(岩)组中取磷灰石 U-Pb 测龄值 1 735～1 701 Ma。

以陶湾矿区 T19 线剖面为基础，综合其他矿区资料，锦屏(岩)组自下而上岩组组合序列：砾石片岩→石英白云片岩→云母大理岩或白云石大理岩和白云石磷灰岩互层→碳酸盐石英白云母片岩→白云斜长变粒岩→石英白云片岩→碳酸盐石英白云片岩→云母大理岩或白云质大理岩和白云石磷灰岩互层→碳酸盐石英云母片岩。与其相对应的原岩沉积序列：含砾泥砂岩→泥质石英砂岩→含泥质白云质灰岩或白云质灰岩与白云质磷块岩互层→含泥质钙质石英砂岩→凝灰质长石砂岩→泥质石英砂岩→泥质钙质石英砂岩→含泥质白云质灰岩和白云质磷块岩互层→泥质钙质石英砂岩。

表 8-2 锦屏(岩)组岩石地层与化学分层对应表

岩石地层		化学分层			
		微量元素有序最优四段分割		主要氧化物有序最优五段分割	
		取样号	化学分层样号	取样号	化学分层样号
云台(岩)组		64—61	64—61	26—20	26—20
锦屏(岩)组	上	60—38	60—38	19—18	19—18
	中	37—32	37—32	17—11	17—11
	下	31—1	31—1	10—2	10—2
花岗片麻岩				1	1

利用锦屏(岩)组中石英-白云母对氧同位素和石榴石-黑云母对成分测定区域变质温度约为420℃;利用其中角闪石-黑云母对压力计和白云母b0值两种方法,测算区域变质压力约为4 kb,地热增温率约28℃/km,属中压型向低压型过渡。

锦屏(岩)组主要矿物有白云母(多硅白云母)、黑云母、绿帘石、绿泥石、钠长石(斜长石)角闪石、透闪石、阳起石、石榴石、方解石等,属高绿片岩相。

云台(岩)组 Pt_2y (06-32-2003)

【创名及原始定义】 1924年刘季辰、赵汝钧创名云台山结晶片岩层。指"东海城南朐山之麓灌云云台山,大、小伊山及滨海岛屿一带结晶片岩层。全部以云母片岩、绿泥片岩为主,朐山南麓与片麻岩相近处有石英大理片岩,产著称磷灰石矿又兼层理,其为水成岩变质无疑。最下之片岩层其组成呈砾状系砾岩变质,扁头磁铁矿系当时铁质之遗,似足证与片麻岩之间不相整合也。"

【沿革】 1962年全国地层委员会将云台山结晶片岩层下部含磷层位划出称含磷组,其上部命名云台组,后广为引用,本次对比研究改称云台(岩)组(表8-1)。

【现在定义】 指云台山结晶片岩层上部变质岩层。岩性分:下部灰白色白云钠长变粒岩。底与锦屏(岩)组大理岩为界,整合接触(?);中部肉色(含、富)塑性岩屑(块)浅粒岩夹白云钠长变粒岩,其底为(含蓝晶石)白云石英片岩夹蓝晶石英岩;上部为灰白、肉红色(含、富)塑性岩屑二长浅粒岩夹白云(石英)片岩,含黄铁矿(塑性岩屑)二长浅粒岩。顶界关系不明。

【层型】 创名时未测剖面;选层型为连云港市猴咀—东磊村剖面(119°14′,34°40′),江苏区调队1986年实测。

【地质特征及区域变化】 该组于猴咀云台山一带出露较好,厚度大于3 374 m,下与锦屏(岩)组整合。连云港口及灌云县大、小伊山一带仅出露上部部分岩性,厚度大于664 m。据Rb-Sr测龄值为929 Ma。时代为中元古代。

云台(岩)组中经区域变质,仍保留原生结构构造,如变余斑状结构、变余晶屑结构、变余浆屑结构、变余火山角砾构造等。常见矿物有(黑硬)绿泥石、白云母(多硅白云母)、绿帘石、阳起石、钠长石、微斜长石、石英、黑云母、石榴石、蓝晶石等,为低级变质作用矿物组合,属低绿片岩相。原岩为海相中酸性火山岩建造。

【其他】 海州(岩)群与宿松(岩)群、红安(岩)群大致相当，其依据：①地层空间分布：不整合在大别(岩)群(大别杂岩)及胶东(岩)群或古岩体之上，其上被震旦系不整合覆盖；②微古植物组合相似：锦屏(岩)组大理岩中含的微古植物组合与红安(岩)群含磷大理岩、石墨片岩中含的微古植物相似；③岩性宏观特征、含矿性和含矿层位相同，反映生成环境相类同；④变质程度类似，均属区域浅变质岩系——绿片岩相，反映所处变质构造环境具一致性；⑤同位素年龄值相似，反映生成的时代相当，结合下伏与上覆层位同位素年龄值，将海州(岩)群归属中元古代。

海州(岩)群有蓝晶石-多硅白云母组合，属中国中部蓝片岩-白片岩-榴辉岩带中白片岩带东延部分(张树业等，1988)。

张八岭(岩)群 $Pt_2\hat{Z}$ (06-32-2005)

【创名及原始定义】 原名张八岭系，张鉴模(1958)创名于安徽省嘉山县张八岭。意指一套“片岩和千枚岩”，认为其与下伏层呈不整合接触，并指出有“若干中酸性变质火山岩及凝灰岩的夹层”。

【沿革】 1965年徐嘉炜等将张八岭系1层称肥东群；2、3层改称张八岭群；4层划归震旦系，认为张八岭群为覆于肥东群之上，伏于南方型震旦系之下的绿片岩相浅变质的片岩系。1977年安徽区调队将下部的副变质岩命名为北将军组，上部变火山岩系称张八岭组，1985年改称西冷组。1979年江苏区调队引用于本省，称张八岭群，时代为晚元古代。本次对比研究采用张八岭(岩)群一名，时代归中元古代。

【现在定义】 指分布于滁州张八岭一带的浅变质岩系，其下以千枚岩、大理岩为主，其上为以石英角斑岩为主的一套变质火山岩系。下未见底，上与周岗组呈平行不整合接触。

【层型】 正层型在安徽省滁州市西张八岭。省内次层型为灌云县杨集钻孔剖面(119°25′，34°17′)，江苏区调队1980年整理。

【地质特征及区域变化】 省内地表出露较少，仅见于盱眙和桥北白石龟，为变钠长石英角斑岩，出露厚度大于30 m；灌云县杨集一带钻孔揭示的岩性为：下部灰白、灰绿色绿帘(角闪)白云钠长片岩夹白云钠长变粒岩、变石英钠长角斑岩，未见底，厚度大于931 m；中部灰绿、暗绿色方解石绿泥钠长黑云片岩、绿泥片岩，含少量星散状磁铁矿、黄铜矿、黄铁矿，厚度448 m；上部灰白、灰绿色绿泥(石英)片岩夹蓝闪钠长石英白云片岩(含蓝闪石2%～9%)，其下为含石榴(绿帘)白云钠长变粒岩，未见顶，厚度大于1 096 m。

张八岭(岩)群虽已变质，但仍保留了一些火山岩结构构造，原岩为中酸性火山岩。属低绿片岩相。

据张八岭地区张八岭(岩)群沉积夹层中含微古植物 *Protoleiosphaeridium sorediforme*, *Leiominuscula* sp. 等，锆石U-Th-Pb测龄值1 026 Ma，U-Pb测龄值860～1 050 Ma，推测其生成年龄大于1 000 Ma，属中元古代。

【其他】 灌云县杨集一带岩性存在蓝闪石和高铝角闪石-硬玉-绿帘石-钠长石高压矿物组合(江苏区调队，1986)，与安徽张八岭(岩)群、湖北红安(岩)群中以蓝闪石为主高压矿物组合相似且呈带状分布，称蓝片岩带(张树业，1988)。

埤城(岩)群 Pt_2P (06-32-2001)

【创名及原始定义】 1987年江苏区调队于镇江丹阳埤城大孙家ZK03孔创建埤城群(江

苏省地矿局，1989）。下部为深灰色角闪斜长变粒岩、斜长角闪岩、绿帘斜长变粒岩夹黑云（绿泥、阳起）片岩；中部深灰、灰绿色斜长（阳起黑云）变粒岩夹（含磷灰石）黑云角闪岩、阳起（黑云）片岩；上部为深灰色斜（钠）长绢云片岩、二云斜长片岩、阳起（绿泥）片岩夹（阳起）斜长变粒岩，局部夹石英绿泥大理岩、透闪片岩。属早、中元古代。

【沿革】 自创名以来为地质界所引用，现改称埤城（岩）群。

【现在定义】 下部深灰色黑云（角闪、阳起）斜长变粒岩与灰白色斜长（二长、黑云、钾长）浅粒岩互层夹灰绿色（黑云）斜长角闪岩、黑云（阳起、绿泥、绢云、钙质石英）片岩；上部深灰绿色黑云（角闪、绿帘、阳起、绿泥、绢云）斜长变粒岩夹黑云（透闪、阳起、绿泥、二云）片岩、绿泥大理岩，具黄铁矿化。上被震旦系不整合覆盖。

【层型】 正层型为丹阳市埤城ZK03孔剖面（119°44′，32°05′），江苏区调队1989年录制。剖面描述见本书参考文献：江苏省地质矿产局，1989，宁镇山脉地质志，6—11页。

【地质特征及区域变化】 岩性同现在定义，厚度大于480 m，组成宁镇山脉变质基底，被震旦系不整合覆盖。根据岩石化学资料研究，原岩为正常沉积碎屑岩（泥质长石砂岩、钙质石英砂岩）、泥质灰岩及基—中酸性火山岩，受区域变质作用，属高绿片岩相。

据ZK03钻孔第3层角闪石K－Ar测龄值1 771±5.24 Ma，推断该组形成时代为中元古代。

第九章
震旦纪—志留纪

震旦纪—志留纪地层在淮阴—响水口一线以南均有分布，是一套碎屑岩、冰碛岩—（镁质）碳酸盐岩—碎屑岩，主要含三叶虫、头足类、笔石等，厚度近 8 000 m。有白云岩、灰岩等矿产。以宁镇山脉、茅山山脉、宜溧山区和苏锡等地为主要出露区，其次江浦、六合、盱眙等地有零星出露（图 9-1），另外在苏北平原区钻孔也有揭示。宁镇山脉是我国地层研究最早地区之一，一些地层名称创名于此，并被中外学者广为引用。曾用地层单位数 2 个群 47 个组，现建议采用 17 个组，自下而上划分为：周岗组、苏家湾组、黄墟组、灯影组；荷塘组、幕府山组、炮台山组、观音台组；仑山组、红花园组、大湾组、牯牛潭组、汤山组、汤头组；高家边组、坟头组、茅山组。

第一节　岩石地层单位

周岗组　$Z_1\hat{z}$　(06-32-2021)

【创名及原始定义】　周岗组由徐嘉炜等（1965）创名于安徽省全椒县周岗村。意指张八岭片岩之上，苏家湾冰碛岩之下的一套浅变质千枚岩系。

【沿革】　以往曾用莲沱组、尧巷组，本次对比研究采用周岗组(表 9-1)，前两者为同物异名。

【现在定义】　指分布于滁州张八岭地区的一套千枚岩系，一般与浅变质粉砂岩、砂岩组成不等厚韵律层。底界以次粗砂岩或千枚状含砾砂岩为标志与下伏西冷（岩）组片岩分界，为平行不整合接触；顶以千枚岩不含砾为标志与上覆苏家湾组含砾千枚岩分界，呈整合接触。江苏境内主要岩性为千枚岩、千枚状粉砂岩、细粒长石砂岩、细粒石英砂岩组成韵律。与下伏埤城(岩)群岩呈微角度不整合接触；与上覆苏家湾组千枚状泥质粉砂岩、泥岩整合接触。

【层型】　正层型在安徽省全椒县周岗村。省内次层型为丹阳市埤城乡尧巷 ZK01 孔剖面（119°43′，32°04′），江苏区调队 1989 年测制。

上覆地层：**苏家湾组**　灰色薄层千枚状含钙质泥质粉砂岩、千枚状砂质泥岩及含钙质泥岩

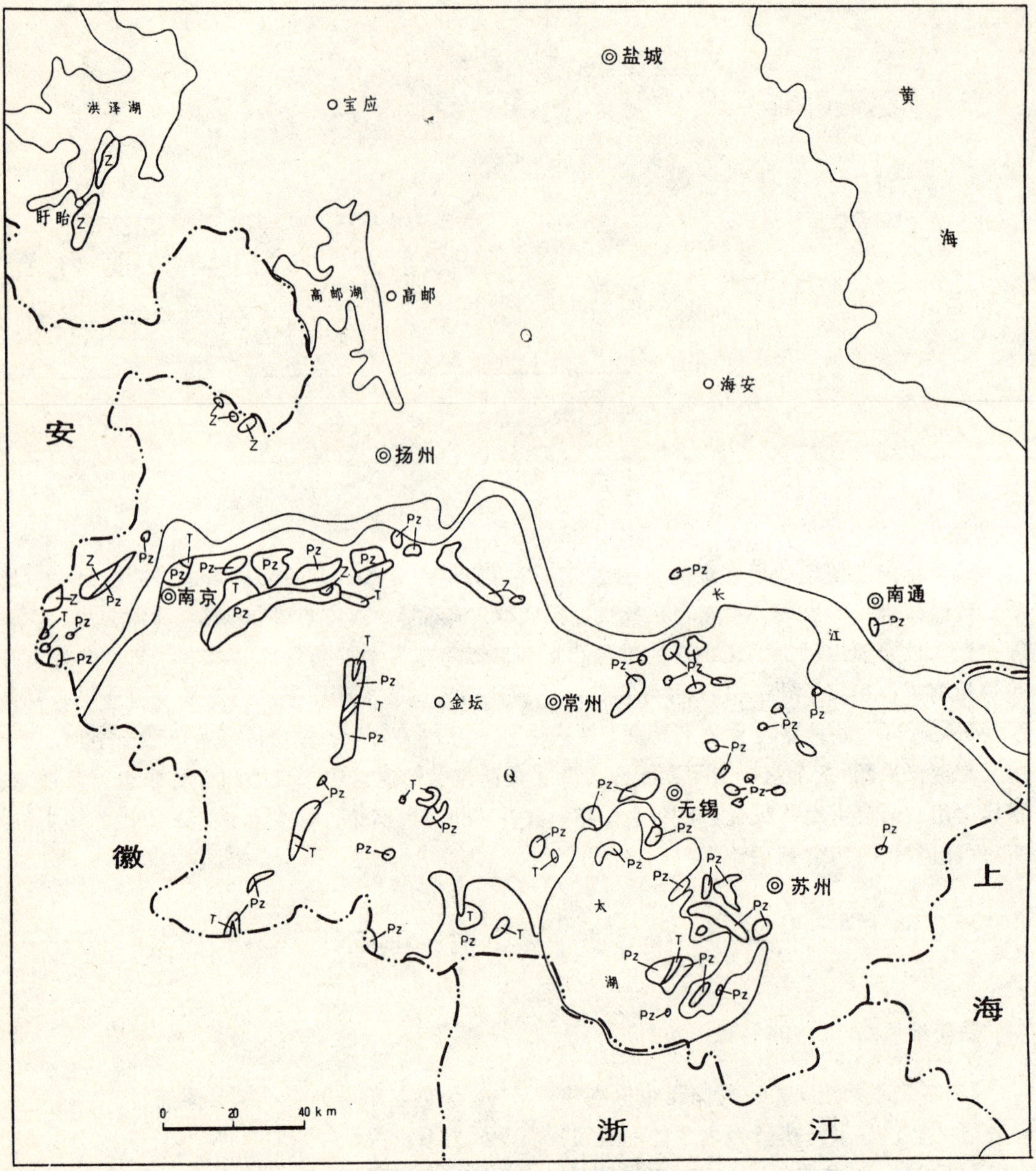

图 9-1 震旦纪—三叠纪地层出露略图

Z. 震旦系；Pz. 古生界；T. 三叠系

夹多层含砾千枚状泥质长石砂岩

——————— 整 合 ———————

周岗组 总厚度 407.90 m

上部 厚度 49.90 m

24. 灰、深灰色绢云千枚岩夹千枚状泥质粉砂岩及千枚状钙质砂质泥岩，含铁质斑块，局部纹层发育 13.50 m

23. 灰、深灰色(石英)绢云千枚岩，下部夹千枚状泥质粉砂岩，局部具纹层及斜交层理 14.90 m

22. 灰、深灰色绢云千枚状泥质粉砂岩、千枚状含钙质泥质石英砂岩，含星点状黄铁矿，具纹层及斜交层理 13.10 m

21. 灰、深灰色绢云千枚岩、白云质千枚岩，局部夹白云质石英砂岩(大理岩)，含铁质条带及星散黄铁矿 8.40 m

中部 厚度 81.50 m

20. 灰、灰白色变中细粒长石砂岩、变中粒长石石英砂岩，上部夹大理岩，底部夹变钙质砂砾岩，砾石为砂质灰岩，砾径 0.3～3 cm 5.30 m

19. 灰白色变长石砂岩、变泥质长石石英砂岩夹变含砾钙质长石砂岩及砾岩（两层），砾石以灰岩为主，砂岩次之，砾径 0.3～3 cm，具微层理及斜层理，含星点状黄铁矿 13.80 m

18. 灰、灰绿色变含钙质中细粒长石砂岩，局部含砾，夹薄层白色泥质大理岩（六层），偶见纹层及斜交层理 14.30 m

17. 灰色千枚状泥质长石砂岩、千枚状砂质泥岩，含黄铁矿结核，发育纹层及斜交层理 9.60 m

16. 绿灰、灰色千枚状泥质粉砂岩，千枚状泥质长石砂岩，发育水平纹层，上部常含砂质泥砾 8.60 m

15. 绿灰、灰色变钙质泥质长石砂岩、变长石粉砂岩，下部夹四层变细粒泥质长石砂岩及具砂纹层变泥质粉砂岩(纹层间被绿泥石充填) 12.50 m

14. 绿灰色变细粒泥质长石砂岩，变砂质泥岩，局部含长石砂岩条带，纹层发育，含星点状黄铁矿 16.60 m

13. 绿灰色变砂砾岩，砾石有大理岩、变质砂岩，燧石等，砾径 0.5～1.5 cm，泥砾 1～8 cm，并具压扁拉长，定向排列 0.80 m

下部 厚度 276.50 m

12. 灰绿色变泥长石砂岩，变中粒长石砂岩，局部含钙质及绿泥石团粒或条带，偶夹黄铁矿绢云千枚岩 16.70 m

11. 灰绿色变中细粒长石砂岩，偏上夹变泥质长石砂岩，具揉皱及波状纹层 23.40 m

10. 浅灰色变中细粒长石砂岩夹绿灰色绿泥石长石砂岩条带，具波状纹层(偶见揉皱)，斜层理，顶部夹绢云千枚岩，含星点状黄铁矿 17.70 m

9. 浅灰、灰色中薄层变中细粒长石砂岩与粉砂岩互层，局部夹薄层绿泥石长石砂岩 20.40 m

8. 灰、绿灰色变中细粒长石砂岩(含岩屑及泥砾)，夹深灰、肉红色千枚状砂质泥岩，变质泥质长石砂岩及砂砾岩(厚 5 cm)，砾石有大理岩、硅质岩、燧石及变质岩等，砾径 0.3～1 cm，为棱角状 46.30 m

7. 灰、紫灰色变长石砂岩(偶含大理岩、硅质岩砾石)夹千枚状砂质泥岩，下部两者互层，上部后者呈条带状及凸镜体 14.60 m

6. 灰、绿灰、紫灰色变中细粒长石砂岩，部分含泥砾，夹变质含砾岩屑长石砂岩，下部夹变长石粉砂岩，发育斜交层理 45.80 m

5. 灰紫色千枚状砂质泥岩、绢云千枚岩与变含磷细粒泥质长石砂岩、变中细粒长石砂岩互层，具波状纹层，斜交层理，冲刷槽 27.30 m

4. 灰紫色中薄—厚层变细粒长石砂岩、千枚状泥质细—粉砂岩夹绢云千枚岩，含竹叶状泥砾及其不规则条带，发育纹层 20.60 m

3. 灰紫色中厚—厚层千枚状泥质细粒长石砂岩、变长石石英砂岩及变中粒长石砂岩，偶夹千枚状砂质泥岩，具水平、波状纹层及斜交层理 29.30 m

2. 上部灰紫色中薄层石英绢云千枚岩，下部变质长石砂岩 4.20 m

1. 灰紫色中—厚层变长石砂岩与变砂砾岩互层，下部后者夹前者。砾石有石英岩、脉石英岩、硅质岩、片岩、大理岩、玉髓及变砂岩等，砾径以 0.5～1 cm 的为主，个别 5 cm 左右，为棱角、次棱角状，粗细相间成层，含砾达 10%～ 50%，下部含量高 10.20 m

〰〰〰〰〰 不整合 〰〰〰〰〰

下伏地层：埤城(岩)群　绿色阳起石片岩

【地质特征及区域变化】　省内次层型岩性分三部分：下部灰绿、灰、灰紫色变质长石砂岩夹千枚状砂质泥岩及绢云母千枚岩，有时互层，其底砂砾岩与变质长石砂岩互层。泥质岩具水平波状纹层及斜层理，偶见冲刷槽，时含竹叶状及不规则条带的泥砾及砂质砾，厚度大于 276.60 m；中部灰白、灰绿色变质钙质长石砂岩、变质长石砂岩夹千枚状砂质泥岩，局部为互层，偶夹含砾砂岩、砂砾岩及薄层大理岩等，厚度 82.2 m；上部灰、深灰色绢云千枚岩、石英绢云千枚岩、白云质绢云千枚岩夹千枚状泥质粉砂岩，千枚状含钙质泥质石英砂岩及千枚状钙质砂质泥岩，局部夹白云石大理岩，部分具纹层、斜交层理、冲刷槽、铁质条带及星点状黄铁矿，厚度 49.9 m。

表 9-1　宁镇及邻区震旦纪地层划分沿革表

<table>
<tr><td colspan="2">李毓尧、李捷等</td><td colspan="2">江苏石油普查大队</td><td colspan="2">刘弟镛</td><td colspan="2">江苏地质局</td><td colspan="2">江苏区测队</td><td colspan="2">江苏地质矿产局</td><td colspan="2">江苏区调队</td><td colspan="2">闵庆魁</td><td colspan="2">本书</td></tr>
<tr><td colspan="2">1935</td><td colspan="2">1960</td><td colspan="2">1961</td><td colspan="2">1963</td><td colspan="2">1970</td><td colspan="2">1984</td><td colspan="2">1989</td><td colspan="2">1989</td><td colspan="2">1997</td></tr>
<tr><td colspan="2">宁镇</td><td colspan="2">苏南</td><td colspan="2">宁镇</td><td colspan="2">江苏</td><td colspan="2">宁镇</td><td colspan="2">南区</td><td colspan="2">宁镇</td><td colspan="2">宁镇</td><td colspan="2">南区</td></tr>
<tr><td>O_1</td><td>仑山灰岩</td><td>O_1</td><td>仑山灰岩</td><td rowspan="7">Z</td><td rowspan="3">灯影组</td><td>$\in_1$</td><td>幕府山组</td><td>Q</td><td>第四系</td><td>$\in_1$</td><td>幕府山组</td><td>$\in_1$</td><td>幕府山组</td><td>$\in_1$</td><td>幕府山组</td><td>$\in_1$</td><td>荷塘组</td></tr>
<tr><td rowspan="6">Z-O</td><td rowspan="6">黄墟系（未见底）</td><td rowspan="6">Cm
\|
Sn</td><td rowspan="6">黄墟群（未见底）</td><td rowspan="2">Zb</td><td rowspan="2">硅质、白云质灰岩</td><td rowspan="2">Z_2</td><td>煤炭山组</td><td rowspan="3">Z_2</td><td>灯影组</td><td rowspan="3">Z_2</td><td>灯影组</td><td rowspan="3">Z_2</td><td>灯影组</td><td rowspan="3">Z_2</td><td>灯影组</td></tr>
<tr><td>马迹山组</td><td rowspan="2">陡山沱组</td><td rowspan="2">陡山沱组</td><td rowspan="2">陡山沱组</td><td rowspan="2">黄墟组</td></tr>
<tr><td>黄墟组</td><td rowspan="4">Za</td><td rowspan="4">千枚岩夹薄层粉砂岩（未见底）</td><td rowspan="4">Z_1</td><td>嘉山组</td></tr>
<tr><td rowspan="3">泥山组（未见底）</td><td rowspan="3">高桥组（未见底）</td><td rowspan="3">Z_1</td><td>南沱组</td><td rowspan="2">Z_1</td><td>南沱组</td><td rowspan="2">Z_1</td><td>高桥组</td><td rowspan="2">Z_1</td><td>苏家湾组</td></tr>
<tr><td rowspan="2">莲沱组（未见底）</td><td>莲沱组</td><td>尧巷组</td><td>周岗组</td></tr>
<tr><td>Pt_{1-2}</td><td>埤城群</td><td>Pt_{1-2}</td><td>埤城群</td><td>Pt_2</td><td>埤城（岩）群</td></tr>
</table>

周岗组与埤城(岩)群地表未见直接关系，根据 ZK01 和，ZK03 孔资料，周岗组底部变质砂砾岩与埤城(岩)群阳起片岩为不整合接触。两者变质程度不同：埤城(岩)群(ZK03 孔)属绿片岩相—绿帘角闪岩相的片岩、变(浅)粒岩、斜长角闪岩(角闪石 K-Ar 年龄1 771 Ma)，周岗组为一套轻微变质的碎屑岩；两者产状不同，埤城(岩)群倾角 45°左右(39 个地层倾角平均值)，周岗组地层倾角 30°左右(32 个地层倾角平均值)；生成环境不同，埤城(岩)群为地槽型沉积的砂泥岩夹海相火山岩；周岗组是晋宁运动基底褶皱隆起剥蚀后地台型沉积的碎屑岩，含

下伏变质岩(片岩、混合岩、石英岩、大理岩等)砾石。时代为早震旦世。

【其他】 砂砾岩、长石砂岩、泥质岩(千枚岩)与大理岩常组成完整的或不完整的粒序层。岩石普遍含钙质、黄铁矿结核和条带，常含泥砾或泥砂质砾及其不规则条带，泥岩富含水云母，纹层、波痕、变形层理及斜交层理发育。其中长石砂岩之长石平均含量40.7%，粒度自下而上由粗变细，在正常概率图上反映底部为海岸前滨相带，中下部具海滩相沉积特征，上部渐向陆架过渡。

苏家湾组 Z_1s (06-32-2022)

【创名及原始定义】 徐嘉炜等(1965)于安徽省巢县苏家湾建苏家湾组。由下段含砾千枚岩与上段鸭蛋绿色千枚岩组成，局部夹含砾砂质千枚岩或含砾绢云石英片岩。一般呈灰绿色，色不均。厚度下段20～170 m，上段160～300 m。与下伏周岗组呈整合接触，与上覆陡山沱组呈假整合接触。

【沿革】 现采用苏家湾组，以往曾用泥山组、高桥组、南沱组(表9-1)。

【现在定义】 指分别平行不整合于周岗组之上，黄墟组之下的地层，主体岩性上、下部为含砾砂质千枚岩，中部为砂质千枚岩、石英砂岩，该组以含较多的凝灰质为特征。江苏省内岩性与安徽省该组岩性相同，与下伏周岗组、上覆黄墟组均呈整合接触。

【层型】 正层型在安徽省巢县苏家湾。省内复合次层型为丹阳县建山乡嘉山及尧巷ZK01孔剖面(119°43′,32°04′)，江苏区调队1984年测制。

上覆地层：**黄墟组** 棕、棕红色厚层铁锰质泥质白云岩

——————— 整 合 ———————

苏家湾组 总厚度＞639.97 m

上段(丹阳县建山乡嘉山剖面) 厚度490.20 m

19. 浅灰、灰黄色含砾千枚状泥质砂岩，偏上为含砾千枚状砂质泥岩，顶部含星点状黄铁矿。砾石大小不一，多数已压扁拉长，定向排列，偶见1 m以上漂砾 25.40 m
18. 灰绿色含砾千枚状泥质砂岩、含砾千枚状不等粒石英砂岩，上部夹一层变含铁质不等粒长石石英砂岩。砾石有石英岩、砂岩、千枚岩、斜长浅粒岩、石英闪长岩等，砾径一般1～3 cm，大者80 cm，小的0.5 cm，砾石表面有擦痕、刻槽、錾痕、压坑及磨光面。千枚理发育 133.30 m
17. 浅灰、灰黄色含砾千枚状泥质砂岩，砾径一般为1～3 cm，多数已压扁拉长，长轴与区域性劈理产状一致，劈理切穿砾石 12.50 m
16. 灰黄、灰绿色含砾千枚状泥质粉砂岩夹含砾千枚状泥质砂岩，砾石中有“泥包砾” 48.30 m
15. 浅灰、灰黄色含砾千枚状泥质砂岩，含砾千枚状砂岩 214.20 m
14. 灰绿色含砾千枚状泥质石英粉砂岩，向下为含砾千枚状粉砂质泥岩，砾石具奇特的凹凸不平的冰蚀磨光面，千枚理发育 43.00 m
13. 青灰色含砾千枚状泥质砂岩，局部为含砾千枚状砂质泥岩，夹似层状或条带状细粒石英砂岩及含砾石英粉砂岩。砾石大小混杂，有石英砂岩、砂岩、泥岩、大理岩、石英角斑岩及石英闪长岩等，大小0.5～1 cm，大者30 cm，部分砾石已压扁拉长，定向排列 13.50 m

下段 厚度＞149.77 m

12. 浅灰、灰绿色含砾千枚状砂质泥岩，偏上夹黄色砂质条带，偏下局部夹黄绿色千

枚状含粉砂质泥岩 59.20 m

11. 灰绿色千枚状含粉砂质泥岩与黄绿色含砾千枚状砂质泥岩互层，夹千枚状泥质砂岩及千枚状泥岩，砾石以砂岩为主，石英岩、铁锰砂岩次之 6.00 m

10. 黄绿色含砾千枚状砂质泥岩夹灰绿色千枚状粉砂质泥岩(偶含坠石)。砾石有泥岩、砂岩、变质石英砂岩、石英岩、铁锰质砂岩、斜长浅粒岩及“泥包砾”，砾径一般为 3 cm 左右，大者 35 cm。软性砾石具压扁拉长、定向排列，轴比 4∶1～12∶1，刚性砾石表面冰川擦痕等痕迹保存较佳 21.40 m

9. 灰绿色千枚状含砂质泥岩，局部夹含砾千枚状泥质砂岩凸镜体，砾石以粉砂岩为主，铁锰质泥质岩次之，砾径 1～3 cm 3.00 m

8. 黄绿、灰绿色含砾千枚状砂质泥岩，夹两层千枚状粉砂质泥岩，千枚理发育 ＞18.20 m

(下接丹阳县坤城乡尧巷 ZK01 孔剖面)

7. 灰、灰黄色千枚状砂质泥岩、千枚状泥岩，局部夹含砾千枚状砂质泥岩 5.73 m

6. 灰黄色含砾千枚状砂质泥岩、含砾千枚状泥质砂岩 3.76 m

5. 灰绿灰色含砾千枚状泥质长石砂岩（泥岩），夹千枚状砂质泥岩（厚 10 cm），泥岩顶面可见“落石”。砾石有泥岩、砂岩、斜长浅粒岩、石英砂岩、石英岩、铁锰质钙质砂岩及细碧岩等，砾径一般 1～3 cm，大者 10 cm，小者 0.5 cm，硬者具棱角、次棱角状，软者压扁拉长呈眼球状，凸镜状，长轴与短轴之比为 5∶1～7∶1，砾石含量约占 5%，胶结物以泥质为主，铁质次之 14.24 m

4. 灰黄、灰色含砾千枚状泥质长石砂岩，夹灰黑色绢云千枚岩(厚 25 cm)，砾石以大理岩、斜长浅粒岩为主，砾径为 1～3 cm，部分压扁拉长，长短轴之比4∶1～6∶1 3.83 m

3. 灰、深灰色千枚状（粉砂质）泥岩、纹理发育，局部为千枚状含钙质砂岩，夹含砾千枚状泥质长石砂岩 7.06 m

2. 灰色中厚层含砾千枚状砂质泥岩与千枚状砂质泥岩互岩，偏下泥岩中含钙质。发育纹层、波状及包卷层理，岩层界面上出现压模或“落石”切穿纹层 2.68 m

1. 灰色薄层千枚状含钙质泥质粉砂岩、千枚状粉砂质泥岩，夹多层含砾千枚状泥质长石砂岩，局部水平纹层发育。砾石以大理岩为主，石英岩次之，偏下含串珠状褐铁矿结核 4.67 m

——————— 整　合 ———————

下伏地层：**周岗组**　灰、深灰色绢云千枚岩夹千枚状泥质粉砂岩及千枚状钙质砂质泥岩

【地质特征及区域变化】　省内复合次层型岩性分上、下两段：下段为灰、灰绿、黄绿色含砾千枚状砂质泥岩(有时为含砾砂质千枚岩)，下部夹薄层千枚状粉砂质泥岩(或千枚岩)，底部两者互层，上部夹青灰色不等粒石英砂岩条带(偶含砾)，泥岩水平及波状纹层发育，厚度大于 149.8 m；上段为浅灰、灰黄、灰绿色含砾千枚状泥质砂岩，含砾千枚状泥质粉砂岩，含砾千枚状泥质石英粉砂岩，偏上局部夹含铁质不等粒长石石英砂岩凸镜体及细砂岩条带，顶界有 10 cm 厚的千枚状砂质泥岩(偶含砾)，厚度 490.2 m。

南京江浦县星甸出露不全，仅相当上段的部分，岩性为灰绿色含砾变质不等粒岩屑杂砂岩，含砾变质不等粒砂质泥岩及千枚状粉砂质泥岩，有时后两者为韵律互层，厚度大于 111.5 m。苏家湾组底部有 5 m 厚含砾泥质长石砂岩与钙质长石砂岩、泥岩组成的韵律层(单个韵律层 0.2～10 cm 或 20～50 cm 不等)，其下周岗组顶部泥岩(千枚岩)夹少量钙质砂质泥岩及泥质粉砂岩，上、下层理，纹层一致，岩性连续过渡，呈整合接触。其上与黄墟组也呈整合接触。时代为早震旦世。

【其他】　冰碛岩特征：①砾石成分复杂，以砂岩、泥岩、千枚岩为主，石英砂岩、石英

岩、变质长石砂岩、变质长石石英砂岩、斜长浅粒岩、大理岩、石英角斑岩、石英闪长岩及白岗岩、铁锰质岩等次之。②砾石含量一般为10%～20%，分选差、大小悬殊，砾径0.5 cm者占多数，少数漂砾和坠石直径1 m以上。③砾石形态奇异，有马鞍形、长方形、三角形、菱形、多面形以及冰川特有的熨斗石、元宝石、凹凸面石及斧形石等。④砾石表面具奇特的凹凸不平的冰蚀磨光面，可见擦痕、擦脊、刻槽、錾痕和压坑、压裂及扭裂等痕迹，这些往往在石英岩、石英砂岩等刚性砾石表面保存较佳。此外，剥去“泥包砾”外壳粉砂质泥质(绢云母)包裹物，冰蚀现象清晰可见。⑤含砾冰成岩一般为不显层状及微型斜层理的无序堆积，仅具有小型韵律层(单个韵律0.2～1 cm)与夹层(或条带)，其接触面呈波状起伏或平行镶嵌，界面上偶见坠石并被其切割。冰碛岩的胶结物化学成分CaO、MgO、MnO含量自下而上明显减少，SiO_2含量上段明显高于下段，石英质增多，Fe_2O_3比值从下至上逐渐加大，反映了本区苏家湾组沉积是从弱氧化逐渐变化到氧化条件。此外，据泥岩的热分析，其富含水云母，水云母的大量出现代表海相成因特征。

江浦县星甸乡曹庄苏家湾组，冰碛岩特征远不如宁镇山脉东段出露完好，砾石成分比较单调，以变质的火山熔岩及其火山碎屑岩为主，所以冰蚀痕迹保存欠佳。

上述冰碛物特征表明，随着冰期冷暖周期变化和洋流影响，出现冰前海岸沉积和冰筏—海洋沉积，形成本区苏家湾组既有大陆冰川作用的痕迹，又有冰川海洋沉积的双重特征。上述特征表明，该组可能为大陆冰川消融，随冰川、冰筏带入海盆之冰碛物在重力流作用下，在浪基面之下低能的陆架环境沉积而成。

本组与安徽滁县、全椒和巢县一带的苏家湾组相当，与皖南、浙西、峡区南沱组可对比。高桥组、南沱组均属同物异名，建议在本区停止使用。

黄墟组 Z_2h (06-32-2023)

【创名及原始定义】 李毓尧、李捷、朱森(1935)于丹徒县黄墟创黄墟系。下部为风化颇深之千枚状页岩，夹灰质页岩，与不整层泥质灰岩。为灰黄，局部为黑色，间有稍含碳页岩，夹于本部之上半部，厚度约700公尺。上部为暗灰板岩及泥质薄层灰岩，灰岩中有时微含矽质，性硬而脆，厚度约150公尺。上、下二部，自千枚状页岩至页岩，板岩及薄层灰岩，逐渐变更，无截然界限。底未曾出露。上与仑山灰岩为整一接触。

【沿革】 江苏地质局石油普查大队(1960)将其改称黄墟群。刘弟镛(1961)、江苏省地质局(1963)、江苏区测队(1970)将其进一步划分。江苏地矿局(1984)引用峡东陡山沱组。因与陡山沱组岩性不同，已变为碎屑岩和灰岩，受轻微变质，但仍变质有序，延伸稳定，故本次经对比研究采用黄墟组(表9-1)。

【现在定义】 下段为深灰、灰黄色中薄层千枚状泥岩、粉砂质泥岩，偶夹薄层砂岩、砂灰岩，底为含铁锰质泥质白云岩；上段为灰、深灰色中厚层内碎屑灰岩、灰岩，夹灰黄色薄层泥灰岩，底部夹千枚状粉砂质泥岩，含燧石结核和条带。下以铁锰质白云岩与下伏苏家湾组含砾千枚状粉砂质泥岩，上以白云质灰岩与上覆灯影组白云岩均呈整合接触。

【层型】 创名时未测剖面；复合选层型为丹徒县龙王山及丹阳市周山剖面(119°44′，32°03′)，江苏区调队1984年实测(图9-2)。

上覆地层：灯影组　深灰色厚层内碎屑白云质灰岩，灰岩夹薄层灰质白云岩，底为白云岩

——————　整　合　——————

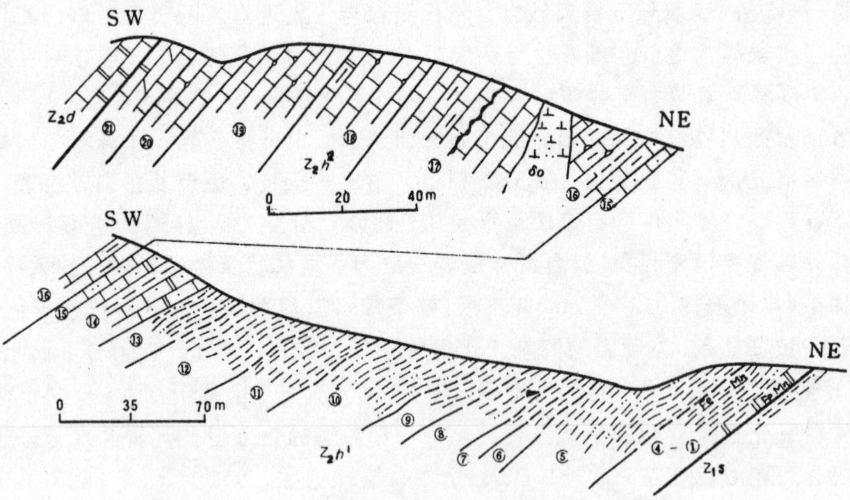

图 9-2 丹徒县龙王山及丹阳市周山黄墟组剖面图

Z_1s. 苏家湾组；Z_2h^1. 黄墟组下段；Z_2h^2. 黄墟组上段；Z_2d. 灯影组

黄墟组 总厚度 310.50 m

上段（丹徒县丁岗乡龙王山剖面） 厚度 134.30 m

21. 深灰色薄—中厚层内碎屑（局部含砾屑）灰岩，夹灰黄色泥灰岩，顶有 2 m 内碎屑白云质灰岩、白云质灰岩互层，含燧石结核 9.10 m
20. 灰色中厚层灰岩，含燧石结核、团块，偏上具同心圆状，大小悬殊，1～60 cm 9.60 m
19. 深灰色薄—中厚层内碎屑灰岩、灰岩夹灰质白云岩条带，偶夹砾屑灰岩条带，风化面似豹皮状、疙瘩状，含燧石结核 19.00 m
18. 深灰色薄—中厚层内碎屑灰岩，偏上夹泥质白云质灰岩条带、凸镜体，碎屑 0.1～1 cm，密集成条带 17.90 m
17. 灰色中厚层灰岩夹内碎屑灰岩、灰黄色泥质灰岩，纹层发育，碎屑 0.1～0.5 cm，含燧石条带 26.80 m
16. 灰黄色厚层含砂质泥质灰岩、泥灰岩夹灰色灰岩、硅质灰岩，局部夹沥青质灰岩，含燧石结核 22.50 m

（下接丹阳市埤城乡周山剖面）

15. 深灰色中厚层粉砂质泥灰岩（或钙质砂岩），含星散状黄铁矿与灰黄色砂质泥灰岩互层，顶有 1.2 m 砂灰岩 7.80 m
14. 深灰色薄、中厚层含白云质砂灰岩夹两层灰黄、灰绿色千枚状砂质泥岩、千枚状粉砂质泥岩 21.60 m

下段 厚度 176.20 m

13. 灰黄、灰绿色薄—中薄层千枚状粉砂质泥岩，含砂质条带或为薄层砂岩，砂、泥岩时有相间互层，夹 0.25 m 含黄铁矿砂灰岩 16.60 m
12. 灰黄、褐黄色薄层千枚状含砂质泥岩夹条带状或凸镜状含砂质铁质泥灰岩、泥质砂岩，含黄铁矿假晶 28.40 m
11. 灰黄色薄层千枚状粉砂质泥岩、泥岩夹砂质、铁质条带或凸镜体，长数厘米至十余厘米 20.70 m
10. 灰、灰黄色薄—中薄层千枚状粉砂质泥岩夹中薄层泥质砂岩及薄层砂灰岩，偏上夹 10 cm 铁质泥岩 23.80 m

9. 浅灰、灰黄色薄层千枚状泥岩、含粉砂质泥岩夹中厚层粗粒砂质泥灰岩(偶含砾)，泥岩含黄铁矿假晶 10.90 m

8. 灰黄色薄层千枚状泥岩、千枚状含岩屑、粉砂质泥岩夹铁质泥岩(厚 0.5 cm)，含星点状、条带状黄铁矿及砂质条带 11.10 m

7. 灰黄、深灰色薄层千枚状泥岩，局部含砂质及其条带，夹黄褐色含砂泥灰岩、泥灰岩，底有 31 cm 砂泥质白云质灰岩 4.60 m

6. 灰绿色中薄层泥岩，夹条带、凸镜状铁质泥岩 5.60 m

5. 深灰、灰黄色薄—中薄层千枚状泥岩夹千枚状粉砂质泥岩、铁质泥岩、含铁锰质泥质白云岩，泥岩含铁质斑点(0.2～0.4 cm)，风化淋滤呈空洞 32.40 m

4. 灰、灰黄色薄层千枚状铁锰质泥岩、含粉砂质泥岩，偶夹薄层铁锰矿（单层厚 3～5 cm） 3.30 m

3. 灰黑色薄层千枚状泥岩，含星点状黄铁矿 7.60 m

2. 灰黑色薄层千枚状含粉砂质泥岩夹四层中厚层棕褐色铁锰质含砂质泥灰岩，含星点状或条带状黄铁矿 4.20 m

1. 深灰色厚层含铁锰质泥质白云岩，风化为棕褐色铁锰土 7.00 m

——————— 整　合 ———————

下伏地层：**苏家湾组**　灰绿、灰黄色含砾千枚状砂质泥岩、含砾泥质砂岩

【地质特征及区域变化】　岩性分上、下两段。下段以千枚状碎屑岩为主，上段以碳酸盐岩为主，区域上延伸稳定，陆源碎屑和磷灰石由少增多，粒径由细变粗。埠孟地区下段深灰、灰黄色千枚状粉砂质泥岩为主，夹少量泥质砂岩，厚度 176 m；上段灰、深灰色，含石英砂灰岩，厚度 134 m。盱眙地区下段为灰、灰黄色千枚状厚层含细晶磷灰石中细粒钙质石英砂岩为主(P_2O_5 2%～5%，局部达低品位磷矿)，夹千枚状粉砂质泥岩、石英砂灰岩，发育板状、楔状交错层理及低角度冲洗层理，上部为千枚状粉砂质泥岩、页岩、粉砂岩，具水平层理，含藻类，厚度大于 124 m；上段为灰、深灰色中厚层石英砂灰岩，粉—巨晶灰岩、白云质微晶灰岩，夹泥质灰岩、灰黄色千枚状薄层粉砂质泥岩、粉砂岩，局部夹鲕粒灰岩，含藻类，厚度 207 m。江浦地区其下段唯含碳质较高，夹千枚状粉砂质碳质页岩；上段陆源碎屑成份略有增加，可夹石英砂灰岩，而泥质灰岩、砂质泥岩、细粒钙质石英砂岩的夹层增多、厚度增大。时代为晚震旦世。

【其他】　沉积环境在垂向上由滨岸相—陆架相—碳酸盐台地相演化，横向上，从北至南，为无障壁型海岸的前滨—近滨—浅海陆架相。

湖北宜昌陡山沱组以白云岩类为主，本区则以砂、页岩和灰岩为主，且下部为浅变质的千枚状岩石为特征，两者层位相当，岩性不同。

灯影组　Z_2d　(06-32-2024)

【创名及原始定义】　系李四光(1924)创建的“灯影石灰岩”演变而来。命名地点在宜昌市西北 20 公里长江南岸石牌村至南沱村的灯影峡。“上震旦系灯影石灰岩：白色块状呈峭壁形的石灰岩，多少带白云质；在风化表面上有坚硬的矽质夹层突出”。“在很多地方包含特殊而且成群的层状体，有时呈似圆筒状，但更多的是不对称圆锥状”。“是震旦纪浅水中繁殖的钙质藻类遗骸”，“特地命名为 *Collenia cylindrica*，*Collenia angulata*”，“灯影石灰岩，从灯影峡下口的寒武纪页岩下突起”。

【沿革】 1961年，刘弟镛[①] 首先将灯影组引进宁镇地区，江苏区测队(1970)新建煤炭山组,1984年又改称灯影组,沿用至今(表9-1)。

【现在定义】 下部白色内碎屑白云岩；中部为黑色薄层含沥青质灰岩，含燧石条带及结核；上部灰白色中—厚层状白云岩，含燧石层及燧石团块，含核形石、大型藻类及小壳化石。其下以碳质页岩出现与陡山沱组分界，呈整合接触；上以黑色碳质页岩的出现与水井沱组分开，呈平行不整合接触。江苏省内岩性，上、下接触关系与之相当，仅下伏地层陡山沱组改称黄墟组，上覆地层称荷塘组。

【层型】 正层型在湖北省宜昌市。省内次层型为丹阳县建山乡帽山南坡剖面(119°43′，32°03′),江苏区调队1984年实测。

上覆地层：**荷塘组** 灰、深灰色薄层含砂质泥岩夹含碳质硅质岩，底为含砾磷铁质不等粒砂岩夹薄层褐铁矿

——————— 平行不整合 ———————

灯影组 总厚度＞98.99 m

13. 浅灰色厚层白云岩，水平微层理发育(局部有凸起或丘状纹层，向下夹似层状、凸镜状核形石砂质白云岩、核形石白云岩、藻礁燧石岩及含白云质硅质岩，并且含有燧石结核和条带。偶见滞留砾岩，砾石为白云岩，胶结物为核形石砂质及白云质 ＞7.12 m
12. 深灰色中厚—厚层刀砍状含灰质白云岩、藻鲕白云岩，夹两层1～1.5 m厚的泥质白云岩，偏上含灰色燧石结核、团块、条带，顶部白云岩具硅化 ＞8.89 m
11. 浅灰色厚层刀砍状白云岩，偏下夹中薄层内碎屑白云岩，含浅灰、浅褐色含藻粒白云质硅质岩及燧石团块 5.60 m
10. 浅灰、灰白色中厚层内碎屑灰质白云岩，核形石白云岩，偏上核形石白云岩与白云岩互层，偏下内碎屑中亦有核形石。碎屑大小不等，大的碎屑10 cm以上，小的0.5 cm以下，核形石一般在0.1～0.3 cm，偏上有的为管状、锥状体，含浅玫瑰色白云质硅质岩、燧石结核或条带 9.04 m
9. 浅灰色中薄层白云岩，含燧石条带，风化面具刀砍构造 5.43 m
8. 浅灰色中厚层白云岩，含灰色燧石团块或条带，大小10～40 cm 10.71 m
7. 灰白色薄—厚层白云岩，含浅灰、浅玫瑰色含藻丝、藻粒白云质硅质岩、燧石团块或条带 13.82 m
6. 浅肉红色中厚层核形石灰质白云岩，具刀砍状构造，核形石有时富集成不规则条带或凸镜体(长1～3 cm) 7.90 m
5. 浅灰色厚层状白云岩，风化面具刀砍状构造，含少量白色藻鲕硅质灰岩及燧石条带 5.92 m
4. 浅灰色块层状核形石含灰质白云岩，顶部为核形石内碎屑灰质白云岩，夹黄灰色白云岩条带，核形石似球形、椭球形，有时水平层理发育 7.90 m
3. 灰色厚—块层状含藻鲕灰质白云岩，风化面具刀砍状，含不规则状燧石团块 4.17 m
2. 浅灰、灰色中厚层含白云质灰岩、白云质灰岩，微层理发育，含白色鲕粒白云质硅质岩条带，局部硅化成黄色次生含铁石英岩，并残留有原始层理特征 10.60 m
1. 深灰色块层状白云岩，内有网状白云石、方解石、石英细脉穿插。并见有重荷模，与层2呈波状接触，在走向上为似层状、凸镜状，最厚4 m，最薄0.1 m 1.89 m

——————— 整 合 ———————

① 刘弟镛，1961，宁镇山脉前寒武纪地层(未刊)。

下伏地层：**黄墟组**　深灰、灰色中厚层含内碎屑白云质灰岩

【地质特征及区域变化】　宁镇地区分：下段为浅灰、灰色中厚—块状核形石灰质白云岩、藻鲕灰质白云岩、核形石内碎屑灰质白云岩不等厚互层，夹少量厚—块状白云岩或白云岩条带，有时可见微层理及重荷模，常含不规则燧石结核或团块；上段以浅灰、灰色夹深灰色，中—厚层，局部为薄层粉晶—细晶白云岩为主，夹核形石白云岩、藻鲕白云岩、内碎屑白云岩，偶夹灰质白云岩、砂质白云岩、泥质白云岩、藻礁燧石岩。常含燧石结核、团块或条带，含藻类。局部可见帐篷构造。宁镇西段幕府山藻类发育，量多而个体大。再向西，江浦地区，内碎屑和陆源碎屑增多，岩石类型几乎全部为中—巨厚层状微—细晶白云岩，夹砂屑、砾屑白云岩，藻纹层较发育，并可见水平层理、微层理，局部见小型楔形交错层理，具鸟眼构造。六合冶山地区常含石膏假晶，厚度从东向西由薄变厚，即为126～227 m或大于227 m。江浦地区几乎全为白云岩，厚度大于1 036 m。盱眙地区分：下段灰、灰黄色中厚层粉细晶白云岩、白云质灰岩夹粉微晶灰岩、细晶石英砂灰岩，含燧石团块或条带，厚度392 m；中段灰色中厚层粉晶灰岩、碎屑灰岩、石英砂灰岩为主，夹棕黄色厚层粉晶白云岩、灰质白云岩和钙质砂、粉砂岩。局部夹泥质粉晶灰岩，厚度0～127 m；上段灰、灰黄色中厚层微粉晶白云岩、灰质白云岩、石英砂灰岩不等厚互层，少夹厚层钙质中细粒石英砂岩、粉砂岩，局部夹粉砂质页岩。白云岩局部含砾屑及藻类，厚度大于137 m。灯影组在江苏华南地层大区，其下伏与黄墟组呈整合接触，上覆与荷塘组呈平行不整合接触。时代为晚震旦世。

灯影组沉积相为潮坪—局限碳酸盐台地相，局部可能为泻湖相。

【其他】　宁镇、江浦、六合冶山地区的白云岩质较纯，南京幕府山、丹徒县青龙山大型白云石矿，为良好的熔剂、冶金及耐火材料。

荷塘组　$\in_1 ht$　**(06－32－2041)**

【创名及原始定义】　卢衍豪、穆恩之等(1955)创名，称荷塘矽质页岩及石煤层。命名地点在浙江省江山市大陈东北荷塘村。“荷塘矽质页岩及石煤层，紫色、灰色、浅灰色矽质页岩，矽化程度较深成为黑色燧石，厚度约20公尺，本系岩层以出露在江山大陈荷塘村为最清楚，石煤开采最多，故以荷塘取名”。

【沿革】　1959年以来将其归幕府山组下部或大致与昆山地区水井沱组、丁泾组的层位相当。1988年朱兆玲等首先将荷塘组引用到昆山地区。林天瑞(1991)于南京幕府山该剖面之西部采石场，发现在幕府山组下部灰黑色含铁质硅质岩和石煤层与上震旦统灯影组白云岩之间，还有一段地层，底部为厚度约1 m的白云岩，其上为灰褐色砂质页岩和薄层粉砂岩，富含带状藻类 *Vendotaenia* 等，厚度25 m。并以句容小仑山为标准，将其命名为“小仑山组”，与下伏灯影组呈平行不整合接触，时代由晚震旦世晚期至早寒武世早期。本次对比研究采用荷塘组一名(表9－2)。

【现在定义】　指灯影组或皮园村组之上，大陈岭组之下，由黑色薄层碳质硅质岩、碳质硅质泥岩、页岩、石煤及磷结核层夹灰岩凸镜体组成的一套地层。底以石煤层（含磷结核层）与灯影组白云岩或皮园村组黑色碳质薄板状硅质岩分界，为平行不整合或整合接触；顶以碳质硅质岩与大陈岭组条带状白云质灰岩分界，为整合接触。江苏省内下与灯影组平行不整合，上与幕府山组整合接触。

【层型】　正层型在浙江省江山市大陈荷塘村。省内次层型为南京市城北幕府山西段

199 m高地西南坡公路旁剖面(118°49′,32°08′)，俞剑华等1962年实测，胡世忠1993年修改。

上覆地层：**幕府山组** 灰黑色薄层灰岩，含磷，底部夹有钙质页岩

——————— 整 合 ———————

荷塘组　　总厚度108.90 m

8. 浅褐色板状页岩，含有云母，风化后呈黄褐色　　4.50 m
7. 灰褐色硅质页岩与板状页岩互层，风化后呈紫红色或黄褐色　　8.00 m
6. 黑色碳质页岩，含石煤层、磷质结核以及少量的黄铁矿结核。页岩中含有磷　　24.00 m
5. 黑色碳质页岩　　17.80 m
4. 黑色碳质页岩及黑色硅质页岩　　31.60 m
3. 灰黑色页岩，风化后呈灰白色　　6.90 m
2. 浮土覆盖　　4.20 m
1. 灰黄色砂质页岩　　11.90 m

－－－－－－－ 平行不整合 －－－－－－－

下伏地层：**灯影组** 灰白色块状白云质灰岩，含燧石结核

表9-2 宁镇及邻区寒武纪—早奥陶世地层划分沿革表

刘季辰、赵汝钧	李毓尧、李捷等	俞剑华等	江苏区测队	许汉奎	周泽民等	江苏石油队	钱义元等	江苏地矿局	朱兆玲等	陈华成等	江苏地矿局	林天瑞	本书
1924	1935	1962	1970	1976	1979	1980	1984	1984	1988	1989	1989	1991	1997
江苏	宁镇	南京	仑山	宁镇	昆山	昆山	昆山	江苏	昆山	长江下游	宁镇	宁镇	南区
O 仑山灰岩	O_1 仑山灰岩	O_2 宝塔组	O_1 红花园组	O_1 仑山组	O_1 昆山组	O_1 昆山组	Q 第四系	O_1 仑山组	O_1 仑山组	O_1 仑山组	O_1 仑山组	O_1 仑山组	O_1 仑山组
			$\in_3$ 观音台组	$\in_3$ 娄山关群	$\in_3$ 文笔峰组、玉山镇组	$\in_3$ 文笔峰组、玉山镇组	$\in_3$ 超峰群、团山组	$\in_3$ 观音台组	$\in_3$ 超峰群、团山组	$\in_3$ 观音台组	$\in_3$ 观音台组	$\in_3$ 观音台组	$\in_3$ 观音台组
		$\in_2$ 炮台山组		$\in_2$ 炮台山组	$\in_2$ 炮台山组	$\in_2$ 杨柳岗组	$\in_2$ 炮台山组	$\in_2$ 炮台山组	$\in_2$ 杨柳岗组	$\in_2$ 炮台山组	$\in_2$ 炮台山组	$\in_2$ 炮台山组	$\in_2$ 炮台山组
		$\in_1$ 幕府山组		$\in_1$ 幕府山组	$\in_1$ 大陈岭组、荷塘组、水井沱组	$\in_1$ 虹桥组、石家组、丁泾组		$\in_1$ 幕府山组	$\in_1$ 大陈岭组、荷塘组	$\in_1$ 幕府山组	$\in_1$ 幕府山组	$\in_1$ 迈皋桥组、幕府山组、小仑山组	$\in_1$ 幕府山组、荷塘组
		Z_2 灯影组		Z_2 灯影组		Z_2 灯影组		Z_2 灯影组	Z_2 灯影组	Z_2 灯影组	Z_2 灯影组	Z_2 灯影组	Z_2 灯影组

【地质特征及区域变化】 岩性大致分为三部分：下部为灰褐、灰紫色砂质页岩及灰褐色粉砂岩，砂质页岩中含带状藻类化石 *Vendotaenia* 等；中部为碳质页岩夹石煤层，含有黄铁矿及磷质结核；上部为硅质页岩与千枚状页岩互层。该组在宁镇地区目前尚未发现三叶虫化石。在南京城北幕府山地区厚度约 110 m；在六合冶山地区厚度约 80 m；在丹徒县马迹山厚度约 8 m；在昆山地区昆 1 钻孔主要岩性为深灰、灰黑色白云质灰岩、泥质灰岩夹碳质泥岩，含三叶虫，厚度 172.66 m。安徽全椒县黄栗树厚度为 123 m，皖南青阳黄柏岭一带厚度达 300 余米。由此可见，由南京向西和向东厚度都有增厚的趋势。昆山地区厚度增大，但碳质、泥质显著减少，而钙质、白云质明显增多。在南京幕府山地区荷塘组底部发育有一层灰黄色粉砂岩及砂质页岩，与下伏灯影组表面凹凸不平的灰白色块状白云质灰岩呈明显的平行不整合接触。在丹阳帽山一带荷塘组底部尚有厚度 5 cm 的含褐铁矿的含砾砂岩及砂状泥岩，在含铁层之上为黑色致密的硅质岩、硅质页岩和泥岩，夹凸镜状灰岩，显然两者也呈明显平行不整合接触。这一区域性平行不整合，也是古生代与元古代地层分界的良好标志。时代为早寒武世。

【其他】 在震旦纪末，本区地壳上升遭受剥蚀，在早寒武世早期发生了新的海侵，最初沉积了较细的碎屑物，而后随着海水逐渐加深，形成了黑色岩系以及微细层理发育的钙镁质较高的沉积。从这些沉积物来看，似乎是一个海水较深的低地，海水停滞较平静的还原沉积环境。

幕府山组 $\in_1 m$ (06-32-2042)

【创名及原始定义】 俞剑华、陈敏娟、张浅深(1962)于南京幕府山西段创幕府山组。下部为夹有石煤层及含磷质结核和黄铁矿结核的黑色页岩及硅质岩层；中部主要为灰白色薄层石灰岩；上部为薄层白云岩和白云质灰岩，夹少量薄层灰岩和页岩，有时夹燧石层；顶部具有厚度 8.4 m 的薄层结晶白云质灰岩，含有胶磷矿。与下伏上震旦统灯影组灰白色块状含燧石结核白云岩和上覆炮台山组砾岩，均呈假整合接触。

【沿革】 李希霍芬(1912)将南京城北幕府山地区一套以灰岩及白云岩为主的地层划为震旦系。1924 年刘季辰、赵汝钧认为是奥陶纪的“仑山灰岩”。此后，均从其说。一直到 1959 年吕桂德在幕府山一带发现了三叶虫“*Ptychoparia*”sp.，从而确认宁镇山脉有寒武纪地层的存在。南京大学地质系在幕府山，继而找到了三叶虫 *Paokannia armata*，*Redlichia*，*Ptychoparia*，*Proasaphiscus* 等，以及腕足类化石的碎片。俞剑华等(1962)进行较详细研究，认为幕府山 199 m 高地的西南坡公路旁和东南坡以及炮台山三处出露完全，以前者剖面为最好。根据岩性和化石命名为幕府山组和炮台山组，分别代表寒武系的下统和中统。后被广泛引用。后来南京大学地质系师生又在幕府山原炮台山组下部紫红色泥质灰岩中发现三叶虫 *Redlichia*。江苏省地质矿产局(1984)在《江苏省及上海市区域地质志》中，据此发现，将幕府山组顶界上移至含 *Redlichia* 紫红色泥质灰岩之顶。从而扩大了幕府山组的含义，缩小了炮台山组范围。而林天瑞等(1986)据 *Redlichia* 的发现，则把含此三叶虫的泥质灰岩及其以下的岩层，从原炮台山组单独分出另名为“迈皋桥组”，与下伏幕府山组和上覆炮台山组均为整合，为早寒武世晚期，与鄂西天河板组、川东北石龙洞组相当。1988 年，朱兆玲等认为“迈皋桥组”的岩性与幕府山组中部的岩性区别不大，而把它作为幕府山组的上部，并以含此三叶虫的红色泥质灰岩之顶作为与炮台山组的分界，二者呈整合接触，与下伏晚震旦世灯影组呈平行不整合接触。陈华成等(1989)认为南京大学地质系师生在幕府山北坡原炮台山组下部一红色泥质灰岩中找到的三叶虫 *Redlichia* 化石，并不是产在含 *Mufushania* 三叶虫的层位之下，而是产在同一层位之中。因此，仍按原划分，把它作为炮台山组下部，作为跨统的地层单位。江苏省石油地质大队周泽民等(1979)在昆山地区，根据钻孔中三叶虫的发现，确认有寒武系的存在，并建立了昆山、上海地区的寒武纪地层系统。1988年，朱兆玲等则引用浙西地区的大陈岭组。经过本次对比研究，将原幕府山组底部黑色含铁质硅质岩和石煤层划归荷塘组，余者仍称幕府山组(表9-2)。

【现在定义】 下部以灰白色含燧石结核灰岩、含磷白云质灰岩为主，其次是白云岩夹页岩；上部为灰褐色薄层白云岩，灰黑色薄层灰岩、白云岩及紫红色泥质灰岩，泥质灰岩中产三叶虫 *Redlichia*。其下与荷塘组灰褐色板状页岩分界，与上覆炮台山组黄色薄层泥质灰岩之底为界。彼此之间均为整合接触。

【层型】 正层型为南京城北幕府山西段199 m高地西南坡剖面(118°46′，32°07′)，俞剑华等1962年实测，胡世忠1993年修改。

上覆地层：炮台山组 黄色薄层泥质灰岩，质疏松，富含三叶虫

——————— 整　合 ———————

幕府山组	总厚度 137.12 m
23. 紫红色泥质灰岩，风化后呈黄色，含三叶虫 *Redlichia nobilis*	3.38 m
22. 灰黑色薄层灰岩	2.70 m
21. 浅灰色白云质灰岩	12.10 m
20. 灰白色至灰褐色薄层白云岩，风化后质疏松，底部有角砾状及发育不好的竹叶状白云质灰岩，同时夹有厚1 m左右的豆状白云质灰岩	44.90 m
19. 砾岩层，砾石为灰黑色、钙质，一般为圆形，直径在3～8 mm之间	1.90 m
18. 灰黑色薄层含胶磷矿结晶白云质灰岩	8.40 m
17. 浅紫红色白云质灰岩，含磷。富含三叶虫 *Paokannia armata*、*P.? mufushanensis*，*Redlichia* sp. 及腕足类化石碎片	2.25 m
16. 紫红色钙质页岩，含磷	0.60 m
15. 灰白、灰黑色薄层石灰岩，中夹黄褐色钙质页岩	1.51 m
14. 灰白色薄层含胶磷矿结晶白云质灰岩	1.68 m
13. 灰白色白云质灰岩	2.25 m
12. 浅紫红色薄层白云岩	5.75 m
11. 灰褐色薄层致密白云岩，夹含砂质页岩	7.00 m
10. 灰白色较纯灰岩，含少量燧石结核，亦见燧石层	40.00 m
9. 灰黑色薄层灰岩，含磷，底部夹有钙质页岩	2.70 m

——————— 整　合 ———————

下伏地层：荷塘组 浅褐色板状页岩

【地质特征及区域变化】 岩性大致分为两部分：下部以灰白色含少量燧石结核或燧石层较纯灰岩和白云质灰岩为主，其次为灰黑色薄层灰岩，含磷白云质灰岩夹钙质页岩及浅紫红色白云质灰岩，含三叶虫、腕足类、小壳化石；上部以灰白色至灰褐色薄层白云岩为主，其次为灰黑色薄层灰岩，白云质灰岩及紫红色泥质灰岩，含三叶虫。幕府山组在南京幕府山地区厚度为110 m左右，句容小仑山厚度50余米，丹徒县马迹山近60 m，在昆山地区钻孔中厚度达160余米。由此看来，其厚度是由西向东有增加之势。物质成分自下而上泥质、硅质减少，钙质、镁质有所增加。幕府山组与下伏荷塘组板状页岩，与上覆炮台山组黄色泥质灰岩，虽然都为连续沉积，但它们的界线均较明显，容易识别和划分。时代为早寒武世。

【其他】 宁镇地区是属于碳酸盐台地，海水较浅。而昆山地区则海水较深，比较宁静，是属于台地边缘斜坡带。盱眙、洪泽一带的页岩与灰岩互层的沉积，似属于开阔台地环境。

炮台山组 $\in_2 p$ （06－32－2043）

【创名及原始定义】 俞剑华、陈敏娟、张浅深(1962)于南京城北幕府山 199 m 高地西南坡公路旁创炮台山组。指微带红色薄层白云质灰岩、白云岩及少量的泥质灰岩和页岩的序列。底部有厚度 1.9 m 的底砾岩，其上尚有层位比较稳定，发育较差的竹叶状灰岩及角砾岩。泥质灰岩中产三叶虫 *Ptychoparia*，*Proasaphiscus*（即 *Mufushania nankingensis*，*M. changi*）等，总厚度 86.80 m。其与下伏幕府山组呈假整合接触，与上覆中奥陶统宝塔组呈断层接触。时代为中寒武世早期。

【沿革】 见幕府山组。

【现在定义】 指幕府山组与观音台组之间一套镁质碳酸盐岩。岩性主要为浅灰、浅黄色薄层白云质灰岩、浅红色薄层白云岩及黄色薄层泥质灰岩，含三叶虫。其下与幕府山组紫红色泥质灰岩及上覆观音台组灰白带红色含少量燧石结核白云质灰岩均为整合接触关系。

【层型】 正层型为南京城北幕府山 199 m 高地公路旁剖面（118°49′，32°08′），俞剑华等 1962 年实测，胡世忠 1993 年修改。

上覆地层：观音台组 灰白色带红色之块状白云质灰岩，含多量燧石结核

——————— 整 合 ———————

炮台山组	总厚度 94.53 m
32. 浅灰至灰黑色薄层白云质灰岩，含少量燧石结核	7.70 m
31. 浅灰色薄层白云质灰岩，具角砾状构造，风化后表面成碎屑物	45.70 m
30. 浅红色薄层白云岩，单层厚度 1～3 cm	6.69 m
29. 浅红色泥质灰岩，风化后呈黄色	3.75 m
28. 浅红色薄层白云岩，性坚硬	6.40 m
27. 浮土覆盖	3.90 m
26. 微带红色白云岩，风化后表面呈灰白色	3.56 m
25. 灰至灰黑色白云岩	15.90 m
24. 黄色薄层泥质灰岩，质疏松。富含三叶虫 *Ptychoparia* sp.，*Proasaphiscus* sp.，*Mufushania changi*，*M. nankingensis*	0.93 m

——————— 整 合 ———————

下伏地层：幕府山组 紫红色泥质灰岩，含三叶虫

【地质特征及区域变化】 岩性分为两部分：下部以灰至灰黑色白云岩为主，次有薄层状泥质灰岩，纹层发育，含三叶虫；上部为浅红、灰、深灰色薄层泥质白云岩夹灰岩，泥灰岩，含三叶虫。南京幕府山厚度近 90 m；句容仑山 40 余米；在昆山、上海一带达 250 余米；在盱眙、洪泽一带及邻区滁县一带达 290 余米。由此可见，总的厚度变化在宁镇地区较薄，向东南昆山和西北洪泽地带有增厚趋势。据岩性和所含三叶虫，可与浙西、皖南、滁县一带的杨柳岗组对比。时代为中寒武世。

宁镇一带当时可能属开阔台地和泻湖海湾沉积环境，而昆山一带则可能属台地边缘斜坡地带的沉积环境。

【其他】 关于炮台山组与其下伏幕府山组的接触关系，由于以往各家对炮台山组划分不一，故对其下界的接触关系性质也有不同意见。当初，俞剑华等(1962)在幕府山创建炮台山组时，以一层厚1.9 m的灰黑色钙质砾岩作为炮台山组的底砾岩，并认为与幕府山组呈平行不整合。嗣后，在此砾岩之上约60 m的紫红色泥质灰岩中发现了三叶虫 *Redlichia nobilis*，而且这段岩性与幕府山组中部区别不大，所以多数研究者据此发现，结合岩性将它划入了幕府山组上部，从而使炮台山组下界上移至紫红色泥质灰岩(含 *Redlichia nobilis*)之顶，与炮台山组底部含 *Mufushania* 黄色泥质灰岩为连续沉积整合关系(俞志亭，1979；江苏省地矿局，1984；朱兆玲等，1988)。现根据岩性特征，将炮台山组底界上移，以其底部含三叶虫 *Mufushania changi* 黄色泥质灰岩之底为界，与下伏幕府山组顶部含三叶虫 *Redlichia nobilis* 紫红色泥质灰岩为整合接触。

观音台组　$\in_3O_1g$　(06-32-2044)

【创名及原始定义】 江苏重工业局区测队(1970)创于句容仑山观音台。观音台组从原仑山灰岩下部划出，下部主要为灰、深灰色中薄层夹厚层白云岩、灰质白云岩，常有较多燧石条带和结核；上部主要为灰、灰白色厚层白云岩、含白云质灰岩，偶含少量燧石结核和条带。下未见底，上与仑山组整合。厚度大于530 m，未获化石，属上寒武统。

【沿革】 1976年，许汉奎将观音台组改称娄山关群。周泽民等(1979)、江苏石油队(1980)将该区上寒武统划分为玉山镇组和文笔峰组。钱义元等(1984)、朱兆玲等(1988)引用团山组和超峰群。现采用观音台组(表9-2)。

娄山关群、文笔峰组、玉山镇组、团山组、超峰群为同物异名，建议在本区停用。

【现在定义】 指炮台山组与仑山组之间一套镁质碳酸盐岩。下部为浅—深灰色中—厚层灰质白云岩、白云岩夹白云质灰岩，含燧石结核或条带；上部为浅—深灰色中至厚层白云岩，夹含燧石结核和条带白云岩。与下伏炮台山组浅黄色薄层泥质白云岩及与上覆仑山组灰黄色厚层含灰质白云岩，均为连续沉积的整合关系。

【层型】 正层型为句容县仑山观音台剖面(119°14′，32°06′)，江苏区调队1989年重测。

上覆地层：**仑山组**　灰黄色厚层中晶含灰质白云岩

——————— 整　合 ———————

观音台组	总厚度 624.73 m
24. 灰、浅灰、灰白色厚层—中厚层含燧石白云岩	97.77 m
23. 浅灰色中薄层含燧石白云岩	12.96 m
22. 灰白—深灰色中—厚层含燧石条带白云岩	103.73 m
21. 灰白色中薄层硅质条带白云岩夹灰白色中层白云岩	14.52 m
20. 灰白色厚层硅质条带白云岩	8.26 m
19. 浅灰白色中薄层至厚层白云岩	30.53 m
18. 深灰色中薄层含燧石结核白云岩	7.29 m
17. 灰白色中—厚层白云岩	14.28 m
16. 深灰色厚层白云岩	28.72 m
15. 浅灰—灰白色薄—厚层白云岩	98.40 m
14. 灰白色中厚层含燧石结核及燧石条带白云岩	12.21 m
13. 灰、灰白色中薄—厚层白云岩	23.81 m

12. 深灰色中薄层白云岩　17.00 m

11. 浅灰色中薄层含燧石条带灰质白云岩　2.78 m

10. 浅灰色厚层含燧石结核灰质白云岩　21.91 m

9. 灰色中厚层白云岩夹浅灰色中薄层白云岩　22.59 m

8. 浅灰色中层含燧石条带白云岩　15.13 m

7. 浅灰色薄层白云岩　10.00 m

6. 深灰色中厚层白云岩　22.28 m

5. 浅灰色中层灰质白云岩　12.01 m

4. 浅灰色薄层白云质灰岩　7.33 m

3. 灰色厚层含灰质白云岩　5.93 m

2. 浅灰色薄层白云岩夹灰色厚层白云岩　22.90 m

1. 灰、浅灰色中—厚层含灰质白云岩　12.39 m

———— 整　合 ————

下伏地层：炮台山组　灰黄色薄层泥质白云岩

【地质特征及区域变化】　岩性分为两部分：下部为浅灰—深灰色灰质白云岩、含灰质白云岩、白云岩夹白云质灰岩，含燧石结核或条带，单层厚度变化较大，薄层至厚层交替无规律出现，厚度约155 m；上部为浅灰—深灰色中薄—厚层状白云岩夹含燧石结核和条带白云岩，靠上均为含燧石白云岩，厚度470 m左右，总厚度在620余米。与下伏炮台山组灰黄色薄层泥质白云岩整合。观音台组在宁镇地区至今尚未采获有确定时代意义的化石，因而其时限难以准确划定。但在汤山地区，仑山组底部含三叶虫 *Dactylocephalus dactyloides*, *Szechuanella* sp.；腕足类 *Nanorthis* sp.，*Apheoorthis* sp. 等。由于这些化石不是奥陶纪最早期的，而其下紧接着的观音台组顶部有可能属于下奥陶统。由此看来，观音台组在宁镇地区的时代似应自晚寒武世至早奥陶世早期。在苏南东部昆山地区昆1钻孔，下部主要为深灰色、灰黑色含生物屑灰岩、白云质灰岩、泥质白云岩，厚度150余米。产有三叶虫 *Liostracina*，*Dorypygella*，*Eoshengia*，*Fenghuangella*，*Liaoningaspis*，*Bergeronites*，*Monkaspis*，*Homagnostus* 等；腕足类 *Obolus*，*Lingulella*；牙形刺 *Oncotodus*。上部为一套灰色、灰白色块状及厚层至中厚层状粉晶白云岩，次生硅化作用强烈，常具似角砾状构造，未发现化石，厚度350 m左右。这套白云岩与其上、下地层均为连续沉积。由此可见，观音台组厚度本区变化不大，但在物质组分上却有变化，西部宁镇地区为白云岩，含有燧石结核或条带；而东部为灰岩及泥质灰岩，含白云质；在北部洪泽、盱眙钻孔所见为白云岩与灰质白云岩互层出现。

昆山地区晚寒武世早期继承了中寒武世台地边缘斜坡带的沉积环境，而中寒武世中、晚期则与宁镇地区一样，属于泻湖沉积环境。由于海水逐渐变浅，咸化，宁镇地区从晚寒武世早期开始先咸化，而后逐渐向东南迁移。至晚期海水变浅，几乎全变为泻湖环境。

仑山组　O_1l　(06-32-2061)

【创名及原始定义】　李希霍芬（1912）于镇江西南仑山创仑山石灰岩。丁文江（1919）介绍："仑山位于镇江西南25 km，高资西南偏南12 km。在其山中遇有石灰岩一层。构成是山之大部。李希霍芬于此觅得化石数种。法雷区鉴定为下志留系即奥陶系是也。仑山石灰岩为李希霍芬唯一认为奥陶系者"。

【沿革】　李毓尧、朱森等(1935)将含 *Hopeioceras* 化石之下的部分称为仑山灰岩，其下伏层为寒武—奥陶系的黄墟系。江苏区测队(1970)重新厘定了仑山组的含义(表 9-3)。本次对比研究沿用仑山组,但底界与江苏区测队(1970)相比，提高到以含腕足类 *Imbricatia* sp. 的厚层白云质灰岩出现作为仑山组底界，与下伏观音台组厚层灰质白云岩分界。

表 9-3 宁镇及邻区奥陶纪地层划分沿革表

李希霍芬	丁文江	刘季辰、赵汝钧	李毓尧、李捷、朱森	穆恩之等	潘江	江苏区测队	俞剑华、陈敏娟		陈旭等	本书
1912	1919	1924	1935	1955	1956	1970	1979		1980	1997
句容仑山	宁镇	苏南	宁镇	宁镇	宁镇	宁镇	宁镇	昆山	苏南	南区
					S_{2-3} 坟头层					
S 笔石页岩	Z 笔石页岩	D—S 界岭层	S_1 高家边层	S_1 高家边组	S_1 页岩	S_1 高家边组	S_1 高家边组	长坞组(未见顶)	S_1 高家边组	S_1 高家边组
									新开岭层	
				O_3 五峰页岩	O_3 五峰页岩	O_3 五峰组	O_3 五峰组		O_3 五峰组	
			O_2 汤山系	汤头层	汤头组	汤头组	汤头组	黄泥岗组	汤头组 上段 / 下段	O_3 汤头组
				O_2 汤山石灰岩	O_2 汤山石灰岩(宝塔石灰岩、硅质石灰岩)	O_2 汤山组	O_2 汤山组	砚瓦山组	O_2 宝塔组 宝塔段	O_2 汤山组
							大田坝组		大田坝段	
O 仑山石灰岩	仑山石灰岩	O 仑山层	O_1 仑山石灰岩	O_1 仑山石灰岩	仑山石灰岩	O_1 大湾组	O_1 牯牛潭组	昆山组	O_1 牯牛潭组	O_1 牯牛潭组
							大湾组		大湾组	大湾组
						红花园组	红花园组		红花园组	红花园组
						仑山组	仑山组		仑山组	仑山组
						$\in_3$ 观音台组	$\in_3$ 观音台组		$\in_3$ 观音台组	$\in_3$ 观音台组

【现在定义】 为一套灰色厚层含灰质白云岩、白云质灰岩和灰、暗灰色厚层状灰岩，鲕状灰岩，局部具燧石条带与燧石结核的岩层，底部含三叶虫。与下伏观音台组灰白色中—厚层含燧石白云岩，与上覆红花园组巨厚层灰岩均呈整合接触。

【层型】 创名时未测剖面；选层型为句容县仑山 369 m 高地剖面(119°15′,32°10′)，江苏区测队 1965 年实测。

上覆地层：**红花园组** 灰白色巨厚层致密灰岩，含角石 *Comeroceras* sp.

——————— 整　合 ———————

仑山组	总厚度 93.6 m
8. 浅灰微带肉红色厚层致密状含灰质白云岩，含燧石条带和结核	46.2 m
7. 灰、浅灰色厚层致密状灰岩，局部为灰质白云岩	19.1 m
6. 灰、灰紫色条带状似厚层灰岩。含三叶虫碎片和腕足类"*Orthis*" cf. *neichiaensis*	2.0 m
5. 暗灰色厚层鲕状灰岩。含腕足类及三叶虫碎片	1.7 m
4. 暗灰色厚层致密状灰岩	2.8 m
3. 暗灰色厚层结晶状灰岩。含腕足类 *Imbricatia* sp.，*Nanorthis* sp.；三叶虫 *Szechuanella szechuanensis*，*Dactylocephalus dactyloides*	13.8 m
2. 浅灰、灰色厚层白云质灰岩。含腕足类 *Imbricatia* sp.	8.0 m

——————— 整　合 ———————

下伏地层：观音台组　浅灰色厚层灰质白云岩

〔注〕：毕治国等在该剖面上部的薄层灰岩中发现笔石 *Dictyonema*。

【地质特征及区域变化】　岩性分三部分：下部深灰、灰黑、浅灰色中厚层含灰质白云岩与含白云质灰岩互层，主要含三叶虫，牙形刺等，厚度 29.59 m；中部灰—浅灰色中厚层含燧石条带白云质灰岩，灰质白云岩，含牙形刺及三叶虫碎片、腕足类等，厚度 38.76 m；上部浅灰、灰白色厚至中厚层含白云质灰岩为主，稍夹含灰质白云岩，含牙形刺，厚度 30.79 m。宁镇地区厚度较稳定，仑山约 94 m，汤山建新村 99.14 m，幕府山地区因断层发育，出露较零星。宜兴芳桥厚度大于 261 m，昆山 237 孔井下厚度 183.8 m。苏北滨海地区苏 83 井视厚度约 157 m。安徽滁县厚度约 433 m，和县大于 492 m，无为厚度 93 m。时代为早奥陶世。

红花园组　O_1h　（06－32－2062）

【创名及原始定义】　系张鸣韶、盛莘夫(1940)命名，刘之远(1948)介绍的"红花园石灰岩"演变而来。命名地点在贵州省桐梓县城南 7 km 红花园村。红花园石灰岩整合于桐梓层之上，露头于桐梓红花园附近，因此以红花园命名，其时代相当于北美加拿大期(Canadian)下部，岩性为灰色厚层灰岩，厚 40 m，含化石很丰富，有头足类 *Cameroceras hupehense*，海绵 *Archaeoscyphia chinliensis*，*Calathium*? *kweichowense* 等，时代为下奥陶纪。

【沿革】　江苏区测队(1970)，在宁镇地区根据生物群组合、层序、岩性特征，从李毓尧等(1935)所建仑山灰岩中划出引用红花园组，后广为引用(表 9－3)。俞剑华、陈敏娟等(1979)，将宜兴芳桥阳山下奥陶统的一段暗灰色中—厚层泥质微晶石灰岩、微晶含生物碎屑、砾屑石灰岩及重结晶砾屑微晶石灰岩，创名芳桥组；同时又将昆山市马鞍山一带灰黑色厚层细晶、中晶交代白云岩，创名为昆山组，实为红花园组同物异名。

【现在定义】　整合于桐梓组灰岩夹页岩之上，湄潭组页岩之下，由灰至深灰色中至厚层夹薄层微至粗晶生物碎屑灰岩与波状泥质条带生物碎屑灰岩组成韵律式沉积，下部偶夹页岩或燧石薄层，自下而上常含结核状或凸镜状燧石，富含头足类，海绵及三叶虫、腕足类等。江苏省内本区该组下与仑山组灰黄色中厚层细晶灰质白云岩分界，上与大湾组灰、浅灰色亮晶生物碎屑灰岩分界，均为整合接触。

【层型】　正层型在贵州省桐梓县红花园。省内次层型为句容县仑山石宕冲剖面(119°15′，32°10′)，江苏区测队 1970 年实测。

上覆地层：大湾组　灰、浅灰色厚层亮晶生物碎屑灰岩

——————— 整　合 ———————

红花园组　　总厚度 196.61 m

28. 浅灰色厚层亮晶生物碎屑藻灰岩与含微晶亮晶砂屑灰岩互层。含红藻 *Nuia* sp.；牙形刺 *Drepanodus homocurvatus*, *Acodus housensis*, *Paltodus* sp., *Oistodus* sp., *Serratognathus coalescens*, *S. tangshanensis*, *S. obliquidens* 17.14 m

27. 灰色中厚层亮晶球粒砂屑石灰岩为主，部份为砂屑微晶灰岩。含牙形刺 *Serratognathus coalescens* 4.19 m

26. 灰色中厚层含微晶亮晶生物碎屑灰岩。含腕足类 *Nanorthis* sp. 3.45 m

25. 灰至深灰色厚层含砂屑微晶灰岩和重结晶微晶砂屑灰岩为主，中部及顶部各夹有一薄层具残余生物碎屑砂岩结构的燧石岩，具残余生物碎屑球粒结构的燧石岩。含牙形刺 *Serratognathus tangshanensis*, *S.* cf. *bilobatus* 7.75 m

24. 灰色厚层亮晶生物碎屑灰岩，亮晶生物碎屑砂屑灰岩和亮晶团块生物碎屑灰岩。含腕足类 *Tritoechia tangshanensis*, *T. turritella*, *Pomatotrema jiangsuense*, *Punctolira orientalis*, *P. sinensis*, *Diparelasma nanjingense*, *Porambonites* sp., *Nanorthis* sp.；红藻 *Nuia* sp.；牙形刺 *Oistodus cambricus*, *Acontiodus staufferi*, *Drepanodus homocurvatus*, *Scolopodus* sp., *Serratognathus tangshanensis*, *S. coalescens*, *S. obliquidens* 9.61 m

23. 灰，浅灰色厚层亮晶团块砂屑灰岩和含微晶亮晶砂屑团块灰岩 6.08 m

22. 灰色厚层含亮晶球粒砂屑微晶灰岩 7.25 m

21. 灰色厚层亮晶球粒砂屑微晶灰岩。含牙形刺 *Oneotodus nakamaurai*, *Drepanodus homocurvatus*, *Scandodus* sp., *Ulrichodina* sp. 4.09 m

20. 深灰色厚层亮晶含生物碎屑砂屑灰岩和含微晶亮晶团块灰岩。含牙形刺 *Oneotodus nakamaurai*, *Drepanodus homocurvatus*, *Oistodus angulatus*, *O. abundans*, *Acodus sevierensis* 12.03 m

19. 灰色厚层部分白云石化亮晶微晶变鲕粒灰岩。含牙形刺 *Acodus sevierensis*, *Drepanodus arcuatus* 11.99 m

18. 灰色厚层亮晶内碎屑生物碎屑灰岩和白云石化亮晶含生物碎屑团块灰岩。含牙形刺 *Drepanodus homocurvatus* 9.12 m

17. 灰色厚层亮晶含砂屑团块灰岩和亮晶含团块内碎屑石灰岩，局部为亮晶球粒灰岩。含牙形刺 *Drepanodus deltifer*, *D. conulatus*, *Oneotodus* sp. 8.29 m

16. 灰色厚层重结晶含藻团块生物碎屑灰岩，生物碎屑以海百合为主。含牙形刺 *Oneotodus nankamaurai*, *Scolopodus quadraplicatus*, *Drepanodus* sp. 1.02 m

15. 灰色厚层亮晶团块内碎屑灰岩 4.47 m

14. 灰色厚层亮晶团块生物碎屑灰岩、上部为重结晶海百合生物碎屑灰岩。含牙形刺 *Scandodus* sp. 8.04 m

13. 浅灰色厚层亮晶藻鲕砂屑灰岩。含头足类 *Hopeioceras* sp. 3.77 m

12. 浅灰、微肉红色厚层亮晶藻鲕砂屑灰岩，中夹亮晶含球粒细砂屑灰岩。含头足类 *Hopeioceras* sp. 16.54 m

11. 灰色厚层亮晶含砂屑砾屑灰岩。含头足类 *Hopeioceras* sp. 3.63 m

10. 浅灰色厚层亮晶含砾屑砂屑灰岩 3.06 m

9. 浅灰色厚层亮晶砂屑灰岩 6.61 m

8. 浅灰色厚层亮晶砂屑灰岩 5.68 m

7. 浅灰色厚层弱白云石化亮晶团块砂屑灰岩 4.64 m

6. 浅灰色厚层亮晶藻鲕砂屑灰岩。含头足类 *Hopeioceras* sp. 7.21 m

5. 灰白色厚层亮晶生物碎屑砂屑灰岩 4.46 m

4. 浅灰色厚层亮晶含团块藻鲕灰岩，局部弱白云石化。含头足类 *Hopeioceras* sp. 7.16 m

3. 浅灰色厚层亮晶碎屑灰岩，局部弱白云石化，含头足类 *Hopeioceras* sp. 8.98 m

2. 浅灰色厚层亮晶团块砂屑灰岩，局部弱白云岩化。含头足类 *Hopeioceras* sp. 2.99 m

1. 浅灰色厚层亮晶砂屑灰岩，局部弱白云石化 7.36 m

——————— 整　合 ———————

下伏地层：仑山组　含燧石团块结晶白云岩

【地质特征及区域变化】　岩性下部以浅灰色厚层砂屑亮晶灰岩为主，夹亮晶含团块藻鲕砂屑灰岩为主，局部可见白云石化。含化石较少，仅含1～2层内角石类体管的鹦鹉螺以及少量腕足类；上部以生物屑亮晶灰岩和藻鲕亮晶灰岩为主，含少量燧石结核，普遍存在两层以红藻 *Nuia* 为主的藻粒灰岩，富含化石。在句容仑山及江宁汤山建新村等地本组上部层面上大量分布着原始的内角石类，腕足类及丰富的牙形刺化石。厚度在江宁汤山一带大于107 m，仑山205.5 m，幕府山大于26 m，宜兴大于261 m，昆山、上海一带大于141 m。与下伏仑山组为整合接触。为浅海台地边缘浅滩环境。时代为早奥陶世。

大湾组　O_1d　(06-32-2063)

【命名及原始定义】　系张文堂等(1957)创名的"大湾层"演变而来。命名地点在湖北省宜昌市分乡场女娲庙大湾村。大湾层(约11 m)灰绿色瘤状石灰岩为主，间夹有薄层秽绿色页岩多层，产腕足类、笔石、三叶虫等。与上覆扬子贝层、下伏 *Cameroceras* 石灰岩均呈整合接触。

【沿革】　江苏区测队(1970)在仑山首次发现 *Yangtzeella*，从李毓尧等(1935)所创仑山灰岩中划出大湾组，后广为引用(表9-3)。

【现在定义】　为一套富含腕足类、三叶虫和笔石等的泥质较高的碳酸盐岩地层，下部为灰、灰绿色薄至中厚层泥质瘤状生物灰岩夹黄绿、灰绿色泥岩；中部为紫红色生物屑灰岩、泥灰岩；上部为灰绿色薄至中厚层泥质瘤状灰岩夹泥岩。它与上覆牯牛潭组中厚层灰岩和下伏红花园组深灰色厚层含头足类生物屑结晶灰岩均为整合接触。江苏省与之相似。

【层型】　正层型在湖北省宜昌市分乡场。省内次层型为江宁县汤山外圩沟剖面(119°15′，32°10′)，江苏区调队1979年实测。

上覆地层：牯牛潭组　灰黄色薄层含微晶粉屑海百合生物碎屑石灰岩

——————— 整　合 ———————

大湾组　　总厚度 14.46 m

6. 灰黄、灰绿色页岩夹泥质微晶石灰岩。含腕足类 *Yangtzeella*? sp.，正形贝碎片；牙形刺 *Drepanodus suberectus*，*Scolopodus rex*，*S. varicostatus*，*Oistodus verustus*，*O. cambricus*，*O. longiramis*，*Paltodus* sp.，*Tetraprioniodus quadrangulum*，*Keislognathus simplex* 1.71 m

5. 灰黄色薄—中厚层含粉屑生物碎屑微晶石灰岩及微晶生物碎屑粉屑石灰岩，具微层理构造，生物碎屑以海百合等棘皮动物为主。含头足类 *Chisiloceras reedi*；牙形刺 *Oistodus verustus*，*Acontiodus robustus*，*Scolopodus rex*，*Paltodus* sp.，*Keislognathus simplex*，*Oepikodus quadratus*，*Prioniodus* sp.，*Periodon* sp. 2.25 m

4. 灰白、灰黄色硅化角砾石灰岩。含腕足类碎片 3.86 m

3. 灰黄色弱硅化石灰岩。含腕足类碎片　　6.64 m

——整　合——

下伏地层：**红花园组**　灰黄、肉红色交代燧石岩和强硅化石灰岩，含头足类 *Hopeioceras* sp.

【地质特征及区域变化】　岩性分三部分：下部灰色薄—中厚层亮晶生物碎屑石灰岩，主要含腕足类、牙形刺等，厚度 7 m 左右；中部灰色局部呈肉红色的薄—中厚层含泥质生物碎屑微晶灰岩，及亮晶生物碎屑石灰岩为主，含头足类、牙形刺，厚度 6 m 左右；上部灰绿色页岩夹泥质微晶石灰岩和生物碎屑微晶灰岩，含腕足类、牙形刺，厚度 2 m 左右。岩性变化不大，苏北滨海钻孔中以灰、深灰色中厚层夹薄层灰岩为主；洪泽朱坝钻孔中为灰、深灰色中厚—厚层灰岩夹含硅质灰岩与薄层灰岩。厚度在洪泽、滨海一带大于 100 m，仑山、昆山一带 40～43 m，汤山 15 m。大湾组属台地边缘浅滩环境沉积。时代为早奥陶世。

牯牛潭组　O_1g　(06-32-2064)

【创名及原始定义】　系张文堂等(1957)所创建的“牯牛潭石灰岩”演变而来。命名地点在湖北省宜昌市分乡场牯牛潭。牯牛潭石灰岩，厚约 23 m，灰色泥质干裂纹石灰岩，夹灰黄色泥质瘤状石灰岩，产 *Vaginoceras* 及一些较大的头足类化石，与上覆庙坡页岩和下伏扬子贝层秽绿色页岩夹瘤状石灰岩均呈整合接触。

【沿革】　安徽区调队(1977)，在南京从原“汤山组”中划出牯牛潭组，后广为引用（表 9-3）。

【现在定义】　指整合于大湾组和庙坡组之间的一套青灰、灰色及紫灰色薄至中厚层灰岩与瘤状泥质灰岩互层，富含头足类亦有三叶虫等化石的地层序列，均以页岩(泥岩)的结束或出现为划分其底、顶界线标志。区域上，当无庙坡组时，则与上覆宝塔组的龟裂纹灰岩整合接触。江苏省内本区与大湾组灰黄、灰绿色页岩为界，上与汤山组肉红色含泥质生物碎屑微晶灰岩为界，均为整合接触。

【层型】　正层型在湖北省宜昌市分乡场。省内次层型为江宁县汤山外圩沟剖面(119°15′，32°10′)，俞剑华等 1979 年实测。

上覆地层：**汤山组**　肉红色薄—中厚层含泥质生物碎屑微晶石灰岩。含头足类，牙形刺

——整　合——

牯牛潭组　　总厚度 12.02 m

9. 灰黄色含生物碎屑微晶灰岩，生物碎屑以介形类为主。含头足类 *Dideroceras belemnitiforme*　　3.57 m
8. 灰黄色薄至中厚层含微晶生物碎屑粉屑灰岩，生物碎屑以海百合为主。含头足类 *Dideroceras belemnitiforme*，*Cochlioceras yangtzeense*，*Michelinoceras* sp.；牙形刺 *Oistodus lanceolotus*，*Scolopodus varicostatus*，*Drepanodus homocurvatus*，*Falodus* sp.　　6.29 m
7. 灰黄色薄层含微晶粉屑海百合生物碎屑石灰岩。含牙形刺 *Oistodus excelsus*，*Scolopodus varicostatus*，*Acodus* sp.，*Paltodus* sp.，*Prioniodus* cf. *elegans*，*Tetraprioniodus superbus*，*Oepikodus eqidentatus*，*Amorphognathus* sp.，*Eoplacognathus* sp.　　2.16 m

——整　合——

下伏地层：**大湾组**　灰黄、灰绿色页岩夹泥质微晶石灰岩

【地质特征及区域变化】 岩性为灰黄色薄—中厚层含微晶生物碎屑粉屑灰岩。汤山建新村其顶部为灰色厚层含白云质生物碎屑灰岩；仑山东岗岗山其下部为浅灰黄色中薄层似瘤状泥质灰岩。主要含丰富的头足类及牙形刺。与下伏大湾组、与上覆汤山组呈整合接触。厚度汤山 12 m，仑山东岗岗山为 5.13 m，昆山钻井下为 9 m。牯牛潭组的沉积环境继承了大湾组的台地边缘浅滩相的特点。时代为早奥陶世晚期。

汤山组 O_2t （06-32-2065）

【创名及原始定义】 李毓尧、李捷、朱森(1935)于江苏江宁汤山创汤山系。各地所见岩层颇薄，底部常为灰黄或浅红之矽化岩，厚度自数米至10多米不等，亦有完全无存者，本系全体为灰黄或浅红色泥质灰岩及黄色页岩，下部灰岩较多，至上部则页岩渐增，驯至全为页岩，总计厚度，约三四十公尺。中部含化石较富，有 *Vaginoceras* aff. *uniforme*，*Orthoceras chinense*。本系之岩性、层位及所含化石，皆与长江上游之艾家山系相似，化石多与艾家山系上部之塔石层者相同，故本系地层当属诸中奥陶纪后期。

【沿革】 穆恩之等(1955)于汤山外圩沟将汤山系下部称汤山石灰岩，厚度 47 m，可分为两部分：上部为灰色较纯石灰岩，厚度 25 m，其顶具有明显的干裂纹沟，含角石 *Orthoceras* spp.，*Vaginoceras wahlenbergi* 等，相当长江上游的宝塔石灰岩；下部为红褐色石英质石灰岩，厚度 22 m，产角石 *Eccyliopterus*，可能相当于长江上游艾家山层的上部，时代属中奥陶世，上与汤头层整合，其下与仑山石灰岩之间为不连续。潘江(1956)将汤山石灰岩分为上部宝塔石灰岩；下部汤山硅质石灰岩，时代皆为中奥陶世。江苏区测队(1970)称汤山组。俞剑华等(1979)将汤山组下部产 *Lituites* 之层位分出，称大田坝组，汤山组代表中奥陶统上部地层。陈旭等(1980)称宝塔组，代表中奥陶统的沉积，并将其分为上部宝塔段，下部大田坝段(表 9-3)。

【现在定义】 下段为肉红色薄—中厚层含泥质生物碎屑微晶灰岩，含头足类及牙形刺；上段以灰、微肉红色厚层含粉屑生物碎屑微晶灰岩为主，其岩层面常具干裂纹构造。富含头足类及牙形刺。与下伏牯牛潭组、上覆汤头组均呈整合接触。

【层型】 正层型为江宁县汤山外圩沟剖面(119°15′,32°10′)，俞剑华、陈敏娟 1979 年重测。

上覆地层：**汤头组** 灰黄、灰褐色钙质泥岩夹瘤状含泥质含生物碎屑微晶灰岩

——————— 整 合 ———————

汤山组	总厚度 12.6 m
上段	厚度 10.44 m
13. 灰黄、浅肉红色厚层含生物碎屑粉屑微晶灰岩，具干裂构造，生物碎屑以介形虫为主。含头足类 *Sinoceras chinense*；牙形刺 *Acontiodus robustus*，*Oistodus verustus*，*Panderodus gracilis*，*P.* cf. *unicostatus*，*Plectodina* sp.，*Ptiloconus* sp.，*Hamarodus*? sp.，*Periodon* cf. *aculeatus*	3.10 m
12. 灰、灰黄色厚层含粉屑生物碎屑微晶灰岩，生物碎屑以介形虫为主。含头足类及三叶虫碎片	2.00 m
11. 灰、肉红色厚层含粉屑生物碎屑微晶灰岩，生物碎屑以海百合、介形虫为主。含头足类、三叶虫碎片及牙形刺 *Paltodus* sp.，*Panderodus gracilis*，*P.* cf. *unicostatus*，*Oistodus verustus*，*Acontiodus robustus*，*Scolopodus* sp.，*Plectodina* sp.	5.34 m

下段 厚度 2.16 m

10. 肉红色薄—中厚层含泥质生物碎屑微晶石灰岩，生物碎屑以介形虫、腹足类、三叶虫为主。含头足类 *Lituites ningkiangensise*，*Michelinoceras elongatum*；牙形刺 *Scolopodus varicostatus*，*Dichognathus* sp.，*Tetraprioniodus* sp.，*Prioniodus* sp.，*Amorphognathus* sp.，*Polyplacognathus* sp.，*Ambalodus* sp. 2.16 m

——————— 整 合 ———————

下伏地层：**牯牛潭组** 灰黄色含生物碎屑微晶灰岩

【地质特征及区域变化】 岩性下段以肉红色薄—中厚层含泥质生物碎屑微晶石灰岩为主，生物碎屑主要为介形虫，其次为腹足类和三叶虫，含丰富的头足类及牙形刺，厚度约 2～16 m；上段以灰色至微肉红色厚层含粉屑生物碎屑微晶灰岩为主，生物碎屑成分主要为介形虫，其层面常具干裂纹构造。厚 10～40 m。含头足类及牙形刺。与下伏牯牛潭组呈整合接触。厚度幕府山大于 24 m，汤山约 12.6 m，仑山约 6.3 m，昆山钻井中约 51 m。本组为浅海碳酸盐台地沉积。时代为中奥陶世。

汤头组 $O_{2-3}t$ （06－32－2066）

【创名及原始定义】 穆恩之等（1955）于江宁汤山西南坡汤头村将汤山系上部创汤头层。岩性为黄色灰质页岩夹瘤状灰岩，厚度约 20 m，含三叶虫 *Nankinolithus*，*Phylacops*，*Telephus* 等。下与汤山灰岩，上与五峰页岩均系整合接触，时代为晚奥陶世。

【沿革】 潘江（1956）改称汤头组后引用至今。陈旭等（1988）依据动物化石将汤头组分上、下段，分别归属于上奥陶统与中奥陶统。两段的界线与中、上奥陶统的界线一致（表 9－3）。本次对比研究，仍用汤头组。

【现在定义】 为一套灰黄、灰白色中薄层瘤状泥灰岩、泥质灰岩夹泥岩，局部可变为页岩夹瘤状灰岩，富含三叶虫化石。其下与汤山组浅灰色中厚层龟裂纹灰岩，上与高家边组灰黑色硅质岩为界，均呈整合接触。

【层型】 正层型为江宁县汤头村剖面（119°15′，32°10′），江苏区调队 1984 年重测。

上覆地层：**高家边组** 褐黑色中薄层含铁硅质岩

——————— 整 合 ———————

汤头组 总厚度 20.18 m

上段 厚度 5.48 m

13. 灰白色中薄层瘤状泥质灰岩 1.68 m

12. 褐黄色中薄层瘤状泥质灰岩。含三叶虫 *Amphytrion* sp.，*Calymenesun granulosa*，*Dionide regalis*，*Telephina* sp.，*Madygenia pinguis*，*Ampyxinella* sp.，*Lonchodomas jiantsaokouensis*，*Nankinolithus nankingensis*，*Paraphillipsinella hubeiensis*，*Scotoharpes* sp.，*Microporia* sp.，*Cyclopyge rotundata*，*C. jiangquiformis*，*Sphaeragnostus cerus*，*Trinodus* sp.，*Corrugatagnostus jiangshanensis*，*Hammatocnemis decorosus*，*H. ovatus*；海百合 *Pentagonocyclicus* sp. 3.20 m

11. 灰白色中薄层泥质灰岩 0.30 m

10. 土黄色中厚层瘤状泥质灰岩。含三叶虫 *Nankinolithus* sp.，*Cyclopyge* sp.，*Hammatocnemis* sp.，*Cyclopyge rotundata*；海百合 *Pentagonocyclicus* sp. 0.30 m

下段 厚度 14.70 m

9. 浅灰色薄板状泥岩 0.13 m

8. 浅灰白色中薄层粘土岩 0.52 m

7. 灰黄色中薄层瘤状泥质灰岩。含三叶虫 *Amphytrion* sp.，*Atractopyge gaoluoensis*，*Calymenesun granulosa*，*Meitanillaenus* sp.，*Cyclopyge rotundata*，*C. jiangquiformis*，*Trinodus* sp.，*Corrugatagnostus jianshanensis*，*Hammatocnemis decorosus* 1.76 m

6. 灰白色薄层泥质灰岩。含三叶虫 *Amphytrion* sp.，*Calymenesun granulosa*，*Dionide* sp.，*Raphiophorus* sp.，*Telephina* sp.，*Encrinurella tetrasulcula*，*Cyclopyge rotundata*，*C. recurva*，*C. jiangquiformis*，*Corrugatagnostus jiangshanensis*，*Hammatocnemis decorosus* 0.71 m

5. 灰白色中薄层瘤状泥质灰岩。含三叶虫碎片 0.53 m

4. 灰白—浅灰色薄层泥质灰岩。含三叶虫 *Hammatocnemis decorosus* 0.78 m

3. 灰白色中薄层瘤状泥质灰岩 1.09 m

2. 灰白色—灰黄色薄层泥质灰岩。含三叶虫 *Cyclopyge rotundata*，*C. recurva*，*C.* cf. *spiculata*，*C. jiangquiformis*，*Corrugatagnostus jiangshanensis*，*Hammatocnemis decorosus*；腕足类：*Christiania sulcata* 0.93 m

1. 灰白—黄褐色中薄层瘤状泥质灰岩。含三叶虫 *Encrinurella tetrasulcula*，*Madygenia communis*，*Cyclopyge* sp. 8.25 m

——————— 整　合 ———————

下伏地层：汤山组　浅灰色中厚层龟裂纹状灰岩

〔注〕：江苏区调队（1985）在下段还采到头足类 *Eosomichelinoceras* sp.，*Richardsonoceras* sp.。

【地质特征及区域变化】　岩性为灰绿、褐黄色中薄层瘤状泥质灰岩（风化后呈灰白色），中间夹泥岩、粘土岩及泥质灰岩颇具特色。含丰富的三叶虫、头足类。与下伏汤山组龟裂纹状灰岩呈整合接触。汤山厚度 19.4 m，仑山 10～28 m，含笔石，昆山钻孔中见 17.5 m 厚，洪泽钻孔 43 m。本组为浅海碳酸盐台地沉积。时代为中—晚奥陶世。

高家边组　O_3S_1g　（06－32－2081）

【创名及原始定义】　葛利普(1924)于丹徒县(现为句容县)高家边创高家边页岩。指南京仑山下志留统，平行不整合在奥陶系仑山灰岩之上，由含三叶虫及笔石等化石的黄色页岩组成，厚度 200 m。上覆地层为五通石英岩或五通山石英岩。

【沿革】　李希霍芬(1868—1870)将仑山灰岩及其上的页岩归入志留系。刘季辰、赵汝钧(1924)将苏南宜兴、溧阳南部山区与浙江相邻一带的页岩、砂岩创名为界岭层，划为志留泥盆系。李四光、朱森(1932)将高家边页岩改为高家边层。对江苏省志留系进行系统研究应推李毓尧、李捷和朱森，他们在《宁镇山脉地质》(1935)中将高家边页岩划分为四层。穆恩之等(1955)将区内高家边组底部的黑色硅质页岩划出，称五峰页岩。潘江(1956)将高家边层中上部的砂岩及砂质页岩含三叶虫、腕足类的地层划出，创坟头层，置于中、上志留统。穆恩之(1962)将宁镇山脉的志留系划为下志留统高家边群、中志留统坟头群、上志留统茅山群。江苏区测队(1964)将群改为组。以后，虽然人们对时代归属认识不一，但对其划分三个地层单位的认识是一致的。长期以来多以宁镇山脉的志留系为标准，代表下扬子地区进行区域地层对比。近十年来随着生物地层研究的深入，被逐渐肢解，如张全忠、焦世鼎(1985)在汤山地区高家边组底部 0.2 m 厚的灰色硅质泥岩中发现小达尔曼虫，从而划出观音桥组。在高家边组中段采得丰富的 *Demirastrites triangulatus* 带及其共生的动物群，肯定了此带的存在。在高家边组上部红色地层之下发现了 *Hunanodendrum typicum*，将高家边组上部及坟头组下部划出，新建侯家塘组。陈旭等(1980)认为侯家塘组的含义应限定在原高家边组上部，坟头组仍维持潘江所给予的含义，并以新开岭层代替观音桥组。戎嘉余等(1990)认为高家边组至茅山组，其时代均属早志留世(表 9-3，9-4)。

现认为高家边组下部黑色页(泥)岩夹薄层硅质岩或硅质页岩与其下观音桥组、五峰组岩性、颜色均相似，难以区分，"五峰"用于五峰阶，作为岩石地层单位，将观音桥组、五峰组、侯家塘组均并入高家边组为宜。

【现在定义】 上部黄绿色页(泥)岩、粉砂质页(泥)岩，夹粉、细砂岩；中部黄绿、灰黄绿色页岩与同色粉、细砂岩互层；下部灰黄、灰黑色粉砂质页岩、硅质页岩，含笔石、三叶虫、腕足类；底部黑、灰紫色硅质页(泥)岩，含笔石。其顶以坟头组黄绿色厚层细砂岩分界，均为整合接触。

表 9-4 宁镇及邻区晚奥陶世—中志留世地层划分沿革表

<table>
<tr><td colspan="2">葛利普</td><td colspan="2">刘季辰、赵汝钧</td><td colspan="2">李四光、朱森</td><td colspan="2">李毓尧、李捷、朱森</td><td colspan="2">尹赞勋</td><td colspan="2">潘江</td><td colspan="2">穆恩之</td><td colspan="2">江苏区测队</td><td colspan="2">张全忠、焦世鼎</td><td colspan="2">戎嘉余、陈旭</td><td colspan="2">本书</td></tr>
<tr><td colspan="2">1924</td><td colspan="2">1924</td><td colspan="2">1932</td><td colspan="2">1935</td><td colspan="2">1949</td><td colspan="2">1956</td><td colspan="2">1962</td><td colspan="2">1964</td><td colspan="2">1985</td><td colspan="2">1990</td><td colspan="2">1997</td></tr>
<tr><td colspan="2">苏南</td><td colspan="2">苏南</td><td colspan="2">苏南</td><td colspan="2">苏南</td><td colspan="2">南京 镇江</td><td colspan="2">南京</td><td colspan="2">南京 镇江</td><td colspan="2">苏南</td><td colspan="2">南京</td><td colspan="2">苏南</td><td colspan="2">下扬子区</td></tr>
<tr><td rowspan="2"></td><td rowspan="2">五通石英岩</td><td rowspan="7">D—S</td><td rowspan="7">界岭层</td><td rowspan="2">C_1</td><td rowspan="2">乌桐系</td><td>C_1</td><td>乌桐砂岩</td><td></td><td></td><td>D_3</td><td>五通系</td><td>D_3</td><td>观山群</td><td>D_3</td><td>观山组</td><td>D_3</td><td>观山组</td><td>D_3</td><td>观山组</td><td>D_3</td><td>观山组</td></tr>
<tr><td>D_2</td><td>茅山砂岩</td><td>S_3</td><td>茅山砂岩</td><td>D?</td><td>茅山砂岩</td><td>S_3</td><td>茅山群</td><td>S_3</td><td>茅山组</td><td>S_3</td><td>茅山组</td><td rowspan="5">S_1</td><td>茅山组</td><td>S_2</td><td>茅山组</td></tr>
<tr><td rowspan="5">S_1</td><td rowspan="5">高家边页岩</td><td rowspan="5">S_1</td><td rowspan="5">高家边层</td><td rowspan="5">S_1</td><td rowspan="5">高家边层</td><td rowspan="5">S_{1-2}</td><td>上高家边页岩</td><td>S_{2-3}</td><td>坟头层</td><td>S_2</td><td>坟头群</td><td>S_2</td><td>坟头组</td><td>S_2</td><td>坟头组</td><td>坟头组</td><td rowspan="3">S_1</td><td>坟头组</td></tr>
<tr><td rowspan="4">下高家边页岩</td><td rowspan="3">S_1</td><td rowspan="3">高家边页岩</td><td rowspan="3">S_1</td><td rowspan="3">高家边群</td><td rowspan="3">S_1</td><td rowspan="3">高家边组</td><td rowspan="2">S_1</td><td>侯家塘组</td><td>侯家塘组</td><td rowspan="4">高家边组</td></tr>
<tr><td>高家边组</td><td rowspan="2">高家边组</td></tr>
<tr><td rowspan="3">O_3</td><td>观音桥组</td><td rowspan="3">O_3</td></tr>
<tr><td rowspan="2">O_3</td><td>五峰页岩</td><td rowspan="2"></td><td rowspan="2"></td><td rowspan="2">O_3</td><td>五峰组</td><td>五峰组</td><td rowspan="2">O_3</td><td>五峰组</td></tr>
<tr><td>O_1</td><td>仑山灰岩</td><td>O</td><td>仑山层</td><td></td><td></td><td>O_2</td><td>汤山系</td><td></td><td></td><td>汤头层</td><td>汤头组</td><td>汤山组</td><td>汤头组</td><td>汤头组</td></tr>
</table>

【层型】 创名时未测剖面；选层型为句容县高家边村剖面(119°17′，32°06′)，江苏区调队 1984 年实测(图 9-3)。

上覆地层：**坟头组** 黄绿色厚层细砂岩

——————— 整 合 ———————

高家边组 总厚度 1 556.04 m

17. 黄绿色薄层泥质粉砂岩 28.93 m

16. 灰黄绿色粉砂质页岩 49.83 m

15. 灰黄绿色页岩，局部夹黄绿色粉砂岩，粉砂质页岩 447.78 m

14. 橄榄绿色页岩 40.86 m

13. 灰黄绿色粉砂质页岩 201.08 m

12. 灰黄绿色薄层粉砂质泥岩夹同色薄层粉细砂岩 104.43 m

11. 灰黄绿色薄层粉砂质泥岩，泥岩 168.36 m

10. 灰黄绿色薄层泥岩 64.88 m

9. 黄绿色薄层粉砂质泥岩。含笔石 *Climacograptus* sp. 186.70 m

8. 黄绿色中层粉砂岩夹薄层泥岩。自下而上含三层笔石，有 *Pristiograptus hisingeri*，*P.* cf. *kueichihensis*，*Glyptograptus* sp.，*Climacograptus* cf. *premedus*，*C. transgrediens* 19.16 m

7. 黄绿色薄层粉砂质泥岩与同色薄层粉砂岩互层 157.63 m

6. 灰黑、黑色粉砂质页岩。含笔石 *Glyptograptus lunshanensis*，*Climacograptus* cf. *nanjingensis*，*Rhaphidograptus tornquisti*，*Orthograptus* cf. *uniformis*，*Diplograptus teherskyi* 54.93 m

5. 灰黄色薄层含粉砂质泥岩 0.39 m

4. 灰、灰黄色薄层粉砂质页岩，局部夹薄层粉砂岩。含笔石 *Pristiograptus cyphus*，*P. leptotheca*，*P. sandersoni*，*Dimorphograptus hunnanensis*，*D. longicaudatus*，*Bulmanograptus macilentus*，*Climacograptus* cf. *premedus*，*C. minutus*，*C. transgrediens*，*C. nanjingensis*，*Glyptograptus kaochiapiensis*，*Rhaphidograptus minuntus*，*Orthograptus uniformis* 3.46 m

3. 灰、灰黑，局部为黄绿色粉砂质页岩。含笔石 *Glyptograptus* sp.，*Climacograptus angustus*，*C. looi*，*C. rectangularis*，*C. medius*，*Dimorphograptus confertuss nankingensis*，*Pristiograptus kueichihensis*，*Amplexograptus elegans* 10.26 m

2. 灰、深灰色硅质页岩。含笔石 *Climacograptus szechuanensis*，*C. textus*，*C. tangyaensis*，*Dicellograptus excavatus*，*Pristiograptus sinensis*，*Orthograptus* sp.，*Amplexograptus disjunctus yangtzensis*；腕足类 *Lingulella yuechiensis* 16.24 m

1. 灰紫色粉砂质页岩。含腕足类 *Lingulella yuechiensis*，*Orbiculoides* sp.；笔石 *Dicellograptus tenuis*，*D. graciliramosus*，*D. complanatus*，*D. szechuanensis*，*D.* cf. *ornatus*，*D. complanatus* var. *asiaticus*，*D. magnus*，*Amplexograptus* cf. *disjunctus yangtzensis*，*A. suni*，*Pristiograptus sinensis*，*Climacograptus tangyaensis*，*C. latus*，*C. tubutiferus*，*C. tenuicaudatus*，*Orthograptus truncatus* 1.12 m

——————— 整　合 ———————

下伏地层：**汤头组**　浅灰黄绿色泥岩与浅灰白色粘土岩互层

【地质特征及区域变化】　以泥质岩为主体，底及下部有硅质页岩及硅质泥岩，中及上部夹有粉砂岩及细砂岩，局部呈互层状。宁镇山脉发育最好，出露完整，上、下界线清楚，其岩性特征同现在定义，并建立若干个笔石带。而其他地区不论地表露头或钻孔揭示，多不齐全。其空间变化情况：在茅山陈庄及溧阳芳山只出露黄绿色页岩和粉砂岩，厚 373 m 和 542 m，与上覆坟头组整合接触，从岩性看属于上段。苏州昆山钻孔四个段都有出现，厚度大于 119 m。泰县钻孔揭示厚度达 1 647 m，计 23 层，第 1 层灰黑色硅质泥岩、泥岩为底段和下段，第 2～23 层含锯笔石、栅笔石、奥笔石及雕笔石的深灰色泥岩、泥质粉砂岩，细砂岩等厚或略等厚互层，显然为中、上段岩性。大丰钻孔只揭示了上、中段岩性，为深灰色泥岩和泥质粉砂岩，厚度 681 m，与上覆地层坟头组整合接触。洪泽钻孔所见到的为灰色硅质泥岩及泥岩，归属于

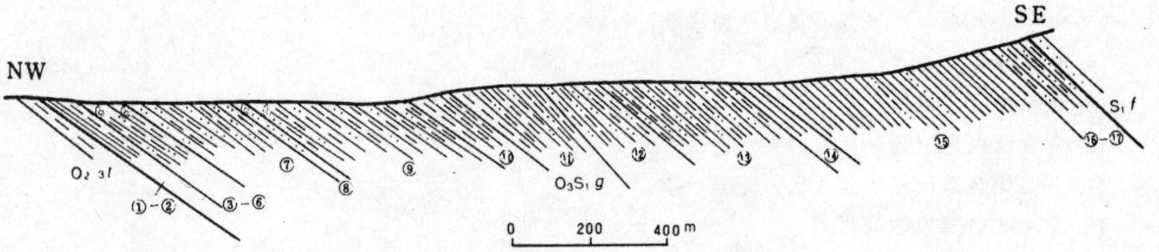

图 9-3 句容县高家边村高家边组剖面图

(据江苏省地质矿产局，1989，宁镇山脉地质志)

$O_{2-3}t$. 汤头组；O_3S_1g. 高家边组；S_1f. 坟头组

底及下段，厚度大于 124.7 m，其下伏地层为汤头组钙质泥岩或泥质灰岩。在许多地区造成地层不全的原因主要是后期构造破坏。

高家边组岩石类型中，页岩、泥岩占 63%～93%，主要矿物为伊利石、高岭石及绢云母，多集中于底部和下部；粉砂岩占 5%～37%，细砂岩更少，集中在中、上部。颜色下部为灰黑色、深灰色，向上为黄绿色，局部有红色。下部含丰富的笔石，以双列攀合笔石为主，为浮游生物，上部笔石较少，以湖南标准笔石为代表，系营底栖生活的树形笔石，并见有舌形贝。岩层中普遍发育水平层理，反映了由典型的台地性质的黑色笔石页岩相还原环境，逐渐转向海水变浅，强光带的过渡相环境。时代为晚奥陶世—早志留世。

【其他】 高家边组的底界，葛利普划在仑山灰岩之上，为平行不整合；李毓尧等划在黑色硅质页岩之下，与汤山系灰黄色泥质灰岩为界，亦为平行不整合接触。1955 年穆恩之等将五峰页岩引入区内，将黑色硅质页岩单独称五峰页岩，介于汤头层与高家边页岩之间。1985 年张全忠等在汤山高家边组底部发现三叶虫、腕足类生物层，又引入了观音桥组〔旭等(1980)称新开岭层〕。古生物化石的发现再次改变了高家边组的底界。但从岩性、岩相、沉积环境等分析，自下而上连续渐变，无明显差别，又鉴于中南地区取消了五峰组，恢复了龙马溪组，现建议恢复李毓尧等所给予的高家边页岩底界的原含义，其底界放在汤头组钙质泥岩顶部与高家边组黑色硅质页岩之间，为整合接触。

高家边组的顶界，自 1956 年潘江将高家边层中、上部含三叶虫及腕足类的黄绿色砂岩及砂质页岩单独划为坟头层，被广泛引用。其底部厚层细粒砂岩与高家边组有明显差异，作为岩石地层单位界线是适合的。

坟头组 S_1f (06-32-2082)

【创名及原始定义】 潘江(1956)于江宁汤山坟头村创坟头层。从原高家边层上部划出。为“砂岩及砂质页岩，含 *Coronocephalus rex*，*Proetus latilimbatus* 等三叶虫及 *Spirifer* (*Eospirifer*) *tingi*，*E. hsiehi* 等腕足类化石。与下伏地层颇有区别，属渐变关系。”

【沿革】 后改坟头群(组)，一直引用到 80 年代。由于岩性无明显变化，作为岩石地层单位，应保持潘江划分及原含义。随着对坟头组研究的深入，对其含义做了必要的补充（表 9-4）。

【现在定义】 下部黄绿、绿灰等色厚层细粒砂岩，局部为岩屑石英砂岩与粉砂质泥岩相间或呈互层；上部黄绿、灰黄色泥质粉砂岩或粉砂质泥岩夹细砂岩，局部含磷。下伏与高家边组灰黄色页岩或泥岩分界；其顶与上覆茅山组灰黄色厚层石英砂岩分界，均为整合接触。

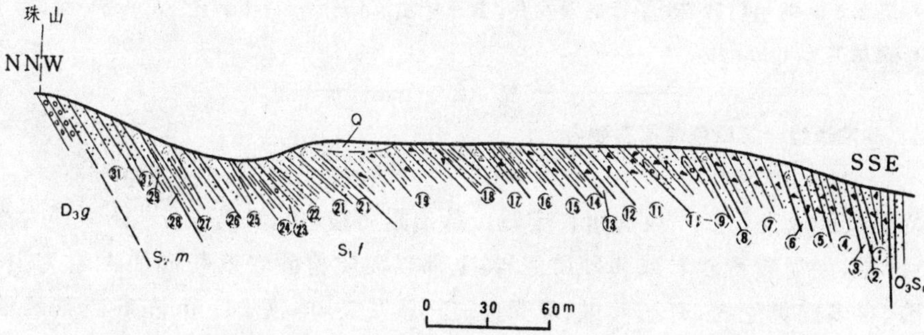

图 9-4 江宁县汤山镇坟头村—珠山坟头组剖面

(据安徽省地质局区域地质调查队，1977，1∶20 万南京幅区域地质调查报告)

O_3S_1g. 高家边组；S_1f. 坟头组；S_2m. 茅山组；D_3g. 观山组；Q. 第四系

【层型】 正层型为江宁县汤山镇坟头村—珠山剖面(118°59′；32°03′)，安徽区调队 1977 年重测，徐学思 1995 年简化(图 9-4)。

上覆地层：茅山组 暗紫红色铁泥质粉砂岩，含腹足类 *Murchisoniidae*

——————整 合——————

坟头组 总厚度 214.01 m

28—25. 灰绿黄色薄层粉砂质泥岩，局部夹少量泥砾（直径 3～4 cm）及泥砾岩凸镜体，上部夹 2 层厚 8 cm 黑褐色含磷泥质粉砂岩，生物扰动构造普遍。含腕足类 *Lingula* sp.；双壳类 *Orthonota perlata*，*Nuculoidea*? sp.，*Eoschizodus*? sp.，*Anulipecten*? sp.；腹足类 *Seelya* sp.，*Umbonellina* sp.，*Rotellomphalus* sp.，*Lophospira* sp. 及三叶虫胸节等 31.23 m

24—20. 灰绿黄色薄层泥质粉砂岩夹青灰色细粒石英砂岩，多层(5 层以上)褐黑色含磷砂砾质粉砂岩和少量页岩。含双壳类 *Orthonota perlata*，*Pteronites*? sp.，*Modiomorpha* cf. *crypta*，*Praectenodonta* sp.，*Modiolopsis*，*Palaeoneilo*? sp.；三叶虫 *Latiproetus* sp.，*Coronocephalus* cf. *ovatus*；头足类 *Sichuanoceras* sp.，*Protobactrites* sp.；鱼 *Sinacanthus* sp.，*Kiangsuaspis nankingensis*；腕足类 *Striispirifer* sp.，*Salopina* sp.，*Lingula* sp.；腹足类 *Rotellomphalus* sp.，*Trochonema* sp.，*Umbospira*? sp.，*Hormotoma* sp. 27.25 m

19. 灰黄色薄层细粒岩屑石英砂岩与黄绿色泥岩互层，夹一层青灰色细粒石英砂岩 18.76 m

18. 黄灰色中层粉砂质泥岩，风化呈灰紫色 4.46 m

17—15. 灰黄色薄层细粒岩屑石英砂岩(局部含泥砾)夹青灰色中层细粒石英砂岩和中层绢云母泥岩，含腕足类碎片，(岩屑石英砂岩具大型板状交错层理) 23.05 m

14—12. 浅灰色粉砂质泥岩与灰黄紫色泥岩互层，中夹 1 m 灰黄色细粒铁质胶结岩屑石英砂岩。含棘鱼 Acanthodii 鳍棘 5.73 m

11—9. 灰黄色中薄层细粒岩屑石英砂岩，局部含泥砾和泥砾岩凸镜体，上部与细砾岩屑砂岩互层。含棘鱼 Acanthodii 鳍棘 32.22 m

8. 灰黄绿色中薄层粉砂质泥岩与粉砂岩互层。含鱼 *Sinacanthus* sp.，Acanthodii 及苔藓虫隐喙 1.50 m

7—6. 灰黄色中薄层细粒岩屑石英砂岩，含泥砾夹泥砾岩。含鱼 *Sinacanthus* sp.，Acanthodii 27.39 m

5—1. 灰黄、黄绿色中厚—厚层细粒岩屑石英砂岩，局部含泥砾及泥砾岩凸镜体，中夹一层 2.5 m 薄层粉砂岩，平行层理发育。含三叶虫 *Encrinuroids*；棘鱼 Acanthodii；腕足类 *Lingula* sp. 42.42 m

——————— 整 合 ———————

下伏地层：**高家边组** 黄绿色薄层粉砂岩

【地质特征及区域变化】 坟头组在宁镇山脉出露完整，顶、底齐全，岩性下部为厚层状细粒岩屑石英砂岩，夹泥质粉砂岩或粉砂质泥岩；上部以泥质粉砂岩或粉砂质泥岩为主，有时夹细砂岩，含磷，含多门类生物，有三叶虫、双壳类、鱼、腹足类，厚度 267 m 左右。其延伸范围广泛，岩性较稳定，句容陈庄为泥质粉砂岩、粉砂质泥岩。溧阳以黄绿色细砂岩为主，粉砂岩次之，页岩呈夹层出现。向东至无锡岩性以灰、深灰色泥岩、粉砂质泥岩为主，粉砂岩次之，并有少量泥质细砂岩。苏北泰县钻孔揭示，岩石组合二分性同宁镇山脉，下部深灰、绿灰色岩屑细砂岩，上部为泥岩或泥岩与岩屑细砂岩互层。大丰地区钻孔中为浅灰至深灰色，下部石英杂细砂岩与泥岩互层，偏上部为泥岩。洪泽一带未见顶部，为细砂岩与粉砂岩和泥岩相间出现。其厚度自宁镇地区向西、向东有增加的趋势，溧阳以茅山最厚，在 600 m 以上。苏北厚度为 250～360 m 左右，以厚层细砂岩为底界，与高家边组有明显区别。时代为早志留世。

茅山组 S_2m (06 - 32 - 2083)

【创名及原始定义】 李毓尧、李捷、朱森(1935) 于句容茅山顶宫创茅山砂岩。指暗紫或暗红色砂岩，成厚层状，底部具灰白色砂岩。厚度不一，约自数公尺至百余公尺，有时甚至无。紫黄色砂岩酷似广西莲花山层。且其层位恰居下石炭纪乌桐砂岩之下、志留纪高家边层之上，拟之为中泥盆纪。

【沿革】 后改称茅山群(组)，并广为引用(表 9 - 4)。人们习惯地将茅山组与观山组的分界划在观山组含砾石英砂岩底部，而将其下灰白色厚层石英细砂岩归入茅山组上段，现将其划归观山组。茅山组与观山组的分界在暗紫或暗红色砂岩的顶。

【现在定义】 下部为浅灰、青灰、灰黄、灰白色中、厚层状中、细粒岩屑石英砂岩、石英杂砂岩；上部为紫红、浅灰色中、厚层状中、细粒石英砂岩、岩屑石英砂岩。底界与坟头组黄绿色粉、细砂岩整合接触，其顶与观山组灰白色厚层细粒石英砂岩呈平行不整合接触。

【层型】 正层型为句容县茅山顶宫剖面（119°18′，31°17′），江苏区调队 1991 年重测(图 9 - 5)。

上覆地层：**观山组** 灰白色中厚层中细粒石英砂岩

－－－－－－－ 平行不整合 －－－－－－－

茅山组 总厚度 110.10 m

8. 紫红色厚层中细粒石英砂岩，含泥砾，层面发育波痕 60.35 m
7. 紫红色薄—极薄层细粒岩屑石英砂岩 2.25 m
6. 紫红色中、厚层中—细粒岩屑石英砂岩 6.15 m
5. 灰黄色厚层细粒石英杂砂岩 15.18 m
4. 灰黄色薄层细粒石英杂砂岩 9.00 m
3. 灰白色薄层中细粒石英砂岩 6.75 m

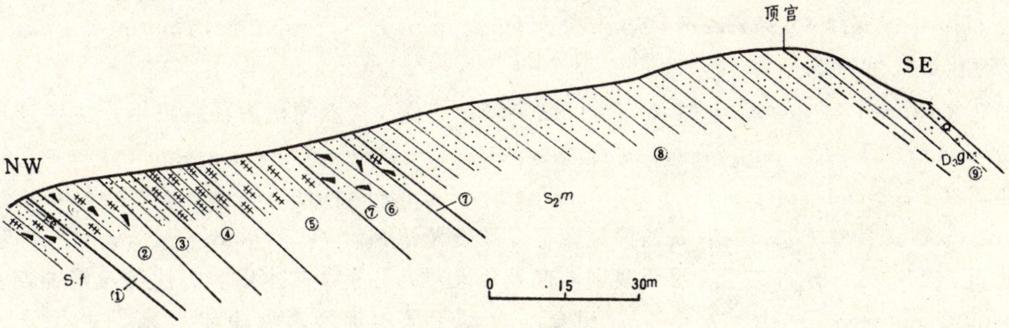

图 9-5 句容县茅山顶宫茅山组剖面

S_1f. 坟头组；S_2m. 茅山组；D_3g. 观山组

2. 灰黄色厚层细粒岩屑石英杂砂岩。含胴甲鱼 Antiarchi 8.25 m

1. 灰白色薄层细粒石英砂岩 2.17 m

——————— 整 合 ———————

下伏地层：坟头组 灰黄绿色中层粉细粒岩屑石英杂砂岩，顶部见 2～3 cm 铁质薄膜

【地质特征及区域变化】 岩性以厚层细粒岩屑石英砂岩为特征，上部呈紫红色，下部为灰白色，由于质地坚硬，多形成山峰主体。命名地出露较好，上、下界线清晰。在宜兴、无锡等地夹有粉砂质泥岩或泥质粉砂岩，含有胴甲鱼、中华棘鱼，光面球形藻、粗面球形藻，莫氏螺等化石。该组分布广泛，岩性稳定，易于对比，厚度变化甚大，茅山地区为 110 m；向北至宁镇山脉为 22～0 m；宜兴地区厚度最大，达 1 414 m；无锡市郊 1 385 m；自西北向东南加厚，沉积中心在宜兴、无锡。据长江以北钻孔揭示，泰县 12 m，大丰 98 m，滨海 177 m。向北有加厚的趋势。

茅山组下界为坟头组黄绿色泥质粉砂岩、粉砂质泥岩的顶部，呈整合接触；其上界以紫红色砂岩结束，灰白色砂岩出现作为划分的界线。在无锡、宜兴一带，人们习惯地把茅山组自下而上三分，其上段灰白色砂岩，划归观山组。茅山组与观山组为平行不整合接触。

细粒岩屑石英砂岩，在茅山组占 75%～92%，含有泥砾及少量石英岩砾和粉砂岩砾。泥砾反映搬运距离不远，沉积速度较快，石英岩砾主要由河流带入。砂岩成分主要是石英及硅质岩屑，含量在 85%以上，成熟度高，分选良好，呈颗粒支撑。在宁镇及茅山地区发育平行层理和板状层理，综合其沉积特征，茅山组属于水动力能量较高的三角洲前缘及三角洲平原的沉积环境。时代为中志留世。

第二节 生物组合特征

寒武纪—志留纪时，本区生物繁盛，三叶虫、头足类、笔石、牙形刺等占统治地位，除上述外，还有小壳动物、双壳类、腹足类、几丁虫、鱼、藻类、叠层石等。现参考前人成果，按生物分类分述如下。

1. 三叶虫

三叶虫主要在寒武纪时繁盛，奥陶纪—志留纪时逐渐衰退。前人已作了较深入的研究，现将卢衍豪(1941,1983)、俞剑华(1962)、朱兆玲(1988) 等研究成果综合如下：

①*Hupeidiscus* - *Sinodiscus* 组合 仅见于昆山地区荷塘组下部，主要分子有 *Hupeidiscus* *fengdongensis*, *H. kunshanensis*, *Sinodiscus kunshanensis*, *S. trisulatus*, *Doutingia taihuensis* 等。时代属筇竹寺期。

②*Redlichia-Paokannia* 组合　分布在宁镇、六合、句容等地的幕府山组，主要分子有 *Redlichia nobilis*, *R. nanjiangensis*, *R. guizhouensis*, *Paokannia mufushanensis* 等，与它们共生的有 *Paraichangia jiangsuensis*, *P. spinosus*, *Paraprotolenella subcylindrica*, *Yeshanaspis subconica* 等。其中 *Paokannia* 是西南地区下寒武统沧浪铺阶 *Paokannia-Sichuanolenus* 带的带化石，*R. nobilis* 分布广泛，见于我国西南及华北早寒武世。故本组合时代属沧浪铺期。

③*Changaspis-Arthricocephalus* 组合　仅见于昆山地区幕府山组上部，主要分子有 *Changaspis taihuensis*, *Arthricocephalus tenuis*, *A. duyunensis*, *A.* cf. *granulus*，与它们共生的有 *Goldfieldia kunshanensis*, *Kunshanaspis suzhouensis*, *Protonyctocephalus* 等。时代属龙王庙期。

④*Mufushania* 组合　仅见于南京幕府山炮台山组下部。主要分子有 *Mufushania nankingensis*, *M. changi* 等。时代属中寒武世毛庄期。

⑤*Hypagnostus-Triplagnostus* 组合　仅见于昆山地区的炮台山组上部，以含 *Hypagnostus*, *Triplagnostus* 为特征。与其共生的有 *Aojia latifroansa*, *Aethia rectangula*, *Lisania paratungjenensis*, *Paranomocarella parallela*, *P. parapolita*, *Solenoparia jiangsuensis*, *Jiangsuia typica*, *Peronopsis*, *Anomocarella*, *Dorypyge kunshanensis* 等。时代属中寒武世徐庄期—张夏期。

⑥*Liostracina-Bergeronites* 组合　分布在昆山地区的观音台组下部。主要分子有 *Liostracina*, *Bergeronites jiangsuensis*, *B. yushanensis*, *B. obtusa*, *B. kunshanensis*, *Monkaspis quadratus*, *Liaoningaspis*, *Homagnostus* 等，与它们共生的有 *Dorypygella posterocosta*, *D. jiangsuensis*, *Proceratopyge*, *Fenghuangella magnispina*, *F. subtriangularis*, *F. striata*, *F. lata*, *Jiangnania miranda* 等。时代属晚寒武世崮山期。

⑦*Dactylocephalus dactyloides-Szechuanella szechuanensis* 带　分布在宁镇地区仑山组，本带在鄂、皖、川等地亦广泛分布，时代属早奥陶世两河口期。

⑧*Nankinolithus nankinensis* 带　分布在江宁等地汤头组上段，以含 *Nankinolithus nankinensis* 为特征，*Shumardia aculeatus*, *Phillipsinella tangtouensis*, *Telephina convexa*, *Xuanenia granulosa*, *Dionide regalis* 等亦是本带的重要分子。时代属晚奥陶世临湘期。

⑨*Dalmanitina* 带　分布在江宁等地的高家边组，主要分子有 *Dalmanitina yichangensis*，另外有 *Leonaspis sinensis*, *Platycoryphe* 等与之共生。时代属晚奥陶世五峰期。

⑩*Coronocephalus* 带　分布在江宁等地的坟头组，主要分子有 *Coronocephalus* cf. *ovatus*, *Latiproetus* 等。时代属早志留世秀山期。

2. 头足类

在奥陶纪时，本区头足类非常发育，至志留纪时，头足类逐渐衰退。自下而上可分 9 个带。

①*Proterocameroceras* 带　分布在句容仑山等地的仑山组，除带分子外，还有 *Antiplectoceras nanjingense*, *Chuanxianoceras tangshanense* 等。时代属早奥陶世两河口期。

②*Hopeioceras-Coreanoceras* 带　分布在宁镇、句容等地的红花园组，主要分子 *Hopeioceras mathieui*, *H. acutinum*, *H. stylifome*, *H. hupehense*, *H. triformatus*, *Coreanoceras* 等，*Manchuroceras*, *Euryendoceras tangshanense* 等亦是本带的重要分子。时代属早奥陶世红花园期。

③*Protocycloceras-Chisiloceras* 带　分布在江宁、泰兴等地的大湾组中上部，主要有 *Protocycloceras deprati*，*P. endogastrum*，*P. sichuanense*，*P. siphosedimentum*，*Chisiloceras anhuiense*，*C. neichianense*，*C. styliforme*，*C. exogasteum* 等。与它们共生的有 *Dideroceras belemnitiforme*，*D. ellipticum*，*D. endoseptum* 等。时代属早奥陶世大湾期。

④*Dideroceras wahlenbergi* 带　分布在句容等地的牯牛潭组中、下部，以含 *Dideroceras wahlenbergi* 为特征，时代属早奥陶世牯牛潭期。

⑤*Ancistroceras-Paradnatoceras* 带　分布在江宁汤山等地的牯牛潭组上部，除带化石外，还有 *Michelinoceras*，*Archiageisonoceras* 等。时代属早奥陶世牯牛潭期。

⑥*Lituites* 带　分布在江宁等地的汤山组下段，主要分子有 *Lituites ningkiangensis*，*L. leei*，*Michelinoceras chaoi* 等。时代属中奥陶世庙坡期。

⑦*Sinoceras chinense* 带　分布在江宁等地的汤山组上段，以含 *Sinoceras chinense* 且占优势为特征，时代属中奥陶世宝塔期。

⑧*Eosomichelinoceras* 带　分布在江宁等地的汤头组下段，以含 *Eosomichelinoceras* 为特征。时代属中奥陶世宝塔期。

⑨*Sichuanoceras* 带　分布在江宁等地的坟头组，以含 *Sichuanoceras* 为特征，另外有 *Protobactrites* 等，与三叶虫 *Coronocephalus* cf. *ovatus* 共生。时代属早志留世秀山期。

3. 腕足类

本区腕足类主要繁盛于奥陶纪，陈旭等（1980）研究较详细，现介绍如下：

①*Nanorthis-Imbricatia* 组合　分布在句容等地仑山组下部，以含 *Nanorthis*，*Imbricatia* 为特征，本带与三叶虫 *Dactylocephalus dactyloides-Szechuanella szechuanensis* 带共生。时代属早奥陶世两河口期。

②*Tritoechia tangshanensis-Punctolira sinensis* 组合　分布在句容等地红花园组上部，主要分子有 *Tritoechia tangshanensis*，*T. turritella*，*Punctolira orientalis*，*P. sinensis* 等，与它们共生的有 *Pomatotrema jiangsuense*，*Diparelasma nanjingense* 等。时代属早奥陶世红花园期。

③*Sinorthis typicus* 带　分布在江宁等地大湾组下部，以含 *Sinorthis typicus*，*Schedophyla subquadrata*，*Yangtzeella poloi* 为特征，共生分子有 *Punctolira resupinata*，*P. magna*，*Leptella gradis* 等，本带与牙形刺 *Oepikodus evea* 带共生。时代属早奥陶世大湾期。

④*Virgoria-Eodiorthelasma* 组合带　分布在江宁等地的大湾组顶部，主要分子有 *Virgoria tangshanensis*，*Eodiorthelasma striata*，*Nothorthis tangshanensis* 等，与它们共生的有 *Lepidorthis typicalis*，*Protoskenidioides* sp. 等，与牙形刺 *Baltoniodus navis* 带共生，据许汉奎研究，本带与扬子区 *Virgoria costata-Eodiorthelasma orientalis* 带相当。时代属早奥陶世大湾期。

⑤ *Hordeerieyella-Spondylotreta* 组合带　分布在镇江、句容等地的牯牛潭组，以含 *Hordeerleyella*，*Spondylotreta* 为特征，共生分子有 *Ptychopleurella*?，*Skenidioides* 等。时代属早奥陶世牯牛潭期。

4. 笔石

本区笔石发育于奥陶纪到志留纪，尤以晚奥陶世五峰期—早志留纪白沙期最为繁盛，陈旭(1980)等研究较为详细，现综合如下：

①*Amplexograptus disjunctus yangtzeensis* 带　分布在句容等地的高家边组最底部，以含 *Amplexograptus disjunctus yangtzeensis* 为特征，此外 *A. suni*，也是本带的主要分子。时代为

晚奥陶世五峰期。

②*Dicellograptus szechuanensis* 带 分布在句容等地的高家边组底部，位于①带之上，主要分子有 *Dicellograptus szechuanensis*，*D. tenuis*，*D. graciliramosus*，*D. complanatus*，*D.* cf. *ornatus*，*D. magnus* 等。时代属晚奥陶世五峰期。

③*Dicellograptus turgidus* 带 分布在宁镇地区的高家边组下部，以含 *Dicellograptus turgidus* 为特征。时代属晚奥陶世五峰期。

④ *Paraorthograptus uniformis* 带 分布在江宁汤山等地的高家边组下部，以含 *Paraorthograptus uniformis* 为特征，共生分子有 *Glyptograptus elegans*，*Diplograptus concinnas*，*Amplexograptus suni* 等。据陈旭（1988）研究，本带时代属晚奥陶世五峰期。

⑤*Diplograptus bohemicus* 带 分布在江宁汤山等地的高家边组下部，以含 *Diplograptus bohemicus* 为特征。其界止于 *Glyptograptus gracillis* 的出现。共生分子有 *D.* cf. *bohemicus*，*Climacograptus extraodinarius* 等。时代属晚奥陶世五峰期。

⑥*Glyptograptus gracilis* 带 分布在宁镇地区的高家边组中部，主要分子除 *Glyptograptus gracilis* 外，还有 *G. lunshanensis*，*G. lungmaensis*，*Diplograptus modestus*，*Climacograptus pseudonormalis* 等。由陈旭建立并研究，时代属早志留世龙马溪期。

⑦*Orthograptus vesiculosus* 带 分布在宁镇地区的高家边组中部，本带除带化石外，还有 *Glyptograptus kaochiapienensis*，*Climacograptus minutus*，*Diplograptus fortithecatus* 等。时代属早志留世龙马溪期。

⑧*Pristiograptus cyphus* 带 分布于句容、江宁等地的高家边组中部，以含 *Pristiograptus cyphus* 为特征，主要分子还有 *P. hisingeri*，*P.* cf. *kueichihensis*，*P. sandersoni*，*P. leptotheca* 等。时代属早志留世龙马溪期。

⑨*Pristiograptus leei* 带 分布在江宁等地的高家边组中部，主要分子有 *Pristiograptus leei*，*P.* cf. *leei*，*P.* cf. *insolentis* 等，共生分子有 *Diplograptus tcherkyi*，*Climacograptus bicaudatus*，*Bulmanograptus* cf. *macilentus* 等，时代属早志留世龙马溪期。

⑩ *Demirastrites triangulatus* 带 分布在江宁等地的高家边组上部，除带化石外有 *Pseudoclimacograptus hubeiensis*，*Pernerograptus revolutus*，*Monograptus changyangensis* 等。时代属早志留世龙马溪期。

⑪*Monoclimacis arcuata* 带 分布在江宁等地的高家边组上部，除带化石外还有 *Monoclimacis curvata*，*M.* sp. 等，与 *Monograptus sedguickii* 带相当。时代属早志留世龙马溪期。

⑫*Hunanodendrum typicum* 带 分布在江宁汤山的高家边组上部。由张全忠、焦世鼎所建的，并认为与 *Streptograptus sinicus* 带相当。时代属早志留世石牛栏期。

5. 牙形刺

本区牙形刺主要产自奥陶纪地层。安太庠、丁连山（1982、1987）及陈敏娟（1983）对宁镇地区及苏南地区奥陶纪地层中的牙形刺进行了较为详细的研究，现综合如下：

①*Monocostodus sevierensis* 带 分布在观音台组顶部至仑山组底部。从含 *Monocostodus sevierensis* 为特征，共生分子有 *Cordylodus intermedius*，*Teridontus gracilis*，*T. simplex*，*Chosonodina herfurthi*，*Scolopodus*，*Acontiodus unicostatus* 等。该带为西欧、北美 Tremadocian 最底部的牙形刺带。真牙形刺的出现，应为奥陶纪开始。本带时代属早奥陶世两河口期。

②*Acanthodus costatus*－“*Acodus*” *oneotensis* 组合带 分布在仑山组下部，除主要分子带分子以外，共生分子有 *Drepanodus subarcuatus*，*Oneotodus erectus*，*Scolopodus pseudoplanus*，

S. bassleri 等，时代属早奥陶世两河口期。

③*Scolopodus quadraplicatus* 带　分布在仑山组中部，以含 *Scolopodus quadraplicatus* 为特征，共生分子有 *S. bassleri*，*Oistodus lanceolatus*，*Acontiodus iowensis* 等。时代属早奥陶世两河口期。

④*Drepanodus deltifer* 带　分布在仑山组上部至红花园组下部，主要分子有 *Drepanodus deltifer*，*D. subarcuatus*，*Triangulodus proteus*，*Scandodus paucicostatus*，*S. barbatus*，*S. parallelus* 等，其中 *D. deltifer* 为欧洲 Tremadocian 上部的主要分子，*T. proteus*，*S. barbatus*，*S. parallelus* 为鄂西两河口阶的顶部。本带时代属早奥陶世两河口期。

⑤*Serratognathus diversus* 带　分布在红花园组中、上部，主要分子有 *Serratognathus diversus*，*S. tangshanensis*，*S. bilobatus*，*S. obiaquidens*，*S. coalessens*，共生分子有 *Walliserodus iniquus*，*Scandodus* cf. *furnishi*，*Oistodus inclinatus*，*O. angulatus* 等，本带与头足类 *Hopeioceras*－*Coreanoceras* 带共生。时代属早奥陶世红花园期。

⑥*Oepikodus evae* 带　分布在大湾组下部，以含 *Oepikodus evae* 为特征，共生分子有 *Reutterodus andinus*，*R. depressus*，*Juanognathus variabilis*，*Protopanderodus gradadus*，*Scandodus brevibasis*，*Scolopodus rex*，*Drepanoistodus venustus*，*Baltoniodus triangularis*，*Bergstroemognathus hubeiensis*，*B. extensus*，*Drepanodus perlongus*，*Triangulodus brevibasis* 等。与腕足类 *Sinorthis typicus* 带共生。时代属早奥陶世大湾期。

⑦*Periodon flabellum*－*Oistodus* aff. *multicorrugatus* 组合带　分布在大湾组中部，除带分子外，还有 *Oistodus lanceolatus*，*Paroistodus parallelus*，*Scandodus robustus*，*Drepanoistodus forceps*，*D. venustus* 等，位于头足类 *Protocycloceras*－*Chisiloceras* 带的下部。时代属早奥陶世大湾期。

⑧*Paroistodus originalis* 带　分布在大湾组上部，以含 *Paroistodus originalis* 为特征，共生分子有 *Oistodus nevadensis* 等，位于头足类 *Protocycloceras*－*Chisiloceras* 带的上部，时代属早奥陶世大湾期。

⑨*Baltoniodus navis* 带　分布在大湾组顶部，主要分子有 *Baltoniodus navis*，*B. prevariabilis*，*Protopanderodus liripipus* 等，共生分子有 *Drepanodus*? *altipes*，*Drepanoistodus venustus*，*Erraticodon hexiaensis*，*Scolopodus rex oistodiform* 等，与腕足类 *Virgoria*－*Eodiorthelasma* 带共生。时代属早奥陶世大湾期。

⑩*Amorphognathus antivariabilis* 带　分布在牯牛潭组下部，与湖北宜昌地区早奥陶世牯牛潭期第①牙形刺带相当。

⑪*Eoplacognathus pseudoplanus* 带　分布在牯牛潭组中部，与湖北宜昌地区早奥陶世牯牛潭期第②牙形刺带相当。

⑫*Eoplacognathus foliaceus* 带　分布在牯牛潭组上部，与湖北宜昌地区牯牛潭期第③、④牙形刺带相当。

⑬*Pygodus serrus* 带　分布在汤山组下段下部。

⑭*Pygodus anserinus*－*Eoplacognathus ramosus* 组合带　分布在汤山组下段中部。

⑮*Prioniodus variabilis* 带　分布在汤山组下段上部。

⑬—⑮带与头足类 *Lituites* 带共生，与湖北宜昌、湖北东南部、安徽和县等地的中奥陶世早期牙形刺基本一致。时代属中奥陶世庙坡期。

⑯*Amorphognathus superbus* 带　分布在汤山组上段，以含 *Amorphognathus superbus* 为

特征，共生分子有 *Periodon europaeus*，*P. grandis*，*P. mysticus*，*Erraticodon balticus* 等。

⑰*Hamarodus europaeus* 带　分布在汤山组上段，以含 *Hamarodus europaeus* 为特征，共生分子有 *Protopanderodus liripipus*，*P. zunyiensis*，*Cornuodus longibasis*，*Scabbardella altipes* 等。

⑯—⑰两带与头足类 *Sinoceras chinense* 带共生，时代属中奥陶世宝塔期。

⑱*Icriodella baotaensis* 带　分布在汤头组下段，除带分子外还有 *Dapsilodus similaris* 等，*Icriodella baotaensis* 是滇东宝塔组上部的常见分子。时代属晚奥陶世宝塔期。

6. 小壳动物群

小壳动物群赋存在南京、句容等地的幕府山组，主要有开腔骨类 *Chancelloria altaica*，*C. maroccana*，*Chancelloriid*?，*Onychia*?；单瓣型 *Latouchella* cf. *anhuiensis*；腕足型 *Prototreta*?；软舌螺型 *Circotheca*?，*Conotheca*?，*Allatheca*?，*Exilitheca*?，*Hyolithes*?，*Hyolithellus*?，Hyolithid；其他管壳及骨片型 *Spiphogonuchites*?，*Palaeosulcachites*?，*Sachites*?，*Nephrooides*?，*Eonovitatus*?，Conodontimorphs？等组成，与三叶虫 *Redlichia* 等共生，据朱兆玲等(1988)研究，该动物群具有如下特征。①以开腔骨类为主，约占总量50%，且以具7个射管的居多；②软舌螺型的个体较大，明显不同于云南地区梅树村阶小壳动物群。时代属早寒武世沧浪铺期。

7. 叠层石、藻类

（1）叠层石

本区叠层石不发育，主要产于灯影组下段，代表分子有 *Stratifera*，*Irregularia*，*Kussiella*，*Cryptozoon*，*Vacerrilla* cf. *waleotti* 等。据瓦尔特(1976)研究，*Vacerrilla* cf. *waleotti* 其特征与前震旦纪的叠层石有极大的差别。时代属晚震旦世。

（2）藻类

本区藻类较发育，主要产出于下面4个层位：

黄墟组上段中主要分子有 *Trachysphaeridium dengyingense*，*Leiofusa obiongus*，*Kildinella sinica*，*Leiopsophosphaera apertus*，*Matroptycha uniphicata* 等。时代属晚震旦世。

灯影组中主要分子有 *Asperatopsophosphaera bavlensis*，*Kildinosphaera* sp.，*Laminarites* sp.，*Eomyceopsis* sp.，*Siphonophycus* sp.？等。时代属晚震旦世。

坟头组中主要分子有 *Laminarites* cf. *antiquissimus*，*Bavlenela faveolatus*，*Trachysphaeridium*，*Taeniatum* aff. *simplex*，*Tragumorpha*，*Leiopsophaera*，*Trematosphaeridium*，*Pseudozonosphaera* 等，时代属早志留世。

茅山组中主要分子有 *Leiopsophosphaera* sp.，*Trachysphaeridium* sp.，*Micrhystridium nannacanthum*，*Favososphaeridium* sp.，*Lophosphaeridium parverarum* 等。时代属中志留世。

第三节　年代地层

参照第二届全国地层会议(1979)制定的地层划分方案，全国震旦系在峡东，分2统4阶；寒武系在滇东、山东，分3统10阶；奥陶系在三峡，分3统8阶；志留系在鄂西、川东、滇东，分3统7阶。区内年代地层的确定，主要依据岩石地层层序、生物特征(带或组合)及其区域对比。

一、震旦系的划分

从目前提供的资料，指寒武系含多门类小壳动物化石层位之下，区域变质岩之上，距今

800～570 Ma 的一套地层。因研究程度不够，及这套地层穿时性较强，现暂采用下统（800～700 Ma）莲沱阶、南沱阶；上统（700～570 Ma）陡山沱阶、灯影阶。区内对应的岩石地层单位为：周岗组、苏家湾组；黄墟组、灯影组。可与峡东震旦系层型对比。

（一）下震旦统可分莲沱阶、南沱阶

周岗组与莲沱组，岩性、厚度虽有差异，但都不整合在较老的(年龄大于 850 Ma) 区域变质岩之上，被冰碛岩覆盖，两者层位相当，生成和形成时期大体一致，周岗组应与下震旦统莲沱阶相对应。

苏家湾组与南沱组岩性特征相近，为冰碛岩系，反映了震旦纪同一期冰川事件，我国称南沱冰期，苏家湾组应与下震旦统南沱阶相对应。

（二）上震旦统可分陡山沱阶、灯影阶

黄墟组与陡山沱组，岩性虽有差异，但都位于冰碛岩之上、灯影组之下，两者层位相当，生成时期相同，可与上震旦统陡山沱阶对应；

灯影组被含多门类小壳动物、三叶虫的寒武纪地层覆盖，两地岩性相似，层位相当，生成时期相同，应与上震旦统灯影阶对应。

二、寒武系的划分

寒武系为以多门类小壳动物群的出现至牙形刺 *Monocostodus sevierensis*（*Drepanodus simplex*）带底界之间的一段地层。区内依据三叶虫、多门类小壳动物、牙形刺的资料，只能划分上、中、下三统，而阶的界线难以精确划定。

（一）下寒武统自下而上分梅树村阶、筇竹寺阶、沧浪铺阶、龙王庙阶

区内下统缺失含特殊的多门类小壳动物群的梅树村阶，因而荷塘组与灯影组之间为平行不整合接触。荷塘组依据所含三叶虫①*Hupeidiscus - Sinodiscus* 带(①为化石带编号,下同)，从西(南京)向东(昆山)其顶界逐渐抬高，其层位应对应筇竹寺阶至沧浪铺阶上部。

幕府山组依据所含三叶虫②*Redlichia-Paokannia* 带，③*Changaspis-Arthricocephalus* 带对应于沧浪铺阶—龙王庙阶。

（二）中寒武统自下而上分毛庄阶、徐庄阶、张夏阶

下、中统划分以三叶虫 *Redlichia* 绝灭与褶颊虫科大量出现为界。

炮台山组主要为一套镁质及含泥质碳酸盐岩。在宁镇地区，炮台山组底部含三叶虫 *Mufushania changi*，*M. nankingensis*，紧接其下的幕府山组顶部含三叶虫 *Redlichia nobilis*，炮台山组对应中寒武统毛庄阶是无疑的。其上部迄今未发现化石，加之上覆观音台组内也没有发现对确定时代有意义的化石，正如上扬子分区，中统与上统均为以灰质白云岩或白云岩为主的碳酸盐岩连续沉积，具体界线难于划分。据昆山地区昆 1 和昆 2 钻孔，炮台山组上部产有较丰富的三叶虫。其中 *Dorypyge*，*Aojia*，*Lisania*，*Hypagnostus*，*Peronopsis* 见于华北中寒武统上部的张夏组，它们之间可以大致对比；还有近于江南类型的分子 *Hypagnostus*，*Peronopsis*，*Triplagnostus* 等。浙西标准地区中寒武统对应的杨柳岗组是典型的江南类型，以球接子类三叶虫为主。据朱兆玲等(1988)研究，这一三叶虫动物群都是湘西、黔东过渡区枫木坪组的常见分子。而且它与浙西、皖南、浙江余杭、皖东滁县等地的杨柳岗组完全可以对比。因此，炮台山组对应中统毛庄阶至张夏阶。其内部阶的具体界线难以划定。

（三）上寒武统自下而上分崮山阶、长山阶、凤山阶

观音台组下部产有多层三叶虫，其中 *Liostracina*，*Monkaspis*，*Bergeronites*，*Liaoningaspis*，

Homagnostus 等见于皖南的上寒武统相对应的团山组。*Liostracina* 广布于华北及东北南部地区的崮山阶的 *Drepanura* 带。另外，*Bergeronites* 也是崮山阶的常见分子。*Liostracina* 在湘西与 *Glyptagnostus stolidotus*，*Fenghuangella*，*Bergeronites*，*Eoshengia* 等共生。特别是昆山这一三叶虫组合中的 *Bergeronites*，*Jiangnania*，*Dorypygella*，*Fenghuangella* 等也是浙西上寒武统对应的华严寺组下带 *Glyptagnostus stolidotus* 带的常见分子。现建立为 *Liostracina -Bergeronites* 组合。据此看来，二者层位大致相当。江南分区，中、上寒武统分界划在对应的杨柳岗组 *Lejopyge sinensis* 带与华严寺组 *Glyptagnostus stolidotus* 带之间。昆山地区与其相似，因此，将中、上寒武统分界划在对应的炮台山组 *Hypagnotus-Triplagnostus* 组合与观音台组 *Liostracina - Bergeronites* 组合之间。在岩性特征上，炮台山组为深灰、灰色薄层状白云岩、泥质白云岩、夹灰岩、泥灰岩；而观音台组则为灰色中厚—厚层白云岩，含燧石结核或白云岩夹泥质灰岩。

观音台组顶部 5～10 m 含牙形刺①*Monocostodus sevierensis* 带属奥陶系下统两河口阶，其下与寒武系上统凤山阶连续。其内部阶的具体界线难以划定。观音台组对应于崮山阶至两河口阶。

三、奥陶系的划分

在我国奥陶系典型剖面中，牙形刺 *Monocostodus sevierensis*（*Drepanodus simplex*）带的出现至 *Hirnantia - Dalmanitina* 动物群顶部的一段地层，区内依据头足类、三叶虫、腕足类、笔石、牙形刺等化石的资料，可进一步划分统和阶。

（一）下奥陶统自下而上分两河口阶、红花园阶、大湾阶、牯牛潭阶

仑山组依据牙形刺①*Monocostodus sevierensis*—④*Drepanodus deltifer* 带，头足类①*Proterocameroceras* 带，三叶虫⑦*Dactylocephalus dactyloides* 带及其中腕足类和笔石，对应两河口阶；

红花园组依据头足类②*Hopeloceras - Coreanoceras* 带，牙形刺⑤*Serratognathus diversus* 带及其中腕足类对应红花园阶；

大湾组依据头足类③*Protocycloceras - Chisiloceras* 带，牙形刺⑥*Oepikodus evae*—⑨*Baltoniodus navis* 带及腕足类两个带，对应大湾阶；

牯牛潭组依据头足类④*Dideroceras wahlenbergi*—⑤*Ancistroceras - Paradnatoceras* 带，牙形刺⑩*Amorphognathus antivariabilis*—⑫*Eoplacognathus foliaceus* 带及其腕足类，对应牯牛潭阶。

（二）中奥陶统自下而上分庙坡阶、宝塔阶

下、中统分界划在头足类⑤*Ancistroceras - Paradnatoceras* 与⑥*Lituites* 带之间。汤山组下段依据头足类⑥*Lituites* 带，牙形刺⑬*Pygodus serrus*—⑮*Prioniodus variabilis* 带，对应庙坡阶；

汤山组上段依据头足类⑦*Sinoceras chinense* 带，牙形刺⑯*Amorphognathus supernus*—⑰*Hamarodus europapeus* 带，对应宝塔阶下部；

汤头组下段依据头足类⑧*Eosomichelinoceras* 带，牙形刺⑱*Icriodella baotaensis* 带，对应宝塔阶上部。

（三）上奥陶统自下而上分临湘阶、五峰阶

中、上统分界划在头足类⑧*Eosomichelinoceras* 带与三叶虫⑧*Nankinolithus nankinensis* 带

之间。

汤头组上段依据三叶虫⑧*Nankinolithus nankinesis* 带及笔石等对应临湘阶；

高家边组底部 9～119 m 依据笔石②*Dicellograptus szechuanensis*—⑥*Glyptograptus gracilis* 带，腕足类、三叶虫⑨*Dalmanitina* 带（*Hirmantia*－*Dalmanitina* 动物群）对应五峰阶。

四、志留系的划分

我国志留系典型剖面中，笔石 *Glyptograptus persulptus* 带底界（含 *Hirmantia*－*Dalmanitina* 动物群层位顶界）至 *Pristiograptus tyansgrediens proximus* 带顶界的一段地层，在区内依据笔石、头足类、三叶虫、双壳类、鱼类等化石资料，只能划分到统，阶的界线难以精确划定。

（一）下志留统自下而上分龙马溪阶、石牛栏阶、白沙阶、秀山阶

高家边组依据笔石⑥*Glyptograptus gracilis*—⑫*Hunanodendrum typicum* 带对应龙马溪阶、石牛栏阶及白沙阶。

坟头组依据三叶虫⑩*Coronocephalus* 带、头足类⑨*Sichuanoceras* 带、双壳类、腕足类对应秀山阶。

（二）中志留统分关底阶

茅山组生物化石资料较少，依据鱼类、藻类难以精确地确定其年代，从地层层序、接触关系及岩性所反映温热古气候的同时性，可对应关底阶。

因茅山组与上覆五通群观山组为平行不整合接触，与上志留统妙高阶、玉龙寺阶相对应的地层可能缺失沉积或较薄遭受剥蚀。

第四节　问题讨论

一、年代地层划分的不同认识

（一）震旦系的另一种划分

震旦系作为“系”一级年代地层单位，在中国南方具有广泛的代表性，可作为层型。它的上限 615±20 Ma，下限 700±20 Ma，分下统南沱阶，中统陡山沱阶，上统灯影阶（曹瑞骥等，1982）。

（二）寒武系下统与中统的分界

这个问题，实质是对毛庄阶的归属，有一种意见取消毛庄阶将其归入龙王庙阶顶部，隶属下寒武统，因在毛庄期出现的许多褶颊虫科三叶虫，很类似北美早寒武世上 Olenellus 期的属群。更重要的是在山东长清、辽宁本溪、江苏徐州和湖北等地都发现 *Redlichia*，更增加了置于早寒武世的直接依据；再则，从毛庄阶进入徐庄阶，三叶虫从几个科突然繁盛至 30 余科，是一个生物明显发展的阶段。另一种意见，毛庄阶隶属于中寒武世，因为从早寒武世进入中寒武世褶颊虫科大量繁育，莱得利基虫科基本消失，即使个别地点有所发现只是孑遗分子。毛庄阶作为三叶虫发展的独立阶段是无疑的，但在发展上它与徐庄阶三叶虫的关系要比它与龙王庙阶三叶虫的关系更密切。由此可见，两种意见在古生物学上都有一定的理由。从现有资料来看，将本区炮台山组归入对应的中寒武世。下、中寒武统的界线，划在对应的幕府山组顶部产 *Redlichia nobilis* 紫红色泥质灰岩与炮台山组底部产 *Mufushannia changi* 等黄色薄层泥质灰岩之间，彼此为连续沉积。

二、生物组合特征中有待研究的问题

（一）梅树村阶多门类小壳动物群

区内震旦纪—寒武纪地层出露少，又遭受后期构造破坏，含多门类小壳动物的梅树村阶地层，在宁镇地区暂作沉积后剥蚀处理。从昆山地区钻孔提供的资料看，地层发育较全，生物较丰富，有无多门类小壳动物群的层位存在，值得今后工作中注意。

（二）区内是否存在澄江动物群

中国科学院南京地质古生物研究所近两年在滇东筇竹寺组中发现了澄江动物群并进行了大量研究工作。昆山地区荷塘组底部岩性与滇东筇竹寺组层型岩性相似。应注意在其层位中寻找澄江动物群。

三、地层多重划分对应关系

震旦纪—志留纪地层多重划分包括岩石地层、生物地层和年代地层。以岩石地层层序中生物特征序列（生物带）的区域对比确定其年代，它们之间的关系如表 9－5。

四、遍及扬子区的三个区域性间断面

（一）周岗组（震旦系）底部与其以下区域变质岩系（前震旦系或中、上元古界）之间的不整合面

这个遍及扬子区的间断面称晋宁运动面。晋宁运动使地壳演化发生质变。震旦纪以前区内地壳处于地槽发展阶段，晋宁运动（距今 850 Ma 左右）使其遭受强烈褶皱、区域变质及岩浆活动。从震旦纪开始地壳进入地台演化时期；

（二）寒武纪荷塘组与震旦纪灯影组之间的平行不整合面

自震旦纪末期，本区处于地壳上升阶段，到寒武纪初期，缺失沉积，即称之为桐湾运动，其运动面在苏、浙、皖、赣、鄂、湘、黔、川、滇都有存在。自70年代后期，在鄂、川、滇、黔先后在灯影组顶部及相当层位发现含多门类小壳动物群的梅树村阶地层，这一区域性间断面应在梅树村阶与筇竹寺阶之间。从现有资料分析，这个间断面自东（苏、浙）向西（鄂、川、滇），随着时间的发展，从震旦纪末到筇竹寺期初，各地时间间隔有所不同。本区处上升缺失沉积阶段。

（三）泥盆纪五通组与志留纪茅山组之间的平行不整合面

该面称为加里东运动（广西运动面）的间断面，在苏、浙、皖、赣、鄂等地都存在，而在华南（闽、赣、湘、粤、桂）为区域性不整合，在江苏为平行不整合。

五、岩石地层的时空分布

（一）区域沉积环境

自震旦纪开始，大致以淮阴—响水口一带为界，其西北的胶苏古陆大多上隆缺失沉积，其东南地壳下沉形成下扬子海（扬子陆表海东延部分），到苏、浙、皖交界一带渐变为大陆（架）斜坡，再向东南到皖、浙、赣交界及其东南渐变为深海盆（华南海盆）。区内主要处于陆表浅海环境。

（二）两大沉积旋回

区内震旦纪至志留纪岩石地层发育较全。以上述三个区域间断面为界，形成两大沉积旋回。

表 9-5　震旦纪—志留纪地层多重划分对应表

年代地层			岩石地层	生物组合					
系	统	阶	群 组 段	三叶虫	头足类	腕足类	牙形刺	笔石	其他门类
志留系	上统	玉龙寺阶							藻类：*Micrhystridium nannacanthum*
		妙高阶							
	中统	关底阶	茅山组						
	下统	秀山阶	坟头组	⑩*Coronocephalus*	⑨*Sichuanoceras*				*Bavlinella faveolatus*, *Tragumorpha*, *Leiopsophaera*
		白沙阶	高家边组						
		石牛栏阶						⑫*Hunanodendrum typicum*	
		龙马溪阶						⑪*Monoclimacis arcuata* ⑩*Demirastrites triangulatus* ⑨*Pristiograptus leei* ⑧*P. cyphus* ⑦*Orthograptus vesiculosus* ⑥*Glyptograptus gracilis*	
奥陶系	上统	五峰阶		⑨*Dalmanitina*				⑤*Diplograptus bohemicus* ④*Paraorthograptus uniformis* ③*Dicellograptus turgidus* ②*D. szechuanensis* ①*Amplexograptus disjunctus yangtzeensis*	
		临湘阶	汤头组 上段	⑧*Nankinolithus nankinensis*					
	中统	宝塔阶	汤头组 下段		⑧*Eosomichelinoceras*		⑱*Icriodella baotaensis*		
			汤山组 上段		⑦*Sinoceras chinense*		⑰*Hamarodus europaeus* ⑯*Amorphognathus supernus*		
		庙坡阶	汤山组 下段		⑥*Lituites*		⑮*Prioniodus variabilis* ⑭*Pygodus anserinus* – *Eoplacognathus ramosus* ⑬*Pygodus serrus*		
	下统	牯牛潭阶	牯牛潭组		⑤*Ancistroceras* – *Paradnatoceras* ④*Dideroceras wahlenbergi*	⑤*Hordeerieyella* – *Spondylotreta*	⑫*Eoplacognathus foliaceus* ⑪*E. pseudoplanus* ⑩*Amorphognathus antivariabilis*		
		大湾阶	大湾组		③*Protocycloceras* – *Chisiloceras*	④*Virgorla* – *Eodiorthelasma* ③*Sinorthis typicus*	⑨*Baltoniodus navis* ⑧*Pariostodus originalis* ⑦*Periodon flabellum* – *Oistodus* aff. *multicorrugatus* ⑥*Oepikodus evae*		

续表 9-5

年代地层			岩石地层	生物组合					
系	统	阶	群 组 段	三叶虫	头足类	腕足类	牙形刺	笔石	其他门类
奥陶系	下统	红花园阶	红花园组		②*Hopeioceras* - *Coreanoceras*	②*Tritoechia tangshanensis* - *Punctolira sinensis*	⑤*Serratognathus diversus*		
奥陶系	下统	两河口阶	仑山组	⑦*Dactylocephalus* - *dactyloides* - *Szechuanella szechuanensis*	①*Proterocameroceras*	①*Nanorthis* - *Imbricatia*	④*Drepanodus deltifer* ③*Scolopodus quadraplicatus* ②*Acanthodus costatus* - "*Acodus*" *oneotensis* ①*Monocostadus sevierensis*		
寒武系	上统	凤山阶	观音台组	⑥*Liostracina* - *Bergeronites*					
寒武系	上统	长山阶	观音台组						
寒武系	上统	崮山阶	观音台组						
寒武系	中统	张夏阶	炮台山组	⑤*Hypagnostus* - *Triplagnostus*					
寒武系	中统	徐庄阶	炮台山组						
寒武系	中统	毛庄阶	炮台山组	④*Mufushania*					
寒武系	下统	龙王庙阶	幕府山组	③*Changaspis* - *Arthricocephalus*					小壳动物： *Chancelloria altaica* *Latouchella* cf. *anhuiensis* *Prototreta*? *Hyolithellus*? *Allatheca*?等
寒武系	下统	沧浪铺阶	幕府山组	②*Redlichia* - *Paokannia*					
寒武系	下统	筇竹寺阶	荷塘组	①*Hupeidiscus* - *Sinodiscus*					
寒武系	下统	梅树村阶	荷塘组						
震旦系	上统	灯影阶	灯影组						叠层石： *Stratifera* *Irregularia* *Nubecularites parvus* *Cryptozoon* 等
震旦系	上统	陡山沱阶	黄墟组						藻类： *Trachysphaeridium dengyingense* *Leiofusa obiongus* *Kildinella sinica* *Leiopsophosphaera apertus* 等
震旦系	下统	南沱阶	苏家湾组						
震旦系	下统	莲沱阶	周岗组						
中元古界			张八岭(岩)群	埤城(岩)群					

第一沉积旋回(震旦沉积旋回)：沉积了周岗组至灯影组。

震旦纪初期海水广泛海侵，形成下扬子海。莲沱期至陡山沱早期，沉积了碎屑岩夹冰碛岩（周岗组、苏家湾组、黄墟组下段)，厚度2 000 m左右，为滨海一浅海陆架沉积环境。陡山沱晚期至灯影期，沉积了碳酸盐岩、镁质碳酸盐岩(黄墟组上段、灯影组)，厚度250～1 500 m左右。为碳酸盐台地沉积环境，而在皖、浙、赣一带及其东南，灯影期沉积了硅质岩(皮园村组、老堡组)，反映了深水沉积环境。后受桐湾运动的影响地壳上升，海水暂时退出，结束了沉积。

第二沉积旋回(加里东沉积旋回)：沉积了荷塘组至茅山组。

寒武纪早期海水再次广泛入侵，形成下扬子海。从筇竹寺期至晚奥陶世临湘早期，沉积了页(泥)岩、硅质(页)岩(荷塘组)→镁质碳酸盐岩(幕府山组至观音台组)→碳酸盐岩为主(仑山组至汤头组)的地层，厚度1 600 m左右，为碳酸盐台地型沉积。

五峰期至白沙期区域沉积环境分异明显，从宁镇向东南到皖、浙、赣，由浅海陆架→陆架斜坡→海盆。从笔石生态组合特征分析，随着时间演化，海水由深逐渐变浅。沉积物空间分布，浅海陆架区为硅(泥)质岩和泥页岩为主(高家边组)，厚度1 000 m左右，海盆内为复理石沉积(浊流沉积)，厚度达4 000 m左右，反映了沉积速率、厚度增大。秀山期海水逐渐变浅，区域沉积环境由浅海趋向滨海，沉积了细砂(泥)岩(坟头组)，厚度由宁镇(230 m)向西侧增厚，东南侧宜兴张渚830 m，到浙江安吉其相当层位厚度2 000 m左右。关底期为滨海一三角洲沉积环境，沉积了紫红色为特征的中细粒岩屑长石砂岩，厚度在宁镇一带0～32 m，向两侧增厚，东南侧茅山地区120 m左右，宜兴1 000 m左右，无锡一带大于1 500 m。到皖南太平一带厚度更大。到妙高期地壳上隆海水退出结束了沉积。

第十章
晚泥盆世—三叠纪

第一节 岩石地层单位

本区晚泥盆世—三叠纪地层在淮阴—响水口一线以南广泛分布，主要出露在宁镇山脉、茅山山脉、宜溧山区和苏锡等地。因地层出露较好，地质学界对其研究历史亦较悠久，并创立了很多地层名称，而且一直沿用至今。经过此次对比研究，将晚泥盆世—石炭纪的岩石地层单位自下而上分为：晚泥盆世观山组，晚泥盆世—早石炭世擂鼓台组，二者归并为五通群；早石炭世金陵组、高骊山组及和州组；早石炭世—晚石炭世老虎洞组；晚石炭世黄龙组和船山组；早二叠世栖霞组和孤峰组，早二叠世—晚二叠世龙潭组；晚二叠世大隆组和长兴组；早三叠世湖山段、沧波门段，两段并为青龙组；中三叠世周冲村组和黄马青组；晚三叠世范家塘组。现自下而上叙述如下。

五通群 D_3C_1W (06-32-2190)

【创名及原始定义】 原称五通山石英岩，系丁文江(1919)创名，命名地点在浙江省长兴县煤山镇五通山。指“为一厚度相当大的红色的石英岩系，具有砂质页岩和杂色砂岩，厚度不小于 500 m，时代定为泥盆纪（?)”。

【沿革】 丁文江和叶良辅合著的 1∶100 万地质图中，将“五通山”误写成“乌桐山”，造成“五通”、“乌桐”双名并用。葛利来(1923—1924)将命名地点误认为在江苏省。刘季辰、赵汝钧(1924)曾改称界岭层，属志留—泥盆纪。李四光、朱森(1932)在龙潭地区地质调查时称乌桐系，归入泥盆石炭纪—早石炭世。李毓尧、李捷、朱森(1935)将乌桐系自下而上划分为茅山砂岩、乌桐砂岩，前者为中泥盆世，后者为早石炭世。潘江(1956)将乌桐砂岩改为五通系。全国地层委员会(1959)改为五通群。李星学(1963)将五通群由下而上划分为观山组、擂鼓台组。由于原创名地点植物茂盛，覆盖太厚，露头不佳，人们自 50 年代起多以龙潭地区地质剖面作为苏、浙、皖一带晚泥盆世陆相—海陆过渡相的地层代表，为地质工作者广泛引用。1964 年江苏区测队改称五通组。本次对比研究采用五通群(表 10-1)。

【现在定义】 五通群划分西湖组和珠藏坞组，为一套海陆交互相的沉积。时代为晚泥盆世一早石炭世早期。与下伏唐家坞组、上覆叶家塘组均呈平行不整合接触。在江苏省内，五通群平行不整合于茅山组砂岩之上，整合于金陵灰岩(或平行不整合于老虎洞组含砾白云岩)之下的一套碎屑岩层，自下而上分观山组和擂鼓台组。

观山组　D_3g　(06-32-2191)

【创名及原始定义】　李星学(1963)于南京龙潭镇观山创观山组，指厚层砂岩，质地坚硬，以石英砂岩为主，页岩较少，底部含砾，未见化石。与下伏地层坟头组平行不整合接触，与上覆地层擂鼓台组为整合接触。

【沿革】　创名后一直被人们沿用。

表 10-1　宁镇及邻区泥盆纪地层划分沿革表

作者	年代	地区	地层划分(自上而下)
丁文江	1919	下扬子区	C 栖霞山灰岩；D 五通山石英岩
葛利普	1924	苏南	P 栖霞山石灰岩；S 五通山或五通石英岩
刘季辰、赵汝钧	1924	苏南	C_1 下石灰岩；D|S 界岭层
李四光、朱森	1932	龙潭	C_1 金陵灰岩；C_1|DC 乌桐系
李毓尧、李捷、朱森	1935	宁镇	C_1 金陵石灰岩；乌桐系：C_1 乌桐砂岩，D_2 茅山砂岩
潘江	1956	龙潭	C_1 金陵石灰岩；D_3 五通系；D_2 茅山砂岩
全国地层委员会	1959	江苏	C_1 金陵组；D_3 五通群；S_3 茅山群
李星学	1963	苏南	C_1 金陵组；D_3 五通群(擂鼓台组、观山组)；S_3或S_2 茅山群
江苏区测队	1964	苏南	C_1 金陵组；D_3 五通组；S_3 茅山组
严幼因、李汉民	1987	南京	C_1 金陵组、陈家边组、茨山组；D_3 擂鼓台组
本书	1997	南区	C_1 金陵组；C_1—D_3 五通群(擂鼓台组、观山组)；S_2 茅山组

【现在定义】　灰白色厚层—块状(含砾)粗至细粒石英岩状砂岩，有时夹灰白、暗紫色粉砂质泥岩、细粒岩屑石英砂岩，下部常夹有砾石或砾岩。与下伏地层坟头组灰绿、灰黄色泥质砂岩夹页岩(或茅山组紫红色厚层中、细粒石英砂岩)为平行不整合接触，与上覆地层擂鼓台组淡灰绿色页岩呈整合接触。

【层型】　正层型为南京龙潭观山剖面(119°05′，32°09′)，潘江、周志炎1955年实测，李星学1963年补充和并层。

上覆地层：**擂鼓台组**　淡灰绿色页岩

——————　整　合　——————

观山组　　总厚度 65.11 m

20. 厚层状石英质砂岩　　7.00 m

19. 薄层状石英质砂岩夹淡绿色页岩　　1.50 m

18. 厚层状石英质砂岩　　6.00 m

17. 浅灰绿色页岩，含白云母片　　12.70 m

16—14. 灰紫色云母质石英砂岩，下部夹绿色页岩　　2.80 m

13. 厚层石英质砂岩 2.60 m

12—11. 薄层及中层状云母质石英砂岩，下部含灰色页岩 3.50 m

10. 厚层状石英质砂岩夹灰绿色页岩 14.10 m

9. 灰白色云母质页岩，含石英砾石 0.75 m

8. 灰棕色厚层石英质砂岩，中夹薄层状淡绿色页岩 6.70 m

7—6. 砾质石英砂岩及中层状石英质砂岩夹紫灰及淡绿色页岩 1.96 m

5—3. 中层状石英质砂岩，砾质石英砂岩 3.60 m

2. 淡绿色页岩 0.40 m

1. 棕色石英砾质厚层石英质砂岩 1.50 m

——————— 平行不整合 ———————

下伏地层：坟头组 灰绿和灰黄色泥质砂岩夹页岩

【地质特征及区域变化】 岩性为灰白色厚层至块状粗—细粒石英砂岩，底及下部常含砾石或薄层砾岩或砂砾岩，中、上部夹灰白、暗紫色粉砂质泥岩，其岩性稳定，厚度变化较大。在南京孔山下部多为含砾中粒石英砂岩与厚层粗—中粒石英砂岩呈韵律出现，有时夹5～25 cm的薄层砾岩层或条带，上部夹泥岩及粉砂质泥岩，厚度74 m；句容高骊山以灰白色厚层中粒石英砂岩为主，偏下部为含砾粗粒石英砂岩，底部为薄层灰白色岩屑石英杂砂岩，厚度123 m；宜兴乌龟山为灰白色厚层含细砾中粒石英砂岩，含植物化石，厚度137 m；宜兴凤凰山近下部石英砾岩厚0.31 m，另外在石英砂岩夹粉砂岩及碳质泥岩时，泥岩中含植物化石等，厚度121 m；无锡顾山为灰白、黄褐色厚层至中薄层粗—中粒石英砂岩，厚度38 m；苏州吴县米堆山为灰白色中厚层中粒石英砂岩，下部为含砾石英砂岩夹薄层粉砂质页岩；含植物化石等，厚度63 m；泰县N4钻孔，上部为浅灰色中粒石英砂岩夹灰色泥岩，下部为灰色含砾中粒石英砂岩，厚度102 m。呈北东方向展布，自东南向西北厚度逐渐增大，最厚为宜兴乌龟山，宁镇山脉至泰县一线厚度又逐渐变薄。泰县以北观山组尖灭，被擂鼓台组代替。

观山组主要岩石类型为石英砂岩，约占90%以上，砂岩成熟度高，成分几乎全为石英，硅质胶结；砾质石英砂岩及石英砾岩，厚度不大，多为夹层，砾石含量变化较大，分选性好，球度较高，具有粒序性，基质都是成熟度较高的石英砂；泥岩，粉砂质泥岩呈夹层出现，所占比例极小，水平层理发育。从以上沉积特征看，观山组接近于滨海相的海滩砂岩。时代为晚泥盆世。

【其他】 对于观山组的底界，长期以来习惯以石英砾岩、砾质石英砂岩或含砾石英岩的底为界。本次研究划在茅山组紫红色厚层石英砂岩的顶部。在苏锡地区其下有一套0～103 m的灰白、褐黄色厚层细粒石英砂岩夹少量薄层泥质粉砂岩，曾称为“假五通”的岩层划归茅山组上段，因为其上、下岩性特征相同，至宁镇地区则尖灭，现新划入观山组。而石英砾岩、砾质石英砂岩或含砾石英砂岩在不同地区也有变化，或多或少，或厚或薄，或有或无，位置或在底部，也有偏于下部，如龙潭观山有四层砾质石英砂岩偏于下部，在孔山为石英砂岩夹含砾砂岩，中、下部出现5～20 cm厚的砂砾岩条带或薄层；在泰县钻孔中含砾石英岩在下部；宜兴位于底部；无锡顾山则不含砾。

擂鼓台组 D_3C_1l （06－32－2201）

【创名及原始定义】 李星学(1963)于南京龙潭镇东南擂鼓台创名。岩性为杂色页岩、砂质页岩及薄层石英砂岩。含腕足类、鱼、植物及孢子化石。下与观山组厚层石英砂岩，上与金陵组中厚层微晶生物屑灰岩均呈整合接触。时代属晚泥盆世。

【沿革】 严幼因、李汉民(1987)分别研究了江苏江宁孔山东段的擂鼓台组上部约10余米的砂、泥岩，以及金陵组灰岩之下的含铁质细砂岩，发现其中含有丰富的孢子，其时代为早石炭世早期，并分别建立了茨山组、陈家边组。刘延哲、王明远(1979)在滨海一带钻孔中发现早石炭世早期牙形刺 *Polygnathus inornatus*—*Siphonodella simplex* 组合，江苏煤田队(1987)在苏北滨海地区找煤，于井下发现了在含 *Leptophloeum rhombicum* 的五通组之上、金陵组灰岩之下，连续沉积了一套白云岩与灰岩，建立老坎组，其岩性组合可包含在擂鼓台组上部(表10-2)。蔡重阳、卢礼昌等(1988)总结江苏地区泥盆纪生物地层，将五通组划分为下段观山段，上段擂鼓台段。

【现在定义】 为杂色页岩、砂质页岩夹薄层石英砂岩。砂质页岩中常发育铁锰结核，顶部常发育薄层含铁细粒石英砂岩，含腕足类、鱼、植物及孢子等化石。底部以砂质页岩、薄层石英砂岩与下伏观山组厚层石英砂岩分界，顶部以含铁质石英砂岩与上覆金陵组灰黑色厚层微晶生物屑灰岩分界，均呈整合接触。茅山一线以东地区相当于金陵组、和州组的碳酸盐岩尖灭相变为碎屑岩以及高骊山组碎屑岩，与本组岩性不易区分，故其上界与老虎洞组细晶白云岩呈平行不整合接触。

【层型】 正层型为南京龙潭擂鼓台剖面(119°00′,32°10′)，潘江1954年实测，李星学1963年补充和并层。

上覆地层：金陵组 灰黑色中厚层状微晶生物屑灰岩

——————整 合——————

擂鼓台组 总厚度44.0 m

14. 黄褐色含铁质细粒石英砂岩。含腕足类 *Eochoristites neipentaiensis*, *Comarotoechia kinlingensis* 等 0.5 m

13. 灰黑及杂色页岩。含植物 *Sublepidodendron mirabile*, *S. wusihense*, *Sphenophyllum lungtanense*, *Hamatophyton verticillatum wusihense*, *Lepidostrobus grabaui*, *Lepidostrobophyllum* sp., *Sphenopteris* sp., *Carpolithus* sp.；孢子 *Foveosporites appositus*, *Densosporites gracillis*, *Cymbososporites conatus*, *Corbulispora concellata*, *Knoxisporites literatus*, *Retusotriletes avonensis*, *R. incohatus*, *Laevigatosporites vulgaris* 12.0 m

12. 棕色石英砂岩夹黄色页岩、砂岩，具波痕。含植物化石碎片及孢子 *Crassispora trychera*, *Densosporites gracilis*, *Dictyotriletes triviablis*, *Foveosporites appositus*, *Hymenozonotriletes* sp., *Knoxisporites literatus*, *Lophotriletes minutissimus*, *Lycospora flexuosa*, *L. noctuina*, *Retusotriletes avonensis* 8.0 m

11. 灰褐色砂质页岩，上部夹铁锰结核，局部呈瘤状。含植物 *Sublepidodendron*? sp., *Stigmaria* sp., *Knorria* sp. 1.7 m

10. 灰黑色页岩。上部含鱼 *Sinolepis macrocephalus*, *S. wutungensis*, *Asterolepis sinensis*, *Holoptychus nankingensis*, *Laccongnathus* sp., *Paraholoptychus lungtanensis*；植物 *Lepidodendropsis hirmeri*, *Sublepidodendron mirabile*, *S. wusihense*；孢子 *Cymbososporites conatus*, *Dictyotriletes rotundatus*, *Discernisporites micromanifestus*, *Gorgonispora convoluta*, *Retusotriletes triangulatus* 1.3 m

9. 石英砂岩 0.6 m

8. 灰褐色页岩、砂质页岩、石英砂岩。含植物 *Leptophloeum rhombicum*, *Sublepidodendron mirabile* 4.7 m

表 10-2 宁镇及邻区晚泥盆世—石炭纪地层划分沿革表

丁文江	刘季辰、赵汝钧	李四光、朱森	李四光、朱森	李毓尧、李捷、朱森	夏邦栋	李星学	江苏区测队	江苏煤田三队	严幼因、李汉民	江苏区调队	本书
1919	1924	1930	1932	1935	1959	1963	1970	1987	1987	1989	1997
下扬子区	江苏南部	宁镇山脉	龙潭	宁镇山脉	江宁	南京龙潭	宁镇山脉	滨海	南京陈家边	宁镇山脉	江苏南区
	C_1 下扬子石灰岩层	C_3 栖霞层：青龙石灰岩	P_2 栖霞灰岩	P_2 栖霞层			P_1 栖霞组	P_1 栖霞组		P_1 栖霞组	P_1 栖霞组
C_2 船山石灰岩		船山石灰岩	P_1 船山灰岩	P_1 船山灰岩			C_3 船山组	C_3 船山组		C_3 船山组	C_2 船山组
		C_2 黄龙石灰岩	C_2 黄龙灰岩	C_2 黄龙灰岩	C_2 结晶灰岩		C_2 黄龙组	C_2 黄龙组		C_2 黄龙组	黄龙组
										丁山组	
					C_{1-2} 老虎洞白云岩		老虎洞组			C_1 老虎洞组	老虎洞组
D_2 五通山石英岩			C_1 和州灰岩	C_1 和州灰岩	C_1 和州灰岩		C_1 和州组	C_1 和州组		和州组	C_1 和州组
	D—S 界岭层	C_1 上页岩	高骊山系	高骊山系			高骊山组	高骊山组		高骊山组	高骊山组
		金陵石灰岩	金陵灰岩	金陵石灰岩		C_1 金陵组	金陵组	金陵组	C_1 金陵组	金陵组	金陵组
								老坎组			
		下页岩	D 乌桐系	乌桐系：乌桐砂岩		D_3 擂鼓台组	D_3 五通组	D_3 五通组	茨山组；陈家边组	D_3 五通组	D_3 五通群：擂鼓台组
		乌桐石英岩							D_3 擂鼓台组		观山组
						观山组					

7. 灰白色页岩夹薄层石英砂岩。含植物 *Sublepidodendron mirabile*，*Eolepidodendron wusihense* 4.2 m

6. 灰色页岩，砂质页岩及薄层石英砂岩(大部分掩盖) 11.0 m

——————— 整 合 ———————

下伏地层：观山组　厚层石英砂岩夹绿灰色页岩

【地质特征及区域变化】　岩性可分为上、下两部分。上部：黄褐色含铁质细粒砂岩、粉砂岩，灰黑色及杂色页岩、粘土岩、薄层粉砂质泥岩、薄层细砂岩。在孔山、陈家边、句容及宝应等还含丰富的植物、腕足类、疑源类及孢子，厚度 8.5～55.2 m。宜溧地区其上界与老虎洞组呈平行不整合接触；在滨海地区相当的层位岩性为灰色泥质白云岩、细晶白云岩、石英砂岩、细砂岩与粉砂岩。下部：灰褐色和灰黑色页岩、砂质页岩、泥岩、粘土岩、粉砂质泥岩，含铁锰质结核，灰黑色页岩局部夹劣质煤线。薄层细粒石英砂岩常显示碎屑粒度自下而上由粗至细的韵律变化，砂岩中常发育大型板状交错层理。含鱼、植物、孢子及叶肢介，迄今仅于南京龙潭擂鼓台和观山剖面发现鱼化石，厚度 15～105 m，其下与观山组厚层石英砂岩整合接触。

擂鼓台组的岩性及厚度变化大，宁镇地区由于其上覆地层金陵组为灰岩，两者岩性易于区别，而在茅山及其以东的宜兴、苏锡及沿江的江阴、常熟一带，金陵组、和州组大多尖灭，相变为碎屑岩，而高骊山组的岩性，以及所含的植物群与本组差异甚微，根据岩石地层单位的划分原则，应归擂鼓台组，包含了王胡村组、高骊山组、和州组（上沛组)。与老虎洞组的白云岩呈平行不整合接触（如金坛西分水岗、吴县西山岛南山头等地)。厚度各地不一，龙潭 44 m，高骊山 23.9 m，孔山 122.15 m，句容包家村 73.61 m，滨海 115.71 m，宜兴大于 99 m，金坛西大于 19.22 m。其变化趋势，由宁镇向苏锡和苏北滨海地区增厚，并具有较明显的穿时性。时代为晚泥盆世—早石炭世。根据擂鼓台组的沉积环境和岩性特征，可进一步分为三个地层小区(表 10-3)。本组向西与安徽和县、含山、巢县地区的擂鼓台组可以对比；与浙江临安、杭州的珠藏坞组可以对比。

表 10-3　擂鼓台组地质特征及区域变化对比表

岩性特征	苏北小区	宁镇小区	宜溧小区
厚度	115.7～198.0 m	48.00～113.85 m	99.30～136.45 m
岩性	碎屑岩为主，上部夹白云岩，瘤状泥灰岩及黄铁矿结核	碎屑岩夹铁锰结核	碎屑岩，中、上部夹紫色粘土岩，石英砂岩增多、岩层增厚
古生物	上部主要有：牙形刺、腕足类、珊瑚；下部：植物	上部：孢子、植物、腕足类、疑源类；下部：孢子、植物、鱼、疑源类	孢子、植物
时限	晚泥盆世—早石炭世早期	晚泥盆世—早石炭世早期	晚泥盆世—早石炭世晚期
矿产		粘土矿部分开采利用，石英砂岩已开采作建筑材料	粘土岩是很好的陶土原料，已开采；石英砂岩已开采作建筑材料

金陵组　C_1j　(06-32-2202)

【创名及原始定义】　李四光、朱森(1930)于南京附近龙潭镇观山创名，原称金陵石灰岩。

指位于黄龙石灰岩之下，乌桐石英岩之上的两层页岩中的一层灰岩，该层灰岩为深灰蓝色，质地致密，中厚层，产丰富的海百合茎及珊瑚，上部灰岩含腕足类等。时代为早石炭世早期。

【沿革】 创名后广为沿用。南京大学地质系(1953)在灰岩之下发现了含铁质砂岩。金玉玗（1961）系统研究了该砂岩中腕足类，并将此砂岩与原金陵灰岩合并，称金陵组，扩大了金陵组的范围。杨敬之、盛金章等(1962)改称金陵段。经本次对比研究，现将金陵组灰岩之下的含铁质石英砂岩、页岩等划归擂鼓台组，恢复创名时金陵石灰岩的含义，并称金陵组。

【现在定义】 灰黑色厚层细晶灰岩，含腕足类、珊瑚等化石。底部与擂鼓台组猪肝色页岩为界，顶部与高骊山组青灰色页岩为界，均为整合接触。

【层型】 原正层型因人工采石破坏无法利用；新层型为南京市龙潭小山头剖面(119°05′，32°10′)，江苏区测队 1970 年实测。

上覆地层：高骊山组　青灰色页岩

——————— 整　合 ———————

金陵组　　总厚度 8.5 m

灰黑色厚层细晶灰岩。含珊瑚 *Pseudouralinia nankingensis*，*Keyserlingophyllum keyserlingophylloides*；腕足类 *Eochoristites neipentaiensis*，*Camarotoechia kinlingensis*　　8.5 m

——————— 整　合 ———————

下伏地层：擂鼓台组　猪肝色页岩

【地质特征及区域变化】 岩性为灰、灰黑色中、厚层微晶、细晶灰岩，含白云质和泥质灰岩，比较稳定。苏北滨海一带钻孔见微晶灰岩中常夹砂质灰岩。生物化石以珊瑚、腕足类为主，还有少量的苔藓虫、腹足类、双壳类、三叶虫及海百合茎。厚度不大，江宁云峰山 8.78 m，江宁陈家边 8.03 m，上坊天宁寺 5.54 m，南京龙潭 8.5 m，句容高骊山 1.47 m，自西向东厚度逐渐减薄。苏北滨海钻孔揭露厚度 22.83～24.99 m。时代属早石炭世早期。

【其他】 分布于宜兴、溧阳一带与金陵组地质年代相当的一套碎屑岩，过去曾称“王胡村组”，现依据其岩性特征归属于擂鼓台组上部。

高骊山组　C_1g　(06－32－2203)

【创名及原始定义】 朱森(1931)于江苏句容县高骊山南坡创高骊山砂岩。金陵灰岩之上即高骊山砂岩呈不整一观。所含岩层为黄灰紫及灰绿诸色页岩、砂质页岩，中夹矽质灰岩，含下石炭纪植物化石，厚度约五十公尺。时代为早石炭世晚期。

【沿革】 李四光、朱森(1932)改称高骊山系。中国区域地层表(草案)(1956)称高骊山组。杨敬之(1962)称高骊山段。江苏区测队(1970)称高骊山组，并沿用至今。

【现在定义】 为黄绿、灰紫红色杂色页岩、泥岩、粉砂岩夹细粒长石石英砂岩、石英砂岩及底部赤铁矿层，含植物化石。底部与金陵组灰黑色灰岩为界，上与和州组土黄色含砂白云质泥灰岩分界，均为整合接触。

【层型】 正层型为句容县高骊山南坡剖面(119°15′,32°05′)，江苏区测队 1970 年重测。

上覆地层：和州组　土黄色含砂白云质泥灰岩

——————— 整　合 ———————

高骊山组　　总厚度 41.5 m

上段 厚度 10.8 m

29. 土黄色白云质粗粒石英砂岩 0.8 m
28. 灰白色厚层粗粒含砾长石石英砂岩 0.5 m
27. 灰白、紫红色厚层含砾粗粒石英砂岩 2.0 m
26. 灰白色薄层粉砂质泥岩 0.5 m
25. 浅灰色粉砂岩夹土黄色页岩及少量紫红色细粒长石石英砂岩 2.4 m
24. 灰黑、土黄色含碳质粉砂质泥岩 0.5 m
23. 灰紫色页岩，含大量植物根化石 0.5 m
22. 灰紫色中粒含长石石英砂岩 0.5 m
21. 灰紫色含细砾中粗粒石英砂岩 0.7 m
20. 灰紫色粉砂质泥岩 0.5 m
19. 灰紫色含细砾巨粒石英砂岩，底部含有数厘米赤铁矿。含植物 *Archaeocalamites* sp. 1.9 m

下段 厚度 30.7 m

18. 灰白色粉砂岩 0.6 m
17. 灰黄色粉砂岩与粉砂质页岩互层 3.7 m
16. 灰黄色细粒含铁质石英砂岩 0.4 m
15. 灰黄色粉砂质泥岩夹粉砂岩。含植物 *Sublepidodendron* sp. 5.2 m
14. 灰绿色粉砂岩夹薄层细粒石英砂岩 0.7 m
13. 闪长玢岩脉 5.0 m
12. 深灰色页岩 2.4 m
11. 灰、灰黄色泥岩。含植物 *Sublepidodendron mirabile*，*Eolepidodendron wusihense*，*E. jurongense*，*Lepidodendron kaolishanense*，*Archaeocalamites* sp. 1.0 m
10. 灰绿色细粒石英砂岩 0.4 m
9. 灰、灰黄色页岩夹薄层粉砂岩 0.8 m
8. 紫、黄绿色杂色页岩。含植物 *Sublepidodendron mirabile*，*Hamatophyton verticillatum*，*Rhodeopteridium* cf. *hsianghsiangense*，*Telangium* sp. 3.2 m
7. 紫红色页岩 1.8 m
6. 灰绿色页岩 0.4 m
5. 土黄色粉砂岩 0.8 m
4. 灰绿色细粒石英砂岩 0.4 m
3. 灰绿色粉砂质页岩、粉砂岩。含植物 *Sublepidodendron mirabile* 2.4 m
2. 黄绿色粉砂质页岩 1.3 m
1. 紫色赤铁矿 0.2 m

———— 整 合 ————

下伏地层：金陵组　灰黑色灰岩

【地质特征及区域变化】　岩性主要为杂色砂页岩夹粘土岩、薄煤层、长石石英砂岩。在江宁陈家边其上部夹泥灰岩，含丰富的腕足类、珊瑚及苔藓虫、三叶虫。苏北滨海、洪泽一带厚度最大，达 101 m 左右，并在碎屑岩中夹有 40 多米厚的泥质白云岩。南京龙潭厚度较小，仅 31.2 m，云峰山 53 m，孔山 48.2 m，陈家边 44.6 m，高骊山 41.5 m。

在创名地本组下段含有丰富的植物化石，时代为早石炭世晚期，相当大塘期早期。苏北滨海Ⅱ-2孔高骊山组上部产植物 *Neuropteris*，*Rhodeopteridium* 等，可与湖南测水组、黔南上司组下部对比。时代属早石炭世晚期。

本组为以陆相为主的海陆交互相碎屑岩沉积，苏北滨海为泻湖海湾相碎屑岩与砂质白云岩交替沉积。主要矿产为粘土矿。

和州组　$C_{1-2}h$　(06-32-2204)

【创名及原始定义】　原名和州石灰岩，朱森(1929)创名于安徽省和县香泉赤儿山。原指"不纯灰岩呈薄层状及黄色灰岩层，含 *Productus giganteus*，*Martinia* 及 *Dibunophyllum* 等"。时代为早石炭世晚期。

【沿革】　俞建章(1931)认为和州石灰岩与甘肃臭牛沟灰岩及贵州的上司灰岩相当，并将和州石灰岩一名引用于本区。张遴信(1958)系统地研究了其中的䗴化石，并建立了我国石炭系最低的䗴带 *Eostaffella hohsienica*。杨敬之等(1962)改称和州段。江苏区测队(1970)称和州组，沿用至今。在宜溧地区，俞学光等(1979)建上沛组，代表与和州组同期异相的沉积，现将其归入擂鼓台组上段。

【现在定义】　指高骊山组之上、黄龙组灰岩或老虎洞组白云岩之下的不纯灰岩、致密灰岩、泥质灰岩夹钙质泥岩，含䗴、珊瑚及腕足类等化石。底与高骊山组以细粒石英砂岩消失和含生物碎屑、含白云质灰岩出现为界；顶与黄龙组以浅灰色含生物碎屑灰岩消失、灰或灰微显红色含生物碎屑致密灰岩出现为界，与老虎洞组以白云岩出现为界。与下伏、上覆地层均呈平行不整合接触。在江苏省，顶与老虎洞组以白云岩出现为界，顶底均为整合接触。

【层型】　正层型在安徽省和县。省内次层型为南京龙潭黄龙山剖面（119°00′，32°10′），江苏区测队1970年实测。

上覆地层：**老虎洞组**　灰色厚层白云岩，含燧石团块及角砾

——————— 整　合 ———————

和州组　总厚度 18.1 m

8. 黄褐色钙质泥岩　0.3 m
7. 深灰、紫黄色中层含泥质灰岩　5.4 m
6. 深灰色中厚层灰岩。含珊瑚 *Aulina rotiformis*，*Syringopara ramulosa*；腕足类 *Gigantoproductus* cf. *giganteus*；䗴 *Eostaffella hohsienica*　4.1 m
5. 浅灰色厚层白云岩。含珊瑚 *Lithostrotion* sp.，*Syringopora ramulosa*；䗴 *Eostaffella hohsienica*　2.4 m
4. 灰紫色中厚层含泥质灰岩夹少量钙质泥岩，底部为厚数厘米的含砾泥灰岩　3.0 m
3. 浅灰色泥质灰岩夹钙质页岩。含珊瑚 *Yuanophyllum kansuense*，*Kueichouphyllum* cf. *sinense*，*K. heishihkuanense*，*Lithostrotion irregulare*，*Palaeosmilia stutchburyi*，*Aulina rotiformis*，*Dibunophyllum* sp.；腕足类 *Gigantoproductus giganteus*；䗴 *Eostaffella hohsienica*　1.1 m
2. 紫红、青灰、灰黄色泥岩　0.7 m
1. 浅灰、灰黄色钙质页岩夹二层泥质灰岩。含珊瑚 *Yuanophyllum* sp.，*Clisiophyllum* sp.　1.1 m

——————— 整　合 ———————

下伏地层：**高骊山组**　灰黄色泥岩

【地质特征及区域变化】　在宁镇山脉、苏北滨海、大丰地区，岩性可分为上部泥质灰岩夹钙质泥岩、页岩；下部泥质灰岩夹白云岩，底部含泥质较多。在苏北滨海地区钻孔可见下

部为泥灰岩，上部为粉砂岩、细砂岩。含䗴、珊瑚、腕足类。厚度龙潭黄龙山 18.1 m，擂鼓台 8.9 m；江宁陈家边 5.36 m，云峰山 5.4 m；句容高骊山 2.6 m，赣船山 1.5 m。其底界自北向南逐渐升高，具有穿时现象，于茅山及以东地区尖灭。时代属早—晚石炭世早期。

老虎洞组　$C_{1-2}l$　(06-32-2205)

【创名及原始定义】　夏邦栋(1959)于江苏江宁县淳化老虎洞创老虎洞白云岩。原黄龙灰岩下部一层白云岩，应划分出来称老虎洞白云岩，岩性为灰、浅灰或暗灰钙质白云岩、白云岩，具细粒状断口，表面具溶蚀沟。与上覆粗晶灰岩之间有一底砾岩，与下伏和州组的泥质灰岩相接，上、下之间均为平行不整合。时代为下石炭纪末或中石炭纪初。

【沿革】　陈敏娟、黄建辉(1963)在南京龙潭黄龙组底部白云岩中首次采到丰富的早石炭世晚期的珊瑚化石，由此建议建立老虎洞组，以代表宁镇地区韦宪晚期之沉积。江苏区调队(1970)在宜兴丁蜀原黄龙组底部白云岩中采到晚石炭世早期的䗴，并改称老虎洞组。俞学光(1976)并将与黄龙组底部含灰岩、白云岩残留岩块的巨晶灰岩合并新建丁山组。本次对比研究，认为丁山组为老虎洞组同物异名。

【现在定义】　为一套褐灰、灰色巨厚层粉细晶白云岩，中、下部含燧石结核及条带，含珊瑚、䗴、牙形刺等化石。与下伏和州组顶部灰黄、紫色泥铁质细粉晶白云岩分界，上与黄龙组底部含灰岩、白云岩残留岩块的巨晶灰岩分界，皆为整合接触。

【层型】　正层型为江宁县大连山老虎洞剖面(119°00′,32°05′)，江苏区测队 1971 年重测。

上覆地层：**黄龙组**　灰白色巨厚层—块状巨晶灰岩，含灰岩、白云岩残留岩块

——————— 整　合 ———————

老虎洞组　　　　总厚度 10.44 m

3. 褐灰色巨厚层粉晶白云岩，夹 10～20 cm 的含石英砂白云岩。上部含牙形刺 *Idiognathoides sinuatus*, *Declinognathodus lateralis*　　1.54 m
2. 浅灰色厚层含残余生物屑粉—细晶白云岩，含燧石条带和结核。含䗴 *Eostaffella* sp.；珊瑚 *Lithostrotion irregulare asiaticum*, *Dibunophyllum* cf. *shangchaiense*, *Aulina* sp., *Orionastraea* sp.　　4.10 m
1. 灰色厚层粉晶白云岩，含少量燧石结核，含介形虫及海百合茎化石残屑　　4.80 m

——————— 整　合 ———————

下伏地层：**和州组**　灰黄、紫色含泥铁质细粉晶白云岩，顶部为灰绿紫色薄层泥岩

【地质特征及区域变化】　岩性为一套粉、细晶白云岩，含燧石团块或条带。含有丰富的䗴、珊瑚和牙形刺。厚度江宁大连山 10.44 m，孔山 10.15 m，龙潭黄龙山 10.5 m，镇江赣船山 10 m，宜兴茗岭水库 11.15 m，溧阳茅山 26.52 m，苏北滨海、大丰一带尖灭。

在南京老虎洞组中含早石炭世的珊瑚 *Lithostrotion irregulare* 等；䗴 *Eostaffella*；上部还找到晚石炭世的牙形刺 *Idiognathoides sinuatus*。在茅山以东的宜兴、溧阳、苏州西山岛等地以及相邻的皖南广德、宣城、贵池，浙江长兴、杭州、淳安、江山、常山一带主要含晚石炭世早期的䗴 *Pseudostaffella antiqua*, *Profusulinella* cf. *brevissima* 等；宜兴茗岭水库老虎洞组白云岩中找到牙形刺 *Declinognathodus noduliferus*, *D. lateralis*, *Idiognathoides sinuatus*，它曾发现于甘肃靖远上石炭统靖远组下部，是上石炭统最下部的一个带。由此可知，本组由西北向东南，白云岩层位逐渐抬高，时代逐渐变新，反映了老虎洞组自早石炭世晚期至晚石炭

世早期，是一个穿时明显的岩石地层单位；为浅海相碳酸盐台地相，后期咸化而成。

茅山以东的白云岩中普遍有灰岩凸镜体或夹层，而燧石条带、团块少，底部常有石英砾岩、砂岩层，平行不整合于下伏高骊山组或擂鼓台组的不同部位为特征。反映本区老虎洞组岩性上的差异，但白云岩的岩石性质基本相同（张瑛，1984），由同生和成岩两种白云岩组成。在这层白云岩中，同生、成岩两类白云岩交互共生，但下部成岩白云岩多，同生白云岩则在中、上部比较发育。

黄龙组　C_2h　（06－32－2206）

【创名及原始定义】　李四光、朱森（1930）于江苏南京龙潭镇西黄龙山创黄龙石灰岩。根据岩性和化石特点从栖霞石灰岩（李希霍芬，1912）中分出，属中石炭纪。因为该石灰岩构成黄龙山的主体，风化后表面呈土黄色而得名。其岩性上部是带粉红色细粒结构的块状灰岩，底部是由带绿色的细粒致密灰岩组成；若干层位中产䗴 *Fusulinella bocki*，*Fusulina cylindrica*，*F. quasicylindrica*；腕足类 *Choristites mosquensis*；厚度 102 m；被认为黄龙石灰岩呈现典型的莫斯科阶有孔虫动物群，其层位相当于华北的本溪系。

【沿革】　李四光、朱森、陈旭（1930）分别研究了黄龙石灰岩中的有孔虫和珊瑚化石，根据䗴类化石的垂直分布，将黄龙石灰岩划分为两个䗴类化石带。此后，在中国南部广大地区黄龙石灰岩相继被划出。夏邦栋（1959）将江苏江宁原黄龙石灰岩底部白云岩划分出来，另名为老虎洞白云岩。自此，黄龙灰岩的岩性为两部分，即下部粗晶灰岩，上部纯石灰岩。杨敬之等（1962）称黄龙群。江苏区测队（1970）称黄龙组，沿用至今。

【现在定义】　为一套灰、浅灰肉红色厚层微晶灰岩、生物屑灰岩，底部为粗晶灰岩，含灰质白云岩角砾、团块，含丰富的䗴、珊瑚、腕足类等化石。下与老虎洞组细晶白云岩分界、上与船山组灰色厚层灰岩，均为整合接触。

【层型】　原龙潭黄龙山正层型剖面因人工采石被破坏无法利用；新层型为南京市金丝岗剖面（119°00′，32°05′），盛金章等 1976 年实测（图 10－1）。

上覆地层：船山组　深灰色厚层灰岩

——————　整　合　——————

黄龙组　　总厚度 80.2 m

17. 灰色厚层灰岩。含䗴 *Fusulina cylindrica*，*F. quasicylindrica*，*F. pankouensis*，*Fusulinella schwagerinoides*，*F. pseudoschwagerinoides*，*Fusiella praetypica*，*Ozawainella vozhgalica*；有孔虫 *Climacammina grandis*，*C. longissimoides*；四射珊瑚 *Arachnastraea* cf. *kaipingensis*，*Protoivanovia* sp.　　7.4 m
16. 灰白、肉红色厚层致密灰岩。含䗴 *Beedeina elegans*，*Fusulinella schubertellinoides*；腕足类 *Choristites* sp.　　2.1 m
15. 灰白、微肉红色厚层致密灰岩、假鲕状灰岩。含䗴 *Fusulina quasicylindrica*，*F. pankouensis*，*Beedeina pseudonytvica*，*Fusiella hayashii*，*F. praelanceti formis*；有孔虫 *Tetralaxis praviconica*，*Bradyina nautiliformis*，*Climacammina laxa*；珊瑚 *Ivanovia* sp.；腕足类 *Choristites* sp.　　10.9 m
14. 灰白、肉红色厚层灰岩。含䗴 *Beedeina pseudonytvica*，*B. konnoi*，*B. yangi*，*Fusulinella bocki*，*Ozawainella crassiformis*；有孔虫 *Bradyina nautiliformis*，*Climacammina moelleri*；珊瑚 *Protoivanovia* sp.；腕足类 *Choristites* sp.，*Cancrinella cancrini-*

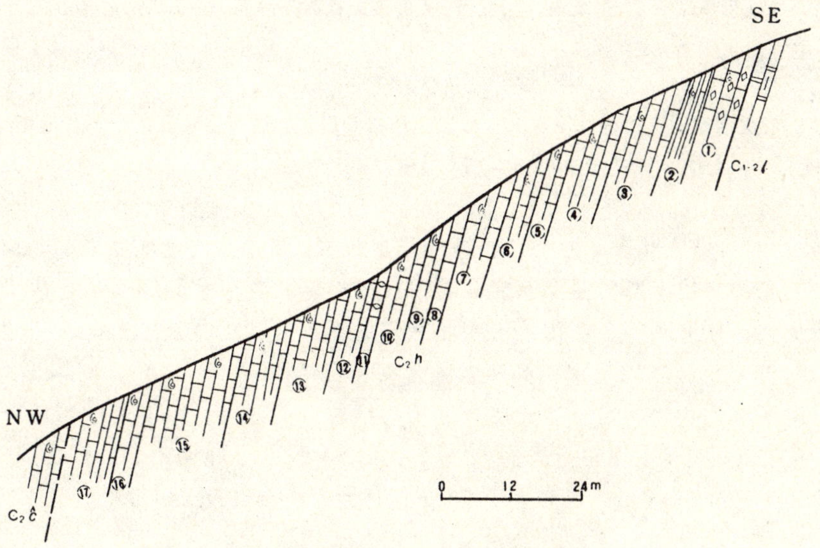

图 10－1 南京市金丝岗黄龙组剖面图

$C_{1-2}l$. 老虎洞组；C_2h. 黄龙组；C_2c. 船山组

formis 6.3 m

13. 浅灰红色厚层灰岩。含䗴 *Fusulina cylindrica*，*F. quasicylindrica*，*F. pankouensis*，*Beedeina yangi*，*B. elshanicatimanica*，*Fusulinella colaniae*；有孔虫 *Climacammina maxima*，*Deckerella composita*；珊瑚 *Chaetetes lungtanensis* 5.9 m

12. 灰白色厚层致密灰岩。含䗴 *Fusulinella chuanshanensis ellipsoides*；有孔虫 *Bradyina samarica*；腕足类 *Echinoconchus* sp. 3.7 m

11. 淡红色厚层结晶灰岩 1.3 m

10. 浅灰至灰白色厚层致密灰岩。含䗴 *Beedeina subdistenta*，*Pseudostaffella sphaeroidea* 4.8 m

9. 灰白色中薄层至中厚层灰岩，底部有 0.4 m 假鲕状灰岩。含䗴 *Beedeina cheni*，*B. elshanica timanica*，*Fusulinella asiatica*，*F. laxa*，*F. mosquensis*，*F. pseudobocki*，*Ozawainella crassiformis*；珊瑚 *Lithostrotionella* sp. 2.4 m

8. 灰白色厚层灰岩 1.7 m

7. 灰白、浅肉红色厚层灰岩。含䗴 *Fusulinella bocki timanica*，*F. pseudobocki*；有孔虫 *Climacammina stiloforme* 4.8 m

6. 灰白色厚层灰岩。含䗴 *Beedeina mayiensis*，*Fusulinella fluxa*，*F. microlocula*；有孔虫 *Palaeotextularia exima*，*Climacammina maxima*，*Tetrataxis parviconica* 4.6 m

5. 灰白色厚层灰岩，底部为灰色中薄层致密灰岩。含䗴 *Fusulinella microlocula* *F. praebocki*，*F. pseudobocki ovoides*，*F. vozhgalensis devexa*；珊瑚 *Caninia* sp. 2.8 m

4. 灰白色厚层致密灰岩夹假鲕状灰岩。含䗴 *Fusulinella microlocula*；有孔虫 *Bradyina nautiliformis* 5.3 m

3. 灰白色厚层灰岩。含䗴 *Profusulinella atelica*，*P. paratimanica*，*P. simplex*，*P. constans*，*P. montichomata*，*P. ovata*，*P. parva*，*Taitzehoella* sp.；珊瑚 *Lithostrotionella* sp. 7.8 m

2. 灰白色厚层硅质灰岩。含䗴 *Profusulinella parva*，*P. simplex*，*P. atelica*，*Eofusulina rasdorica*；腕足类 *Choristites* sp. 3.1 m

1. 灰白、肉红色厚层灰岩，重结晶作用显著，大部形成粗晶方解石。含䗴 *Profusulinella spicata* 5.3 m

——————整　合——————

下伏地层：**老虎洞组**　灰白色巨厚层夹中薄层灰质白云岩，含燧石团块及条带。含珊瑚 *Diphyphyllum* sp.，*Lithostrotion* sp. 等

【地质特征及区域变化】　为一套较纯的厚层灰岩、灰白、肉色块状灰岩、碎屑灰岩及假鲕生物灰岩，底部为数米厚的粗晶灰岩。岩性比较稳定，各地差异不大，含䗴类为主，其次有珊瑚、腕足类、牙形刺等。宁镇地区粗晶灰岩的下部夹灰质白云岩角砾、灰岩凸镜体(5～6.7 m)；宜溧、苏州地区本组下部粗晶灰岩中常夹燧石结核、条带(1.8～10.6 cm)；苏北滨海、洪泽一带本组下部为灰岩、粉砂岩互层，底部为细粒石英砂岩。厚度由宁镇山脉向东南部的宜溧、苏州地区逐渐变薄。南京金丝岗 80 m，孔山 96.37 m，赣船山 56 m，江宁徐家山 94.5 m，宜兴丁山青龙山 58.2 m，滨海大于 70 m。时代为晚石炭世。

船山组　$C_2\hat{c}$　(06-32-2207)

【创名及原始定义】　丁文江(1919)于江苏句容县赣船山创船山石灰岩。灰岩中常含有孔虫。故有以有孔虫石灰岩名之。然含有孔虫之石灰岩并非专属此层。故余名之曰船山石灰岩。因李氏(李四光)捡得有孔虫 *Schwagerina* 后为之记。即在船山，而其上盖有二叠纪化石之煤系。船山石灰岩(L2)为上石炭纪。

【沿革】　当时，丁氏以为船山石灰岩在栖霞石灰岩之上，时代为上石炭纪，并未测制船山组地层剖面。李四光、朱森(1930)测制了赣船山剖面，并根据船山石灰岩底部角砾岩而认为其与下伏黄龙石灰岩之间有一不规则界限。其层位可能属上石炭纪，可能较新或为二叠一石炭纪，甚或下二叠纪。陈旭(1934)系统研究了船山灰岩中的䗴类化石，李毓尧、李捷、朱森(1935)将船山灰岩归于下二叠纪。周志炎(1956)研究了南京龙潭船山石灰岩中的“球状结构”，并认为是藻类 *Girvanella* 组成。杨敬之等(1962)称船山群。李星学等(1963)称船山组，沿用至今。

【现在定义】　以灰色厚层结晶含藻球构造灰岩、生物屑灰岩为特征，夹深灰色中、厚层、薄层状微晶灰岩及少量碳质页岩、钙质泥岩、灰质砾岩，含丰富䗴、珊瑚等化石的一套岩石。与下伏黄龙组、上覆栖霞组均呈平行不整合接触，在区域上可为整合接触。

【层型】　正层型为句容县赣船山剖面(119°15′,32°05′)，张遴信、芮林等 1963 年重测(图 10-2)。

上覆地层：**栖霞组**　灰黑色泥质灰岩，灰岩呈页片状

－－－－－－－ 平行不整合 －－－－－－－

船山组　总厚度 47.29 m

10. 深灰色块状灰岩，性脆。含䗴 *Pseudoendothyra* sp.，*Pseudofusulina hunanensis*，*Schwagerina zhenjiangensis* 2.15 m

9. 深黑色燧石层 0.14 m

8. 深灰色至灰黑色细晶灰岩，锤击之有臭味。含䗴 *Schwagerina tschernyschewi*，*Eoparafusulina pusilla* 0.40 m

7. 深灰色薄层细晶灰岩。含䗴 *Schwagerina tschernyschewi*，*Eoparafusulina* sp.，*Sphaeroschwagerina moelleri*，*S. regularis*，*Zellia galatea*，*Boultonia willsi*；珊瑚

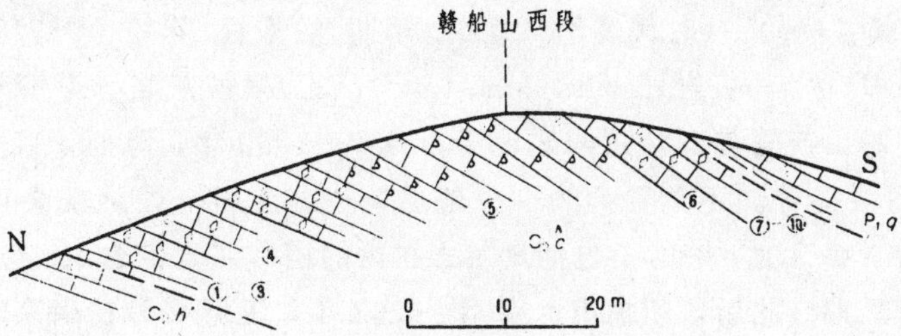

图 10－2 句容县赣船山船山组剖面图

C_2h. 黄龙组；C_2c. 船山组；P_1q. 栖霞组

Ivanovia sp. 2.0 m

6. 灰色中厚层致密灰岩，性脆。含𩿧 *Sphaeroschwagerina moelleri*，*Triticites minimus* 0.4 m

5. 灰、浅灰色结晶灰岩，球状构造发育。含𩿧 *Eoparafusulina pusilla*，*E. contracta*，*Triticites parvulus*，*T. minimus*；珊瑚 *Koninckocarinia yishanensis*，*Parawentzel-lophyllum dantuensis*，*P. paracrassoseptatum*，*Chuanshanophyllum typicum*，*Pseudozaphrentoides nosovi* 27.8 m

4. 浅灰色厚层至块状结晶灰岩。含𩿧 *Eoparafusulina pusilla*，*E. contracta*，*Triticites* sp. 10.0 m

3. 灰色薄层结晶灰岩，夹灰黑色碳质页岩及钙质泥岩 1.1 m

2. 浅红色厚层至块状结晶灰岩，夹灰色性脆的致密灰岩。含𩿧 *Triticites parvulus*，*T. minimus*，*Protriticites* sp.；珊瑚 *Pseudozaphrentoides concentricus* 3.0 m

1. 灰色灰质砾岩，砾石为灰岩，次圆状，沿层面排列，砾径为 8～10 cm，钙质胶结，含珊瑚 *Protoivanovia tunglingensis* 0.3 m

——————— 平行不整合 ———————

下伏地层：**黄龙组** 浅灰色厚层致密灰岩

【地质特征及区域变化】 岩性为厚层浅色灰岩，上部灰岩颜色常为深灰、灰黑色。中、上部富含藻类 *Girvanella*，大小 5～8 mm，常富聚成层，俗称“球状构造”，含有丰富的𩿧、珊瑚等。其岩性特征和厚度比较稳定，句容赣船山 47.3 m，江宁徐家山 46.7 m，江宁孔山 34.08 m，陈家边 57.3 m，宜兴青龙山 37.6 m，滨海井下约 61 m，茅山地区 40～57 m。生物群特征在扬子区都可对比，时代为晚石炭世晚期。

栖霞组 P_1q （06－32－2221）

【创名及原始定义】 李希霍芬(1912)于南京东郊栖霞山创栖霞灰岩。指南京栖霞山泥盆系五通砂岩与南京砂岩(即钟山层)之间一大套深灰一暗灰色夹燧石结核厚层灰岩、灰岩及泥灰岩等序列。产珊瑚、腕足类和海绵等化石。命名为栖霞灰岩(Hsihsia Kalkstein)，定其时代为下石炭纪，南京砂岩为上石炭纪。

【沿革】 1924 年，早坂一郎（Hayasaka）根据含 *Lonsdaleia* 等化石，将栖霞灰岩的时代更正为二叠纪初期。同年，刘季辰、赵汝钧称“扬子层”，并按岩性将其三分：下石灰岩(为下石炭统)、二叠纪的煤系、上石灰岩(属二叠三叠纪)。1930 年李四光、朱森将栖霞灰岩改为栖霞层，自下而上又分为黄龙石灰岩、船山石灰岩、栖霞石灰岩。还指出，黄龙石灰岩时代应和华北的本溪统相当，船山石灰岩属于上石炭统或石炭二叠系或下二叠统，栖霞石灰岩可能属于中至上二叠统。1931年李四光将其细分为三层，即：下部或称船山灰岩，中部或称臭灰岩，上部或称栖霞灰岩(狭义)，时代属于二叠纪。李四光、朱森、陈旭(1932)将“栖霞层”细分为四，而划分为二系：即(甲)臭灰岩(Swine Limestone)；(乙)栖霞灰岩。李毓尧等(1935)重新厘定栖霞层用以代表船山灰岩与孤峰层间之地层。1957—1959年，陈旭、盛金章等都主张把臭灰岩作栖霞灰岩的一部分，不单独列为一个地层单位。首届全国地层会议期间，盛金章(1962)在总结中国的二叠系时，采纳了包括臭灰岩在内的栖霞灰岩的含义，并改称为栖霞组，定其时代为早二叠世早期。此后，便被广为引用。1963年，王德文等在南京东郊孔山地区栖霞组底部见有2米多的砂质页岩与薄层灰岩互层的地层，建议建立“碎屑岩段”划归栖霞组。杨朝荣等(1986)在宜兴、溧阳一带发现与此碎屑岩段层位相当，为含煤岩系，建议称为“梁山组”。詹立培等(1982)认为在南京附近栖霞组顶部发现䗴 *Codonofusiella*, *Rauserella erratica*, *Chusenella*；腕足类 *Urushtenia chaoi*, *Haydenella chianensis*, *Dictyoclostoidea* 等，具茅口期的色彩，将栖霞组上硅质层划归孤峰组的下部(表10-4)。1983年，张遴信对镇江船山剖面进行了研究，认为该剖面石炭二叠系沉积是连续的，并非是假整合或间断，因此，建议将栖霞组含䗴 *Misellina claudiae* 带之下的臭灰岩段作为一个独立的地层单位，名之“镇江臭灰岩组”或“镇江组”，作为二叠系最低的一个组。

【现在定义】 指船山组与孤峰组之间一套碳酸盐岩和碎屑岩。自下而上：碎屑岩；臭灰岩；下硅质层；本部灰岩；上硅质层。含珊瑚、腕足类等。与下伏船山组灰岩呈平行不整合，与上覆孤峰组含锰或磷质结核页岩为整合接触。

【层型】 原正层型因植被及人为破坏难于利用；新层型为南京栖霞山大凹(洼)剖面(118°58′,32°09′)，周建平1984年实测。

上覆地层：孤峰组　灰棕色泥质硅质岩

——————— 整　合 ———————

栖霞组	总厚度 161.51 m
上硅质层段及本部灰岩段	
24. 灰色中厚层硅质白云岩	1.94 m
23. 灰黑色中厚层白云质微晶灰岩，含燧石结核及条带，夹白云质硅质岩。灰岩含䗴 *Parafusulina multiseptata*, *P. undulata*, *P. kiangsuensis*, *P. gracilis*, *P. gigantea*, *Schwagerina chihsiaensis regularis*, *S. longipertica*	4.30 m
22. 灰、深灰色巨厚层生物碎屑泥晶—微晶灰岩。含䗴 *Schwagerina chihsiaensis*, *S. chihsiaensis regularis*；珊瑚 *Protomichelinia* sp.	12.6 m
21. 灰、深灰色中、厚层夹薄层细晶白云质灰岩，含泥质条带，局部为泥质灰岩。含䗴 *Schwagerina chihsiaensis*	8.10 m
20. 深灰色中厚层致密纯灰岩。含藻类 *Sinoporella* sp.	6.30 m
19. 灰、深灰色厚层致密生物碎屑灰岩，含燧石结核及网状方解石脉。含藻类 *Ggmnocodium* sp., *Pseudovermiporella* sp.	18.90 m
18. 灰黑、深灰色厚层砂屑微晶灰岩，夹泥晶灰岩。含䗴 *Schwagerina hupehensis*, *S. pseudochihsiaensis*, *S. chihsiaensis*	4.50 m
17. 灰、灰黑色厚层生物碎屑灰岩。含䗴 *Nankinella orbicularia*, *Schwagerina bicornis*	15.40 m
16. 灰色中厚层生物碎屑灰岩，含泥质条带及燧石结核和方解石细脉充填。含䗴 *Yangchienia compressa*, *Y. iniqua*, *Nankinella orbicularia*	6.40 m

表 10－4 宁镇及邻区栖霞组、孤峰组划分沿革表

李希霍芬	丁文江	刘季辰、赵汝钧	李四光、朱森	李四光	李四光、朱森、陈旭	盛金章	王德文等	詹立培等	周建平等	江苏地矿局	本书
1912	1919	1924	1930	1931	1932	1962	1963	1982	1984	1989	1997
南京	苏浙	江苏	宁镇	宁镇	龙潭	苏浙皖	南京孔山	苏浙皖	南京	宁镇	南区
C_2 南京砂岩	P 龙潭煤系	P 龙潭煤系	P 龙潭煤系	P_1 龙潭煤系	P_1 龙潭煤系	P_1 龙潭组	P_1 龙潭组	P_2 龙潭组	P_2 龙潭组	P_2 龙潭组	P_2 龙潭组
C_1 栖霞灰岩	C_2 船山石灰岩	C_1 扬子层：下石灰岩	P 栖霞层：栖霞石灰岩	P_2 栖霞石灰岩：栖霞灰岩	P_1 孤峰层	P_1 孤峰组	P_1 孤峰组	P_1 孤峰组	P_1 孤峰组	P_1 孤峰组	P_1 孤峰组
				上硅质层	栖霞层：上硅质层	栖霞层：上硅质层	栖霞组：上硅质层		栖霞组：上硅质层		栖霞组：上硅质层
				本部灰岩	本部灰岩	本部灰岩	本部灰岩	栖霞组：本部灰岩	本部灰岩	栖霞组：本部灰岩	本部灰岩
				下硅质层	下硅质层	下硅质层	下硅质层	下硅质层	下硅质层	下硅质层	下硅质层
				臭灰岩	臭灰岩	臭灰岩	臭灰岩；碎屑岩	臭灰岩碎屑岩	臭灰岩	臭灰岩	臭灰岩
			C_3 船山石灰岩	P_1 船山灰岩	P_1 船山灰岩	C_2 船山组	C_2 船山组	C_2 船山组	C_2 船山组	C_2 船山组	C_2 船山组
			C_2 黄龙石灰岩								
D 五通石英岩	五通石英岩										

15. 灰、深灰色中厚层微晶灰岩，局部为硅质灰岩，含燧石结核及方解石细脉。含䗴 *Nankinella orbicularia*，*N. delicata*，*Pisolina subspherica*，*Sphaerulina leshanica* 8.00 m

14. 灰色中厚层夹薄层微晶灰岩及生物碎屑灰岩。含䗴 *Nankinella daaoensis*，*N. orbicularia*，*Yangchienia compressa* 7.50 m

13. 深灰色中厚层纯灰岩，含燧石结核及团块。含藻类 *Sinoporella* sp. 6.60 m

12. 深灰、灰黑色含燧石微晶灰岩 8.40 m

11. 灰、深灰色厚层生物碎屑灰岩。含䗴 *Nankinella* cf. *orbicularia* 2.00 m

10. 灰色中厚层泥晶灰岩，富含燧石结核及方解石细脉 4.60 m

9. 灰色中厚层细晶灰岩及生物碎屑灰岩。含䗴 *Nankinella orbicularia*，*Sphaerulina crassispira* 3.10 m

下硅质层段及臭灰岩段

8. 黑色薄层硅质岩 5.40 m

7. 灰、深灰色厚层细晶灰岩及生物碎屑灰岩，有方解石细脉充填。含䗴 *Sphaerulina crassispira*，*S. hunanica*，*Pisolina subspherica*，*Nankinella* sp. 11.90 m

6. 灰色中厚层泥晶—粉晶灰岩，含方解石细脉及燧石结核。含䗴 *Nankinella nanjingensis* 2.80 m

5. 灰色中厚层微晶灰岩。含䗴 *Pisolina subspherica*，*Sphaerulina qixiaensis* 3.70 m

4. 浅灰色中厚层微晶灰岩。含䗴 *Sphaerulina crassispira*，*Nankinella nanjingensis* 2.00 m

3. 灰、浅灰色厚层生物碎屑灰岩。含䗴 *Misellina claudiae*，*Schubertella pseudogiraudi* 17.10 m

2. 灰色中厚层泥晶灰岩及纯灰岩。含䗴 *Schubertella rara*，*S. pseudogiraudi*，*Boultonia gracilis* 3.90 m

碎屑岩段

1. 黄、灰黄色钙质页岩夹泥质灰岩 0.37 m

——————— 平行不整合 ———————

下伏地层：**船山组**　浅灰、深灰色纯灰岩

【地质特征及区域变化】　据岩性特征，自下而上大致划分四部分：

(1) 臭灰岩及其底部碎屑岩：臭灰岩为深灰，灰黑色中至厚层灰岩、含沥青质灰岩、生物碎屑灰岩。富含䗴、腕足类、珊瑚等化石。厚度 30～90 余米。其底部碎屑岩为灰黄、黄褐、灰黑色砂质页岩、页岩、粉砂岩，夹粘土岩、泥质灰岩及灰岩或煤。页岩中富含介形虫、腕足类、珊瑚、苔鲜虫等化石。在宜兴、溧阳地区则变为含煤岩系，主要为粉砂岩、粉砂质页岩、碳质页岩夹薄煤层及灰岩，富含化石。灰岩含䗴、腕足类、三叶虫及介形虫等化石。厚度一般 0.4～2.50 m 左右。

(2) 下硅质层：为深灰、灰黑、蓝灰色薄至中厚层硅质岩，有时夹灰岩。灰岩含腕足类化石，厚度 5～10 m。

(3) 本部灰岩：为深灰、灰黑色中厚至块状含燧石结核或条带灰岩、生物碎屑灰岩，富含䗴类、珊瑚、腕足类等化石，厚度在 100 m 左右。

(4) 上硅质层：为深灰、蓝灰、灰黑色硅质岩夹含燧石结核或条带灰岩，富含䗴类、珊瑚，还有腕足类等化石。该层顶部较普遍有一厚层灰岩，含䗴丰富。厚度在 4～25 m。

栖霞组分布广泛，岩性稳定，特征明显。其底部碎屑岩主要分布在宁镇山脉，在宜兴、溧阳地区则变为含煤岩系，煤层很薄，在邻区皖南贵池和鄂东南地区沿江南隆起北缘普遍有这一含煤岩系，曾称为牌楼煤系和麻土坡煤系，具有一定工业价值的煤层。其本部灰岩及其上、

下硅质层，在区内虽然一般均可大致划分和对比，但由于上、下硅质层并非很稳定，其具体划分也就不完全一致。但臭灰岩和本部灰岩却颇为稳定，不但在本区发育，而且完全可以延伸到邻区以及整个华南。唯苏北滨海地区据煤田钻孔资料则以钙质粉砂岩及泥岩为主，夹有多层灰岩和生物灰岩而明显不同。

栖霞组与其下伏船山组的接触关系，主要有两种意见，一种是平行不整合，另一种是整合。根据实地考核，并参照前人资料，赞同前一种意见。本区的船山组与其上栖霞组臭灰岩之间有一海侵初期的碎屑岩沉积或含煤岩系(厚 0.4～2.5 m 左右)，两者应为平行不整合。说明晚石炭世船山组灰岩沉积以后，由于黔桂运动的影响，使本区出现了短暂的沉积间断。在二叠纪又开始了新的沉积。本组时代为早二叠世。

【其他】 根据康育义(1986)对南京地区孔山北坡栖霞早期环境的研究，在栖霞组底部碎屑岩中含有丰富的介形虫、苔藓虫、双壳类、腕足类、有孔虫、珊瑚以及藻类等化石，认为南京地区是处于临滨的潮下带上部浅滩环境。此后，随着海水扩大，在栖霞期整个扬子区变为清水环境，沉积了碳酸盐岩。根据栖霞组具有分布广、岩性稳定、生物繁多来看，是属浅海相的沉积。根据杨万容等(1984)对南京栖霞山栖霞组含生物灰岩岩石学特征及环境分析，认为下扬子区大部分地区包括南京栖霞山附近是属浅海洼地环境。总的看来，栖霞组自下而上的沉积相序是：栖霞组底部碎屑岩一泥岩夹灰岩属浅滩相；臭灰岩—中厚至厚层生物灰岩属浅洼相；下硅质层属非正常浅洼相；本部灰岩—含燧石结核厚层状灰岩属浅洼相；上硅质层属非正常浅洼相。从这沉积相序观之，显然具有两个沉积旋回。即栖霞组底部碎屑岩或含煤岩系→臭灰岩→下硅质层为第一旋回，本部灰岩→上硅质层为第二旋回。

孤峰组　P_1g　(06-32-2222)

【命名及原始定义】 原名孤峰镇石灰岩，叶良辅、李捷(1924)创名于安徽泾县孤峰镇。原指“黑色灰质页岩及硅质甚富之灰岩等。间于栖霞灰岩及龙潭系间，底部之灰质黑色页岩含化石极丰，其最著者为菊石及贝类”。

【沿革】 1930 年朱森、刘祖彝在皖南贵池附近地质考查称孤峰层，并明确将孤峰层一名用于栖霞灰岩与龙潭煤系之间。俟后，李四光、朱森、陈旭(1932)首次引入江苏省并指出：“观山南端，栖霞灰岩露头之顶……有棕色及黄色灰质页岩等露头，其中含菊石化石，如 *Gastrioceras* 及 *Girtyoceras* 之痕迹甚多。此页岩名孤峰层”。李毓尧、李捷、朱森(1935)在《宁镇山脉地质》一书中又作了补充，“孤峰层于本山脉出露甚少，岩层为硅质页岩及灰质页岩等，常夹矽质薄层，全体色黑色，风化后时呈红色或紫色，最大厚度不过 15 m。……此层与其下之栖霞层为不整一接触，于皖南等地颇为明显，于本山脉中则有似为连续者”。此后，均从此说并被广为应用。首届全国地层会议，盛金章（1962）在总结中国的二叠系时，将孤峰层改称为孤峰组。其层位与浙江丁家山组、福建文笔山组、江西鸣山组等大致相当，同是我国西南地区茅口组中(*Neoschwagerina* 带)、上(*Yabeina* 带)部灰岩的相变。1964 年王竹泉等称孤峰段，并认为孤峰段以含 *Paragastrioceras*-*Waagenoceras* 菊石群及磷结核为特征，与其下茅口组或栖霞组呈假整合或不整合接触，故将孤峰段与其上官山段合并称之为“邵阳阶”，以 *Strigomicelites* 为标准，将孤峰组(段)归入上二叠统。在 1977 年编华东地区区域地层表期间，将孤峰组和堰桥组分列代表茅口期早期和晚期(胡世忠，1977)。并根据盛金章等(1974)依闽、浙、皖等省栖霞组中所发现的 *Cancellina* 䗴带，提出将过去置于茅口组下部的 *Cancellina* 䗴带，改归栖霞组的主张，这样，孤峰组的层位显然应与茅口组的 *Neoschwagerina* 带相当。1978

年，金玉玕、胡世忠在研究安徽南部及宁镇山脉腕足类化石时，认为孤峰组间于武穴组或堰桥组与栖霞组之间，彼此均为连续沉积。张遴信等(1988)在《江苏地区下扬子准地台震旦纪—三叠纪生物地层》一书中，仍将苏锡地区孤峰组归入堰桥组，将其与茅口组对比。在第二届全国地层会议期间，中国地质科学院主编的《中国地层概论》中，仍把 *Cancellina* 亚带作为茅口组的下部，把南京附近原属栖霞组的上硅质岩层（*Parafusulina multiseptata* 带）划入孤峰组。从而扩大了孤峰组的范围，与孤峰组的原义相差甚远。

由上述可知，孤峰组创建至今已有70年历史，但迄今尚存在着不同意见。从岩石地层宏观整体岩性一致的实际情况来看，当初朱森等(1930)、李四光等(1932)、李毓尧等(1935)所厘定和补充的孤峰组涵义，是符合作为一个独立的岩石地层单位划分原则的。其上、下界线均划在岩性突变的位置上。因此，现采用李四光等(1932)所厘定的孤峰层的范围。

【现在定义】 指栖霞组与龙潭组之间的薄层硅质岩、硅质页岩、粉砂质泥岩、碳质页岩、锰质页岩，下部页岩含锰及磷质结核。含菊石、腕足类、双壳类、放射虫等。底与栖霞组以厚层灰岩消失，含锰页岩出现为界，为平行不整合接触；顶与龙潭组以薄层硅质岩消失，页岩出现为界，为整合接触。在江苏境内，孤峰组与下伏栖霞组，上覆龙潭组均为整合接触。

【层型】 正层型在安徽省泾县孤峰镇。省内次层型为句容县河冲剖面(119°06′,32°09′)，江苏区测队1977年实测。

上覆地层：**龙潭组** 灰黄色粉砂岩

——————— 整 合 ———————

孤峰组	总厚度 9.80 m
6. 黑色硅质页岩与燧石岩互层	3.90 m
5. 黑色硅质页岩，含磷结核，含量20%～30%。含菊石 *Paragastrioceras ellipsoidale*；腕足类 *Leptodus* cf. *richthofeni*	3.60 m
4. 灰色中层泥质灰岩，呈凸镜状。含腕足类 *Neoplicatifera huangi*；珊瑚 *Allotropiophyllum* sp.；苔藓虫 *Fenestella* sp.	0.40 m
3. 黑色硅质页岩，含少量磷结核	0.60 m
2. 暗灰色中层泥质灰岩，呈凸镜状	0.70 m
1. 黑色硅质页岩，局部含硅藻土	0.60 m

——————— 整 合 ———————

下伏地层：**栖霞组** 黑色硅质岩，燧石岩夹灰岩凸镜体

【地质特征及区域变化】 根据岩性，自下而上可以大致划分为两部分：下部以黄褐色硅质页岩、钙质页岩为主，含磷质结核为特征，含腕足类、菊石、牙形刺、放射虫，鱼等化石，厚度7～10 m左右；上部为硅质岩夹硅质页岩，化石较少，有双壳类、腕足类、菊石及放射虫等，厚度一般在10 m左右。在滨海地区夹有多层灰岩；在苏州、无锡地区则硅质明显减少，泥质增多；在南京东郊排山，其上部有铁质泥岩，尚夹含凝灰质页岩；在南京龙潭厚度16 m，句容河冲10 m，茅山顶宫25 m，宜兴岗下约30 m，吴县45 m左右，苏北滨海50余米。

综观孤峰组岩性变化是自西向东硅质减少，泥质增多，厚度由薄而逐渐增厚。在宁镇山脉一带以含磷质结核为特征。完全可以与安徽泾县孤峰镇标准的孤峰组相对比。过去，一般认为孤峰组仅限于苏、浙、皖及广西来宾等地，现经研究，江西鸣山组、湖南当冲组、贵州北部白泥塘层及川东北茅口组上部也有类似的沉积。孤峰组在我国南方分布颇为广泛。时代

为早二叠世。

【其他】 在苏、浙、皖地区孤峰组是一套以硅质岩和硅质页岩为主的沉积，在我国西南茅口组则主要为碳酸盐岩沉积。在相当长的一段时期里认为它们是属同期异相。随着地层研究的进展，根据 *Cancellina* 簸带在皖南和黔南栖霞组中发现并与珊瑚 *Hayasakaia elegantula*，*Polythecalis yangtzeensis* 共生，故将一直作为茅口组下部带化石的 *Cancellina* 带划入栖霞组；再根据孤峰组之上的武穴组和龙潭组下部不含煤段（即堰桥组）中 *Neomisellina*，*Yabeina* 茅口期晚时标准簸类的存在，从而使孤峰组的层位取得了比较确切地认识，它仅与茅口组下部 *Neoschwagerina* 带相当，时代为茅口期早期。

过去，一般笼统地认为本区茅口期为浅海沉积环境，其实并非如此。根据朱洪发等（1993）对苏、浙、皖交界二叠系沉积演化及构造背景的研究，认为早二叠世晚期，中国南方外围东西向古特提斯洋正值扩张时期，引起了陆壳内部拉张断陷活跃。由孤峰组硅质岩构成的坳陷槽就在这个背景上形成的。本区地处下扬子区之东段，由于受加里东运动区域性抬升影响，江南隆起带的升隆，位于该隆起带与华北地块南界郯庐断裂之间狭长地带断陷，结合区域来看，自江苏宁镇山脉和安徽巢县、安庆，经湖北武穴、武昌、京山至四川旺苍、广元一带绵延 2 000 km 的海槽沉积了以含放射虫、菊石、腕足类、双壳类等硅质岩为主的孤峰组。硅质岩由 50%以上的放射虫和硅质海绵骨针组成，表明这是由生物和生物化学作用的结果（孔庆玉等，1986）。一般认为放射虫是属于正常盐度下的广海浮游生物，是反映深海沉积的重要标志。根据现代海洋研究，放射虫大多平行纬度呈带状分布于赤道两侧。根据张正坤（1984）对扬子地块上二叠统峨眉山玄武岩等古地磁研究，其古纬度位于赤道以南 2.4°。由此推断在二叠纪，下扬子地区位于赤道附近。这种赤道附近的温暖环境颇有利于放射虫的大量繁殖。孤峰组硅质岩夹层中有多层蚀变凝灰岩或火山物质。据夏邦栋等（1994）最近研究，火山岩夹层的厚度小但层数众多，并已全部泥化。但仍保留着残留的流动构造。这种火山岩包含有基性熔岩、酸性凝灰岩，还有大量含火山碎屑的沉积岩。火山岩的存在表明下扬子区在孤峰期处于引张构造环境。从而表明，早二叠世以来地壳运动较明显，火山活动也较强烈，火山喷发产生的二氧化硅被放射虫吸食，转化成硅质放射虫壳体堆积。因此，孤峰组的层状硅质岩可能就是在盆地或海槽中形成的生物成因硅质岩。

龙潭组 $P_{1-2}l$ （06－32－2223）

【创名及原始定义】 丁文江（1919）于南京东郊龙潭镇，创龙潭煤系。见于龙潭，为南京诸山中唯一已开采的煤矿，故用龙潭之名称这一含煤地层龙潭煤系，时代为二叠纪。惟其下为上石炭纪船山灰岩，其上为二叠或三叠纪长牯岭灰岩而已。

【沿革】 李毓尧、李捷、朱森（1935）在《宁镇山脉地质》一书中，将其限定在孤峰层与东阳港系之间，与下伏孤峰组为不整合。此后，均从其说。1956 年潘江在研究宁镇山脉古生代地层时，在南京龙潭地区青龙灰岩与龙潭煤系之间发现一层含腕足类 *Chonetes* 的页岩，称其为保安页岩并与鄂东南的保安页岩对比。1959 年华东石油综合研究队、华东石油勘探局 107 队，认为“东阳港层”实际上包括了龙潭煤系上部及与长兴灰岩相当层位的页岩，而引用了大隆层和长兴灰岩，并在孤峰层与龙潭煤系之间发现一套以砂质页岩为主，微细层理发育，含同生黄铁矿，局部地区夹有砂岩及含簸灰岩的地层。由于当时未获可定时代的标准化石，故暂把它当作龙潭煤系的“下部不含煤段”。还指出，这一龙潭煤系的含义已不同于过去一般所认为“是海陆交互相含煤沉积这个定义”，从而扩大了龙潭煤系的范围。许汉奎（1959）在《江苏江宁淳化镇天宝山地质报告》中将龙潭煤系下部称龙潭组，上部称天宝山组。盛金章(1962)在总结中国的二叠系时，采纳了这一扩大的龙潭煤系含义，并改称为组。然而，会后不久，江苏地质四队和省煤炭工业局175队在苏州、无锡地区煤田普查钻孔所谓龙潭组下部不含煤段之顶的砂质灰岩中却发现了以 *Neomisellina* 䗴为主茅口晚期标准动物群，其下尚见有薄煤层。胡世忠(1962)将“不含煤段”与其下连续沉积的孤峰组合并正式命名为堰桥组，代表我国南方茅口晚期以碎屑岩为主并含煤的一种特殊沉积类型，1979年胡世忠又将孤峰组分出，与堰桥组分别代表茅口期早期和晚期。嗣后，在北起江苏滨海，南抵广东蕉岭东南沿海广大地区都普遍证实这一地层存在，在闽南发现具有工业价值的重要煤层。显然，如此划分，不但打破了过去认为茅口期不成煤及其灰岩与碎屑岩不可相变的传统观念，为找煤提供了新的含煤层位，而且既保留了龙潭组、孤峰组的原义，及上、下二叠统界线上移至堰桥组与龙潭组之间，验证了李四光所确定的东吴运动上限是正确的。同时还反映了解放以来对华南二叠系研究所取得的新进展。因此，第二届全国地层会议，采纳了这一划分方案(中国地质科学院，1982)。1984年，姚兆奇等在研究宁镇山脉的龙潭组时，根据地层多重划分概念强调岩石地层单位划分，认为早已分出的大隆组、堰桥组与龙潭组岩性相似，难以划分，故将它们合并称龙潭组，其时代自茅口晚期至二叠纪末。张遴信等(1988)，虽然对龙潭组采用了第二届全国地层会议所确定的含义，但对其下过去所称的“下部不含煤段”，在东部苏州、无锡地区据其所含 *Neomisellina* 为主的茅口期䗴类，把它与孤峰组一起称为堰桥组；在西部宁镇地区则令其扩充“孤峰组”，从而扩大了孤峰组的含义，时代均属茅口期，二者为同期异相。经本次对比研究，堰桥组不再从龙潭组下部划分为一岩石地层单位，仍归龙潭组(表10-5)。

【现在定义】 指孤峰组与大隆组或长兴组之间一套含煤地层。下部为灰黄色、黄绿色粉砂岩、页岩互层；中部为灰黄色、深灰色中至粗粒中厚层长石石英砂岩、粉砂岩、页岩夹煤层，含植物化石；上部以黑色页岩为主夹灰岩及细砂岩，富含腕足类等化石。下与孤峰组以含双壳类浅灰色页岩为界，上与大隆组紫灰色页岩出现为界，均为整合接触。

【层型】 创名时未测剖面；选层型为江宁县淳化镇天宝山剖面(118°58′，32°58′)，许汉奎1959年实测。

上覆地层：**大隆组** 紫灰色页岩夹灰岩凸镜体及燧石层和硅质页岩

——————— 整 合 ———————

龙潭组	总厚度 96.80 m
20. 灰色、棕黄色页岩，含有海相动物化石碎片	5.00 m
19. 棕黄色页岩及砂质页岩。含腕足类 *Dictyoclostus* aff. *gratiosus*，*Pugnax pseudoutah*，*Chonetes* sp.，*Streptorhynchus* sp.；菊石 *Pseudogastrioceras* sp.，*Eomeekoceras* sp.	4.70 m
18. 灰黑色厚层不纯灰岩。含腕足类化石	2.80 m
17. 煤层和黑色页岩	1.30 m
16. 灰色砂质页岩，含云母片	1.30 m
15. 土黄色中厚层石英粗砂岩夹粉砂岩，偶见植物化石碎片	5.60 m
14. 上部中厚层粉砂岩，下部为石英细砂岩	3.40 m
13. 灰黄色中厚层含较多铁质粉砂岩	10.00 m
12. 灰黄色砂质页岩及薄煤层。含植物 *Gigantopteris nicotianaefolia* Schenk，*Protoblechum* sp.，*Pecopteris* sp.	2.50 m

11. 土黄色石英细粒砂岩，下部为深灰色砂质页岩　1.60 m

10. 黑色碳质页岩夹煤层　2.30 m

9. 上为深灰色砂质页岩，下为土黄色中厚层粉砂岩　3.60 m

8. 深黄色砂质页岩夹煤层。含植物 *Pecopteris* sp.，*Sphenophyllum* sp.，*Lobatannularia* sp.，*Gigantopteris* sp.　1.20 m

7. 土黄色中粗粒长石石英砂岩　15.00 m

6. 土黄色粉砂岩　4.70 m

5. 灰黄色石英细粒砂岩　5.60 m

4. 土黄色中厚层粉砂岩，夹细粒砂岩　9.10 m

3. 黄绿色粉砂岩，底为深灰色砂质页岩，偶含海相动物化石　2.90 m

2. 灰色薄层页岩，含个体很小的腕足类化石（或双壳类）　14.20 m

——————— 整　合 ———————

下伏地层：**孤峰组**　浅灰色页岩（泥岩），含菊石、双壳类化石碎片

【地质特征及区域变化】　本区龙潭组的岩性和特征，具有明显三分的特点：下部为不含煤段，以灰黑色砂质页岩、页岩为主，微细层理发育，含有同生黄铁矿，有些地区尚夹有砂岩和含䗴类灰岩，含有䗴、菊石、腕足类、双壳类、植物等化石，厚度 50～300 余米；中部为含煤段，以长石石英砂岩、砂岩为主，还有铝土质泥岩、碳质页岩及主采煤层，富含植物化石等，厚度 30～130 m；上部为黑色致密页岩夹薄层灰岩、砂质页岩及厚层灰岩（俗称"压煤灰岩"）。有的地区还有砂岩和煤层。厚度在 20～60 m 左右。其灰岩含䗴，页岩富含菊石、腕足类及珊瑚。时代为早二叠世晚期—晚二叠世早期。

龙潭组厚度在各地不同。总的变化趋势是在宁镇地区较薄，经茅山、溧阳、宜兴至无锡、苏州地区逐渐增厚，由 80 至 500 余米。在西部宁镇地区及溧阳一带只有主要含煤段和黑色页岩段，其上覆为硅质岩相的大隆组；在东部苏州、无锡地区，黑色页岩段分为上、下两个含煤段，其上覆地层变为灰岩相的长兴组，在苏北滨海地区虽然也有龙潭组的存在，但均为钻孔资料拼接综合而成，其层序和厚度都不够确切，只能作为参考。总的看来，本区龙潭组根据含煤情况可分为两种类型，即宁镇型和苏锡型。龙潭组在本区分布很广泛，而且含有重要煤层，是煤田地质的主要研究对象。关于龙潭组与其下伏地层的接触关系问题，在上述孤峰组的顶界讨论时，已提及属整合关系。龙潭组与其上覆大隆组也为连续沉积，基本上认识一致。但由于二者，均为海相页岩，从岩性上确实难以划分，据菊石化石却很容易区分。所以，过去一般在龙潭组上部见有 *Anderssonoceras* 菊石群划为龙潭组，见有带瘤带肋的 *Pseudotirolites* 和 *Pleuronodoceras* 菊石则划为大隆组。相对而论，大隆组含带瘤带肋的菊石页岩硅质较多些，其岩性是有差别的，只是目前尚未做详细研究，尚未找出其明显的岩性标志而已。在实际应用中为了便于区分，以龙潭组上部"压煤灰岩"之顶或底为界。这样，大隆组就包括了龙潭组上部页岩段。而长兴组灰岩也只是其上部的相变层位。关于龙潭组与其上覆长兴组的接触关系，本区由于地表出露不多，大部被第四系所覆盖，作者本次研究时曾专程去苏州吴县西山岛徐石山等长兴组剖面进行了实地考核。长兴组底部暗灰色厚层灰岩与下伏龙潭组棕褐色细粒石英砂岩相接，其间没有见平行不整合的迹象，应属连续沉积的整合关系。

【其他】　龙潭组是我国南方最重要的含煤地层，曾以典型的海陆交替相而闻名于世。在过去一向将龙潭组中部中至粗粒长石石英砂岩和煤层作为陆相标志，铝土质泥岩或称"根土岩"作为沼泽相。但在近些年来，苏南地区的勘探队于此层长石石英砂岩中发现有指相意义

表 10－5　宁镇及邻区龙潭组、长兴组、大隆组划分沿革表

作者	年代	地区	划分（自上而下）
丁文江	1919	苏浙	T-P：长牯岭灰岩；P：龙潭煤系；C_1：船山灰岩
刘季辰、赵汝钧	1924	江苏	扬子层：T-P：上石灰岩；P：龙潭煤系；C_1：下石灰岩
李四光、朱森	1930	龙潭	T：青龙灰岩；P_2：龙潭煤系；P_1：孤峰层、栖霞灰岩
李毓尧、李捷、朱森	1935	宁镇	T：青龙灰岩；P：东阳港系、龙潭煤系（上部、中部、下部）；东吴运动；孤峰层、栖霞灰岩
潘江	1956	宁镇	T：青龙灰岩；P_2：保安页岩、龙潭煤系；P_1：孤峰层、栖霞灰岩
华东石油队等	1959	苏浙皖	T_1：青龙灰岩；P_2：长兴灰岩、大隆层、龙潭煤系（砂泥岩段、含煤段、不含煤段）；P_1：孤峰层、栖霞灰岩
许汉奎	1959	江宁	T_1：青龙群；P_2：天宝山组、龙潭组；P_1：孤峰组、栖霞组
盛金章	1962	苏浙皖	T_1：青龙组；P_2：长兴组、大隆组，龙潭组（上部、中部、下部）；P_1：孤峰组、栖霞组
胡世忠	1962	苏锡	T_1：青龙灰岩；P_2：长兴组、龙潭组；P_1：堰桥组、栖霞组
华东所煤组	1972	苏南	T_1：青龙组；P_2：长兴组、大隆组，龙潭组；P_1：东河组、孤峰组，栖霞组
胡世忠	1979	苏南	T_1：青龙组；P_2：长兴组、大隆组，龙潭组；P_1：堰桥组、孤峰组、栖霞组
张遴信等	1988	江苏	T_1：青龙组；P_2：长兴组、大隆组，龙潭组；P_1：堰桥组、孤峰组，栖霞组
陈华成等	1989	长江中下游	下青龙组；P_2：长兴组、大隆组，龙潭组；P_1：堰桥组、武穴组，孤峰组，栖霞组
王文耀	1993	苏浙皖	T：青龙组；P：长兴组、大隆组，龙潭组，孤峰组，栖霞组
本书	1997	南区	T_1：青龙组；P_2：长兴组～大隆组，龙潭组；P_1：孤峰组、栖霞组

的海绿石。浙江省煤田地质勘探公司(1982)和长(兴)广(德)煤矿地质队(1980)等先后在苏、浙、皖交界的广德地区龙潭组中部主要含煤段主采煤层(俗称"C"煤组)夹矸灰岩及其底板泥页岩中发现了腕足类、头足类、双壳类、腹足类、珊瑚、三叶虫、苔藓虫、海百合茎等多门类化石(胡世忠,1989)。其中腕足类最多,系属乐平生物群,与煤层顶板灰岩腕足类相近。煤层底板铝土质鲕状泥岩,薛耀庆(1987)发现那些"小球粒"不是鲕状结构特征,主要矿物成分也不是铝土质矿物而是鲕绿泥石。因为它是在临近海岸滨海淤泥盆地或覆水沼泽相的沉积环境生成的。对确定含煤地层沉积环境有一定的指相作用。由此可见,煤层夹矸及其顶板"压煤灰岩"和底板"鲕绿泥石岩"都是海相环境形成的。杨起、韩德馨(1979)在总结 30 多年来中国煤田地质学的进展时,对我国若干古生代煤田的岩相、古生物做了进一步分析,初步提出了海相成煤的理论。胡世忠(1989)在对《龙潭组成煤环境的新认识》一文中,认为是属滨海平原型成煤,不仅在古生代,在现代也可生成。我国广东、广西沿海和海南岛琼山、文昌等地红树林泥炭沼泽就是一明显例证。龙潭组成煤区正处于华夏古陆与扬子浅海之间,主要应属滨海平原区。成煤条件除了有利的平坦地形之外,还有气候、植物生长及泥炭堆积等有利环境。据张正坤(1984)对扬子地块峨眉山玄武岩古地磁的研究,晚二叠世早期华南又位于赤道附近 2.4°的低纬度地带。这就更加表明,本区是处于聚煤的温暖湿润气候,动、植物繁盛,为泥炭生长堆积最有利的场所。

大隆组　P_2d　(06-32-2224)

【创名及原始定义】　张文佑、陈家天(1938)创名于广西来宾合山大隆(大垅)①,昔称"大垅层",岩性分为上下两部分,上部为硅质页岩、灰质页岩及砂岩;下部为硅质页岩砂岩等,时代为二叠—三叠纪。

【沿革】　李四光等(1941)称大隆层。1956 年潘江在南京龙潭地区的龙潭煤系与青龙灰岩之间发现一含有腕足类 *Chonetes* 动物群的页岩层,取名保安页岩。1959 年许汉奎将这一地层命名为"天宝山组"②。同年,华东石油综合研究队、华东石油勘探局 107 队认为"东阳港层"实际上包括了龙潭煤系上部及与长兴灰岩相当层位的页岩,实无地层学的意义,采用了广西的大隆层一名③。盛金章(1959)根据在天宝山保安页岩中发现的 *Pseudotirolites* 菊石,建议用大隆层来代表与长兴灰岩相当的页岩层。盛金章(1962)在总结中国的二叠系时,将大隆层改为大隆组,年代为晚二叠世晚期,与长兴组灰岩是属同期异相的沉积。此后,便为我国广大地质工作者所沿用。1964 年王竹泉等认为从浙北到苏南,上二叠统总厚度逐渐减薄,其顶部所缺层位逐渐增多。随着层位缺失的增多,浙北含 *Pseudogastrioceras* 的菊石层位即由南向北逐渐抬高而与三叠系相接。也就是说,原先在浙北地区属于龙潭煤系内部的菊石层,到南京附近,就"变成"上二叠统"最高"的一个地层单位了。于是就把龙潭组中部轿子山段与王潘里段之间的海相页岩段称为"大垅段"(即大隆段)。从而与长兴组灰岩成为上下关系,并非相变层位。1966 年,赵金科曾指出,在浙江长兴煤山长兴灰岩下部菊石 *Pseudogastrioceras* 及 *Pseudotirolites* 及其上部灰岩中䗴 *Palaeofusulina* 的发现极为重要,证明长兴灰岩与我国西南各省广泛分布的大隆组

① 张文佑,陈家天,1988,广西迁江合山大垅煤田地质。前中央研究院地质研究所简报,7 号。

② 许汉奎,1959,江苏江宁淳化镇天宝山地质报告。南京地质古生物研究所(未刊)。

③ 北京石油地质科学研究院华东石油综合研究队、华东石油勘探局 107 队,1959,苏浙皖地区上二叠纪地层。全国地层会议文件。

硅质层是时代相同，层位相当的地层。1974年盛金章等也指出，在浙北长兴组标准地点的煤山地区，长兴灰岩中产有大量完美的菊石。类似的菊石群也在我国南部许多地点的大隆组中陆续发现。大隆组的硅质层，和长兴灰岩的一部分或其全部为相变关系。嗣后，赵金科等(1978)，在《论大隆组层位》一文中，又进一步阐述了长兴组灰岩与大隆组硅质岩是完全相当的，二者为相变关系。俟后，均从此说。1984年江苏地矿局以龙潭组最上部灰岩结束，泥质粉砂岩开始与下青龙组黄绿色页岩(含 *Claraia*)之间一段地层称大隆组。1991年，陆彦邦等建议以龙潭组中部"压煤灰岩"之顶作为大隆组的底界。此间，段金英(1991)，根据其牙形刺 *Neogondolella subcarinata - N. changxingensis* 组合特征与长兴组一致，又未见 *Codonofusiella* 䗴类化石。因而将龙潭组中部"压煤灰岩"或"下窑灰岩"及其上含 *Anderssonoceras* 菊石页岩的海相地层统统划入大隆组，扩大了大隆组的范围。却与长兴阶对比。最近，王文耀(1993)也持有同样的意见，认为上、下二叠统的界线应在穿时的龙潭组之中。究竟划在何处？似乎被弄得扑朔迷离。现经核查，大隆组与龙潭组连续沉积，岩性上确实无明显的标志，但考虑到大隆组的原义是以硅质页岩为主并含菊石为特征，因此，将含有 *Anderssonoceras* 菊石群的页岩划归大隆组，以此页岩至"压煤灰岩"之间作为大隆组与龙潭组的分界线。如此划分，尽管大隆组包含有龙潭期的菊石分子，但其界线是划在岩性突变处，便于使用(表10-5)。

【现在定义】 指位于合山组之上、三叠系南洪组之下的一套硅质岩、泥岩、砂岩及凝灰岩等岩性组成的地层。下以泥质灰岩、泥灰岩的消失或硅质岩的出现与合山组分界，上以硅质岩的消失或灰色薄层页岩的出现与南洪组分界。江苏省内指龙潭组与青龙组之间一套含硅质碎屑岩。其上下均为整合接触。

【层型】 正层型在广西省来宾县合山大隆(大垅)。省内次层型为南京市东郊湖山剖面(119°00′,32°00′)，江苏区调队1984年实测。

上覆地层：**青龙组** 黄绿色页岩、泥岩。含克氏蛤 *Claraia*

——————— 整 合 ———————

大隆组	总厚度 24.30 m
5. 黄绿色、灰黑色页岩夹硅质页岩及二个灰岩凸镜体。含菊石 *Pseudotirolites mapingensis*、*Xenaspis carbonarius*；腕足类 *Oldhamina* sp.，*Chonetes* sp.	2.30 m
4. 灰黑色硅质页岩与燧石岩互层	2.20 m
3. 灰紫色页岩，顶部含少量粘土岩	5.50 m
2. 黄绿色页岩夹钙质泥岩。含菊石 *Xenaspis carbonarius*	5.20 m
1. 灰黄色泥质粉砂岩。含菊石 *Pseudogastrioceras liui*	9.10 m

——————— 整 合 ———————

下伏地层：**龙潭组** 灰黑色灰岩。含腕足类 *Spinomarginifera lopingensis*

【地质特征及区域变化】 按岩性可以大致分为上、下两部分：下部以杂色泥岩为主及致密页岩；上部多为泥岩、硅质泥岩夹硅质层及流纹质晶屑层凝灰岩，以富含硅质为特征。总厚度一般10～24 m。富含菊石、腕足类及双壳类等。时代属晚二叠世。

大隆组厚度在本省自西向东逐渐增厚。在南京迈皋桥17 m，南京东郊湖山24 m，茅山顶宫24 m，至江阴孤山可达32 m。向西可延伸到安徽巢县、无为、安庆及皖南铜陵、泾县、贵池至鄂东南黄石一带，均可大致对比。也可与广西来宾大隆煤矿标准的大隆组相比较。

根据实地考察，大隆组与上覆下三叠统青龙组底部黄绿、灰绿色泥岩之间，除了大隆组顶部富含硅质，颜色较深为灰黑色以外，无明显差别，应属连续沉积。而与下伏龙潭组“压煤灰岩”，虽然岩性具有明显差别，但它们同是海相沉积，只是由灰岩变为泥岩而已。也应属连续沉积。

【其他】 本区在晚二叠世晚期以宜兴砺山—江阴一线为界可为两种沉积类型，在该线以东为碳酸盐岩长兴组，其西为硅泥质岩大隆组。大隆组岩性以黑灰色硅质泥岩、泥岩为主，夹硅质层及泥—粉晶灰岩，显微水平层理发育，以浮游、假漂浮生物为主，有菊石、鹦鹉螺、薄壳型腕足类及放射虫等，底栖生物较少，主要为适应性很强的一些腕足类、双壳类。在硅质层中几乎都是单一的放射虫，泥岩中有机质含量较高，并含有同生黄铁矿。局部地区尚见有凝灰岩或火山碎屑岩夹层(李高章,1983)。根据岩石类型、生物组合、沉积构造等特征，可以认为属平静而欠补偿的还原环境。我国华南二叠系放射虫的形成环境已有不少论述，认为一般沉积在 100 m 到几百米的陆地边缘，处于温暖海水盆地有利于放射虫的繁殖，加上当时的火山喷发活动产生的二氧化硅被放射虫吸食，转化为硅质放射虫壳体，形成层状放射虫岩。另外，岩浆活动也使海水中 SiO_2 含量增加，渗入地层中，经过转化，致使硅质岩广泛发育。

长兴组 $P_2\hat{c}$ (06-32-2225)

【创名及原始定义】 原称长兴石灰岩，系葛利普(1924)创名，命名地点在浙江省长兴。长兴石灰岩指含煤地层之上产 *Oldhamina* 化石的石灰岩。

【沿革】 北京石油科学研究院华东石油综合研究队、华东石油勘探局 107 队(1959)在苏、浙、皖地区找油时，认为长兴灰岩在区内相变很大，各地命名不一，将宁镇山脉至安徽宿松地区硅质岩为主沉积称为大隆层，与长兴灰岩是属相变关系①。盛金章(1962)在总结中国的二叠系时将长兴灰岩改称为长兴组。与硅质岩大隆组属同期异相，时代为晚二叠世晚期。嗣后，一直被广泛引用至今。邹松梅等(1990)认为宜兴市九里山一带存在一套既不同于长兴组，又不同于大隆组的地层。它是长兴组与大隆组的过渡类型，将其命名为宜兴组。宜兴组与长兴组同物异名，建议停用。

【现在定义】 岩性为灰色微晶至粉晶灰岩、生物碎屑灰岩、白云质灰岩组成，局部含燧石条带和结核，下部夹流纹质晶屑凝灰岩薄层。下与龙潭组砂岩呈整合或平行不整合接触；上与青龙组底部泥岩呈整合接触。在江苏省内未发现流纹质晶屑凝灰岩，其他与浙江省类同。

【层型】 正层型在浙江省长兴。省内次层型为吴县太湖西山岛徐石山剖面（120°18′，31°04′)，江苏区测队 1974 年实测。

长兴组　　总厚度>85.80 m

11. 深灰、灰色厚层含生物微晶灰岩。含䗴 *Palaeofusulina* sp.，*Nankinella* sp.，*Sphaerulina* sp.。(未见顶)　　>5.70 m
10. 灰色巨厚层生物灰岩。含䗴 *Palaeofusulina* aff. *fusiformis*，*Nankinella* sp.，*Sphaerulina* sp.　　12.70 m
9. 灰白色巨厚层生物灰岩。含珊瑚 *Waagenophyllum indicum kueichowense*　　11.70 m
8. 灰白色微带肉红色巨厚层含生物隐晶质灰岩。含䗴 *Sphaerulina* sp.　　6.20 m
7. 灰白色带褐色似薄层状白云质灰岩　　4.70 m

---

① 北京石油科学研究院华东石油综合研究队、华东石油勘探局 107 队，1959，苏浙皖地区上二叠纪地层。全国地层会议文件。

6. 灰微带肉红色厚层状含生物微晶灰岩，灰岩中夹灰质白云岩凸镜体和团块。含䗴 *Sphaerulina* sp.，*Nankinella* cf. *minor*，? *Gallowaiinella* sp. 16.30 m

5. 灰、灰白色薄层白云岩，夹有少量不规则灰岩团块

4. 灰白、灰黄色厚层生物灰岩，下部夹不规则灰质白云岩团块。含珊瑚 *Lophoyhyllidium* sp.；䗴 *Gallowaiinella* aff. *meitienensis* 8.10 m

3. 灰白色厚层生物灰岩，偶夹不规则灰质白云岩团块。含珊瑚 *Lophophyllidium* sp. 2.70 m

2. 灰色厚层微晶—细晶白云岩、灰质白云岩，偶夹灰岩团块 8.30 m

1. 暗灰色厚层碎屑灰岩 6.00 m

——————— 整 合 ———————

下伏地层：**龙潭组** 暗灰、棕褐色细粒石英砂岩

【地质特征及区域变化】 长兴组在本区主要分布宜兴砺山—江阴一线以东的苏州、无锡地区，根据岩性和岩相，可以划分为二种沉积类型：一种是苏州—常熟一带的浅灰、灰色、灰白等色质纯厚层块状灰岩，其中偶见燧石结核夹白云质灰岩及白云岩，俗称白长兴灰岩，厚度较大，一般都超过一百余米，产有腕足类、珊瑚、䗴类等，还有牙形刺等；另一种是宜兴湖㳇—张家港妙桥一带一套深灰、灰黑色的含生物碎屑灰岩，其中富含硅质结核或条带，俗称黑长兴灰岩，含有腕足类，组合特征与大隆组硅质岩相有些类似，但个体较小，还有菊石，厚度较薄，一般在26～40 m左右。总的看来，长兴组自东向西灰岩颜色由浅变深，厚度由厚变薄，其灰岩由夹白云质灰岩、白云岩变为含燧石结核或条带，有时还夹有砂、页岩。时代属晚二叠世晚期。

【其他】 在宜兴砺山—江阴一线以东为灰岩相长兴组，根据目前资料，浙北吴兴南皋桥(钻孔)长兴组灰岩厚度132 m，太湖西山86 m，无锡嵩山90 m，浙北长兴40 m，南通狼山20 m左右，宜兴湖㳇27 m左右，广德牛头山10 m左右。根据陈楚震等(1989)研究，自长兴煤山向西至新杭地区长兴组灰岩则变为厚度10余米的灰黑色钙质泥岩和泥质粉砂岩，顶部是灰黑色灰岩凸镜体(数10 cm至3 m)，含 *Palaeofusulina* 䗴类。这一沉积类型在宜兴砺山、张渚太庙、武进新安北(武2井)等地均可见到。在张渚太庙北小杨岭上述岩层之上是“界线粘土岩”，下三叠统“过渡层”，向上是产 *Claraia* 双壳类的灰绿色泥岩，整个层序与长兴煤山剖面的二、三叠系界线地层层序一致。故认为砺山—江阴海堤是不存在的，这个范围是长兴组灰岩与大隆组硅质岩的过渡相区。其岩性是黑色泥岩、泥质粉砂岩，顶部夹灰岩凸镜体，厚度10 m左右，并不缺失长兴期的沉积。因此，长兴组灰岩与其上覆青龙组底黄绿色泥岩以粘土岩之底为界，两者为连续沉积。长兴组与下伏龙潭组也为连续沉积。以龙潭组顶部棕褐色细粒砂岩结束，厚层碎屑灰岩出现作为长兴组开始。

苏、浙、皖地区在晚二叠世晚期大部被陆缘海所覆盖，东南毗连为华夏古陆(隆起)，西北为大别-胶苏古陆(地块)，海底地形自东向西似乎逐渐倾斜，形成东南高而西北低的分布格局。在宜兴砺山—江阴一线以东为紧靠华夏古陆的浅海碳酸盐台地，该线以西则为深水盆地硅质岩相区。两者之间可能为一过渡的斜坡相区(或称“台沟”)。

在俗称“白长兴灰岩”与“黑长兴灰岩”之间的无锡安镇嵩山、张家港妙桥地区，近些年来还发现了长兴期海绵生物礁，据其生物组合及岩石学特征完全可以与上扬子区长兴期生物礁相对比(王恕一等，1990)。嵩山海绵生物礁是在海侵过程中，水体逐渐加深而消亡的。

青龙组 T_1q (06－32－2241)

【创名及原始定义】 刘季辰、赵汝钧(1924)于南京市东郊龙潭镇南侧青龙山创青龙层

(扬子层上石灰岩)。系二叠至三叠纪地层，包括薄层石灰岩和钙质页岩，仅发现于江苏南部，它无疑地与下伏煤系呈整合接触，因为他们过渡带的岩石包括页岩与灰岩互层无明确的界线，它与前面提到过的二层紧密相随，即二叠纪煤系和下石炭纪石灰岩，形成一个很稳定的单位。作为一个整体，该层由薄层灰岩组成，偶见中等厚度的层。

【沿革】 葛利普(1924)将其命名“青龙石灰岩”，时代仍为二叠三叠纪。李四光、朱森(1932)将时代改为三叠纪。计荣森等(1936)将黄马青页岩底部之石灰岩砾归入青龙灰岩上部，扩大了青龙灰岩的含义。赵金科等(1962)将原青龙灰岩改称青龙群，并分上、下两部分。江苏区测队(1970)将扩大的青龙灰岩划分为下青龙组和上青龙组。安徽区调队(1977)将下青龙组划分为青龙组和湖山组(新建)，并新建沧波门组取代上青龙组下、中部。现采用原青龙层的含义建青龙组，并进一步划分湖山段和沧波门段(表 10-6)。

【现在定义】 自下而上分湖山段和沧波门段：湖山段下部灰黄色薄层泥岩夹泥灰岩，中、上部灰色薄层粉晶灰岩夹泥质泥晶灰岩及泥岩。含菊石、双壳类、牙形刺、腕足类等化石。底与大隆组黑色硅质泥岩，上与沧波门段灰色薄层粉晶灰岩为界，均为整合接触；沧波门段下部灰色薄—中层粉晶灰岩与紫色泥晶瘤状灰岩互层；上部粉晶灰岩夹蠕虫状灰岩。含菊石及双壳类等。底与湖山段灰色薄层粉晶灰岩，顶与周冲村组膏溶角砾白云质灰岩、泥质灰岩均为整合接触。

【层型】 创名时未测剖面；选层型为南京龙潭镇青龙山剖面(119°03′,32°10′)，江苏区调队 1985 年实测，闵庆魁 1994 年补充修改。

上覆地层：**周冲村组** 浅灰色厚层角砾状白云质灰岩，底有 2.5 m 厚灰色厚层角砾状泥质灰岩

———— 整 合 ————

青龙组 总厚度 432.24 m

沧波门段 厚度 240.58 m

50. 灰色薄—厚层粉晶灰岩与灰、深灰色纹层粉晶灰岩互层，上部夹 0.3 m 厚灰黄色中层泥晶砾屑灰岩。含牙形刺 *Cypridodella conflexa*，*Neohindeodella* sp. 20.54 m
49. 灰色薄、中层粉晶灰岩夹少量灰色薄层粉晶含石膏假晶灰岩 13.43 m
48. 深灰色薄、中层粉晶蠕粒(虫)灰岩 3.95 m
47. 深灰色中层粉晶灰岩 10.27 m
46. 灰色薄、中层粉晶灰岩，下部夹紫红、灰黄色粉晶(泥)瘤粒含泥灰岩及灰黄色泥页岩与浅灰色纹层、薄层粉晶灰岩互层 33.28 m

45—44. 灰色中层粉晶灰岩，顶有 0.64 m 厚紫红色薄层粉晶(泥)瘤粒泥质灰岩。含菊石 *Columbites* sp. 20.48 m

43. 灰色薄、中层粉晶灰岩，下部有 2 m 厚灰色薄、中层粉晶(泥)砾屑灰岩 11.32 m
42. 灰色中层粉晶灰岩夹两层 1 m 厚灰黄色薄层粉晶(泥)瘤粒含泥灰岩 3.60 m
41. 灰、深灰色薄、中层粉晶灰岩，夹两层灰色纹层、薄层状粉晶灰岩与灰黄色钙质泥、页岩互层 58.54 m
40. 灰色薄层状晶(泥)瘤粒质灰岩与灰色薄、中层状粉晶灰岩互层。含牙形刺 *Neospathodus homeri* 及菊石化石碎片 7.41 m

39—38. 上部灰色薄、中层粉晶灰岩夹灰色含钙质泥、页岩，下部(5.7 m 厚)灰色薄层似瘤状白云石化泥晶灰岩 10.26 m

37—36. 灰色中层粉晶灰岩，底有 1.2 m 厚灰色中层粉晶(泥)砾屑灰岩 4.56 m

表 10－6　宁镇及邻区三叠纪地层划分沿革表

作者	年代	地区	地层划分（自上而下）
刘季辰、赵汝钧	1924	江苏南部	J_1 钟山层；T—P 青龙层；P 煤系
葛利普	1924	南京	T—P 青龙石灰岩
谢家荣	1928	南京	J_1 石英砾岩；T 黄马青页岩；P 薄层石灰岩
朱森	1929	江苏西南	钟山层（K 砂岩砾岩；J 紫页岩层；T 范家塘煤系）；P 薄层灰岩
李毓尧、李捷、朱森	1935	宁镇	J_1 象山层；T_3 黄马青系；T_1 青龙灰岩；P 东阳港系
计荣森、许德佑	1936	南京	T_1 青龙灰岩；P 龙潭煤系
中科院地质研究所	1958	江苏南部	J_1 象山统；T_2 黄马青组；T_1 青龙灰岩；P_2 保安页岩
赵金科、梁希洛	1962	南京	J_{1-2} 象山群；T_3 黄马青群（黄马青组、范家塘煤组）；T_2 青龙群上部；T_1 青龙群下部；P_2 大隆组
田永初	1965	宁镇	T_3 黄马青组；T_2 安陡组；T_{1-2} 青龙组
江苏区测队	1970	宁镇	J_{1-2} 象山群；T_3 黄马青组；T_2 上青龙组；T_1 下青龙组；P_2 大隆组
江苏省第一地质队	1971	南京	J_{1-2} 象山群；T_3 水家边段（组）；？；T_2 周冲村段（组）；T_1 黄马青段（组）；T_{1-2} 青龙群
安徽区调队	1977	南京	J_{1-2} 象山群；T_3 范家塘组；T_2 黄马青组、徐家山组、沧波门组；T_1 湖山组、青龙组；P_2 大隆组
江苏区调队	1984	宁镇	J_{1-2} 象山群；T_3 范家塘组；T_2 黄马青组、薛家村组；T_1 上青龙组、下青龙组；P_2 大隆组
本书	1997	南区	J_2 钟山组；T_3 范家塘组；T_2 黄马青组、周冲村组；T_1 青龙组（沧波门段、湖山段）；P_2 大隆组 / 长兴组

35—34. 灰黄、紫色中层泥晶瘤粒含泥灰岩，其下为(1.57 m 厚)灰色薄—中层粉晶灰岩 3.42 m

33. 灰色中层粉晶灰岩，含少量砂砾屑 4.56 m

2. 灰红色薄层泥晶灰岩与浅灰色薄层泥晶灰岩互层，上部夹 0.15 m 厚灰绿色钙质泥、页岩 4.60 m

31—28. 灰、深灰色薄、中层粉晶灰岩，层间时夹数厘米厚灰黄色泥、页岩 12.79 m

27—25. 灰紫、紫红色中、薄层粉晶(泥)瘤粒含泥灰岩，中部夹 1.86 m 灰色薄层粉晶灰岩 4.55 m

24—23. 深灰色薄层粉晶灰岩，底有 0.93 m 紫红色薄层粉晶(泥)瘤粒含泥灰岩。含菊石 *Pseudoceltites* sp. 3.72 m

22—21. 灰色薄层粉晶灰岩，下为灰色薄层含砾屑粉晶灰岩 1.10 m

20. 灰色薄层粉晶灰岩，夹(五层)灰黄、紫红色薄层粉晶(泥)瘤粒含泥灰岩 7.72 m

湖山段 厚度 191.66 m

19. 灰色中层粉晶灰岩，夹六层灰绿、紫红色薄层粉晶（泥）瘤粒含泥灰岩。含牙形刺 *Neospathodus collinsoni* 34.20 m

18. 灰色薄层粉晶灰岩，风化面似假厚层及块状 3.90 m

17—16. 青灰色薄层粉晶灰岩，底有 0.5 m 灰色含砾屑粉晶灰岩 5.30 m

15. 青灰色薄、中层粉晶灰岩，底有 0.3 m 灰色含砾屑粉晶灰岩 16.10 m

14—13. 灰、深灰色薄、中层粉晶灰岩，底有 3 m 厚灰色砾屑粉晶灰岩 13.17 m

12. 灰色薄、中层豆荚状粉晶灰岩 0.50 m

11—10. 灰褐色纹层、薄层粉晶灰岩，上部夹三层厚 0.3 m 黄绿色页岩，顶部有 1.1 m 灰色含钙质泥岩。含菊石 *Pseudosageceras* sp.；双壳类 *Eumorphotis* sp.，*Claraia concentrica* 6.52 m

9. 灰肉色纹层、薄层粉晶灰岩与黄绿色含钙质泥页岩组成不等厚度韵律层。含菊石 *Owenites* sp.，*Kashmirites* sp.，*Dieneroceras* sp.；双壳类 *Claraia concentrica* 7.80 m

8. 黄绿色泥页岩，夹灰褐色纹层粉晶泥质灰岩。含菊石 *Dieneroceras* sp.，*Xenoceltites* sp；双壳类 *Claraia* sp. 21.00 m

7—6. 灰色纹层、薄层粉晶灰岩，底有 0.4 m 厚深灰色含砾屑粉晶灰岩 4.10 m

5. 灰色纹层、薄层粉晶灰岩，夹灰褐色薄层泥晶泥质灰岩、黄绿色泥页岩。含菊石 *Flemingites* sp. 13.97 m

4. 青灰、深灰色薄层粉晶灰岩与黄褐色泥页岩韵律互层。含菊石 *Prionolobus* cf. *impressus*，*Paranorites ellipticus*，*Subinyoites* sp.，*Vishnuites* aff. *marginalis*，*Gyronites* sp.，*Euflemingites* sp.，*Xenoceltites* sp.，*Flemingites* sp.，*Koninckites* sp.，*Pseudosageceras* sp.；双壳类 *Claraia* sp.，*C. griesbachi*，*C.* cf. *clarai*，*C. aurita*，*Eumorphotis* cf. *multiformis*，*Gervillia* aff. *subpannonica*；牙形刺 *Lonchodina* sp. 14.30 m

3. 灰色薄层粉晶灰岩 4.90 m

2. 黄绿色泥、页岩，局部夹薄层泥灰岩。含菊石 *Ophiceras sinense*，*Lytophiceras* cf. *chamunda*，*Clypeoceras*? sp.，*Pseudosageceras* sp.；双壳类 *Claraia wangi*，*C.* cf. *clarai*，*C. griesbachi*，*C. concentrica*，*C. stachei* 36.90 m

1. 灰黄、黄色薄层泥灰岩、泥岩互层，自上而下细分为：⑨白色粘土层(0.025 m)；⑧黄色泥岩(0.23 m)；⑦黄色泥灰岩（0.04 m)；⑥灰黄色泥岩，含砂质、云母片及黄铁矿晶体(0.16 m)；⑤黄色泥灰岩(0.25 m)，含双壳类 *Bakevellia* sp.；④灰黄色泥岩（0.19 m)；③黄色泥灰岩(0.20 m)；②灰黄色泥岩(0.15 m)，含腕足类 *Fusichonetes pigmaea*，*Paryphella triquetra*，*Lingula* sp.；菊石 Ophiceratid；①灰白色

粘土岩(0.03 m)　　1.64 m

——— 整　合 ———

下伏地层：**大隆组**　上部黑色硅质泥岩夹粘土岩；下部黑色泥岩夹粘土岩，含腕足类化石

【地质特征及区域变化】　青龙组的岩石特征在区域上变化不大，分布基本稳定，自下而上均可划分为湖山段和沧波门段。岩性详见剖面叙述。

湖山段：厚度在宁镇 192 m，茅山 198 m，宜溧近 400 m，苏锡 347 m；总的变化趋势为西薄东厚，西北薄东南厚，与下伏大隆组或长兴组均为连续过渡整合接触。

沧波门段：厚度宁镇 241 m，宜溧 301 m，苏锡大于 187 m。

青龙组与大隆组或长兴组接触处，于青龙组最底部为一层 2～3 cm 的白色粘土岩中发现二叠纪和三叠纪的生物混生层，层位非常稳定，可作为青龙组与大隆组或长兴组的分界标志。早三叠世为开阔碳酸盐台地—局限碳酸盐台地沉积环境。时代为早三叠世。

湖山段　T_1q^h　(06－32－2242)

【创名及原始定义】　安徽区调队(1977)在南京东郊湖山创湖山组。相当下青龙组上部。岩性下部为灰、黄绿色薄—中薄层泥质灰岩、钙质泥岩，夹泥灰岩、泥岩，有时互层；上部以灰色薄—中厚层灰岩、纯灰岩为主，夹灰黄色泥质灰岩、泥灰岩、钙质泥岩、泥岩。含菊石、双壳类等。其下为青龙组，其上为沧波门组，均为整合接触。

【现在定义】　见青龙组现代定义。

【层型】　正层型在南京东郊湖山。次层型见青龙组剖面湖山段。

沧波门段　T_1q^c　(06－32－2243)

【创名及原始定义】　安徽区调队(1977)于南京东郊沧波门创沧波门组。相当于江苏区调队(1984)划分方案的上青龙组。岩性分上下段，下段：下部灰黄、灰紫色薄—中薄层瘤状泥质灰岩与灰色灰岩互层，夹泥岩、偶夹砾状灰岩；中部浅灰色薄层灰岩、纯灰岩，夹灰黄色钙质页岩；上部浅灰、灰色薄—中厚层纯灰岩、蠕虫状灰岩或砾状灰岩互层，夹数层钙质泥页岩，含菊石、双壳类等；上段：灰红、灰色薄—块状含灰质白云岩夹灰岩，表面具刀砍状及刷状构造。与下伏湖山组及上覆徐家山组为整合接触。

【现在定义】　见青龙组现代定义。

【层型】　正层型在南京东郊沧波门。次层型见青龙组剖面沧波门段。

周冲村组　$T_2\hat{z}$　(06－32－2244)

【创名及原始定义】　江苏第一地质大队①(1975)于南京周冲村创名周冲村段。岩性由石膏、硬石膏、白云岩、白云质灰岩、灰岩等组成，局部含少量自然硫。岩石中普遍含角砾，角砾圆度中等，大部分系同生砾，地表未出露，埋深一般在－150 m 以下，厚度 600～800 m，化石有双壳类。下与黄马青组紫红色粉砂质泥岩整合，上与水家边组(范家塘组)杂砾岩不整合接触。

【沿革】　计荣森等(1936)将“黄马青页岩(谢家荣，1928)或黄马青系(李毓尧、李捷、朱森，

---

① 江苏省地质局第一地质大队，1975，江苏省南京石膏矿区周冲村矿段勘察报告。

1935)底部石灰质砾岩划归青龙灰岩，作为其上部层位。田永初(1965)在该层位中发现中三叠世双壳类化石，并以其特征岩性将此层划出，另建安陡组，时代定为中三叠世。江苏第一地质队(1971)以该层位含大型石膏矿，取名周冲村段(表10-6)。吴其切(1980)改称周冲村组。江苏区调队(1984)以南京龙潭青龙山南薛家村剖面为层型，创薛家村组。本书采用周冲村组。

【现在定义】 下段下部灰黄色薄—中厚层砾屑灰岩与泥晶灰岩互层，上部薄—厚层粉晶灰岩、泥质灰岩及膏溶砾屑灰岩，夹粉晶白云岩、白云质灰岩；上段下部粉砂质泥岩夹粉砂岩，上部泥质泥晶灰岩。具蜂窝状构造，含双壳类等。井下白云岩与石膏互层。下以砾屑灰岩与青龙组纹层灰岩，上以泥质灰岩与黄马青组灰色泥质岩均为整合接触。

【层型】 下原始定义时依据南京周冲村石膏矿钻孔资料综合而成，未测剖面；选层型为南京市周冲村石膏矿ZK105孔剖面(119°01′,32°07′)，江苏第一地质队1980年测定，闵庆魁1994年补充修改①；次层型为薛家村剖面(119°04′,32°09′)，江苏区调队1980年实测，1985年补充修改②。选层型剖面如下：

上覆地层：**黄马青组** 紫红色薄、中层状粉砂岩夹灰绿、深灰色薄层状粉砂质泥岩

——————— 整 合 ———————

周冲村组 总厚度 426.51 m

上段 厚度 109.80 m

29. 灰黑、灰黄色粉晶白云岩，含少量石英砂 5.30 m
28. 灰黑色含石英粉晶灰岩夹粉晶白云质灰岩，底部见一层黄色泥质灰岩，具有机质，含介形虫、藻类等生物化石碎屑。泥质灰岩含双壳类 *Myophoria radiata simplex*，*Eumorphotis* (*Asoella*) sp.，*Pleuronectites* sp. 22.50 m
27. 膏溶角砾岩。角砾成分灰岩、白云岩，棱角状，被石膏胶结 82.00 m

下段 厚度 316.35 m

26. 硬石膏化粉晶白云岩，局部见叠层石 7.50 m
25. 纹层粉晶含白云石硬石膏，中夹一层板状、鳞片状硬石膏。其中夹少量硬石膏化粉晶叠层石白云岩 25.43 m
24. 纹层粉晶含硬石膏白云岩与纹层粉晶含白云石硬石膏互层，夹灰黑色薄层状粉晶白云岩 744.00 m
23. 上部交代型硬石膏，板状；下部薄层粉晶白云质与纹层粉晶含白云石硬石膏互层，见有机质纹 28.50 m
22. 灰黑色纹层粉晶灰岩，夹一层厚10 cm的纹层粉晶含白云石硬石膏 8.50 m

21—16. 灰黑色纹层—薄层硬石膏化粉晶白云岩与纹层粉晶含白云石硬石膏互层，含见有机质纹层，纹层厚1～6 mm 28.50 m

15. 灰色块状交代型硬石膏，见残余纹层粉晶含白云石硬石膏团块 8.50 m
14. 黑色纹层硬石膏化粉晶白云岩，底部为硬石膏化叠层石粉晶白云岩 15.80 m
13. 灰色交代型硬石膏（系叠层石粉晶白云岩被硬石膏顺层交代形成），具有机质纹，含藻 2.03 m

12—10. 灰黑色薄层硬石膏化叠层石细晶白云岩(强烈时形成硬石膏) 34.64 m

9. 交代型硬石膏(系白云岩、含球粒白云岩被硬石膏交代形成) 9.69 m

---

① 江苏省地质局第一地质大队，1975，江苏省南京石膏矿区周冲村矿段勘察报告。

② 江苏区调队，1985，江苏南部地区三叠纪岩相古地理研究报告。

8. 灰色纹层粉晶含硬石膏白云岩夹纹层粉晶含白云石硬石膏，含有机质纹 9.21 m

7. 淀晶含鲕粒生物(棘皮、有孔虫)屑灰岩，局部硬石膏化 3.98 m

6. 灰黑色砾屑细晶白云岩 4.20 m

5—2. 灰黑色纹层粉晶白云岩夹硬石膏化纹层粉晶白云岩，见波状有机质纹，底部有一层硬石膏化叠层石粉晶 30.51 m

———— 整 合 ————

下伏地层：沧波门段　纹层粉晶灰岩与灰色薄一中层蠕粒泥晶灰岩互层

次层型：南京市龙潭镇青龙山南坡薛家村剖面

上覆地层：黄马青组　灰黄、灰绿、紫红色薄层粉砂质泥岩夹薄层粉砂岩。含双壳类等

———— 整 合 ————

周冲村组 总厚度 121.02 m

上段 厚度 12.67 m

28. 灰色中层泥晶含泥灰岩夹深灰色薄层泥晶灰岩，中部夹灰色薄层淀晶砂屑灰岩 4.75 m

27. 灰黄色中层泥质泥晶灰岩 3.08 m

26. 灰色薄层泥晶灰岩，顶部为灰色薄层泥晶白云岩 1.76 m

25. 灰色薄层粉砂质泥岩，局部粉砂含量较高，形成泥质粉砂岩 3.08 m

下段 厚度 108.35 m

24. 灰色薄、中层含砾屑粉晶灰岩 0.79 m

23. 灰色中、厚层粉晶灰岩，底部有一层厚 6 cm 的灰色薄层淀晶砂屑灰岩。粉晶灰岩含双壳类 *Eumorphotis*(*Asoella*) *subillyrica*，*E.* cf. *hupehica*，*Entolium discites* 1.59 m

22. 灰色薄、中层粉晶灰岩，上部夹一层厚 5 cm 的灰色薄层纹石泥晶灰岩 1.64 m

21. 深灰色薄、中层泥晶灰岩，部分见重结晶。含双壳类 *Myophoria* (*Costatoria*)? sp.；腹足类 *Pachymphalus*? sp. 6.38 m

20. 灰色厚层、块状膏溶角砾岩 2.26 m

19. 灰色薄、中层泥晶含泥灰岩 2.44 m

18. 灰色厚层、块状膏溶角砾岩 2.35 m

17. 灰色薄、中层泥晶含泥灰岩。含双壳类 *Praechlamys* sp.，*Myophoria* (*Costatoria*)? sp.，*Eumorphotis* (*Asoella*) *hupehica*，*Entolium* sp.，*Unionites*? sp. 0.91 m

16. 深灰色薄层泥晶灰岩与灰色中厚层砂砾屑泥晶灰岩组成不等厚度互层。含双壳类 *Eumorphotis* (*Asoella*) cf. *subillyrica*，*Myophoria* (*Costatoria*)? sp.；腹足类 *Naticopsis* sp. 5.33 m

15. 灰色厚层、块状膏溶角砾岩夹灰黄色中层泥晶灰岩。含双壳类 *Asoella illyrica*，*Entolium discites*；介形虫 *Monoceratina*? sp.，*Liuzhinia subovata*，*L. triangulata*，*Paracypris*? sp.，*Gruendelicythereleida poensis*，*G. longtansis*，*Renngartenella* sp.，*R. exilicostata*，*Judahella wulongensis* 6.61 m

14. 黄褐色中、厚层细晶灰岩，底部有一层厚 35 cm 的浅黄褐色厚层砂屑细晶灰岩。含双壳类 *Eumorphotis*(*Asoella*) *subillyrica*，*Entolium discites*；腹足类 *Polygysina* sp. 3.21 m

13. 浅灰色中、厚层粉(泥)晶砂屑白云岩，含少量棘皮、腹足类生物屑，或时含生物屑砂屑白云岩 3.05 m

12. 浅灰黄色厚层粉晶灰岩 1.69 m

11. 灰色厚层、块状膏溶角砾岩 12.64 m

10. 浅灰色厚层粉晶灰岩 4.09 m

9. 灰黄色厚层、块状膏溶角砾岩夹灰黄、灰色中、厚层泥晶灰岩 21.72 m

8. 瓦灰色厚层粉(泥)晶砂砾屑灰岩，顶部为瓦灰色薄层叠层石泥晶含泥灰岩　　0.53 m
7. 浅灰黄色中、厚层泥晶灰岩　　1.13 m
6. 黄褐色厚层、块状膏溶角砾岩　　1.13 m
5. 米黄色中层叠层石泥晶含泥灰岩　　1.00 m
4. 青灰色中、厚层泥晶灰岩　　1.95 m
3. 灰色薄、中层泥晶泥质灰岩　　11.10 m
2. 灰黄、灰色厚层、块状膏溶角砾岩，角砾以灰岩为主　　14.99 m

——————— 整　合 ———————

下伏地层：沧波门段　灰、深灰色极薄层粉晶灰岩

【地质特征及区域变化】　宁镇地区地表为灰、灰黄色薄—中厚层砾屑(白云质)灰岩与(泥质)泥晶灰岩(白云岩)互层，局部夹灰绿色粉砂质泥岩及泥质粉砂岩，溶蚀处具蜂窝状构造及膏溶角砾岩。在周冲村石膏矿井下岩性为硬石膏与白云岩互层，矿层一般厚度 20 m 左右，最大逾 80～200 m，与白云岩相互消长极为明显。含双壳类、介形虫及腹足类化石。此外，在丹徒县上会南塔山及溧阳上黄发现菊石及双壳类等。长林村、徐家边、徐家山、安基山等地所见的灰岩、泥质灰岩、白云质灰岩、白云岩、砾屑灰岩及膏溶角砾夹生物灰岩等。在横向上可以变为似层状、凸镜状，延伸数米、数十米至数百米。岩石风化后呈蜂窝状、网格状构造。时代为中三叠世。

【其他】　因受印支运动(金子上升)影响，下扬子海萎缩至安庆—南京—盐城一带，呈北东向条带状分布，为一封闭的膏盐泻湖(局限台地)沉积。

黄马青组　T_2h　(06-32-2245)

【创名及原始定义】　谢家荣(1928)于南京钟山(紫金山)北坡黄马村和青马村创黄马青页岩。上部为紫色砂质页岩与灰色砂岩互层，下部有三层细砾岩，砾石大小仅数毫米，滚圆度不佳，砾石成分全为石灰岩，胶结物富含钙质。厚度 600～800 m，时代为下三叠纪 (?)，与上覆石英砾岩假整合接触。尔后又改名为“黄马紫红色页砂岩”。

【沿革】　刘季辰、赵汝钧(1924)将该地层划归钟山层，直接覆于上石灰岩(青龙层)之上，为紫色页岩及砂岩，属下侏罗纪。李毓尧等(1935)将其改称黄马青系，与下伏青龙灰岩，上覆象山层均为不整合，属三叠纪。计荣森(1936)将黄马青页岩(或系)底部“砾岩”划归青龙灰岩，从而缩小了黄马青页岩的范围。中国科学院地质研究所(1958)将其改称黄马青组。赵金科等(1962)，将其改称黄马青群，并分为下部范家塘煤组，上部黄马青组。安徽区调队(1977)又将黄马青组置于范家塘组之下，此时黄马青组限于周冲村组与范家塘组之间。此后广为沿用。

【现在定义】　岩性分下部及上部。下部为灰、深灰色细粒长石石英砂岩与粉砂岩互层；上部为紫红、暗紫色薄—厚层砂砾岩、砂岩、泥岩。含丰富的双壳类、叶肢介、轮藻、植物等化石。底与周冲村组，顶与范家塘组均为整合接触。

【层型】　创名时未测剖面；选层型为南京钟山剖面 (118°52′，32°05′)，吴其切、兰善先等 1980 年实测，江苏区调队 1985 年补充修改，林水龙 1995 年并层简化。

上覆地层：范家塘组　紫色粉砂岩

——————— 整　合 ———————

黄马青组　　总厚度 1 148.60 m

上部　　　　厚度 869.99 m

111—107. 紫红色中—块状长石细砂岩与同色粉砂质灰质泥岩不等厚互层，局部夹粗粉砂岩　　61.40 m

106—103. 紫红色中—块状粗粉砂岩与同色粉砂质灰质泥岩不等互层，局部夹长石细砂岩　　16.30 m

102—96. 紫红色中—块状长石细杂砂岩与同色粉砂质灰质泥岩不等厚互层。含介形虫 *Darwinula* sp.；轮藻 *Stellatochara badongensis*，*S. minuts*，*S. sellingii*，*Potosphaera* sp.，*Cuneatochara mira*　　55.30 m

95—89. 紫红色中—块状长石细砂岩与同色粉砂质灰质泥岩不等厚互层。含介形虫 *Darwinula* sp.，*D. baculiformis*，*D. triassiona*，*D. addictoides*；轮藻 *Stellatochara* sp.，*S. subhoellvicensis*，*S. latiovalis*，*S. minuts*，*S. subglobula*，*S. sellingii*，*S. badongensis*，*S. longa*，*Stenochara ovata*，*Cuneatochara nanjingensis*，*C. mira*，*Porchara longa*，*P. cylindrica*，*Porosphaera nanjinensis*　　96.35 m

88—78. 紫红色中—厚层夹薄层灰质粗粉砂岩与同色粉砂质泥岩不等厚互层，局部夹薄层长石细杂砂岩。含轮藻 *Stellatochara latiovalis*，*S. longa*，*S. chinensis*，*Stenochara* sp.，*S. chinensis*，*Porochara* sp.，*P. nanjingensis*，*P. longendlis*，*P. cylindrica*，*Auerbachichara zhongshanensis*，*A. nanjingensis*；介形虫 *Darwinula baculiformis*，*D. concina*，*D. lubimovae*，*D. nanjingesis*，*D. culiformis*，*D. concina*　　50.76 m

77—60. 紫红色中—厚层夹薄层长石细杂砂岩与同色粉砂质泥岩不等厚互层，局部夹砂质砾岩、粗粉砂岩。含介形虫 *Darwinula baculiformis*，*D. concina*，*D. lubimovae*，*D. triassiona*，*D.* cf. *triassiona*，*D. addictoides*；叶肢介 *Diaplexa* sp.，*Palaeolimnadia* sp.，*Euestheria* sp.；轮藻 *Stellatochara chinensis*，*S. sellingii*，*S. subhoellvicensis*，*S. ruidicollis*，*S. ovata*，*S. laticelluta*，*S. zhongshanensis*，*S. longicollis*，*S. maxina*，*S. mira*，*S. brevicollis*，*S. huangmaqingensis*，*S. latiovata*，*S. ruidicollis*，*S. longorata*，*S. latiovalis*，*S. minuta*，*S. badongensis*，*Porochara cylindrica*，*P. nanjingensis*，*P. longendlis*，*P. huangmaqingensis*，*P. zhongshanensis*，*Auerbachichara zhongshanensis*，*A. nanjingensis*，*A. petaliformis*，*A. elliptica*，*A. jiangsuensis*，*Stenochara yuananensis*，*S. elliptica*，*S. ovata*，*S. stena*，*Cuneatochara nanjingensis*，*C. obliguus*，*C. turriformis*，*Porosphaera* sp.，*P. badongensis*，*P. maxima*，*P.* cf. *maxima*，*P. chinensis*，*P. subsphaera*，*P. longendlis*，*P. zhongshanensis*，*Maslovichara* sp.，*M. globula*，*M. ringens*　　164.20 m

59—49. 紫红色厚层夹薄层粗粉砂岩与粉砂质泥岩不等互层，局部夹长石细杂砂岩、岩屑砂砾岩、长石细砂岩。含介形虫 *Darwinula* spp.，*D. pinguis*；轮藻 *Stellatochara* spp.，*S. sellingii*，*S. zhongshanensis*；叶肢介 *Estheritina* sp.；植物 *Equisetites* sp.　　73.89 m

48—44. 紫红色中—厚层含砂砾岩与粉砂质泥岩不等厚互层，局部夹砾质长石细杂砂岩。含介形虫 *Darwinula* cf. *triassiona*，*Darwinuloides pinguis*；轮藻 *Stellatochara jiangsuensis*，*S. subjiangsuensis*；叶肢介 *Euestheria* sp.　　38.85 m

43—36. 紫红色中—块状长石细砂岩与粉砂质泥岩不等厚互层。含介形虫 *Darwinuloides pinguis*，*D. zhongshanensis*，*D. addictoides*，*Darwinuloides pius*，*D. pinguis*；叶肢介 *Euestheria* sp.；轮藻 *Stellatochara minuta*，*S. rhombica*，*S. badongensis*，*S. brevicollis*，*S. maederiformis*，*S. minuts*，*Stenochara chinesis*，*S. xianxiensis*，*Cuneatochara mira*，*Auerbachichara nanjingensis*　　112.52 m

35—32. 紫红色中—块状含粉砂质泥质砾岩与粉砂质泥岩不等厚互层。含介形虫 *Darwinula* sp.；轮藻 *Stellatochara hoellvicensis* 78.04 m

31—16. 紫红色中—厚层砂质砾岩与粉砂质含灰质泥岩不等厚互层，局部夹长石细（杂）砂岩，粗粉砂岩。含叶肢介 *Estheritina* sp.，*Diconiostracus zhongshanensis*；介形虫 *Darwinula lubimovae*，*D. angulatoides*，*Tungchuania zhongshanensis*；轮藻 *Stellatochara hoellvicensis*，*S. minuts*，*S. badogensis*，*S. subhoellvicensis*，*S. zhongshanensis*，*S. nanjingensis*，*S. longa*，*Stenochara drupiformis*，*S. yuananensis*，*S. subyuananensis*，*S. stena*，*Cuneatochara turriformis*，*C. pyramidatus*，*Porochara nanjingensis*，*Maslovichara chinensis* 113.38 m

15—9. 暗紫色中—厚层夹薄层砂质砾岩、长石细砂岩或粗粉砂岩与粉砂质灰质泥岩组成韵律互层。含双壳类 *Bakevellia* spp.，*B. modiolaeformis*，*B.* cf. *alberlu*；轮藻 *Stellatochara badongensis*，*Cuneatochara tianmenensis*；植物 *Annalepis zeioller*；介形虫 *Darwinula* sp. 93.17 m

下部 厚度 194.44 m

8—2. 灰、深灰色长石石英细砂岩与同色含灰质粗粉砂岩不等厚互层 194.44 m

———— 整 合 ————

下伏地层：周冲村组 灰色中层泥晶泥质灰岩

【地质特征及区域变化】 黄马青组岩石组合特征上、下两分明显。下部(浅色)灰、深灰色长石石英细砂岩与含灰质粗粉砂岩不等厚互层，在无锡南门钻孔尚见夹多层页岩、钙质页岩及泥岩；上部(紫色)由下往上，颜色由暗紫色变为紫红色，中层—块状为主夹薄层，长石细(杂)砂岩或粗粉砂质泥岩不等厚互层，中下部夹砂质砾岩，具斜层理，虫管构造发育为其特征。含双壳类、介形类、叶肢介、轮藻及植物化石。时代为拉丁期(中三叠世)。

黄马青组沉积范围逐渐缩小，从盱眙—建湖—线以南，广德—宜兴—苏州—上海—线以北为沉积区。安庆—南京—南通一带为沉积中心。显示早期为浅色弱还原环境碎屑岩相沉积，中晚期为紫色陆相碎屑岩沉积，为干燥氧化环境。沉积厚度以南京、钟山一带最厚达 1 149 m，无锡南门(钻孔)大于 90 m，南通(钻孔)大于 116 m。

范家塘组 T_3f (06-32-2246)

【创名及原始定义】 朱森(1929)于南京龙潭镇青龙山南范家场创名范家塘煤系。置于钟山层之紫页岩层下。含植物化石丰富，时代归三叠纪。与下伏二叠纪薄层灰岩呈不整合接触。

【沿革】 李毓尧等(1935)将其置于黄马青系下部，赵金科等(1962)将黄马青系改称黄马青群，并将其下部命为范家塘煤组，上部命名为黄马青组。安徽区调队(1977)废弃黄马青群，并将范家塘组提置黄马青组之上、象山群之下。后一直沿用。

【现在定义】 灰、深灰色细砂岩、粉砂岩及灰黑色碳质泥岩，局部夹可采煤层，富含黄铁矿结核，含植物及双壳类等化石。底以灰绿色含砾粉砂岩与下伏黄马青组紫红色粉砂岩整合，顶以中粒长石石英砂岩与上覆第四系冲积层砂砾不整合接触。

【层型】 创名时未测剖面；选层型为句容县宝华乡范家场 15 号孔剖面(119°04′,32°01′)，江苏省煤田勘探团四营 1971 年测定。

上覆地层：第四系 第四系冲积层(砂砾石)

~~~~~~ 不 整 合 ~~~~~~
~~~~~~

范家塘组　　　　　　　　　　　　　　　　　　　　　　　　　　　　　　总厚度 249.18 m

22. 灰、深灰色粉砂岩，夹细砂岩条带及煤线（1～3 cm），顶为中粒长石石英砂岩，底为灰色细砂岩。粉砂岩富含植物及双壳类化石。（未见顶）　15.00 m

21. 灰色粉砂岩，具交错层理，中部灰黑色碳质泥岩，底为煤层。含黄铁矿结核　1.63 m

20. 灰色细砂岩，局部夹煤线，方解石细脉穿插。含植物　11.05 m

19. 上部灰色粉砂岩、细砂岩互层；中部灰色细砂岩；下部深灰色粉砂岩，夹零星不规则煤线，具波状层理，含黄铁矿，含植物　8.54 m

18. 黑色碳质泥岩，夹煤层(煤 2)，含植物　2.01 m

17. 深灰色粉砂岩，夹灰色细砂岩，交错层理发育，夹不规则煤线，含黄铁矿结核及细脉，含植物　15.14 m

16. 灰、深灰色粉砂岩与灰色细砂岩互层。具黄铁矿结核，含植物　6.20 m

15. 深灰、灰色粉砂岩，夹灰色交错层细砂岩，顶部为粉砂质泥岩。夹煤线，具黄铁矿及结核，含植物　12.67 m

14. 灰黑、黑色碳质泥岩，夹 0.14 m 厚煤层(煤 3)及黄铁矿薄层　0.86 m

13. 深灰色粉砂岩与灰色细砂岩互层。局部具波状层理，含黄铁矿及结核，局部富含双壳类、植物　12.07 m

12. 灰、深灰色粉砂岩与灰、浅灰色细砂岩互层。局部夹薄层泥岩，含黄铁矿及结核，含植物　16.64 m

11. 深灰色粉砂岩夹灰色细砂岩，前者水平层理发育，含菱铁矿结核，有时黄铁矿沿方解石细脉穿插，含植物　17.46 m

10. 灰色钙质粉砂岩、细砂岩韵律性互层，下部深灰色粉砂岩夹薄层细砂岩。水平、波状层理发育，含黄铁矿结核，含植物　7.77 m

9. 深灰色粉砂岩，水平层理发育，含黄铁矿结核，含植物　8.36 m

8. 顶为煤层（煤 4），夹粘土岩；上部灰黑色碳质泥岩夹煤线；中部深灰色粉砂岩夹煤线；下部为灰色细砂岩。含黄铁矿结核，含植物　5.48 m

7. 深灰色粉砂岩，含菱铁矿结核，黄铁矿沿层面分布，顶含植物　10.40 m

6. 深灰色粉砂岩与灰色细砂岩互层，顶部碳质泥岩夹煤线，底为粉砂岩。含黄铁矿、菱铁矿结核，中上部含植物　16.14 m

5. 深灰、灰色粉砂岩与灰色钙质细砂岩互层，顶部碳质泥岩。局部夹煤线，含黄铁矿结核，含植物　16.32 m

4. 灰色细砂岩，中部夹薄层粉砂岩。含黄铁矿晶体，含植物(相当煤 5 层位)　16.83 m

3. 深灰色粉砂岩，底为灰色细砂岩。含黄铁矿，含植物　9.03 m

2. 灰色细砂岩夹薄层粉砂岩，下部夹煤线(相当煤 6 层位)。含黄铁矿结核、方解石细脉，含植物　18.03 m

1. 深灰色粉砂岩，顶部夹薄层砂岩，上部夹煤线，底为灰绿色含砾粉砂岩，砾石为肉红色砂岩。含黄铁矿结核，含植物　21.55 m

——————— 整　合 ———————

下伏地层：**黄马青组**　紫红色粉砂岩，泥质粉砂岩。含植物及双壳类

【地质特征及区域变化】　范家场和马群一带主要为灰、深灰色中厚—厚层细砂岩、粉砂岩与灰黑色中薄层泥岩互层，夹碳质泥岩，局部夹可采煤层，富含黄铁矿结核。含植物及双壳类。常熟市梅李 57－173 钻孔以灰、深灰色薄—厚层细砂岩、粉砂岩与泥岩或粘土岩互层，夹碳质泥岩及煤线，含植物、孢粉及双壳类。厚度地表薄，地下厚，在钟山大于 16 m，上石

坝 19 m，范家场井下大于 249～300 m，常熟梅李大于 100 m。

在马群乡上石坝，底界粉砂质泥岩与黄马青组顶界岩性一致，所含虫管亦相似，颜色自上而下由黄色渐变为紫红色，故两者为整合接触。然而，在范家场勘探区 15 孔、17 孔范家塘组底有 24 m 的灰绿色含砾粉砂岩，砾石为肉红色砂岩，与黄马青组紫红色粉砂岩为平行不整合接触（陈楚震等，1988）。区域上如南京紫金山天文台等处，其与上覆钟山组为平行不整合接触。时代为晚三叠世。

第二节　生物组合特征

晚泥盆世—三叠纪生物门类多，由于沉积类型的多变，相应的生物面貌也不断改变。晚泥盆世至早石炭世，以往以植物和鱼为主，目前对孢子的研究有了很大的进展，建立了生物带，还继续发现双壳类、腕足类、苔藓虫及遗迹化石，这一时期的地层亦不是单一陆相沉积。

石炭纪生物以䗴和珊瑚有重要意义，其属种多、数量丰富、分布广、分带性清楚。牙形刺普遍赋存在石炭纪的地层并建有生物带或组合，腕足类、植物也很重要，其他有三叶虫、海百合、介形虫、轮藻、苔藓虫等。

二叠纪䗴及珊瑚占重要位置，腕足类、菊石、植物次之，海百合、苔藓虫颇繁盛，双壳类及腕足类有新的发展，牙形刺、放射虫、介形虫也发育。

早三叠世以菊石、双壳类为主，极为繁盛，对年代地层划分对比有重要意义，牙形刺研究进展快，目前划分了七个生物带，其他有疑源类和有孔虫。中三叠世以双壳类占优势，菊石逐渐衰退，其他发育有腕足类、叶肢介、轮藻、介形虫、叶虾类等。晚三叠世以植物苏铁类为主，其他有双壳类。

上述生物面貌，以各门类生物带、组合和标准分子等详述于后。

1. 植物

晚泥盆世—三叠纪时出现三次大陆或海陆交替的环境，相应有三个植物繁盛时期。晚泥盆世—早石炭世以石松类为主的时期；晚二叠世出现松柏和苏铁时期；晚三叠世苏铁类占优势时期。本区以 3 个植物组合为代表：

①*Leptophloeum rhombicum* 组合　赋存在南京、宜兴、滨海等地的擂鼓台组中，主要分子有 *Leptophloeum rhombicum*，*Sublepidodendron mirabile*，*S. wusihense* 等，其中 *L. rhombicum* 分布在我国晚泥盆世早、晚期，是晚泥盆世标准植物。

②*Gigantopteris* - *Lobatannularia* 组合　赋存于龙潭组主要含煤段的砂页岩中，在华南泛称大羽羊齿植物群，在朝鲜及东南亚均有发现。常见分子有 *Gigantopteris nicotianaefolia*，*Gigantonoclea acuminatiloba*，*Pecopteris echinata*，*P. anderssonii*，*Annularia elliptica*，*Sphenophyllum sinocoreanum*，*Lobatannularia lingulata*，*Taeniopteris* sp.，*Stigmaria* sp.，*Calamites* sp.，*Compsopteris* sp.，*Lepidodendron* sp. 等，已发现的主要属种有 53 种之多（姚兆奇等，1984）。

③*Dictyophyllum* - *Clathropteris* 组合　赋存在范家塘组，采获 70 余属种，苏铁类植物繁盛，主要是本内苏铁目和焦羽叶目，苏铁目次之。不少种类是我国南方晚三叠世特有或重要分子，如 *Ptilozamites chinensis*，*Drepanozamites hsuechiaohoensis*，*Ctenozamites sarrani*，*Sinoctenis calophylla*，各种 *Anthrophyopsis*，*Anomozamites minor* 等。真蕨类植物较多，次于苏铁类。双扇蕨科分子常见，如 *Dictyophyllum*，*Clathropteris*，*Goeppertella* 等（鞠魁祥等，1983；关

舜卿等，1988；陈楚震等，1988）。时代属晚三叠世卡尼期。

2. 孢子

主要赋存于晚泥盆世—早石炭世观山组和擂鼓台组。陈旭等(1963)在观山组发现的孢子中认为 *Spelaeotriletes exiguus* 为晚泥盆世分子，其余如 *Discernisporites micromanifestus*，*Vallatisporites vallatus*，*Cymbosporites conatus* 为泥盆纪、石炭纪分子。陈永祥、欧阳舒（1985，1987）根据宁镇地区擂鼓台组化石资料自下而上建立3个组合带：

①*Retispora lepidophyta* var. *minor* - *Apiculiretusispora hunanensis* - *Cymbosporites* 组合（LH带） 赋存于擂鼓台组下部与含鱼层位相当，属晚泥盆世末期。

②*Knoxisporits literatus* - *Reticulatisporites cancellatus* 组合（LC带） 赋存于擂鼓台组中部，上述分子也见于欧洲法门晚期Fa2a至Tu1b底部。

③*Dibolisporite distinctus* - *Auroraspora macra* 组合（DM带） 赋存于擂鼓台组顶部，本组合出现的地质历程较长，在龙潭、孔山及宝应2井，其顶部含量较高，而从未在泥盆纪发现过，据此，可以认为擂鼓台组顶部应归于早石炭世早期。

欧阳舒等（1987）研究宝应2号孔，擂鼓台组孢子组合自下而上分为：①*Retispora lepidophyta* - *Apiculiretusispora hunanense* - *Verruciretusispora semilucensis* 组合；②*Retispora lepidophyta* var. *minor* - *Aneurospora greggsii* - *Cristatisporites mitratus* 组合；③*Dibolisporites distinctus* - *Auroraspora macra* - *Crassispora* cf. *kosankei* 组合。其中组合②与上述陈永祥等的组合①层位相当；其下组合①比宁镇地区陈永祥等的组合①层位要低，从岩性对比可能相当擂鼓台组底部。

3. 鱼类

Sinolepis - *Asterolepis sinensis* 组合

迄今为止，鱼类化石群仅发现于龙潭擂鼓台及观山两地的擂鼓台组下部。主要是胴甲鱼 *Sinolepis macrocephala*，*S. wutungensis* 及 *Asterolepis sinensis* 等。对于它的时代，开始认为属于中泥盆世晚期（刘冬生、潘江，1957，1964），继而为中一晚泥盆世（潘江等，1978），但结合与其同层位的植物化石综合分析后，认为应属晚泥盆世。

4. 䗴

本区䗴最早出现于早石炭世大塘期，晚石炭世威宁期大量繁殖，至马平期及早二叠世达到鼎盛时期。含䗴地层出露完整，因此䗴的演化序列也较清楚。自下而上建12个带(组合)。

①*Eostaffella hohsienica* 带(张遴信，1962) 代表我国石炭纪最低的䗴带。在宁镇地区剖面和苏北滨海的钻孔和州组地层，均有此带重要分子，如 *Eostaffella hohsienica*，*E. ozawainellaeformis*，*E. evolutis*，*E. vasta*，*E. accepta* 等，属大塘期。

② *Pseudostaffella* 带 为贵州西部威宁阶底部的䗴带。在本区老虎洞组发现有 *Pseudostaffella antiqua*，为该带比较原始的一类。在宜兴丁蜀，江苏区调队于老虎洞组采到 *P. iranovi*，*Profusulinella* cf. *ovata* 等化石。时代属威宁期。

③*Profusulinella* 带(盛金章，1976) 赋存于黄龙组，重要分子有 *Profusulinella atelica*，*P. montichomata*，*P. ovata*，*P. simplex*，*P. spicata* 等，可与威宁阶的 *Profusulinella* 带对比，时代属威宁期。

④*Fusulinella* - *Beedeina* 带(盛金章等，1976) 赋存于本区金丝岗黄龙组，自下而上又分三个亚带。

(a) *Fusulinella praebocki* 亚带：以该分子为主，产比较原始的 *Fusulinella*，未见有 *Pro-*

fusulinella 和 *Beedeina* 与之共生。

(b) *Beedeina cheni* 亚带：以开始出现比较原始的 *Beedeina*，如 *B. mayiensis*，*B. cheni* 等为特征。

(c) *Fusulina quasicylindrica* 亚带：以开始出现并产有较多 *Fusulina*，并常有 *Fusulinella* 和 *Beedeina* 二属中较进化的种共生，以 *F. quasicylindrica* 为代表。时代为威宁期。

⑤*Triticites* 带　赋存于船山组，常见分子 *Triticites*，*Rugosofusulina*，*Eoparafusulina* 等，与我国华南马平阶的 *Triticites* 带可以对比，属马平期。

⑥*Sphaeroschwagerina moelleri* 带　赋存于船山组上部，与带化石共生的有 *Schwagerina tschernyschewi*，*Eoparafusulina* 等。与西南地区的 *Sphaeroschwagerina* 带相当，属马平期。

⑦*Misellina claudiae* 带　赋存于栖霞组臭灰岩段，其他分子有 *Schubertella pseudogiradi* 等，属栖霞早期。

⑧*Nankinella orbicularia* 带　赋存于栖霞组的本部灰岩中，主要有 *Pisolina* sp.，*Sphaerulina* sp.，*Eoverbeekina* sp. 等。与珊瑚 *Hayasakaia elegantula*，*Polythecalis yangtzeensis* 组合及腕足类 *Chaonia reticulata*，*Tyloplecta nankingensis*，*Linoproductus* sp.，*Chonetes* sp.，*Urushtenia* sp. 等相互混生，为栖霞期。

⑨*Parafusulina multiseptata* 带　赋存在栖霞组上硅质岩层，分布稳定且较普遍，䗴个体大，主要有 *Parafusulina undulata*，*P. gracilis*，*P. kiangsuensis*，*Schwagerina chihsiaensis*，*S. longipertica* 等，属栖霞晚期。

⑩*Neomisellina - Codonofusiella* 组合带　赋存于龙潭组下部不含煤段顶部，常见分子有 *Neomisellina lepida*，*N. ellipsoidalis*，*N. multivoluta*，*N. compacta*，*Codonofusiella wusiana*，*Reichelina*? *changanchiaoensis*，*Schwagerina* aff. *pactiruga*，*Pseudodoliolina* sp. 等，这个带位于西南茅口阶 *Yabeina-Neomisellina* 带之上，代表茅口阶最上部生物带，可作为划分上、下二叠统的标志(中国地质科学院，1982)。

⑪*Codonofusiella* 带　赋存于龙潭组"压煤灰岩"中，以 *Codonofusiella* 大量繁盛和分布广泛为特征，还有 *Reichelina* 等。与之共生的还有牙形刺等，属吴家坪期。

⑫*Palaeofusulina* 带　赋存于苏州吴县地区长兴组中，以发育高级的 *Palaeofusulina* 类为特征，代表属种有 *Palaeofusulina nana*，*P. sinensis*，*P. simplicata*，*P. quasisphaeroidea*，*P. nanchuanensis*，*P. datianensis*，*Reichelina changhsingensis*，*Gallowaiinella meitienensis*，华南地区将此带分为 *Gallowaiinella meitienensis* 亚带和 *Palaeofusulina sinensis* 亚带，时代属长兴期。

5. 珊瑚

石炭纪、二叠纪为珊瑚繁盛时期，对确定地层年代及对比有重要意义，自下而上建 7 个(组合)带。

①*Pseudouralinia* 带　赋存于金陵组，在宁镇山脉及滨海地区均有发现，主要分子有 *Pseudouralinia nankingensis*，*Keyserlingophyllum*，*K. ophylloides*，*Syringopora subramulosa*，与之共生的有腕足类 *Eochoristites neipentaiensis*，*Camarotoechia kinlingensis* 及牙形刺 *Polygnathus inornatus* 等，本带可与岩关阶上部的 *Pseudouralinia* 带相比较，属岩关期。

②*Yuanophyllum kansuense - Aulina rotiformis* 组合　赋存于和州组泥灰岩中，主要分子有 *Yuanophyllum*，*Kueichouphyllum* 和 *Lithostrotion* 3 属的分子与䗴 *Eostaffella* 共生，属大塘期。

③*Chuanshanophyllum* 带（俞学光，1980） 赋存于船山组中，又划分 *Pseudocarniaphyllum spiniforme* 亚带和 *Lytvophyllum mengi* 亚带，属马平期。

④*Parawentzellophyllum* 带（俞学光，1980） 赋存于船山组中，和 *Chuanshanophyllum* 带及与 *Sphaeroschwagerina moelleri* 䗴带相当，属马平期。

⑤*Wentzellophyllum volzi* 带（王建华，1978） 在南京孔山西北坡，发现 *Wentzellophyllum* (*Stylidophyllum*) *volzi*（黄汲清，1932），赋存于栖霞组臭灰岩含 *Misellina claudiae* 䗴带之上，时代属栖霞期。

⑥ *Hayasakaia elegantula* - *Polythecalis yangtzeensis* 组合带 原建的 *Polythecalis yangtzeensis* 带与 *Hayasakaia elegantula* 带（黄汲清，1932），都普遍出现在栖霞组本部灰岩及上硅质岩层中，且二者混生，属栖霞期。

⑦*Waagenophyllum* 带 赋存于长兴组，分布于苏州、常熟等地区，属长兴期。

6. 腕足类

赋存于擂鼓台组、金陵组、高骊山组、和州组地层，自下而上建 12 个组合。

①*Eochoristites neipentaiensis* - *Camarotoechia kinlingensis* 组合 主要赋存在擂鼓台组顶部及金陵组内。重要分子有 *Camarotoechia xuanchengensis*，*Eochoristites neipentaiensis transversa*，*E. neipentaiensis lungtanensis*，*Neospirifer lungtanensis*，*Buxtonia scabricula*，*Eomarginifera kinlingensis*，与 *Pseudouralinia* 珊瑚带共生。时代为岩关期至大塘期。

② *Gigantoproductus giganteus* 组合 赋存于孔山和州组，还有 *Phricodothyris* cf. *echinata*，*Marginifera* cf. *derbiensis* 等，与 *Eostaffella* 带共生。

③*Choristites mosquensis* 组合 赋存于黄龙组，其他分子有 *Choristites fircheri*，*Phricodothyris asiatica*，*Rugosochonetes* sp.，*Linoproductus* sp. 等，与 *Profusulinella* 带及 *Fusulinella* - *Beedeina* 䗴带共生。

④*Chaonia reticulata* - *Dictyoclostoidea kiangsiensis* 组合 赋存于栖霞组下硅质层及本部灰岩，以 *Chaonia reticulata*，*Dictyoclostoidea kiangsiensis* 为代表，次为 *Spiriferella grandis*，*Loczyella nankingensis* 等。时代属栖霞期。

⑤*Haydenella chianensis* - *Urushtenoidea chaoi* 组合 赋存于栖霞组上硅质层，以出现大量的 Unisteginae 亚科中的 *Urushtenoidea*，*Uncitseges* 属分子为特征，层位稳定。其他有戟贝类 *Pygmochonetes*，*Chonetinella* 的个体。时代属栖霞期。

⑥*Neoplicatifera huangi* 组合 赋存于孤峰组下部硅质页岩中，以长身贝类为主，属种分异度较低，且多数由栖霞期延续而来，常见分子有 *Dictyoclostoidea kiangsiensis*，*Haydenella chianensis*，*Uncisteges crenulata*，*Tenuichonetes tenuilirata*，*Pygmochonetes jingxianensis* 等，仅有 *Neoplicatifera huangi*，*Alatoproductus trancatus* 为新生分子（金玉玕、胡世忠，1987）。时代属茅口期。

⑦ *Monticulifera sinensis* 组合 赋存于龙潭组下部（不含煤段），还有 *Tenuichonetes tenuilirata*，*Cathaysia*，*Waagenites* 等，位于 *Neomisellina* - *Codonofusiella* 组合带之下。时代属茅口期。

⑧*Spinomarginifera lopingensis* - *Squamularia indica* 组合 赋存于龙潭组“压煤灰岩”中，主要分子有 *Waagenites wongiana*，*Chonetinella substrophomenoides*，*Tyloplecta yangtzeensis*，*Haydenella kiangsiensis*，*Araxathyris araxensis*，*Phricodothyris quizhouensis*，*Tschernyschewia sinensis* 等，以属种繁多为特征，层位稳定。时代属吴家坪期。

⑨*Transsenatia margaritatus* 组合　赋存于龙潭组顶部灰岩、泥灰岩中，可达20个属40多个种，华南各省都见于晚二叠世早期地层。

⑩*Cathaysia chonetoides* - *Orthotetina ruber* 组合　赋存于大隆组下部，以 *Cathaysia chonetoides*，*Waagenites soochowensis* 和 *Orthotetina ruber* 特别丰富，还有 *Waagenites wongiana*，*Acosarina regularis*，*Spinomarginifera chengyaoyenensis* 等。

⑪*Oldhamina* - *Spinomarginifera alpha* 组合　赋存于苏州、常熟一带俗称″白长兴灰岩″中，主要分子有 *Meekella kueichowensis*，*Tschernyschewia* cf. *pseudoirgina*，*Squamularia squamularioides*，*Uncinunellina timorensis*，*Araxathyris araxensis*，*Leptodus* cf. *nobilis*，与 *Waagenophyllum* 带共生。时代属长兴期。

⑫*Fusiproductus baoqingensis* - *Paryphella sulcatifera* 组合　赋存于宁镇地区大隆组及青龙组底部，常见属种个体小，保存较完整的 *Paracrurithyris pigmaea*，*Paryphella sulcatifera*，*Fusichonetes* spp.，*Waagenites barasiensis*，*Fusiproductus baoqingensis*，*F. transversa*，*Neowellerella pseudoutah*，*Orbiculoidea nucleola* 等。时代属长兴晚期至早三叠世印度早期。

7. 菊石

赋存于孤峰组、龙潭组、大隆组及青龙组。早二叠世以棱角石为主，晚二叠世出现齿菊石类。早二叠世最为繁盛，属种多、数量丰富，生物带序列清楚，自下而上建9个组合。

①*Altudoceras* - *Paragastrioceras* 组合　赋存于孤峰组下部硅质页岩中，其他分子有 *Shouchangoceras*，*Paraceltites*。时代属早二叠世茅口期。

②*Anderssonoceras* - *Prototoceras* 组合　赋存于大隆组下部，常见分子还有 *Konglingites*，*Planodiscoceras*，*Retiogastrioceras*，*Huananoceras*，*Pseudogastrioceras* 等。时代属吴家坪期。

③*Pseudotirolites* - *Pleuronodoceras* 组合　赋存于大隆组上部及长兴组，主要分子还有 *Pleuronodoceras* cf. *tennicostateum*，*P. mapingensis*，*P.* cf. *mirificum*，*Pseudogastrioceras liui*，*Xenaspis carbonarius* 等。时代属长兴期。

④*Hypophiceras* 带（陈楚震，1988）　它是一个含三叠纪菊石 *Otoceras*?，双壳类及二叠纪子遗腕足类混合生物群，赋存在青龙组湖山段底部，与大隆组为连续过渡，属印度期。

⑤*Ophiceras* 带　赋存于青龙组湖山段下部，主要分子有 *Ophiceras*，*Lytophiceras*，Ophiceratids，属印度期。

⑥*Flemingites* 带　赋存于青龙组湖山段中部，主要分子为 Flemingitidae 科及 Paranoritidea 科，包括 *Koninckites*，*Paranorites*，与之共生的双壳类 *Claraia aurita* 组合，属印度期。

⑦*Anasibirites* (*Pseudowenites oxynatus*) 带　赋存于青龙组湖山段上部，主要分子有 *Anasibirites*，*Dinarites*，与双壳类 *Entolium discites microtis*，*Posidonia circularis* 共生，底部还包含有 *Owenites* 带，属奥伦尼克期。

⑧*Columbites* 带　赋存于青龙组沧波门段，主要分子有 *Columbites*，*Hellenites*，*Dorikranites*，*Hemilecanites*，属奥伦尼克期。

⑨*Subcolumbites* 带　赋存于青龙组沧波门段上部，有 *Subcolumbites minutus*，*S. chaoxianensis*，*S.* cf. *perrimismithi*，*Pseudoceltites anhuiensis*，*P. lenticularis*，*Arnautoceltites subglobosus*，*A. fasciatus*，*Hemilecanites* cf. *discus*，*Dalmatites*，*Keyserlingites* 等。这个生物群在帝汶岛、开俄斯岛、北美、西伯利亚和日本等地，均为早三叠世晚期重要分子，是下三叠统最高层位。赵金科(1959)认为可以与广西 *Procarnites oxynostus* 带相当，属安尼期。

8. 放射虫

可建二个带，赋存于孤峰组内。

①*Pseudoalbaillella scalprata* - *P. nanjingensis* 组合带　赋存于孤峰组中部，主要分子有 *Pseudoalbaillella scalprata*，*P. nanjingensis*，*P. longtanensis*，*P. bella* 等。共生分子有 *Longtanella zhengpanshanensis*，*Tetrentactinia* sp. 等。

②*Phaenicosphaera mammilla* 带　赋存于孤峰组上部，几乎全由 *Phaenicosphaera mammilla* 组成。

上述两个带，张遴信等(1988)研究大致与 Guadalupian 期相当，即我国的早二叠世茅口期。

9. 双壳类

赋存于早、中三叠世地层中，属种丰富、数量多、分布广，自下而上建 4 个组合。

①*Claraia wangi* 组合　赋存于青龙组湖山段下部，常与 *Ophiceras* 菊石带共生。包括 *Claraia griesbachi*，*C. painkhandana*。时代属早三叠世印度期。

②*Claraia stachei* 组合　赋存于湖山段中部，紧随 *Claraia wangi* 组合出现，时代属印度期。

③*Claraia aurita* 组合　赋存于湖山段中部，层位较 *Flemingites* 菊石带稍下或与其一部分重合，主要分子有 *Claraia aurita*，*C. concentrica*。时代属印度期。

④*Asoella illyrica* 组合　也称巴东动物群，赋存于周冲村组灰黄色泥质灰岩或黄绿色泥岩中，主要分子有 *Costatoria radiata*，*C. submultistriata*，*Entolium discites*，*Asoella illyrica*，*A. subillyrica*，*A.* cf. *hupehica* 等。时代属中三叠世安尼期。

10. 非䗴有孔虫

在石炭纪—三叠纪地层中，零星见有非䗴有孔虫，在三叠纪时较为发育，可建 1 个组合。

Meandrospira pusilla 组合　赋存于青龙组中，以沧波门段最为丰富。主要分子有 *Meandrospira pusilla*，*M. insolita*，*M. immatura*，*Glomospira sinensis*，*G. gordiales*，*Glomospirella irregulariformis*，*G. vulgaris* 等。共生的有 *Nodosaria*，*Dentalina* 等。时代属奥伦尼克期。

11. 牙形刺

赋存于擂鼓台组、金陵组、和州组、老虎洞组、栖霞组、孤峰组、大隆组、青龙组及周冲村组。可建 12 个组合或带。

①*Polygnathus inornatus* - *Siphonodella simplex* 组合　分布在滨海地区的擂鼓台组上部，除带分子外，共生分子有 *Neoprioniodus comurus*，*N. varians*，*Spathognathodus strigosis* 等。本带由刘延哲、王明远（1979）建立，时代属早石炭世岩关期。

②*Siphonodella isosticha* - *S. cooperi* 组合　赋存于金陵组，主要还有 *Polygnathus inopnatus*，*P. bischoffi*，*P. communis* 等，本带与华南岩关阶最上部的牙形刺带相当。

③*Ganthotlus bilineatus* 带　赋存于老虎洞组上部，这是华南早石炭世顶部(大塘阶顶部)的一个带化石。

④*Idiognathoides sinuatus* - *I. delicatus* 组合　赋存于老虎洞组白云岩中，除带分子外，共生分子有 *Declinognathodus noduliferus*，*D. lateralis*，它们曾发现于甘肃省靖远上石炭统靖远组下部，是上石炭统最下部的一个带。

⑤*Neogondolella subcarinata* - *N. changxingensis* 组合　赋存于大隆组。

⑥*Neogondolella carinata* - *Anchignathodus parvus* 组合　赋存于青龙组湖山段下部，在国际上近年确定为下三叠统底部的化石，与 *Ophiceras* 菊石带为对应时带。

⑦*Neospathodus kummeli* 组合　赋存于青龙组湖山段。

⑧*Neospathodus dieneri* 组合　赋存于青龙组湖山段，其他分子有 *Neogondolella planata*，*Prioniodella magnidentata*，它们和菊石 *Gyronites* 构成对应时带。

⑨*Neospathodus cristagalli* 组合　赋存于青龙组湖山段，与 *Flemingites* 菊石共生。

⑩*Neospathodus waageni* 组合　赋存于青龙组湖山段上部，与 *Anasibirites* 菊石共生。

⑪*Neospathodus collinsoni* - *N. triangularis* 组合

⑫*Neospathodus homeri* - *N. anhuiensis* 组合

⑪组合、⑫组合赋存于青龙组沧波门段，与 *Columbites* 菊石伴生。早三叠世牙形刺生物组合为曹延岳、段金英(1986)建立。

12. 轮藻

Stellatochara - *Stenochara* 组合　赋存于黄马青组，种的数量多，个体大，与瑞典、德国、前苏联一些地区中三叠统轮藻组合相似(陈楚震等，1988)。

第三节　年代地层

本断代年代地层单位主要用古生物的界限划分：泥盆系上统锡矿山阶；石炭系下统(丰宁统)岩关阶、大塘阶，上统(壶天统)威宁阶、马平阶；二叠系下统(阳新统)栖霞阶、茅口阶，上统(乐平统)吴家坪阶、长兴阶；三叠系下统印度阶、奥伦尼克阶，中统安尼阶、拉丁阶，上统卡尼阶(或分卡尼阶—诺利阶)等。

一、泥盆系

本区缺失泥盆系下、中统。上统仅发育锡矿山阶上部的砂页岩层。

锡矿山阶：正层型在湖南新化锡矿山，下段分为下部灰岩段和上部砂页岩段或欧家冲段(黄大信，1978)；上段是以陆相为主的碎屑沉积。产丰富的植物、孢粉，而且含鱼。区内锡矿山阶对应的岩石地层是五通群观山组、擂鼓台组。观山组仅发现有鳞木类茎干；擂鼓台组下部有世界性晚泥盆世标准植物化石 *Leptophloeum rhombicum* 及代表晚泥盆世的鱼类 *Sinolepis macrocephalus*，擂鼓台组具有早石炭世色彩的植物化石 *Sublepidodendron mirabile*，"*S.*" *wusihense*，*Lepidodendropsis hirmeri* 与晚泥盆世标准分子共生或互层出现，显示这一植物群具泥盆纪、石炭纪双重色彩。上述植物群在锡矿山阶上部均有分布，时代相当。

二、石炭系

从生物面貌上，本系海相动物群有两个显著不同的发展阶段，早期珊瑚占主要位置，晚期䗴类极为繁盛，从沉积环境和沉积类型上早期为海陆交互相的泥灰岩、灰岩、细碎屑岩及含煤沉积为特征，晚期为碳酸盐台地相灰岩，具有明显的两分性，按杨敬之等(1982)划分方案有：

(一) 下石炭统(丰宁统)

(1)岩关阶：典型剖面在贵州独山城南，包括革老河段上部泥灰岩和汤粑沟段砂岩、页岩、泥灰岩。包括两个珊瑚和腕足类组合带，其下为 *Cystophrentis* - *Plicatifera tenuistriata* 组合带，本区未发现擂鼓台组顶部相当其赋存层位。其上为 *Pseudouralinia* - *Martinella* 组合带，在金陵组内存在。

(2) 大塘阶：典型剖面在贵州惠水摆金附近，为砂页岩、泥灰岩和灰岩。有两个珊瑚和腕足类组合带，其下为 *Thysanophyllum chui - Vitiliproductus drober* 带，高骊山组的位置与其相当。其上为 *Kueichouphyllum heishihkuanese - Delepinea comoides* 带，和州组所含的 *Yuanophyllum kansuense - Aulinarotiformis* 组合可与其对比。老虎洞组下部的珊瑚 *Lithostrotion irregulare*，䗴 *Eostaffella* 均属早石炭世，因此该岩石地层也应对应此阶。

(二) 上石炭统(壶天统)

(1) 威宁阶：典型剖面在贵州威宁。*Pseudostaffella* 带为其底部的䗴带，其上为 *Profusulinella* 带和 *Fusulina - Fusulinella* 带。盛金章等(1976)在区内黄龙组中建立了 *Profusulinella* 带和 *Fusulinella - Beedeina* 带，前者可与威宁阶的 *Profusulinella* 带相同，后者与威宁阶的 *Fusulinella - Fusulina* 带相当。老虎洞组上部发现䗴 *Pseudostaffella antiqua*，为 *Pseuaostaffella* 带中原始的分子，为晚石炭世沉积的开始，此外还找到含有上石炭统的牙形刺 *Idiognathodes sinuatus*，因此老虎洞组上部属对应的威宁阶，该组为对应跨阶的岩石地层单位。

(2)马平阶：典型剖面在广西柳州(旧马平县)，在浅灰色灰岩中包括两个䗴带，其下 *Triticites* 带，其上为 *Pseudoschwagerina* 带。本区船山组所含的两个䗴带 *Triticites* 和 *Sphaeroschwagerina* 带可与其相对应。船山组应属对应此阶。

三、二叠系

孙云铸(1943)根据沉积旋回、构造运动、生物群性质将二叠系分为下统阳新统、上统乐平统。我国多数地质工作者认为如此划分是符合华南二叠纪地层发育实际情况的，并沿用至今。

(一) 下二叠统(阳新统)

(1) 栖霞阶：典型剖面在南京栖霞山，包括臭灰岩及其底部碎屑岩或含煤岩系的栖霞组，都对应此阶。以䗴类 *Misellina claudiae* 带的底为底界，以 *Parafusulina multiseptata* 带之顶为顶界。栖霞组顶、底与之相对应的栖霞阶顶、底在区内等同。

(2) 茅口阶：典型剖面在贵州郎岱茅口河一带。本区包括孤峰组和龙潭组的下部（即以往所称堰桥组)，对应本阶。其底界以腕足类 *Neoplicatifera huangi* 组合或菊石 *Altudoceras - Paragastrioceras* 组合的出现为底界，以䗴 *Neomisellina - Codonofusiella* 组合带的顶部为界。

(二) 上二叠统(乐平统)

(1) 吴家坪阶：典型剖面在陕西汉中梁山，属晚二叠世早期，在本区以 *Gigantopteris - Lobatannularia* 组合的底为其下界，以菊石 *Anderssonoceras-Prototoceras* 与 *Pseudotirolites-Pleuronodoceras* 组合作为吴家坪阶的上界。其中有䗴 *Codonofusiella* 带和腕足类 *Spinomarginifera lopingensis - Squamularia indica* 组合。本阶主要是含煤的碎屑岩沉积，故其顶、底的生物界线并不是很确切的。此阶包括相对应的本区龙潭组的上部，大隆组下部。龙潭组上、下两部分属两个地质时期，故为穿时的岩石地层单位。

(2) 长兴阶：赵金科等(1978,1981)，提出建立长兴阶作为国际二叠系最高层位，以浙江长兴煤山剖面作为长兴阶的层型。䗴类 *Palaeofusulina* 带代表了整个长兴阶。底与吴家坪阶的界线，以 *Codonofusiella* 带与 *Palaeofusulina* 带的更替划定；顶界，亦即二叠系与三叠系的界线，则以䗴类、四射珊瑚、棱菊石及具铰腕足类等的消失，作为二叠纪的结束。由于长兴阶的岩性变化颇为复杂，其他地区长兴阶，只能根据所含生物与长兴阶典型剖面对比来划定，包括本区大隆组上部或长兴组。宜兴—江阴以西地区的长兴阶大隆组硅质岩应以菊石 *Pseudotirolites*，*Pleuronodoceras* 等分布的上限为其顶界。三叠纪的开始则以菊石 *Otoceras* 和较原始的 Ophiceratids 的广泛出现为标志。与其共生的有双壳类 *Claraia griesbachi*，*C. wangi* 等，因而在没有上列菊石的情况下，也可以 *Claraia griesbachi*，*C. wangi* 的出现作为三叠系的开始。大隆组与龙潭组为连续沉积，岩性上确实无明显的标志，考虑到大隆组的原义是以硅质页岩为主并含菊石为特征。因此，将含有 *Anderssonoceras* 菊石群的页岩划归大隆组，以此页岩与“压煤灰岩”之间作为大隆组与龙潭组的分界线。这样大隆组对应的年代地层应跨吴家坪阶和长兴阶。

四、三叠系

（一）下三叠统

包括印度阶和奥伦尼克阶。杨遵仪等（1982）在总结自 1959 年第一届全国地层会议以后，二十多年来的地层工作成果时，对下三叠统阶的划分仍采用印度阶和奥伦尼克阶，已为许多地层工作者沿用。

（1）印度阶：指 *Hypophiceras* 带—*Flemingites* 带的一段地层。区内早三叠世早期地层连续沉积在晚二叠世长兴期长兴组及大隆组碎屑岩之上，普遍见二叠—三叠纪混生生物群过渡层泥质沉积，菊石类以 *Otoceras*?，Ophiceratids 为主，共生二叠纪型腕足类戟贝类及双壳类 *Peribositra*，它们与浙江长兴葆青的同一过渡层中 *Hypophiceras* 动物群相同，相当国际三叠系底部的 *Otoceras* 带。在无锡嵩山为白云质砂质灰岩，见牙形刺 *Isarcicella isarcica*。在过渡层之上即青龙组湖山段下部钙质泥岩、泥灰岩或互为夹层，再向上灰岩增多，有菊石 *Ophiceras* 带，*Flemingites* 带；双壳类 *Claraia wangi* 组合，*C. stachei* 组合，*C. aurita* 组合；牙形刺有 *Anchignathodus parvus-Neospathodus cristagalli* 带，应归印度阶。

（2）奥伦尼克阶：指 *Anasibirites* 带—*Subcolumbites* 带的一段地层。

青龙组湖山段上部泥质灰岩、灰岩、钙质泥岩夹泥灰岩。菊石有 *Anasibirites* 带，双壳类 *Entolium discites micratis*，*Posidonia circularis*，*Guichiella angulata* 等，相当奥伦尼克阶下部。

青龙组沧波门段瘤状灰岩、泥质灰岩、蠕虫状灰岩、纹层微晶灰岩，有 *Columbites*，*Subcolumbites* 两个菊石带，牙形刺 *Neospathodus collinsoni* 带和 *N. homeri* 带。在宜兴—苏州地区该段上部岩性变为砂屑灰岩、鲕状灰岩、粉晶白云岩、白云质灰岩，产奥伦尼克晚期有孔虫 *Meandrospira pusilla* 和牙形刺 *Pachycladina*，*Parachirognathus* 等。相当奥伦尼克阶上部。

（二）中三叠统

（1）安尼阶—下拉丁阶：周冲村组在钻孔中常为白云质灰岩、白云岩夹硬石膏，地表主要为块状角砾状灰岩、灰岩、白云质灰岩、泥质灰岩，含有双壳类 *Costatoria radiata*，*C. submultistriata*，*Entolium discites*，*Asoella illyrica* 等，菊石 *Ptychites*，*Semiornites*，*Lenotroptis*，*Ussurites*。归为安尼期或为拉丁早期。

（2）拉丁阶：为一套紫红色碎屑岩（底部为杂色），即黄马青组。在宁镇地区分布广泛，含海相双壳类、腕足类、叶虾类，半咸水—海相双壳类和淡水—半咸水叶肢介，陆生古植物。杂色碎屑岩中 *Xiangxiella* 叶肢介，最初见于鄂西香溪巴东组下中部。古植物有节类 *Equisetites*，*Neocalamites* 的形态与德国上壳灰岩统的植物群面貌类似。考虑到杂色层位于安尼期至早拉丁期的周冲村组之上，归于拉丁期较合适。

（三）上三叠统

卡尼阶：范家塘组获得古植物化石 70 余种，它属于 *Dictyophyllum* - *Clathropteris* 植物群，与我国南方晚三叠世植物群一致，因此，范家塘组对比为对应的卡尼阶。

第四节　问题讨论

一、年代地层划分的不同认识

1. 石炭系阶的另一种划分

侯鸿飞等（1982）提出有必要建立华南地区性石炭系的阶，以利与国际划分正确对比。其一在代表腕足类-珊瑚的泥盆纪锡矿山阶以后，石炭纪 *Cystophrentis* 带以前的一段时间间隔，建立一个待建阶，置于岩关阶之下。其二在大塘阶与马平阶之间建德坞阶（以摆佐组为代表），建 *Millerella* - *Eostaffella* 䗴带；滑石板阶（以滑石板组为代表），建 *Pseudostaffella* 䗴带；达拉阶（以达拉组为代表），建 *Profusulinella* 䗴带和 *Fusulina* - *Fusulinella* 䗴带。本区未能形成新的建阶意见。

2. 二叠系不同划分方案

（1）黄汲清等（1987）在《中国及邻区特提斯海的演化》一书中，提出将中国南部二叠系三分的新方案：下统（黔南统）龙吟阶；中统（阳新统）栖霞阶、茅口阶；上统（乐平统）吴家坪阶、长兴阶。

（2）张遴信等（1988）提出二叠系 2 统 5 阶的方案，即：下统隆林阶、栖霞阶、茅口阶，上统吴家坪阶和长兴阶。主要是将沿用的栖霞阶所含的臭灰岩划分出来建立镇江组（张遴信，1983），将其置入隆林阶。隆林阶的命名、典型剖面在广西隆林县龙桑村。以䗴 *Pamirina*—*Nagatoella*（*Daruasites*）带的下限为其下界，以 *Misellina* 分子最早出现为上界。在苏南二叠系底界以镇江组 *Darvasites ordinatus* 带下限为准，以栖霞阶 *Misellina* 分子首次出现作为顶界。

（3）关于二叠系顶界，即二叠系-三叠系界线不同认识。近些年来，随国际界线层型工作的开展，对华南这一界线采用多种方法进行研究，并取得了很大进展。但对此界线位置归纳起来仍有两种意见：一种主张用传统界线。殷鸿福等（1988）主张以牙形刺 *Hindeodus parvus* 带底作为三叠系的底界，王义刚等（1989）主张用菊石 *Otoceras* 带底作为界线，不但代表了绝大多数二叠系型生物的绝灭和三叠系型分子的兴起，而且与事件地层界线大体一致。*Otoceras* 带的底与 *Hindeodus parvus* 带的底也完全一致。另一种是主张以菊石 *Ophiceras* 带的底作为三叠系的开始（李子舜，1988），认为以 *Otoceras* 带之底的传统界线，实质上是一条事件地层界线，因而地层不一定连续，以 *Ophiceras* 层为底才是一条生物地层界线。

3. 三叠系阶的不同划分方案

近年来陈楚震等（1988），王鸿祯、李光岑（1990）对下三叠统阶的划分采用哥里斯巴赫阶（分上、下亚阶）、那马尔阶、斯帕斯阶，前者与印度阶相当，后两者与奥伦阶相当。

二、地层多重划分对应关系

省内华南地层大区晚泥盆世—三叠纪地层多重划分，经过本次对比研究，以岩石地层、生物组合及年代地层为主，它们之间对应关系列表于下（表 10 - 7）。

表 10-7　泥盆纪—三叠纪地层多重划分对应关系表

年代地层单位（系）	年代地层单位（统）	年代地层单位（阶）	岩石地层单位（组）	岩石地层单位（段）	䗴	珊瑚	菊石	腕足类	牙形刺	其他门类
三叠系	上统	卡尼阶	范家塘组							植物： ③*Dictyophyllum* - *Clathropteris* 组合
三叠系	中统	拉丁阶—安尼阶	黄马青组	上段						轮藻：*Stellatochara* - *Stenochara* 组合
三叠系	中统	拉丁阶—安尼阶	黄马青组	下段						
三叠系	中统	拉丁阶—安尼阶	周冲村组	上段						
三叠系	中统	拉丁阶—安尼阶	周冲村组	下段						双壳类： ④*Asoella illyrica* 组合
三叠系	下统	奥伦尼克阶	青龙组	沧波门段			⑨*Subcolumbites* 带 ⑧*Columbites* 带		⑫*Neospathodus homeri* - *N. anhuiensis* ⑪*Neospathodus collinsoni* - *N. triangularis* 组合	非䗴有孔虫： *Meandrospira pusilla* 组合
三叠系	下统	奥伦尼克阶	青龙组	湖山段			⑦*Anasibirites* 带		⑩*N. waageni* 组合	
三叠系	下统	印度阶	青龙组	湖山段			⑥*Flemingites* 带 ⑤*Ophiceras* 带 ④*Hypophiceras*	⑫*Fusiproductus baoqingensis* - *Paryphella sulcatifera* 组合 ⑪*Oldhamina* - *Spinomarginifera alpha* 组合	⑨*N. cristagalli* ⑧*N. dieneri* ⑦*N. kummeli* ⑥*Neogondolella carinata* - *Anchignathodus parvus*	双壳类： ③*Claraia aurita* 组合 ②*C. stachei* 组合 ①*C. wangi* 组合
二叠系	上统（乐平统）	长兴阶	长兴组 / 大隆组		⑫*Palaeofusulina* 带 *P. sinensis* 亚带 *Gallowaiinella meitienensis* 亚带	⑦*Waagenophyllum* 带	③*Pseudotirolites* - *Pleuronodoceras* 组合		⑤*Neogondolella subcarinata* - *N. changxingensis*	
二叠系	上统（乐平统）	吴家坪阶	大隆组				②*Anderssonoceras* - *Protoceras* 组合	⑩*Cathaysia chonetoides* - *Orthotetina ruber* 组合		
二叠系	上统（乐平统）	吴家坪阶	龙潭组	灰岩段	⑪*Codonofusiella* 带			⑨*Transsenatia margaritatus* 带 ⑧*Spinomarginifera lopingensis* - *Squamularia indica* 组合		
二叠系	上统（乐平统）	吴家坪阶	龙潭组	含煤段						植物： ②*Gigantopteris* - *Lobatannularia* 组合
二叠系	下统（阳新统）	茅口阶	龙潭组	不含煤段	⑩*Neomisellina* - *Codonofusiella* 组合			⑦*Monticulifera sinensis* 带		
二叠系	下统（阳新统）	茅口阶	孤峰组				①*Altudoceras* - *Paragastrioceras* 组合	⑥*Neoplicatifera huangi*		放射虫： ②*Phaenicosphaera memmilla* 带 ①*Pseudoalbaillella scalprata* - *P. nanjingensis* 组合带

续表10－7

年代地层单位		层位	岩石地层单位		生物组合特征：䗴	珊瑚	菊石	腕足类	牙形刺	其他门类
二叠系	下统（阳新统）	栖霞阶	栖霞组	上硅质层	⑨*Parafusulina multiseptata* 带	⑥*Polythecalis yangtzeensis* - *Hayasakaia elegantula* 组合		⑤*Haydenella chianensis* - *Urushtenoidea chaoi* 组合		
				本部灰岩	⑧*Nankinella orbicularia* 带			④*Chaoia reticulata* - *Dictyoclostoidea kiangsiensis*		
				下硅质层						
				臭灰岩	⑦*Misellina claudiae* 带	⑤*Wentzellophyllum volzi* 带				
				碎屑岩						
石炭系	上统（壶天统）	马平阶	船山组		⑥*Sphaeroschwagerina moelleri* 带 ⑤*Triticites* 带	④*Parawentzellophyllum* 带 ③*Chuanshanophyllum* 带				
		威宁阶	黄龙组		④*Fusulinella* - *Beedeina* 带 (a) *F. quasicylindrica* 亚带 (b) *B. cheni* 亚带 (c) *F. praebocki* 亚带 ③*Profusulinella* 带			③*Choristites mosquensis* 组合		
			老虎洞组		②*Pseudostaffella*				④*Idiognathoides sinuatus* - *I. delicatus*	
	下统（丰宁统）	大塘阶							③*Ganthodus bilineatus*	
			和州组		①*Eostaffella hohsiensis* 带	②*Yuonophyllum kansuense*-*Aulina rotiformis* 组合		②*Gigantoproductus giganteus*		
			高骊山组							
		岩关阶	金陵组			①*Pseudouralinia* 带		①*Eochoristites neipentaiensis* - *Camarotoechia kinlingeusis*	②*Siphonodella isosticha* - *S. cooperi*	
			擂鼓台组						①*Polygnathus inornatus* - *Siphonodella simplex*	孢子： ③*Dibolisporites distinctus* - *Auroraspora macra* ②*Knoxisporites literatus* - *Reticulatisporites cancellatus* 组合
泥盆系	上统	锡矿山阶								①*Retispora lepidophyta* var. *minor* - *Apiculiretusispora hunanens is* - *Cymbosporites* 组合
			观山组							植物： ①*Leptophloeum rhombicum* 组合 鱼：*Sinolepis* - *Asterolepis sinensis* 组合

三、岩石地层时空分布

晚泥盆世—三叠纪，大致以淮阴—响水口一线为界，西北侧连云港地层分区继续上隆缺失沉积，东南侧下扬子地层分区逐渐下沉接受沉积。

观山组：长江沿岸及以南地区发育，是一套颗粒成熟度高的质纯石英（岩状）砂岩，具羽状、低角度大型交错层，反映了滨海高能环境。向北到盐城、滨海地区尖灭并被擂鼓台组代替，其顶界由南（宜兴）向北（盐城）降低，厚度变薄，137～0 m，呈向北尖灭的楔形体。

擂鼓台组：是一套细碎屑岩，上部夹富含腕足类的铁质细砂岩，在宜兴及茅山一带赋存丰富的陶土，反映了海陆交替的砂泥坪—三角洲沉积环境。其底界在盐城、滨海地区与茅山组接触，与观山组底界相当，到宁镇及宜兴地区与观山组顶界接触；其顶界在盐城、宁镇地区与金陵组接触，到溧阳、宜兴、无锡、苏州地区与老虎洞组接触。由此看出，擂鼓台组顶、底界由北（盐城）向南（宜兴）逐渐抬高（图10-3）。厚度以宁镇地区较薄20～45 m；向南（宜兴）、向北（盐城）增厚，大于100 m。

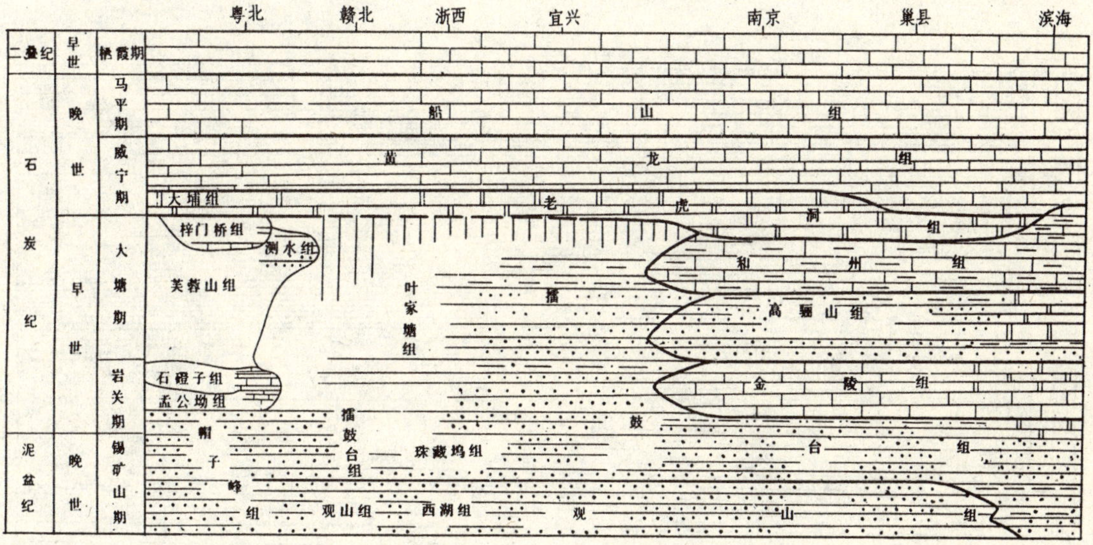

图10－3　晚泥盆世—石炭纪岩石地层时空分布图

金陵组：茅山以西地区发育，为灰黑色灰岩，属碳酸盐台地沉积。茅山及以东地区尖灭，被擂鼓台组上部碎屑岩取代，宁镇地区金陵组厚度1～8 m 左右，到盐城地区厚度20 m 左右，呈向东南尖灭的楔形体。

高骊山组：沉积范围与金陵组类似，为细碎屑岩，局部夹劣质薄煤层和粘土。为海陆交替的砂泥坪—三角洲沉积环境。茅山及以东地区尖灭，被擂鼓台组上部碎屑岩取代，厚度30～50 m，到盐城、洪泽地区厚度100 m 左右，呈向东南尖灭的楔形体。宁镇地区和州组顶界与老虎洞组接触，厚度1～18 m 左右，到盐城、洪泽地区，其顶界与黄龙组接触，厚度15 m 左右。从和州组顶界区域变化来看，自宁镇地区向北到盐城、滨海地区，逐渐抬高穿时。

老虎洞组：长江沿岸及以南地区发育，为白云岩，含燧石团块或条带，属局限台地—蒸发岩台地沉积环境。以溧阳芳山一带最厚达26 m 左右，向南到宜兴，向北到宁镇地区，均为10 m 左右，到盐城、滨海地区尖灭，变为和州组灰岩夹砂页岩。据古生物资料，老虎洞组顶、底界自宁镇地区到宜兴，同步逐渐向上抬高穿时。

黄龙组、船山组：为一套质纯灰岩，属碳酸盐台地沉积环境，从区域上看，海水遍及扬子区及华南，海水通畅、清澈，环境稳定，区内沉积厚度100～130 m左右。

栖霞组：是一套黑色具臭味灰岩、含燧石灰岩夹硅质岩，底部为1 m左右的细碎屑岩，局部夹煤线，平行不整合在船山组之上。表明船山组沉积之后，晚石炭世末期地面上升，海水暂时退出，到早二叠世海水再次入侵，从区域上看，海水遍及扬子区及华南，形成碳酸盐台地沉积环境，海流不畅，有机质和生物丰富，沉积环境较稳定，宏观岩性各地具可比性，厚度变化不大，宁镇地区200 m左右，茅山140 m，宜兴160 m左右，滨海地区大于90 m。

孤峰组：以硅质岩含磷质结核为特征，反映了浅海深水沉积。物质组分由宁镇向东（苏州）、向北（滨海）硅质减少，泥、钙质增加，厚度由10 m增至50 m左右。其顶界由东（苏州）向西（宁镇）、向西南（安徽铜陵和宿松）逐渐抬高，相变为茅口组下部灰岩（图10-4）。龙潭组：含煤碎屑岩顶部夹灰岩，为海陆交替砂泥坪—三角洲环境，自西向东灰岩层数增多，厚度由80 m增大到500多米。向西南到安徽宿松、湖北黄石相变为茅口组上部灰岩和吴家坪组下部灰岩（图10-4）。

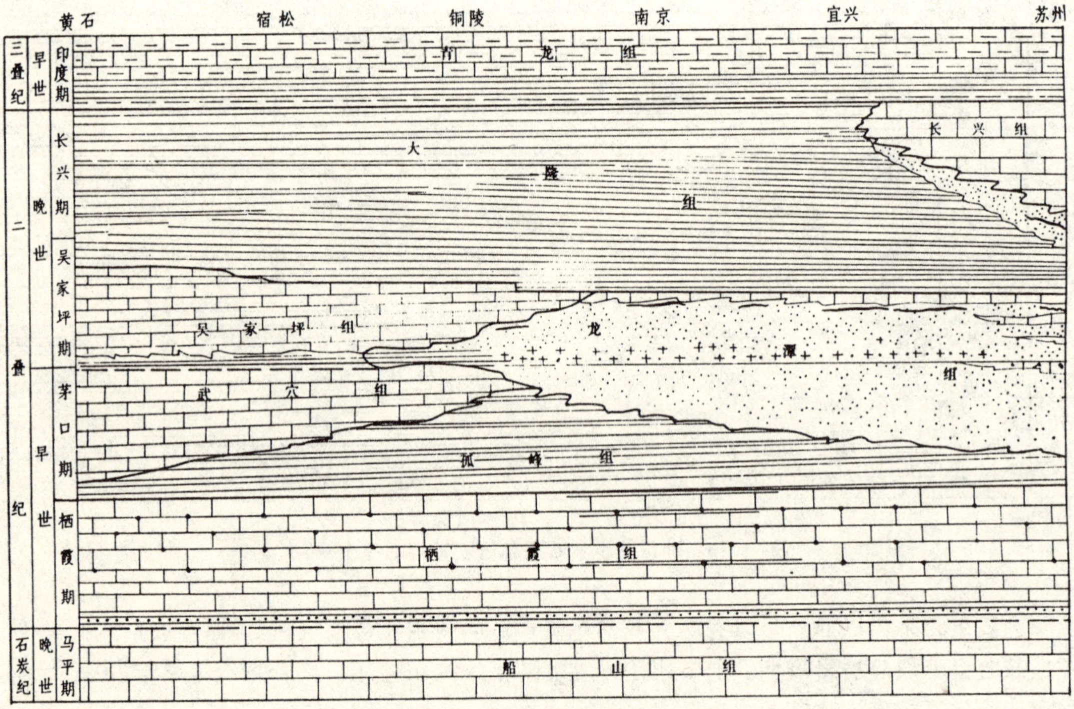

图10-4　二叠纪岩石地层时空分布图

大隆组：下部为细碎屑岩为主局部夹煤层；上部为硅质页（泥）岩夹硅质岩、晶屑凝灰岩，为浅海碎屑岩相。在江阴—宜兴一线以东，只发育下部；上部硅质岩相变为长兴组灰岩夹少量粘土、流纹质晶屑凝灰岩。厚度宁镇地区20 m，宜兴150 m左右，到苏州180 m左右。

长兴组：仅发育江阴—宜兴一线东南，以灰岩、白云质灰岩为特征，为碳酸盐台地沉积环境。宜兴一带灰岩夹碎屑岩厚度10 m左右，太湖西山、无锡嵩山厚度90 m左右。江阴—宜兴一线之西北相变为大隆组上部硅质页（泥）岩。

青龙组、周冲村组：主要为灰岩，含膏白云质灰岩、白云岩夹膏盐层，岩性较稳定，厚度600～900 m 左右，属海退沉积序列。反映了碳酸盐台地陆架泻湖→蒸发岩台地沉积环境。下扬子海水咸化，随着时间的演化由南东（苏州、宜兴）逐渐向北西（宁镇）迁移浓缩，并富集了具有工业价值的膏岩成矿带。下扬子海随着周冲村组沉积结束而消失。

黄马青组：仅在长江沿岸发育，主要为红色细碎屑岩，底部为杂色碎屑岩，厚度1 100 m 左右。反映了下扬子海萎缩后湖河相沉积环境。宜兴及洪泽—滨海一带是沉积后遭受剥蚀或是没有沉积，尚需今后工作中注意。

范家塘组：仅在长江沿岸发育，比黄马青组沉积范围更小，为含煤碎屑岩，厚度20～300 m 左右。为湖河三角洲沉积环境，有短期海水灌入。范家塘组沉积后地壳上隆结束了三叠纪沉积。

四、地层对应关系及其特征讨论

1. 晚泥盆世—石炭纪

观山组对应于锡矿山阶，为碎屑岩沉积，岩性稳定，总的自下而上碎屑颗粒由粗逐渐变细。擂鼓台组对应于锡矿山阶—岩关阶—大塘阶—威宁阶底部，代表晚泥盆世晚期—早石炭世大塘期的杂色碎屑岩沉积，为跨时的岩石地层。金陵组对应于岩关阶上部，代表早石炭世岩关晚期—晚石炭世威宁期早期的碳酸盐岩沉积，茅山一线以东地区相变为杂色碎屑岩沉积，为擂鼓台组的一部分。高骊山组对应于大塘阶的下部，代表早石炭世大塘早期的杂色碎屑岩沉积，与擂鼓台组岩性相似，苏北滨海一带，其上界逐渐抬高，为一不等时面。和州组对应于大塘阶上部—威宁阶底部，代表早石炭世大塘晚期—晚石炭世威宁早期的含泥碳酸盐岩沉积，下部含镁质，上部夹泥质岩，滨海一带，上部为碎屑岩沉积，其底界为自北向南逐渐抬高的穿时界线。老虎洞组对应于大塘阶上部—威宁阶下部，代表早石炭世大塘晚期—晚石炭世威宁早期的镁碳酸盐岩沉积，茅山以东地区，白云岩普遍夹灰岩凸镜体，底部常有灰质砾岩、砂岩互层，自西北向东南其时代逐渐变新的一个穿时的岩石地层。黄龙组对应于威宁阶，代表晚石炭世威宁期的碳酸盐岩沉积，岩性稳定，唯滨海、洪泽一带，其下部为碳酸盐岩与细碎屑岩互层。船山组对应于马平阶，代表晚石炭世马平期的碳酸盐岩沉积，岩性稳定，常以薄层灰质砾岩与下伏黄龙组呈整合接触。

2. 二叠纪

栖霞组对应于栖霞阶，栖霞初期为薄而稳定的碎屑岩沉积（局部含煤），而后为含有机质的碳酸盐岩与硅质岩夹灰岩交替的沉积，岩性五分明显而稳定。孤峰组对应于茅口阶下部，代表茅口早期含磷硅质岩、钙质页岩、硅质岩的沉积，岩性基本稳定，苏北滨海地区见碳酸盐岩夹层，而苏锡地区含硅明显减少泥质增加，南京东郊排山局部尚夹凝灰质页岩，总的趋势自西向东硅质减少而泥质增多。龙潭组对应于茅口阶上部—吴家坪阶下部，代表早二叠世茅口晚期—晚二叠世吴家坪早期碎屑岩夹灰岩沉积。龙潭组下部不含煤段对应于茅口阶上部，顶部夹灰岩，龙潭组上部含煤段对应于吴家坪阶下部，顶部夹灰岩。长兴组或大隆组对应于吴家坪阶上部—长兴阶，大致以宜兴砺山—江阴一线为界，该线以东为长兴组碳酸盐岩沉积；其西为大隆组硅质、泥质沉积，互为相变关系。该线可能处于陆地与海盆地之间的过渡带（图10-4）。

3. 三叠纪

青龙组湖山段对应于印度阶—奥伦尼克阶下部，从二叠纪—三叠纪过渡岩层开始，过渡层为泥质沉积，沉积薄且稳定，延伸广，在浙江、安徽均有分布。湖山段以南京为代表，为钙质泥岩、泥灰岩或互为夹层，其上灰岩增多，向东至无锡地区则相变为白云质砂质灰岩。青龙组沧波门段对应于奥伦阶上部，此期沉积为瘤状灰岩、泥质灰岩、蠕虫状灰岩、纹层微晶灰岩。至宜兴—苏州则变为砂屑灰岩、鲕状灰岩、粉晶白云岩及白云质灰岩。周冲村组对应于安尼阶—拉丁阶下部，代表这一时期的为白云质灰岩、白云岩夹硬石膏、灰岩、泥质灰岩。在宜兴—苏州厚度减薄，岩性为碎屑灰岩、粉晶白云岩，仅含石膏脉及团块。黄马青组对应于拉丁阶，属拉丁期碎屑岩沉积，南京发育最好。范家塘组对应于卡尼阶，为含煤陆相碎屑岩，分布局限，主要在南京龙潭最为发育。

第十一章 侏罗纪—白垩纪

侏罗纪—白垩纪地层，分布于淮阴—响水口一线以南的下扬子地层分区，主要出露于宁镇、宁芜、宜溧、茅山及苏锡等地。侏罗纪地层可大致沿金坛—如皋一线为界，分东、西两个小区。西区地层发育较全，可分早—中侏罗世象山群，包括早侏罗世钟山组，中侏罗世北象山组，晚侏罗世西横山组、龙王山组、大王山组；东区地层发育不全，仅见晚侏罗世劳村组、黄尖组。白垩纪地层有早白垩世葛村组及非正式岩石地层单位（上党火山岩带、姑山火山岩带、甲山火山岩锥、娘娘山火山岩锥）；晚白垩世浦口组、赤山组。

西区，早、中侏罗世至晚侏罗世早期，为河、湖相碎屑岩建造，局部夹含煤碎屑岩建造和碳酸盐岩建造，晚侏罗世中、晚期为大规模的中性—中偏碱性火山岩喷发，间以局部的碎屑沉积。

东区，未见早、中侏罗世沉积，晚侏罗世早期为河、湖相碎屑沉积，晚期则为酸、中酸性火山岩喷发。

下扬子地层分区，早白垩世广泛接受湖相红色碎屑沉积，局部有酸性、中酸性或中性火山岩喷发；晚白垩世则广泛为湖、河相，局部为山麓相的红色碎屑岩沉积。

侏罗纪—白垩纪地层赋存有煤、石灰岩、石膏、型砂、盐岩、芒硝及含钾岩石等矿产。

本套地层曾用地层名称为 1 个群 23 个组。现采用岩石地层单位 1 个群 10 个组及非正式岩石地层单位 4 个。

第一节　岩石地层单位

象山群　$J_{1-2}X$　**(06-32-2268)**

【创名及原始定义】　李毓尧、李捷、朱森(1935)于南京栖霞南象山—北象山创象山层。为厚层粗砂岩与砂质页岩及粘土页岩相间而成，本层之下部，常夹薄煤层，底部具砾岩一层，与较古老地层呈不整合，厚度 800 公尺。含植物化石等，属下侏罗纪。

【沿革】　1959 年，全国地层会议改称象山群，时代为早侏罗世。1974 年江苏区测队将象山群分上、下二个岩性段，时代属早、中侏罗世。1985 年鞠魁祥将象山群分解为南象山组和北象山组。本次对比研究仍沿用象山群，含两个组，下部改称钟山组，上部仍称北象山组

(表 11-1)。

【现在定义】 平行不整合于范家塘组或黄马青组之上，不整合于西横山组或龙王山组之下的一套碎屑岩，自下而上分钟山组、北象山组。

表 11-1 象山群、西横山组划分沿革表

李希霍芬	刘季辰、赵汝钧	谢家荣	李毓尧、李捷、朱森	全国地层委员会	江苏地质局石油普查大队	南京大学	江苏区测队	江苏地质二队	鞠魁祥	本书
1912	1924	1928	1935	1959	1960	1964	1974	1986	1985	1997
江苏	苏南	宁镇	宁镇	苏南	宁芜	南京	宁芜	宁芜	苏南	苏南西部
C_3 南京砂岩	上侏罗纪 斑岩层	R 红色砂岩砾岩	K_1 建德层	K_1—J_3 武夷群	J_3^2 火山岩组	J_3 龙王山组	J_3 龙王山组	龙王山组	J_3 龙王山组	龙王山组
	下侏罗纪 钟山层	K_1 浅黄色砂岩杂色砂岩页岩	下侏罗纪 象山层	J_1 象山群	J_3^1 西横山组：赵村段、韩府山段、天生桥段、单村段	J_{1-2} 象山群：西山寺组	J_2 西横山组	J_3 西横山组	J_2 西横山组	J_3 西横山组
		J_1 灵谷寺页岩、紫霞洞系、石英砾岩			J_{1-2} 象山组	陵园组、紫霞洞组	J_2—J_1 象山群：上段、下段	J_2 陡山组、朱村组；J_{1-2} 象山群	J_2 北象山组；J_1 南象山组	象山群：J_2 北象山组；J_1 钟山组
		T? 黄马青紫色页岩	T_1 黄马青系	T_3 黄马青组	T_3 黄马青组	T_3 黄马青组	T_3 黄马青组	T_3 范家塘组	T_3 范家塘组	T_3 范家塘组

钟山组 $J_1\hat{z}$ (06-32-2261)

【创名及原始定义】 刘季辰、赵汝钧(1924)于南京钟山创钟山层。指直接于上石灰岩之上者，为紫色之页岩、砂质页岩及砂岩，之上为石英砾岩、石英质砂岩及页岩间煤层，块状黄色砂岩及粗砾岩。含植物化石，厚度 1 800 公尺。时代为下侏罗纪。

【沿革】 1928 年谢家荣等将其自下而上分为三叠纪黄马青紫色页岩，早侏罗世石英砾岩、紫霞洞系、灵谷寺页岩，早白垩世杂色砂岩、页岩、浅黄色砂岩五部分。1935 年李毓尧等将石英砾岩及其上各部分统称为象山层。1985 年鞠魁祥将江苏区测队（1974）所称的象山群上、下两段分别命名为南象山组、北象山组，经对比研究现将南象山组改称钟山组。

【现在定义】 下部灰白色厚层石英砾岩、含砾石英岩状砂岩；中部灰黄色薄—中层粉砂岩、页岩夹薄煤层；上部黄褐色中薄层长石石英砂岩，夹粉砂质页岩。含植物及双壳类化石。底以石英砾岩或含砾石英砂岩与下伏范家塘组灰色砂岩或黄马青组紫色粉砂岩平行不整合接触，顶以黄褐色中细粒长石石英砂岩与上覆北象山组暗紫色中薄层泥质粉砂岩整合接触。

【层型】 创名时未测剖面；选层型为南京钟山灵谷寺剖面（118°51′，32°04′），江苏区调队 1984 年实测，许鸿基 1993 年修改。

上覆地层：**北象山组**　灰白色厚层含砾粗粒长石石英砂岩

———————— 整　合 ————————

钟山组　　总厚度 353.88 m

上部　　厚度 64.88 m

12. 黄褐色中薄层中细粒长石石英砂岩，偏上夹厚约 10 m 粉砂质页岩　　51.08 m
11. 灰—深灰色中厚层细粒石英砂岩　　13.80 m

中部　　厚度 156.75 m

10. 灰黄、灰绿色薄层粉砂质泥岩，含铁质结核　　34.02 m
9. 灰黄、灰绿色页岩与灰、黄褐色薄层含长石石英粉砂岩互层，夹碳质页岩、含岩屑砂岩。含双壳类 *Tutuella* cf. *triangularis*, *T. rotunda*, *T. balbinskiensis*, *T.* cf. *ovalis*, *Pseudocardinia* cf. *angulata*, *Sibireconcha anodontoides*, *S.* cf. *barssutshiensis*；植物 *Neocalamites carrereis*, *Ginkgoites* sp., *Pterophyllum* sp., *Anomozamites* cf. *major*　　39.16 m
8. 深灰色粉砂质页岩，页理发育，局部具小褶曲　　18.36 m
7. 灰白、灰黄色薄层粉砂岩及粉砂质泥岩　　20.00 m
6. 深灰色薄层中粒泥质砂岩，夹灰黄色粉砂岩及数层灰白色粉砂质泥岩和泥岩　　45.21 m

下部　　厚度 132.25 m

5. 浅灰、灰白色厚层细粒石英岩状砂岩　　39.40 m
4. 灰白色中—厚层石英岩状砂岩　　43.06 m
3. 灰白色厚层石英砾岩　　11.71 m
2. 灰白色厚层石英岩状砂岩　　7.99 m
1. 灰白色厚层石英砾岩　　30.09 m

－－－－－－－ 平行不整合 －－－－－－－

下伏地层：**黄马青组**　紫红色钙质粉砂岩

【地质特征及区域变化】　岩性可作三分：下部灰、灰白夹深灰色之石英砾岩、含砾石英砂岩、石英岩状砂岩夹粉砂岩、泥岩薄层或凸镜体，局部夹粘土岩、页岩。含植物 *Baiera* cf. *furcata*, *Ptilophyllum longifolium*, *Podozamites* sp., *Vittaephyllum birsutum*，厚度 122.5 m；中部灰黄、灰绿夹少量灰黑、紫红色的中细粒砂岩、粉砂岩、泥质粉砂岩、粉砂质泥岩、泥岩、页岩，夹粘土岩及煤线、煤层。含植物 *Neocalamites carrereis*, *Ginkgoites* cf. *marginatus*, *Anomozamites* cf. *major*, *A.* cf. *minor*, *Lindleycladus lanceolatus*?, *Todites goeppertianus*, *T. princeps*, *Cladophlebis denticulata*, *Ptilophyllum contiguum*, *Equisetites*? *rogersi*, *E. ferganensis*, *E. sarrani*, *Otozamites hsiangchiensis*, *Pterophyllum subaequale*, *P.* cf. *nathorsti*, *P.* cf. *cutchense*, *Ctenis* sp., *Podozamites lanceolatus*, *Phoenicopsis* sp., *Baiera* cf. *guilhaumati*, *Desmiophyllum* sp.；双壳类 *Tutuella* cf. *triangularis*, *T. rotunda*, *T. balbinskiensis*, *T.* cf. *ovalis*, *Pseudocardinia* cf. *angulata*, *Sibireconcha anodontoides*, *S.* cf. *barssutshiensis*, *Unio* sp.，厚度 279.0 m；上部灰黄、灰白等色中厚层及薄层长石石英砂岩，石英砂岩及粉细砂岩，夹粉砂质泥岩，底部为含砾粗粒石英砂岩，局部见火山岩夹层。含植物 *Todites princeps*, *Cladophyllum denticulata*, *Phoenicopsis* sp., *Ptilophyllum contiguum*，厚度 427.8 m。底与范家塘组或黄马青组为平行不整合或不整合在更老地层之上。时代为早侏罗世。

各地岩性略有不同，其厚度有明显差异。下部岩性，在钟山、句容林场一带，由厚层石英砾岩、质纯的石英岩状砂岩组成，其他地区则见夹薄层粉砂质页岩、页岩，泥岩凸镜体及粘土岩。在钟山地区较厚，达122.5 m，向南西至宁芜，向东至宁镇，厚度明显变薄。中部岩性，各地多以粉砂岩、粉砂质页岩、页岩、泥岩为主，局部有所不同，厚度变化同下部。上部岩性，以灵谷寺、句容林场、沧波门地区为简单，均为石英砂岩，含长石石英砂岩，而公鸡山、南象山地区则多夹粉细砂岩及泥质粉砂岩、粉砂质泥岩，厚度变化与中下部相反。

【其他】 已知矿产有煤、粘土矿，煤主要产于中部，为极不稳定之薄煤层和煤线，层数各地不一，已知较好的煤矿见于江都、常州等地钻井及华墅、钟山地区，其中江都可见煤层8层，累计厚4 m以上。粘土矿主要产于下部，厚度各地不尽一致，其延展性差，已探明可供利用者仅南京沧波门铜官山一地。

钟山组下部之砾岩，砾石局部呈叠瓦状，层理不发育，横向变化明显，向上单层减薄，并出现平行层理之中细粒砂体、具板状层理的细粒砂层、沙纹层的细砂、粉砂沉积，反映河床沉积特征；同一层系的粒序为下粗上细，为河流之边滩沉积特征；中部之粉细砂岩、泥岩夹页岩、粘土岩及煤线、煤层，含大量生物遗体，常见黄铁矿和水平纹层，是水域封闭较好的河流或湖泊沼泽化的沉积特征；上部石英砂岩、含长石石英砂岩，也属河滩沉积，当时，局部区域尚有火山喷发。

对在南象山南坡所见钟山组与下伏栖霞组不整合接触，尚有不同看法，有人认为二者之间为断层。

北象山组　J_2b　(06-32-2262)

【创名及原始定义】 鞠魁祥（1987）于南京栖霞北象山，创北象山组。下部为中—粗粒长石石英砂岩、含砾砂岩、石英砂岩夹粉砂岩、页岩、碳质页岩、煤线或煤层，底常为一层石英砾岩或含砾砂岩；上部为灰白、灰黄色石英砂岩、粉砂岩夹页岩、碳质页岩及煤层，底常为含砾砂岩与下部分界。

【沿革】 创名后沿用至今。

【现在定义】 上部紫色粉细砂岩夹灰白色中细粒长石石英砂岩，偶夹煤线；中部灰白、灰黄色岩屑石英砂岩、石英砂岩，局部含火山碎屑岩，底含砾；下部紫红夹黄褐色粉细砂岩、泥岩，局部夹火山碎屑岩、泥灰岩，含介形虫、轮藻、植物、腹足类、孢粉；底部灰白色石英砂岩，夹长石石英砂岩，底含砾。与下伏钟山组整合接触，与上覆西横山组或龙王山组不整合接触。

【层型】 正层型为南京东郊南象山—北象山剖面（118°56′，32°09′），鞠魁祥1987年实测。次层型为江宁陡山—溧水龙冠山剖面。(118°51′，31°39′)，江苏地质二队1986年实测，许鸿基1993年修改。正层型剖面如下：

上覆地层：龙王山组　紫色块层状安山质角砾熔岩及灰绿色块层状角闪安山岩

～～～～～～ 不 整 合 ～～～～～～

北象山组	总厚度 611.5 m
中部	厚度 325.6 m
16. 灰白色块层状细粒岩屑砂岩与灰绿色、紫红色粉砂质泥岩互层，含火山岩碎屑	18.8 m
15. 灰白、灰黄色薄—中层粗粒岩屑石英砂岩，含火山岩碎屑	70.2 m
14. 灰绿色薄层粉砂质泥岩	36.7 m
13. 灰白、微红色薄—中层细粒岩屑砂岩	53.9 m

12. 灰白、微红色厚层中粒岩屑石英砂岩，夹含砾粗粒砂岩凸镜体，含火山岩碎屑及植物茎干 65.2 m

11. 灰白色厚层中粒岩屑石英砂岩，夹细粒岩屑石英砂岩及含砾中粒岩屑石英砂岩，含火山岩碎屑 80.8 m

下部 厚度 155.8 m

10. 浅紫红、灰绿色中层细粒岩屑石英砂岩，夹暗紫色粉砂泥岩，含火山岩碎屑 20.6 m

9. 上部为紫红、暗紫色中—厚层含砾粉砂质泥岩、钙质泥岩、泥岩组成韵律，夹少量灰绿色泥岩；下部为浅红色厚层粗粒岩屑石英砂岩，含火山岩碎屑 19.9 m

8. 紫红、灰绿、黄色细粒岩屑砂岩、泥岩韵律层 7.0 m

7. 棕黄色中—厚层中粒岩屑砂岩，含火山岩碎屑 37.4 m

6. 暗紫、青灰色厚层泥质粉砂岩、泥岩，夹块层状铁质细粒石英砂岩，含火山岩碎屑 25.7 m

5. 灰紫色块层状细粒岩屑砂岩，含火山岩碎屑 21.2 m

4. 浅红色中—厚层中粒石英砂岩，含火山岩碎屑 11.7 m

3. 暗紫色薄—中层泥质粉砂岩，下部夹红色泥岩 12.3 m

底部 厚度 130.1 m

2. 灰白色中层中粒石英砂岩 47.1 m

1. 灰白色中厚层含砾中粒石英砂岩，夹长石石英砂岩，含植物茎干 83.0 m

———— 整　合 ————

下伏地层：钟山组　棕黄色中—薄层泥质细砂岩与灰、灰黑色薄层粉砂质泥岩互层

次层型：江宁陡山—溧水龙冠山剖面

上覆地层：西横山组　紫灰色砾岩

~~~~~~ 不　整　合 ~~~~~~

北象山组 总厚度>2 119.35 m

上部 厚度 370.84 m

25—22. 紫色中细粒长石石英砂岩、钙质粉细砂岩、粉砂质泥岩，底为厚层含砾粗粒长石石英砂岩 103.61 m

21—17. 紫红、灰白色相间中细粒长石石英砂岩、石英砂岩夹泥质粉砂岩、粉砂质泥岩 209.0 m

16—14. 土黄、灰白夹紫色中粗粒含长石石英砂岩，夹泥质粉砂岩、粉砂质页岩 58.23 m

中部 厚度 688.46 m

13—6. 灰白、黄褐色含砾粗粒石英砂岩、中粒石英砂岩，呈粗细韵律层交替 216.55 m

5—1. 灰白色中—巨厚层细粒—粗粒石英砂岩 471.91 m

下部 厚度>1 060.05 m

81—69. 灰白、黄褐色中细粒石英砂岩、粉砂岩、泥质粉砂岩，呈韵律层相间，局部夹紫色粉砂质泥岩 181.07 m

68—66. 黄褐、灰白色中细粒长石石英砂岩与灰白、土黄色粉砂质泥岩相间呈韵律层出现 49.37 m

65—56. 土黄色粉砂岩、粉砂质泥岩、泥岩相间，局部夹紫色细砂岩 166.03 m

55—32. 灰、灰绿色钙泥质粉砂岩、粉砂质泥岩、泥灰岩及钙质中细粒长石砂岩相间，局部见磁铁矿、黄铁矿、黄铜矿化。泥灰岩中含轮藻 *Aclistochara sunanensis*，*A. naguishanensis*，*A. microturbinata*；腹足类 *Amplovalvata* aff. *suturalis*?，*Euaclistochara lufengensis*，*E. yunanensis*，*E. lishuiensis*，*Porochara zhucunensis*；介形虫 *Darwinula* sp.，*Metacypris* sp.，*Ovaticythere*? sp. 259.76 m
~~~~~~

31—5. 紫红色钙泥质粉砂岩，夹灰白色中细（粗）粒长石石英砂岩。（未见底）　　＞403.82 m

【地质特征及区域变化】 岩性可作四分。上部：紫、紫红色粉、细砂岩，粉砂质泥岩，泥质粉砂岩，夹灰白、土黄色中细粒长石石英砂岩，多见含钙质，局部含砾或泥质团块。偶夹煤线，厚度 370.84 m。中部：灰白及灰黄等色岩屑石英砂岩、石英砂岩，局部含火山岩碎屑及含植物茎干，底含砾，厚度 698.46 m。下部：紫红为主夹黄褐等色粉细砂岩、粉砂质泥岩、泥质粉砂岩、泥岩，局部夹泥灰岩，前者多含钙质。含腹足类 *Amplovalvata* aff. *suturalis*?；介形虫 *Darwinula* sp.，*Metacypris* sp.，*Ovaticythere*? sp.；轮藻 *Aclistochara sunanensis*，*A. naguishanensis*，*A. microturbinata*，*Euaclistochara lufengasis*，*E. yunanensis*，*E. lishuiensis*，*Porochara zhucunensis*；孢粉 *Deltoidospora*，*Cyathidites*，*Classopollis*，*Triletes*，*Pinaceae*，*Monosuleites*，厚度 1 060.05 m。底部：灰白色石英砂岩，夹长石石英砂岩，底含砾，含植物茎干，厚度 829.23 m。

与下伏钟山组为整合接触，与上覆西横山组或龙王山组为不整合接触。时代为中侏罗世。

岩性自下而上，由浅色→红色→浅色→红色的两大韵律组成，每个浅色段的底部多见含砾，剖面结构上，表现出由粗细颗粒组成众多的韵律特征，水平层理较发育，间夹微纹层理，局部具板状交错层理，反映其似属河湖相沉积。孢粉化石组合反映温热和干热的过渡类型。厚度以宁芜—宁镇一线为大，向外围渐小。

【其他】 江苏油田地质研究所赵正忠等（1960）在论述朱村地区红层中所发现的轮藻等化石的时代时认为属中侏罗世（或中、晚侏罗世），并非三叠纪生物群。不难看出，其时代归属，不排除有晚侏罗世之可能。

西横山组　J_3x　（06－32－2263）

【创名及原始定义】 地质部第六石油普查大队[①]（1960），于江宁县横山西北坡创名西横山组。自下而上分：(1) 单村段：淡紫红色块状杂粒砂岩间含细砾；(2) 天生桥段：淡紫红色砾岩、砂砾岩夹粗砂岩，砾石为石灰岩等；(3) 韩府山段：褐黄、灰白色中粒砂岩，下含少量细砾，上夹粉细砂岩；(4) 赵村段：灰白色厚层含砾中砂岩与泥灰岩、钙质粉砂岩互层，泥岩中含碳化植物碎片。与下伏象山组平行不整合（可能有轻微不整合），与上覆火山岩组不整合接触，时代为晚侏罗世。

【沿革】 1974 年江苏区测队对其层序和含义重新进行厘定，将单村段划归象山群上段，其余三段继续称西横山组，时代定为晚侏罗世。此后各家多沿用。1977 年安徽省区调队在进行 1∶20 万南京幅工作时，曾引入红花桥组，时代归晚侏罗世早期，经本次对比研究认为系西横山组的同物异名，建议省内停用。

【现在定义】 下段紫、灰色薄—厚层石灰质砾岩、砂砾岩、长石石英砂岩，夹钙质砂岩；上段红、灰色薄—厚层含砾中粗粒长石石英砂岩、粉砂岩、泥岩、泥灰岩不等厚互层，夹砂砾岩凸镜体。含植物、孢粉及腹足类、介形虫、叶肢介、昆虫。底部以 3 m 左右厚石灰质砾岩与下伏北象山组呈不整合接触，上被龙王山组不整合覆盖。

【层型】 正层型在江宁县横山（为单村、天生桥、韩府山、赵村四个岩性段段级单位组成）；次层型为溧水县天生桥—下思桥剖面（118°58′，31°38′），江苏地质二队 1986 年实测，许

---

① 地质部第六石油普查大队，1960，1960 年苏南地区石油地质综合研究报告总结。

鸿基1993年简化。次层型剖面如下：

上覆地层：**龙王山组** 紫灰色凝灰质砂砾岩、凝灰质集块岩、凝灰质角砾岩

~~~~~~~~~~~ 不 整 合 ~~~~~~~~~~~

西横山组 总厚度 473.40 m

上段 厚度 443.36 m

31. 黄褐、紫色钙质粉细砂岩与土黄色钙质页岩互层，夹砾岩凸镜体 11.17 m
30. 紫红、土黄色钙质粉砂质泥岩与紫红色钙质粉砂岩互层，顶部夹泥灰岩凸镜体或断续成层的泥灰岩团块 22.03 m
29. 上部松散状砾岩，夹多层灰色钙质粗砂岩；下部为紫灰色砾岩 26.90 m
28. 紫红色钙质中细砂岩，局部含砾或富集成4～30 cm之砾岩凸镜体 8.98 m
27. 紫灰色砾岩夹紫红色钙质粉细砂岩凸镜体 48.28 m
26. 黄褐色钙质砂岩夹紫灰色松散状砾岩 4.89 m
25. 浅紫灰色砾岩，夹砂岩 3.76 m
24. 紫红色含粉砂灰岩与紫灰色钙质细砂岩互层，夹泥灰岩凸镜体 11.26 m
23. 黄褐色薄层状钙质粗砂岩 2.46 m
22. 浅紫灰色含砾砂岩 6.26 m
21. 上部黄褐色含细砾中细粒岩屑长石砂岩；下部黄褐色薄层状细砂岩、粉砂岩、紫红色砂质泥岩互层 12.41 m
20. 上部紫红色泥质粉砂岩；中部紫灰色含细砾粗粒岩屑长石砂岩；下部紫灰色细砾岩夹薄层泥质粉砂岩 8.18 m
19. 紫红色含钙泥质粉砂岩，夹薄层状钙质粉砂岩凸镜体 20.07 m
18. 紫灰色含细砾中细粒岩屑长石砂岩、岩屑长石砂岩，局部夹紫红色薄层钙质砂岩及泥质粉砂岩、钙质细砂岩凸镜体，局部泥碳质团块沿层面断续分布，局部砂岩或火山熔岩砾石可富集成10～20 cm厚之砾岩凸镜体 44.50 m
17. 紫红色薄层状中细粒钙质砂岩 3.58 m
16. 紫红色钙质粉砂岩夹泥灰岩凸镜体 10.20 m
15. 紫灰色砾岩，局部夹紫红色钙质细砂岩及泥岩凸镜体 70.24 m
14. 浅棕红色含灰岩团块之钙质粉砂岩，可相变为粉砂质泥灰岩 6.87 m
13. 浅紫灰色砾岩夹灰紫色钙质砂岩及含棕红色泥灰岩团块之钙质砂砾岩凸镜体 5.13 m
12. 浅棕红色粉砂质泥灰岩，顶部为暗紫色钙质粉砂岩，夹2层灰白色凸镜状灰岩。底部紫红色钙质含砾砂岩和钙质砂岩（含泥灰岩团块） 9.63 m
11. 紫灰色砾岩 40.74 m
10. 紫红色钙质粉砂岩 4.68 m
9. 浅紫灰色砾岩 2.03 m
8. 棕红、紫红、紫绛等色钙质粉砂岩、钙泥质粉砂岩，局部含疙瘩状或不规则状砂质泥灰岩团块。下部夹紫红色或浅棕红色钙质细砂岩 27.92 m
7. 灰白—紫绛色砾岩。下部夹两层灰白色钙质细砂岩 31.19 m

下段 厚度 30.04 m

6. 上部灰—紫灰、绛紫色钙质细砂岩，夹多层紫绛色钙质粉砂岩，并局部含钙泥质团块；下部灰、浅灰色钙质细砂岩，层面上含黑色泥炭，夹厚小于1 cm之泥炭微层和煤线；底部灰色钙质粉细砂岩，含黑色泥碳质微层或煤线 13.88 m
5. 深灰色碳质粉砂岩，夹碳质或沥青质煤线。底部为灰黑色碳质、泥质粉砂岩，有零星浸染状—微粒集合体状黄铁矿化 2.17 m
~~~~~~~~~~~

4. 灰色钙质中砂岩，底部为钙质细砂岩，局部含黑色碳质及多层（>1 mm）沥青质煤线，局部夹粉砂岩，断续黄铁矿化 1.58 m

3. 上部深灰色钙质粉砂岩，局部地段富钙质成分砂质灰岩，含钙质粉砂质泥岩团块；下部深灰色钙泥质粉砂岩—钙质粉砂质泥岩，局部为泥岩，含泥炭及煤线 5.52 m

2. 灰色钙质细砂岩，局部含煤线及碳质碎片，底部约0.63 m的浅灰色中粗粒砂岩，并含少量浑圆状灰岩、燧石、石英砂岩细砾（砾径3～15 mm） 3.43 m

1. 灰质砾岩 3.46 m

~~~~~~~~~~ 不 整 合 ~~~~~~~~~~

下伏地层：**北象山组** 紫绛色细砂岩

【地质特征及区域变化】 岩性可分上、下两段。下段：浅黄、灰白、紫红等色砾岩、含砾粗粒石英砂岩、中粗粒长石石英砂岩、粉砂岩及钙泥质粉砂岩、粉砂质泥岩、泥岩，局部夹泥碳质粉砂岩、煤线和砂泥岩凸镜体，厚度1 043.55 m。下部以砂砾岩等粗碎屑岩为主，颜色较杂，其中以红色为主，底部砾岩向上渐变为砂砾岩间夹砂泥岩凸镜体，中、上部以长石砂岩多岩屑为特点，具平行层理。在区域上，与下伏北象山组可为平行不整合接触。为河流相环境。

上段：灰白、黄褐、紫红等色砾岩、中粗粒长石石英砂岩、泥（钙）质粉砂岩、粉砂质泥岩，呈下粗上细的韵律层交替出现，每韵律层之上部多见深灰色泥灰岩凸镜体（或厚层灰岩）和钙质页岩薄层，底部为砾岩或砂砾岩，局部见火山碎屑岩及石英粗安岩夹层，厚度443.36 m。含腹足类 *Bicarinospira depressa*，*B. altaica*，*Amplovalvata* aff. *suturalis*；介形虫 *Darwinula* sp.，*Cypridea* sp.；叶肢介 *Dictyestheria*? *lishuiensis*，*Orthestheria* cf. *intermedia*，*O. yongkangensis*，*Orthestheriopsis tianshengqiaoensis*；昆虫 *Ephemeropsis trisetalis*；植物 *Elatocladus* sp.，*Cladophlebis* cf. *browniana*，*Otozamites* sp.，*Cupressinocladus* sp.，*Brachyphyllum obesum*，*Pagiophyllum* sp.，*Gleichenites* cf. *nipponensis*，*Sphenopteris* cf. *nitidula*；孢粉 *Classopollis*（84%～95%），*Psophosphaera*（0～5%），*Monosulcites*（0～4%），*Elesivollenites*（0～4%），*Schizaeoisporites*（0～1%），*Pinaceae*（0～6%），*Ephedripites*（0～1%）。该段颜色杂，常见有灰、深灰色。粗细沉积韵律十分发育，各韵律之上部多有深灰色的泥灰岩及钙质页岩薄层或凸镜体。层理发育，具平行层理、水平层理及沙纹层理，局部见交错层理，泥灰岩中多见淡水腹足类、藻类等，为河湖相沉积特征，局部有火山喷发。泥灰岩局部相变为厚层灰岩。

该组厚度各地相差较大，如李家湾地区下段为330.31 m，上段大于277.23 m，向东至下思桥下段仅30.04 m（?），上段则增至443.31 m；观音山仅见下段，厚度达1 043.55 m，上段被火山岩覆盖；北象山地区仅见上段，厚度62.90 m。

西横山组主要沿南京—江都一线以南分布，而金坛—如皋一线以北，其分布范围比北象山组明显缩小。时代为晚侏罗世。

龙王山组 J_3lw （06－32－2264）

【创名及原始定义】 顾雄飞①（1955）于安徽省当涂县龙王山建龙王山层。指宁芜地区中生代火山岩系下部安山质火山岩、火山碎屑沉积岩，其下与象山层不整合；上覆尖山层安山岩。其时代归属于白垩纪。

① 南京大学地质系，顾雄飞1955年毕业论文中创名，该资料收集在1964年，1∶20万当涂幅区测报告（油印稿）。
~~~~~~~~~~

【沿革】 1959年全国地层会议将龙王山层改称龙王山组；1960年周仁麟等将尖山层归入龙王山组；1974年江苏区测队重测龙王山组剖面并厘定了龙王山组的顶、底界线；嗣后沿用至今（表11－2）。

表11－2　苏南及邻区晚侏罗世地层划分沿革表

顾雄飞		全国地层委员会		赵玉琛		周仁麟		南京大学王德滋等		江苏地质一队		江苏地质二队		本书		
1955		1959		1959		1960		1963		1986		1986		1997		
宁芜		苏南		宁芜		苏南		宁芜		宁芜		溧水		苏南		
															西区	东区
K	娘娘山层	K_1—J_3	娘娘山组	K	大黄山层 / 娘娘山层	K_1	娘娘山组	K_1	娘娘山组	K_1	姑山组	K_1	葛村组、姚家边组	K_1	葛村组	
	大黄山层		大黄山组			J_3	大王山组	J_3	大王山组	K_1—J_3	大王山组	J_3	杭村组	J_3	大王山组	黄尖组
					濮塘层		云合山组		濮塘组				大王山组			
	尖山层		尖山组		尖山层		龙王山组		龙王山组	J_3	龙王山组		龙王山组		龙王山组	
	龙王山层		龙王山组		龙王山层											
J	象山层	J_1	象山群			J_{1-2}	象山群	J_{1-2}	象山群		西横山组		西横山组		西横山组	劳村组

【现在定义】 指宁芜（江苏南京至安徽芜湖的简称）地区西横山组与大王山组之间的角闪安山质、粗安质、玄武粗安质火山岩及火山碎屑沉积岩。与下伏西横山组为不整合接触，与上覆大王山组为平行不整合接触。江苏省内，本组可超覆不整合在更老地层如北象山组之上。

【层型】 正层型在安徽省。省内次层型为溧水县东芦山西麓剖面（119°04′，31°00′），江苏地质二队1986年实测。

上覆地层：**大王山组** 灰、黄褐色粗安质熔结凝灰岩

———————平行不整合———————

龙王山组　　总厚度724.65 m

上部　　厚度482.68 m

21. 紫灰色沉含角砾凝灰岩　　6.29 m
20. 灰、灰紫色安山质含集块角砾岩　　45.02 m
19. 紫灰、暗紫红色凝灰岩　　1.71 m
18. 灰、灰紫、灰绿色安山质含集块角砾岩（本层以下为钻孔揭示）　　171.88 m
17. 灰、灰紫色沉凝灰岩，局部变为凝灰质粉砂岩，夹沉火山角砾岩或沉角砾凝灰岩　　30.66 m
16. 灰、灰紫色辉石安山岩　　6.11 m
15. 灰、紫色安山质凝灰岩　　4.03 m
14. 灰、灰紫色辉石安山岩，中部为安山质凝灰熔岩　　32.59 m
13. 紫红、绿色沉凝灰岩　　5.81 m
12. 紫灰、灰色安山岩，安山质凝灰熔岩　　5.70 m
11. 灰紫色安山质火山角砾岩　　3.61 m
10. 安山质凝灰岩　　13.32 m
9. 灰、紫灰色辉石安山岩　　81.08 m
8. 灰褐、紫灰色安山质沉火山角砾岩，顶为2.53 m厚的沉角砾凝灰岩　　21.52 m

7. 灰、紫灰色辉石安山岩	53.35 m
下部	厚度 241.97 m
6. 灰、灰绿、紫灰色安山质火山角砾岩	115.23 m
5. 灰、灰绿、紫灰色安山质含集块角砾岩	100.94 m
4. 紫灰、灰绿色安山质火山角砾岩	3.48 m
3. 紫灰、灰绿色角闪安山质角砾凝灰岩	12.30 m
2. 紫灰色角闪安山质火山角砾岩，夹 0.92 m 厚的灰白色角闪安山岩	7.95 m
1. 灰紫色角闪安山质沉含角砾凝灰岩	2.07 m

~~~~~~~~~~ 不 整 合 ~~~~~~~~~~

下伏地层：**北象山组** 黄褐色砂岩，粉砂岩，含砾岩凸镜体

【地质特征及区域变化】 省内次层型岩性可分上、下两部分。下部：灰、灰白、紫灰、灰绿色安山质火山角砾岩、角砾凝灰岩、凝灰岩、粗安质角砾熔岩、粗安质火山角砾岩及沉凝灰岩、沉火山角砾岩。厚度 165～242 m；上部：紫灰、灰、灰绿色玄武岩、辉石安山岩、角闪安山岩与安山质集块角砾岩、火山角砾岩、凝灰岩，多呈相间分布，夹安山质沉角砾凝灰岩。厚度 138～483 m。

综合全区，其岩性以中性、中偏碱性的熔岩及相应火山碎屑岩组成，局部偏基性。宁芜地区南部中偏碱性熔岩及相应火山碎屑岩和泥流相的沉凝灰岩、沉火山角砾岩比较发育。火山岩厚度在不同或相同火山岩区的不同部位变化较大，如宁芜火山岩区南部龙王山组大于 593 m，北部 280～430 m。在溧水火山岩区 282～725 m 。句容火山岩区东侧厚度只有数十米至 423 m。不整合于西横山组及以下其他如北象山组地层之上。时代为晚侏罗世。

【其他】 火山岩受自变质及次火山一侵入体的接触变质作用，以青盘岩化较普遍，并伴随高岭土化及绢云母化、硅化、矽卡岩化。宁芜地区南部钾化较明显，局部地区如陶吴之龙山，粗安质熔岩受钾化强烈，K_2O 高达 13.42%，可作含钾岩石利用。溧水地区北部受钠化较强。龙王山组为一套陆相喷发岩，以中性、中偏碱性岩浆呈裂隙式伴随中心式喷发。火山喷发相包括有爆发相火山碎屑岩、溢流相熔岩、泥流相沉火山碎屑岩、火山-沉积相含火山碎屑沉积岩。爆发指数 35～45。构成晚侏罗世火山岩系下部的一个火山活动旋回。

大王山组 J_3d （06-32-2265）

【创名及原始定义】 顾雄飞[①]（1955）于安徽省当涂县大黄山建大黄山层。指宁芜地区中生代火山岩系“尖山层”与“娘娘山层”间的粗面质、粗安质凝灰岩及熔岩。

【沿革】 1959 年赵玉琛在尖山层之上分出濮塘层，作为尖山层与大黄山层的分界；同年全国地层会议将原大黄山层改为大黄山组；1960 年南京大学将大黄山组改为大王山组，同年周仁麟等在溧水地区发现大王山组与龙王山组间存在一套含植物、孢粉的含火山碎屑沉积岩，命名为云合山组，并以此分开大王山组与龙王山组；1963 年南京大学王德滋等把濮塘层改为濮塘组；1976 年“宁芜玢岩铁矿”研究项目编写小组将云合山组归于大王山组下部；1981 年南京地质矿产研究所在调查研究溧水地区火山岩中，将原大王山组改为两个火山旋回，即东芦山旋回、观山旋回；1986 年江苏地质一、二队在开展宁芜、溧水地区 1∶5 万区调中，均未单独划分云合山组，前者将其归入大王山组下部，后者将其命名为杭村组，置于大王山组之上

① 文献同龙王山组。
~~~~~~~~~~

(表 11-2)。本次对比研究，基本采用江苏地质一队的划分方案。

【现在定义】 指宁芜地区晚侏罗世龙王山组与早白垩世葛村组间的火山岩及火山碎屑沉积岩，上下均为平行不整合接触。下部为火山碎屑沉积岩，含植物、叶肢介、孢粉等化石；上部为安粗质、安山质火山岩及火山碎屑岩。江苏省内岩性与安徽相同，与上覆葛村组为不整合接触，与下伏龙王山组为平行不整合接触。

【层型】 正层型在安徽省。省内次层型为江宁县周安村—谷里镇剖面(118°43′，31°49′)，江苏地质一队 1986 年实测，陈炯达略加简化。

上覆地层：**葛村组** 紫红色安山质集块火山角砾岩

～～～～～～～ 不 整 合 ～～～～～～～

大王山组	总厚度 1 100.82 m
上部	厚度 1 095.26 m
39—38. 灰色(黑云母)辉石安粗岩	97.81 m
37—30. 浅紫灰、浅灰绿色安山质火山角砾岩(14～33 m)与安山质沉(角砾)凝灰岩(1.8～8.9 m)互层	90.22 m
29—28. 浅紫灰色安山质角砾凝灰岩	38.81 m
27—25. 浅灰色杏仁状辉石安山岩夹灰紫色安山质火山角砾岩(角砾自下而上渐减)	26.76 m
24. 灰紫色安山质沉凝灰岩	5.83 m
23. 灰绿色辉石角闪安山岩	146.21 m
22. 灰色安山质火山角砾岩	19.17 m
21. 紫红、暗紫红色凝灰质粉砂岩，下部为安山质角砾凝灰岩	2.11 m
20—19. 灰绿色安山岩	71.92 m
18—17. 浅灰绿色安山质集块角砾岩，下为浅灰黄色安山质角砾凝灰岩	65.01 m
16—15. 紫灰、灰绿等杂色安山质(沉)火山角砾岩，顶部和下部夹灰黄、灰绿色沉凝灰岩	83.52 m
14—13. 浅灰、灰绿色，安山质集块岩，集块由辉石安山岩组成，大小混杂	70.77 m
12. 浅灰、灰绿、灰黄色安山质火山角砾岩，中部夹一层安山质沉角砾凝灰岩	67.55 m
11—10. 灰黄色安山质角砾凝灰岩	93.86 m
9—8. 灰色安山质火山角砾岩，下为杂色安山质集块岩，集块为安山岩(含量 30%)	23.53 m
7. 灰、灰绿色安山质角砾凝灰岩，自下而上角砾渐增	62.11 m
6. 杂色安山质集块角砾岩	19.09 m
5—4. 灰紫色安山质角砾凝灰岩，顶为安山质凝灰岩	37.61 m
3—2. 灰、灰绿、紫灰色安山质集块岩，底为安山质火山角砾岩	73.37 m
下部	厚度 5.56 m
1. 紫灰色安山质沉凝灰岩，夹沉角砾凝灰岩，下部层理发育，夹紫灰色凝灰质粉砂岩凸镜体	5.56 m

———————平行不整合———————

下伏地层：**龙王山组** 安山质含集块火山角砾岩

【地质特征及区域变化】 本省次层型剖面岩性可分为上、下两部分。下部为紫灰、灰黄、灰绿色沉火山角砾岩、沉凝灰岩、凝灰质粉砂泥岩、泥质粉砂岩夹黑色页岩、泥岩，厚度 6 m；上部为紫灰、灰、灰黄绿色辉石安山岩、安山岩、粗安岩、安山质集块角砾岩、火山角砾岩、粗安质集块角砾熔岩、粗安质熔结凝灰岩，夹角砾凝灰岩、凝灰岩及沉凝灰岩，其顶为紫灰、紫红色粗面岩与粗面质火山角砾岩、角砾熔岩相间，厚度 647～1 095 m（累积厚度达 1 811 m）。

在渣塘、中山庵、龙山泥质粉砂岩中含植物 *Cladophlebis* cf. *browniana*，*Podozamites* sp.；叶肢介 *Yanjiestheria* cf. *sinensis*，*Y.* aff. *kyongsangensis*，*Y. zhatangensis*；孢粉以 *Classopollis*（82.01%以上）为主。在溧水云合山灰黄、灰白色粉砂岩、粉砂质页岩中含植物 *Pagiophyllum* sp.，*Pityophyllum* sp.，*Podozamites* sp.，*Otozamites* sp.；孢粉以 *Classopollis* 为主要。

从总体看，大王山组下部为一套火山-沉积岩，含植物、叶肢介及孢粉，孢粉以 *Classopollis* 为主；上部为中性岩（安山岩、辉石安山岩）—碱性岩（粗安岩、粗面岩）与相应火山碎屑岩组成。岩性及厚度在不同的火山岩区变化较大，宁芜地区以中性岩为主，厚度可达1 100 m，溧水一带以碱性岩为主，累积厚度达 1 363 m。与下伏龙王山组为平行不整合接触，与上覆葛村组呈不整合接触。时代为晚侏罗世。

【其他】 火山岩受自变质及次火山—侵入体的接触变质作用，高岭土化、硅化较普遍，宁芜地区安山岩钠化明显，溧水地区粗安岩普遍受较强的钾化，观山粗面岩钾化更加强烈。

大王山组火山岩属陆相型喷发。火山活动以中性至碱性岩浆呈裂隙式伴随中心式喷发，并有向北、西北迁移活动。火山喷发相主要包括爆发相（火山碎屑岩）、溢流相（熔岩）、火山灰流相（熔结火山碎屑岩）、火山沉积相（含火山碎屑沉积岩），爆发指数为 27～50，构成晚侏罗世火山岩系上部一个火山活动旋回。其火山沉积相代表龙王山期后的一次间歇期，粉砂岩、粉砂质泥岩微具层理，含植物、叶肢介及孢粉，为河湖相环境。

劳村组　J_3l　(06-32-2266)

【创名及原始定义】 由浙江区测队（1965）创名，命名地点在浙江省建德市劳村。岩性主要为一套暗紫色泥质粉砂岩，夹不稳定的流纹质凝灰岩和少量砾岩、黄绿色砂岩、粉砂岩等。局部含钙质结核及凸镜状灰岩，底部有不稳定的砾岩。时代为晚侏罗世。

【沿革】 顾知微等（1959）创建砚岭组。邹鑫祜、陈其奭（1964）改称风畈组。经实地调查无风畈村名，浙江区测队（1965）命名为劳村组，沿用至今。江苏省内曾分别采用东、西两区地层系统。江苏区测队（1976）将吴兴县至无锡一带的火山岩分为六段，下三段相当于龙王山组，并将其下三段与劳村组对比；1980 年劳村组被引用于苏锡一带，并将龙王山组改称劳村组，1988 年发现原龙王山组下部的一套红色碎屑岩中含有丰富的生物化石，将其划归西横山组。1992 年南京地质矿产研究所在溧阳地区进行火山岩成矿研究中创立横山旋回，将西横山组置于横山旋回下部。现将苏锡地区西横山组亦改称劳村组。

【现在定义】 岩性为暗紫色泥质粉砂岩、砂岩，夹不稳定的流纹质凝灰岩、流纹岩和少量砾岩、黄绿色砂岩、粉砂岩。在区域分布上常以紫红色砾岩与老于该组的地层呈不整合接触；以暗紫色粉砂岩与上覆黄尖组呈整合接触。江苏省内岩性为一套正常河湖相砂砾岩、粉砂岩、泥岩沉积岩系。含丰富的双壳类、介形虫及植物化石。与老于该组的下伏地层如栖霞组，与上覆黄尖组均呈不整合接触。

【层型】 正层型在浙江省。省内次层型为溧阳市平桥乡树杆村剖面（119°22′，31°12′），江苏区调队 1988 年实测，陈炯达略加简化。

上覆地层：**黄尖组**　土黄色角闪石英粗安岩

～～～～～～ 不 整 合 ～～～～～～

劳村组　　总厚度 76.00 m

4. 灰黄、黄绿色粉砂质泥岩。含双壳类 *Ferganoconcha sibirica*，*F. guadrata*，*F. subcentralis*；介形虫 *Cypridea* sp.，*Darwinula* sp.，*D. oblonga*；腹足类 *Viviparus* sp.；植物 *Gleichenites* sp.　　9.00 m

3. 黄色粉砂质页岩　　22.00 m

2. 粘土岩　　11.00 m

1. 灰黄色角砾岩　　34.00 m

~~~~~~~~ 不 整 合 ~~~~~~~~

下伏地层：**栖霞组**　灰黑色含燧石灰岩

【地质特征及区域变化】　江苏省内劳村组岩性分为上、下两部分：下部灰黄色角砾岩与紫红色粉砂岩、泥质粉砂岩、粉砂质泥岩相间，偶夹含砾砂岩，厚度 101 m；上部紫色粉砂质泥岩夹岩屑砂岩、角砾岩，局部含粘土层，含双壳类、介形虫、腹足类、植物等，厚度 38 m。与下覆地层，与上覆黄尖组均呈不整合接触。劳村组厚度变化较大，在西庄一带为 139 m，在西庄北 1 km 的树杆村厚度为 76 m。时代为晚侏罗世。

【其他】　从剖面分析，劳村组较完整的基本层序为角砾岩—粉砂岩—泥质粉砂岩—粉砂质泥岩组成，但各个基本层序并非简单的韵律性重复，经常缺少其中一部分。自下而上显示 12 个沉积旋回，单个旋回垂向显示下粗上细的二元结构。下部以角砾岩为主，有时可见凸镜状砂体，是河流相滞留沉积。角砾成分较复杂，呈棱角状或次棱角状，分选性差，砂岩中不稳定矿物长石、岩屑较多，矿物成熟度低，表明沉积物来源不远，搬运距离短。上部主要为一套粉砂质泥岩夹岩屑砂岩和角砾岩，说明晚期沉积环境趋于稳定，水流较平静，有利于双壳类、介形虫、腹足类及植物等的繁殖，为内陆湖盆相沉积。颜色主要为灰黄、紫红色，显示当时为炎热氧化环境。

黄尖组　J_3h　(06－32－2267)

【创名及原始定义】　系顾知微、邹鑫祜（1964）创名，创名地点在浙江省建德市寿昌镇南黄尖山。岩性可分为上、下两部分：上部为流纹质凝灰熔岩、玻屑凝灰岩、凝灰角砾岩夹紫红色流纹岩，顶部为层凝灰岩夹紫红色粉砂岩；下部为紫色、灰色流纹岩、流纹斑岩，流动构造清晰。总厚约 700 m。时代为晚侏罗世。

【沿革】　浙西地层队、顾知微等（1959）创名蔡郎岗组，后将其解体，下部火山岩重新命名为黄尖组并一直沿用至今。江苏区测队（1972）在溧阳南部进行 1∶5 万填图中划分为龙王山组、云合山组、大王山组；该队 1976 年将吴兴县至无锡一带的火山岩分为六段，并将其上三段与黄尖组对比；该队 1980 年将苏锡一带，相当于云合山组、大王山组归入黄尖组；1986 年江苏地质一、二队亦对该区这套火山岩地层进行了划分，分别建立了龙王山组、大王山组及龙王山组、大王山组和杭村组地层序列。1988 年在开展宜溧地区 1∶5 万区调时，划分出龙王山组、云合山组、大王山组，修定了龙王山组含义；1992 年在开展苏州地区 1∶5 万区调中，划分出龙王山组、大王山组，将云合山组归入大王山组下部。1992 年南京地质矿产研究所在溧阳火山岩地区进行成矿研究中，对该区火山岩创立了横山旋回、沙河旋回。现将龙王山组、云合山组、大王山组改称黄尖组，并分上、下两个岩性段。下段岩性相当于西区龙王山组；其上段岩性相当于西区大王山组。

【现在定义】　指劳村组和广义寿昌组两套火山沉积岩地层间的一套酸性熔岩、酸性火山
~~~~~~~~

碎屑岩间有中性熔岩，偶夹薄层沉积岩组成的火山岩地层。下以中性或酸性熔岩、火山碎屑岩与劳村组分界，上以酸性火山碎屑岩与寿昌组分界，均呈整合接触。江苏省内这套地层出露零星，岩性特征基本与浙江省相当。下与劳村组、上与葛村组均为不整合接触。

【层型】 正层型在浙江省。复合次层型为溧阳市横涧六十亩顶—下铁山剖面（119°27′，39°14′），江苏区调队1988年实测，陈炯达1993年简化。

黄尖组	总厚度＞3 264.00 m
上段	厚度＞2 533.50 m
29① 灰、深灰色流纹质强熔结凝灰岩。（未见顶）	＞940.70 m
28. 灰色、略带肉红色流纹质熔结集块角砾岩	101.60 m
27. 灰色流纹质强熔结凝灰岩	331.30 m
26. 灰黑色流纹质熔结凝灰岩	215.20 m
25. 灰白色流纹质弱熔结凝灰岩 （下接镇江山剖面）	80.50 m
24. 灰色辉石石英粗安岩	224.00 m
23. 灰、略带灰绿色石英粗安质集块熔岩	19.10 m
22. 灰色辉石石英粗安岩	361.50 m
21. 灰黄色凝灰质粉砂岩	1.30 m
20. 灰黄色辉石石英粗安岩	1.50 m
19. 灰白、灰黄色辉石石英粗安质集块角砾熔岩	1.50 m
18. 灰黄色辉石石英粗安岩 （下接湾里—二祠剖面）	87.60 m
17. 黄绿色凝灰质页岩夹凝灰质粉砂岩	11.50 m
16. 灰黄色凝灰质粉砂岩夹凝灰质页岩，底部为同色含砾凝灰质粗砂岩	29.60 m
15. 黄绿、灰黄色凝灰质页岩夹凝灰质粉砂岩	59.00 m
14. 灰黄色含角砾凝灰岩夹沉凝灰岩、凝灰质粉砂岩	7.70 m
13. 黄绿色凝灰质砂岩，粒度由下向上渐细	10.00 m
12. 黄绿、灰黄色凝灰质页岩与凝灰质砂岩互层夹英安质凝灰熔岩	34.30 m
11. 黄绿、紫红色沉凝灰岩夹凝灰岩、凝灰质页岩，水平层理清楚	15.60 m
下段（下接深溪—仙人台剖面）	厚度＞730.50 m
10. 灰绿色流纹质角砾凝灰岩	102.00 m
9. 青灰色流纹质凝灰岩，夹凝灰质泥岩	18.90 m
8. 灰白色流纹质晶屑凝灰岩	54.40 m
7. 灰白色流纹质含角砾熔结凝灰岩	38.90 m
6. 灰白色流纹质弱熔结凝灰岩，底部夹2层约1 m的紫红色凝灰岩 （下接下铁山剖面）	80.00 m
5. 灰色角闪石英粗安岩	84.00 m
4. 灰、略带灰紫色角闪石英粗安质集块熔岩	53.00 m
3. 灰色角闪石英粗安质角砾熔岩	10.20 m
2. 灰紫红色含凝灰质粉砂质泥岩	3.70 m

① 25—29为横洞六十亩顶剖面1—5.；18—24为镇江山剖面1—7.；11—17为湾里—二祠剖面1—7.；6—10为深溪—仙人台剖面1—5。

1. 灰黄色角闪石英粗安岩。(未见底) >285.40 m

【地质特征及区域变化】 江苏省内次层型岩性可分上、下两段。下段：上部灰、灰白色安粗岩、石英安粗岩、流纹质弱熔结凝灰岩、晶屑凝灰岩、角砾凝灰岩。下部深灰、灰、灰黄略带绿色安山岩、角闪石英粗安岩、石英粗安质集块角砾熔岩相间，凝灰角砾岩、凝灰岩，夹凝灰质粉砂泥岩。厚度 237 m 或大于 734 m；上段：上部浅灰、紫灰色英安岩、英安质角砾熔岩、凝灰角砾岩、火山集块岩、流纹质熔结凝灰岩、熔结集块角砾岩。中部青灰、灰黄色辉石石英粗安岩、石英安粗岩、石英粗安质集块角砾熔岩、凝灰岩及熔结凝灰岩夹凝灰质粉砂岩。下部暗灰、灰黄、紫红色凝灰质粉砂岩、凝灰质泥岩、粉砂质页岩、碳质泥岩夹沉凝灰岩。凝灰质页岩中产植物碎片及少量孢粉。厚度 841～2 534 m。

总体看，黄尖组主要以中性、中酸性至酸性的熔岩及相应火山碎屑岩组成。其下段以中性、中酸性岩为主，上段以中酸性—酸性岩为主。上段下部存在 100 多米厚的含火山碎屑沉积岩，于溧阳地区凝灰质页岩中含少量植物碎片及少许孢粉 *Classopollis*，*Psophosphaera*，在无锡阳山 236-1 孔灰黑色页岩中孢粉以 *Classopollis*(含量 80%)占优势。厚度各地变化较大，溧阳火山岩区大于 3 266 m；苏州火山岩区大于 1 363 m，无锡县阳山仅见 239 m。

江苏省内黄尖组与下伏劳村组的接触关系，在溧阳市树杆村清楚观察到二者产状不一致，劳村组顶部岩性略有烘烤退色现象，为喷发不整合。苏锡地区广泛见黄尖组不整合于青龙组及以下地层之上。在苏州阳山一带钻孔中，见与上覆葛村组呈不整合接触。时代为晚侏罗世。

【其他】 火山岩受自变质及次火山—侵入体的接触变质作用，中性岩主要为青盘岩化，中酸性—酸性岩受不同程度的高岭土化、硅化及局部地区出现钾化和矽卡岩化。火山活动以裂隙式伴随中心式喷发，并有由南、南西向北、北东迁移趋势。火山喷发相主要包括爆发相(火山碎屑岩)、溢流相(熔岩)、火山灰流相(熔结火山碎屑岩)、火山沉积相(含火山碎屑沉积岩)，爆发指数达 50～60。上段下部火山沉积相为一套河湖相含火山碎屑沉积岩，厚度近 100 m，产植物及孢粉化石，为火山活动间歇期的产物。

葛村组　K_1g　(06-32-2281)

【创名及原始定义】 地质部第六石油普查大队[①] (1960) 于句容县三岔乡葛村钻孔中创葛村组。为暗紫红、暗棕、灰绿、黑色泥岩、粉砂质泥岩、泥质粉砂岩，或为互层，其下为灰白色砂岩及砾岩。下粗上细韵律性重复出现。介于浦口组与火山岩系地层之间，呈不整合接触。根据所含化石确定为早白垩世。

【沿革】 葛村组创建以后广为引用。1963 年江苏区测队在句容红土山—浮山地区发现该地层，但缺顶、底界。与此同时苏北钻孔中也见到葛村组，多以 111 孔、苏泰 98 孔、古参 1 孔为代表。1974 年江苏区测队在溧水县南山头—井头村，1978 年宁芜研究项目编写小组在梅山相继发现葛村组地层，不整合在大王山组之上，但岩性多含火山碎屑岩及火山碎屑沉积岩，后者曾将此定为姑山组下段。1984 年江苏区调队在句容杨冲、丹徒车家边创建早白垩世地层杨冲组，其中含有多门类动、植物化石。其岩性和生物面貌与葛村组相当(表 11-3)。本书视杨冲组为葛村组的同物异名。

【现在定义】 下部地表为紫红、灰黄、灰白色，井下为深棕、浅棕带白色，以细砂岩为

① 地质部第六石油普查大队，1960，1960 年苏南地区石油地质综合研究报告总结。

主，地表夹粉砂质泥岩、砂砾岩、砾岩，井下夹粉砂质泥岩、粉砂岩或呈互层；上部地表为紫红、棕红、灰黄色，井下为微绿、灰黑色，以泥岩、粉砂质泥岩为主，其次为泥质粉砂岩或呈互层。含植物、双壳类、叶肢介、腹足类、鱼类等化石。与上覆浦口组、下伏大王山组均为不整合接触。

表 11－3　宁镇及邻区白垩纪地层划分沿革表

刘季辰、赵汝钧		朱　森		李毓尧、李捷等		全国地层委员会		江苏石油普查大队		本　书	
1924		1929		1935		1959		1960		1997	
苏　南		苏　南		宁　镇		苏　皖		苏　南		南　区	
E	雨花台层	R	雨花台层	N_2	雨花台层	N	雨花台组	E	阜　宁　组	E_1	泰　州　组
K_2	赤　山　层		赤　山　层	E?	赤山砂岩	E	赤　山　组	K_2	赤　山　组	K_2	赤　山　组
K_1	浦　口　层		红　色　层	E_2	浦　口　层		浦　口　组		浦　口　组		浦　口　组
J_3	斑　岩　层	K	流纹岩及凝灰岩	K	建　德　层	K	建　德　群	K_1	葛　村　组	K_1	葛村组　④　③　②　①
								J_3	火山岩组	J_3	大王山组

非正式岩石地层单位：①上党火山岩带；②姑山火山岩带；③甲山火山岩锥；④娘娘山火山岩锥。

【层型】　正层型为句容葛村葛1井钻孔剖面（119°07′，31°48′），江苏石油普查大队1959年测制，张基训1993年综合。

上覆地层：浦口组　灰暗紫、棕红等杂色砾岩

～～～～～～～～ 不　整　合 ～～～～～～～～

葛村组　　总厚度 270.50 m

5. 棕褐色局部灰绿色泥质粉砂岩和粉砂质泥岩。中部夹深黄、灰绿色钙质粉细砂岩，底部为灰色钙质中细粒砂岩，含灰绿色斑点状泥砂质物及少量钙质团块，致密、块状。含介形虫 *Cypridea* (*Cypridea*) *subvaldensis*，*C.* (*C.*) *postiangusta*　　22.00 m
4. 棕褐色局部灰绿色粉砂质泥岩、泥岩夹灰白色粉细砂岩、棕褐色粉砂质泥岩及泥质粉砂岩，局部为灰绿色。中、下部夹灰绿色及灰色粉细砂岩及中、细砂岩。成分以石英为主，含少量长石，层面时而富集白云母片，普遍含钙质或钙质结核。致密、厚层及块状。底部为厚5 m深灰色中粒石英砂岩　　111.00 m
3. 棕褐色、灰绿色粉砂质泥岩，中、下部与灰白色粉砂岩互层。含轮藻 *Clavator* sp.，*Sphaerochara*? sp.，*Tolypella* sp.，*Vegetative parts*；孢粉 *Mohria* sp.，*Anemia* sp.，*Schizaea* sp.；植物 *Podozamites*，*Brachyphyllum* sp.，*Cycas*，*Pinus*　　36.50 m
2. 上部棕褐、深灰色粉砂质泥岩与灰白色砂岩互层，砂岩为中细粒，局部为粗粒，砂粒呈棱角和半棱角状，钙质胶结为主，厚度15.88 m；下部棕褐色，深灰色粉砂质泥岩与灰白色砂岩互层，砂岩由上往下逐渐变粗，厚度32.12 m。含双壳类 *Sphaerium*? (*Limnocyrena*?) sp.，*Unio* sp.?；腹足类 *Valvata* sp.；植物 *Frenelopsis*? sp.　　51.00 m
1. 上部棕褐、深灰色、灰色粉砂质泥岩夹灰、黄灰、绿灰色砂岩，砂岩上细，下为中粗粒，厚19 m；中部灰色砂岩，成分为石英、长石，上为粗粒，下含少量砾石（棱角或半棱角状），厚8.43 m；下部灰、灰白色中细粒石英砂岩夹深灰、灰黑及紫红色砂质泥岩，厚度11.57 m；底部灰色砂砾岩，自上而下由细粒、中细粒变为粗粒并含砾，砾径小于2 cm，最大达4 cm　　50.00 m

〰〰〰〰〰 不 整 合 〰〰〰〰〰

下伏地层：**大王山组** 紫、灰白、灰色高岭土化安山角砾凝灰岩、安山凝灰岩

〔注〕化石系根据其他钻孔资料补充。

【地质特征及区域变化】 在句容盆地葛村组按沉积韵律划分五段：底段灰白色粉砂岩与泥质砂岩互层，底部为砾岩，砾石为石灰岩，火山岩等，厚度 120～200 m；下段灰白色砂岩与棕褐灰、灰黑色泥岩、泥质粉砂岩互层，含双壳类、腹足类及植物化石，厚度 12～155 m；中段暗棕、灰绿色泥质粉砂岩夹灰白色砂岩，含轮藻及孢粉，厚度 20～55 m；上段暗棕、灰黑色泥质粉砂岩、粉砂质泥岩互层间夹灰白色砂岩，厚度 11～111 m；顶段暗紫红色粉砂质泥岩，泥质粉砂岩，含介形虫，厚度 3～77 m。不整合在晚侏罗世大王山组火山岩或更老的沉积岩地层之上。

葛村组空间变化，在江宁县陆郎、梅山矿区等地为砖红色、灰绿色凝灰质粉砂岩、泥岩、泥砾岩，夹沉凝灰岩、沉角砾凝灰岩。在梅山钻孔中含丰富的孢粉组合，裸子植物花粉占 83.73%，蕨类 16.20%，厚度约 20 m，不整合于晚侏罗世大王山组火山岩之上。在溧水县南山头钻孔揭示，自下而上为灰紫、浅黄白、紫红色砾岩、砂砾岩、细砂岩，再上又是砂砾岩，厚度 300 m 以上。茅山西麓是一套紫红色中、粗粒钙质砂岩、粉砂质泥岩、钙质粉砂岩，厚度变化大，袁巷 38 m，蟒蛇洞水库 21 m，茅山西侧钻孔 821 m 以上，这一带颗粒较粗，可能地处盆地边缘或山麓的原因。句容杨冲至丹徒车家边为宁镇山脉中段另一小型盆地，岩性分为三段：下段相当句容盆地的底段岩性，为灰、灰黄、灰紫色砾岩、砂砾岩，局部夹火山岩碎屑，厚度 8～99 m；中段相当葛村盆地的下段岩性，多属盆地内部沉积，颗粒细，为紫红、灰黄、灰色钙质粉、细砂岩，粉砂质泥岩，并出现泥灰岩、砂灰岩、藻灰岩等，含腹足类、双壳类、介形虫、叶肢介、鱼及孢粉，厚度 70～400 m；上段相当于句容盆地中--顶段，为灰黄、紫红色粉砂质泥岩、泥质粉砂岩、粉砂岩夹砾岩，含砾细砂岩，厚度约 8～74 m。苏北地区泰县苏泰 111 钻孔：下段暗咖啡色粉砂质泥岩与暗棕灰色含砾细砂岩呈等厚互层状，厚度 191 m；中段微绿、灰黑色泥岩、浅灰色粉砂岩、含砾细砂岩，再上为暗咖啡色粉砂质泥岩夹红色含砾泥质粉砂岩，厚度 96 m；上段为微绿、灰黑色泥岩夹泥质粉砂岩，厚度 173 m。该钻孔各段都含孢粉，与句容盆地岩性相比，颗粒较细。在东台市厚港钻孔中，其颜色稍深，为棕咖啡、棕红色，但岩性相近，为砂砾岩、细砂岩、粉砂岩、粉砂质泥岩重复出现，其厚度达 1 065 m，轮藻以 *Flabellochara* 属为主，与葛村、杨冲等地相同。时代为早白垩世。

【其他】 葛村组沉积在各湖泊盆地内，相互不连通，延伸范围小，在宏观上岩性和生物化石均相同，但各盆地陆屑物质来源不尽一致，造成各盆地岩性有差异。同一盆地不同部位也有差异，边缘氧化程度高，颜色为棕红、咖啡色，盆地中心为灰白、微绿、灰黑色。盆地边缘碎屑颗粒粗，向盆地中心变细，并出现泥岩等。

浦口组 K_2p (06－32－2282)

【创名及原始定义】 刘季辰、赵汝钧（1924）于南京浦口，创浦口层（赭色岩层或赭色砂砾岩层）。为赭色砂岩、页岩、粗砾岩，下与斑岩层、上与赤山层均呈不整合，时代为白垩纪下期。厚度 550 公尺。

【沿革】 1959 年第一届全国地层会议改为浦口组，一直引用至今。1977—1986 年华东石油地质局第六石油普查大队、江苏煤田地质勘探三队等在苏北泰县、高邮、东台、大丰、淮

安、滨海地区先后揭示了浦口组地层。含有孢粉化石，并有盐岩、芒硝、石膏等沉积矿产。

【现在定义】 在山麓边缘，底部为砾岩；下部为灰紫色火山岩及其角砾岩、砂岩；上部为紫红夹紫灰色岩屑砂岩、粉砂岩夹粉砂质泥岩及砂砾岩。盆地内部自下而上为灰色砂砾岩，膏质泥岩，泥岩与盐岩互层，棕、暗咖啡色粉、细砂岩或互层，棕红色泥岩。含介形虫、轮藻、植物等化石。上未见顶，与下伏黄墟组呈不整合接触。

【层型】 创名时未测剖面；选层型为南京市浦镇点将台实测剖面（118°37′，32°02′），安徽区调队 1977 年实测。

浦口组　总厚度＞1 587.3 m

13. 紫灰色中厚层钙质细粒岩屑石英砂岩夹粉红色含粉砂质钙质泥岩。（未见顶）	＞82.7 m
12. 紫灰色中层钙质细粒岩屑砂岩夹紫红色钙质细粒岩屑石英砂岩	100.6 m
11. 灰紫色厚层细粒岩屑砂岩夹紫红色含粉砂泥岩、泥灰岩	82.9 m
10. 浅灰色厚层粉砂岩夹紫红色薄层粉砂岩、泥岩	181.5 m
9. 紫红色薄层泥岩、含粉砂质泥岩夹浅灰色厚层钙质细粒岩屑砂岩	135.5 m
8. 浅紫灰色中、厚层钙质粉砂岩夹紫红色薄层粉砂岩、泥岩，局部夹细砾岩凸镜体	59.0 m
7. 紫红色薄、中层钙质粉砂岩夹浅红色中层细粒钙质岩屑砂岩、泥岩及含泥砾粗砂岩凸镜体	106.8 m
6. 紫红色中薄层钙质粉砂岩夹中粒岩屑砂岩、含粉砂质钙质泥岩，含细砾及同生泥砾、砂砾	113.7 m
5. 紫红色薄层钙质粉砂岩夹浅灰色中厚层含细砾中粒岩屑砾岩，上部夹泥灰岩	108.2 m
4. 紫灰色厚层含砾中粒岩屑砂岩夹含砾钙质砂岩	85.2 m
3. 暗紫灰色中薄层钙质泥质粉砂岩夹紫红色薄层钙质粉砂岩、粉砂质泥岩，往上钙质增高并夹细砾岩	192.5 m
2. 上部为厚层—块层状安山质角砾熔岩、粗安岩夹紫红色中层粉砂岩，下部紫红色厚层泥质砂岩夹灰黄色中粒砂岩	153.7 m
1. 紫红、灰黄色厚层—块层状钙质角砾岩	185.0 m

～～～～～～ 不 整 合 ～～～～～～

下伏地层：黄墟组　灰岩

【地质特征及区域变化】 南京浦镇一带为山麓边缘岩性，下部为火山角砾岩、砂岩、石灰岩质角砾岩，厚度约 338 m；上部为紫红、紫灰等色岩屑砂岩、粉砂岩、粉砂质泥岩，厚度大于 1 248 m。江宁方山紫红色页岩、粉砂岩、细—中粒砂岩及杂色角砾岩，厚度 206 m。茅山西麓，下为灰黑、褐灰色砾岩，上为紫红色粉砂岩、细砂岩，厚度约 60 m。溧水明觉乡锦华山为棕红色杂砂砾岩，砾石成分有凝灰岩、粗安岩、石英砂岩，砂砾岩之上为长石石英细砂岩，厚度近 200 m。句容盆地据钻孔资料自下而上分：紫红色凝灰质砂砾岩段；紫红色泥质粉砂岩段，含星点状石膏；紫红色粉砂质泥岩段，含薄层及脉状石膏；棕红色砂岩与泥岩互层段，厚度 301～795 m。武进县郑陆桥附近钻孔为杂色砾岩与紫红色细砂岩呈互层，厚度大于 550 m。吴县北桥钻孔为紫红、紫灰色砾岩、含砾砂岩、砂岩，呈不等厚互层，总厚度450 m左右。苏北盆地沉积中心在淮安，N 参 1 孔可作为代表，其岩性自上而下为棕红色泥岩，棕、暗咖啡色粉砂岩、细砂岩或互层，膏质泥岩，泥岩与盐岩互层，灰色砂砾岩，厚度 2 730 m。泰县 N4 钻孔以深棕、棕色泥岩、粉砂质泥岩为主夹粉砂岩、细砂岩，厚度 684 m。泰县苏泰 103 孔下部砂砾岩、砾岩，上部暗棕、咖啡色含膏泥岩，厚度 1 102 m。东台市苏 134 孔，底部为砂岩，下部含石膏斑点和条带泥岩，中部白云质泥岩，上部软泥岩，厚度1 362 m。高邮柘1孔为棕红、紫色泥岩含夹膏泥岩、斑点石膏，厚度1 692 m。淮阴苏淮123孔上部富含石膏、钙芒硝、芒硝、盐岩等沉积矿产。其中纯盐层22层，累计厚度281 m。在区域上，晚白垩世早期该区构造运动及断块活动明显，沉积环境为山麓边缘和河湖相，浦口组沉积在以下不同时代地层之上，如黄墟组、青龙群、观音台组、葛村组等。与下伏各地层均呈不整合接触；与上覆赤山组为整合接触，或更新地层如泰州组可为不整合接触。时代为晚白垩世。

【其他】 浦口组沉积时，处于燕山构造运动晚期，断块活动明显，靠近剥蚀区如苏南山区的边缘地带，堆积为红色砂岩、砂砾岩、砾岩，搬运近，分选差，颗粒粗，成分复杂。在沉积区湖盆的内部，其颜色较深，碎屑颗粒较细，以粉砂岩、细砂岩为主，并有泥岩，表现了湖泊的不同颗粒碎屑岩呈带状分布的特征。在有的地区，如淮安一带的钻孔中发现盐类矿物、不同的卤水矿物组合，反映了湖泊为炎热的蒸发环境，盐类沉淀表现了分阶段性，由碳酸盐—硫酸盐—氯化物，主要矿产为石膏、芒硝、盐岩。

赤山组 $K_2\hat{c}$ （06-32-2283）

【创名及原始定义】 刘季辰、赵汝钧（1924）于句容县赤山创赤山层。为鲜红色块状砂岩，片理几不可辨，质殊疏松，砂粒细而匀，出露约100 m，层位居浦口层之上、雨花台层之下，均为不整合。时代为白垩纪上期。

【沿革】 1935年李毓尧、李捷、朱森在宁镇地区地质调查，改称赤山砂岩，时代为第三纪。1959年第一次全国地层会议之后改称赤山组，沿用至今。

【现在定义】 下部紫红、砖红色细砂岩，粉砂岩，灰绿色钙质泥岩夹薄层砂砾岩、含砾砂岩。含孢粉、轮藻、介形虫等化石；上部红棕、紫红色局部为灰白色钙、泥、铁质细砂岩、粉砂岩、页岩或为互层，夹泥岩。在区域上与下伏浦口组呈整合接触，与上覆泰州组或阜宁组、盐城组为不整合接触。

【层型】 创名时未测剖面；选层型为江苏句容县三岔乡赤山剖面（119°03′，31°51′），江苏区调队1979年实测。

上覆地层：第四系　残坡积含砾亚砂土

～～～～～～～ 不 整 合 ～～～～～～～

赤山组　　总厚度＞694.71 m

9. 红棕色中至厚层铁、泥、钙质细至粉砂岩　　18.48 m

8. 红棕色、紫红色薄层状钙质长石石英粉砂岩与灰、灰白色中至厚层钙质长石细砂岩互层　　49.20 m

7. 棕红色薄层铁、泥、钙质石英粉砂岩夹钙质页岩。含介形虫 *Cyprinotus* (*Heterocypris*) *jurongensis*, *Eucypris subscalariformis*, *E. chishanensis*, *Quadracypris* aff. *favosa*, *Metacypris jiangsuensis*；轮藻 *Nemegtichara prima*, *Amblyochara sunanensis*, *A. sunanensis* var. *polita*　　182.16 m

6. 红棕、灰绿色薄层状钙质粉砂岩、泥岩互层，夹灰色、灰绿色中至厚层状钙质长石、石英细砂岩。泥岩中含介形虫 *Cypridea* (*Pseudocypridina*) *chishanensis*, *C.* (*P.*) *longiellipsoidea*；轮藻 *Songliaochara huadongensis*, *Retusochara chishanensis*, *Nemegtichara* sp., *Amblyochara sunanensis*, *A. sunanensis* var. *polita*, *Mesochara yanbianensis*?　　27.59 m

5. 紫红色薄层钙质粉砂质泥岩。含介形虫 *Clinocypris? brevis*；轮藻 *Songliaochara huadongensis*，*Retusochara chishanensis*，*Nemegtichara prima*，*Amblyochara sunanensis* var. *polita* 18.29 m

4. 灰绿色薄层至中厚层钙质泥岩、石英粉砂岩与灰色钙质细砂岩互层。含轮藻 *Euaclistochara mundula* var. *orientalis*，*Songliaochara huadongensis*，*Retusochara chishanensis* 10.48 m

3. 紫红、砖红色薄层状钙质泥质长石石英细粉砂岩。含介形虫 *Eucypris debiloides*，*E. subscalariformis*，*Candona* (*Typhlocypris*) *truncata*，*Cypridea* (*Cypridea*) aff. *anterotruncata*，*C.* (*Psendocypridina*) *vuigaris*；轮藻 *Songliaochara huadongensis*，*Retusochara chishanensis*，*Amblyochara sunanensis*，*A. sunanensis* var. *polita* 28.94 m

2. 砖红色厚层中至细粒长石砂岩，局部夹同色粉砂质泥岩 317.41 m

1. 灰紫色中至厚层泥质细砂岩夹灰色薄层钙质粉砂岩、细砂岩。含介形虫 *Eucypris debiloides*，*Cristocypridea obesa*，*C. elliptica*；轮藻 *Euaclistochara mundula* var. *orientalis*，*Songliaochara huadongensis*，*Retusochara chisanensis*，*Amblyochara sunanensis*，*A. sunanensis* var. *polita*，*Mesochara yanbianensis*，*M.* cf. *stankevichii*。（未见底） 42.16 m

【地质特征及区域变化】 江宁方山为砖红色细砂岩，局部含有砾石，夹粉砂质页岩，厚度大于 520 m。江宁县凤凰山地表上部为砖红、棕红色粉细砂岩、粉砂岩、泥岩，下部为棕红色砂砾岩夹杂砾岩，厚度约 215 m，而钻孔揭示为棕红色粉砂岩、泥质粉砂岩，向下为暗棕色夹棕红色细砂岩及少量中、粗粒砂岩，厚度 285 m。茅山地区李家山为砖红色粉砂岩夹薄层泥岩及砾岩凸镜体，厚度 38 m。金坛市社头南 10 号钻孔为砖红色粉砂岩、泥岩及灰绿色粉砂泥岩，底部为一层紫红色角砾岩，厚度 270 m。宜兴市牛犊山地表为灰紫色细粒岩屑砂岩、细粒长石岩屑砂岩、砖红色细粒岩屑长石杂砂岩，含恐龙蛋化石，厚度 108 m。杨巷钻孔为砖红色粉砂岩，厚度大于 254 m。苏州吴县东山采莲 DZK01 孔为砖红色粉砂岩，含砾细一粗粒砂岩，厚度 172 m。昆山安角 3 孔为砖红色粉砂岩、细砂岩，含砾或夹薄层砂砾岩，厚度 214 m 。苏北平原，除西南部有零星露头外，均被覆盖。盱眙县泥沛 136－2 钻孔（又称东盱 57 孔或东金 57 孔）上部棕褐、棕色泥岩、粉砂岩、细砂岩，含孢粉化石；下部为棕褐色泥岩、棕红色粉砂岩，厚度 621 m。淮阴市钵池 110－1 孔（又称钦工 30 孔）上部为紫红色泥岩，灰、灰黑色泥岩夹薄层状灰棕色、暗紫红色泥质粉砂岩，灰色泥灰岩薄层或条带，含石膏，含介形虫、孢粉等化石；下部为暗紫红色、砖红色细砂岩、粉砂岩夹紫红色泥质粉砂岩和粉砂质泥岩，厚度 419 m。淮阴一带，与下伏地层浦口组为渐变连续沉积，整合接触；与上覆泰州组或更新地层为不整合接触或平行不整合接触。时代为晚白垩世。

从岩性和生物特征分析，属山麓、河湖相堆积，为强氧化条件，气候干燥，分布范围略小于浦口组。

第二节 非正式岩石地层单位

早白垩世沉积了以葛村组为代表的河、湖碎屑岩，与此同时，各地区仍有不同程度的火山喷发活动，它们的岩石类型，火山机构、形态各异。按喷发的先后又可分两期：第一期为中酸性喷发岩，发育在宁芜、宁镇、溧水等地，呈北北东带状分布，明显地受北北东向区域性断裂的控制，有宁芜的姑山火山岩带、宁镇的上党火山岩带；第二期为酸性或碱性喷发岩，在宁镇、宜兴、溧阳、溧水、苏州、无锡等地为流纹岩，以甲山为代表称甲山火山岩锥，在宁芜为响岩，以娘娘山为代表，称娘娘山火山岩锥，均呈孤立的中心式古火山口形式出现，形态似锥，故名。且受北北东及北西向两组断裂相交的部位所控制。上述火山岩带或火山岩锥，其层位不稳定，在宁芜为近葛村组的下部，而在宁镇位于葛村组的上部，在溧水则与葛村组呈侵入关系；露头分布多分散零星，延伸差，绝大多数火山岩地层剖面，顶、底不完整，缺乏对比标志，不够建组条件。本次对比研究定为非正式岩石地层单位。

上党火山岩带　*ŝvb*

【创名及原始定义】　江苏区调队[①]（1984）于镇江上党创名上党组，系指一套中酸性—碱性的火山岩系，不整合在下白垩统杨冲组之上。

【沿革】　1979 年以前江苏区调队定其为大王山组，时代归晚侏罗世，不整合在黄马青组之上。1984 年在 1∶5 万宁镇山脉区调中发现该套火山岩之下地层含丰富的多门类动物、植物化石，为早白垩世的标准分子或常见分子，因而重新厘定其层位和地质时代，将火山岩命名上党组，下伏地层为杨冲组。现将杨冲组归属葛村组，其上火山岩，降为非正式岩石地层单位，称上党火山岩带（表 11－3）。

【现在定义】　岩性分顶、上、下、底四段。底段：浅灰、灰白色安山岩，安山质角砾凝灰岩夹浅紫红色泥质粉砂岩；下段：灰紫、紫灰色石英粗安质集块岩，石英粗安质角砾熔岩与石英粗安岩互层；上段：紫红色石英粗面岩；顶段：紫红、紫灰色英安流纹岩，英安流纹质角砾熔岩，沉火山角砾岩夹橄榄玄武岩，凝灰质粉砂岩。同位素年龄值 K-Ar 法 110.1 Ma。

【层型】　复合剖面为丹徒县蒋乔马鞍山—上党独山—横山—上党东贪 ZK8201 孔剖面，江苏区调队 1984 年实测。

顶段（丹徒县上党东贪 ZK8201 孔柱状剖面）	厚度＞802.24 m
33. 紫红色、灰紫色英安流纹岩。（未见顶）	＞167.01 m
32. 灰紫红、紫红色橄榄玄武岩	52.34 m
31. 棕红色凝灰质粉砂岩	0.68 m
30. 浅灰、灰绿色英安流纹岩，少量珍珠岩	61.10 m
29－27. 英安流纹质角砾熔岩，下部夹棕红色凝灰质砂岩	57.33 m
26. 墨绿色橄榄玄武岩夹棕红色凝灰质粉砂岩	106.53 m
25. 灰、紫红色英安流纹质沉火山角砾岩夹棕红色凝灰质粉砂岩	177.86 m
24. 灰、灰紫色英安流纹质火山角砾岩	35.01 m
23. 灰、灰紫色英安流纹质角砾熔岩	55.22 m
22. 紫红色含砾凝灰质粉砂岩	4.40 m
21. 紫红色英安流纹岩。（未见底）	＞84.76 m
上段（丹徒县上党独山—横山剖面）	厚度＞559.36 m
20. 紫红色硅化石英粗面岩。斑状结构，斑晶含量在 20%左右，由钾长石（13%）、角闪石（5%）、黑云母（2%）和少量石英组成，基质为钾长石，呈霏细结构，岩石强烈硅化破碎。（未见底）	＞559.36 m

① 江苏区调队，1984，1∶5 万宁镇山脉区域地质调查报告。

下段（丹徒县蒋乔马鞍山剖面）	厚度 212.93 m
19. 杂色沉火山角砾岩	83.16 m
18. 灰紫色石英粗安岩	15.80 m
17. 紫灰色石英粗安质角砾熔岩	31.25 m
16. 紫灰色石英粗安岩	13.96 m
15. 紫灰色石英粗安质角砾熔岩	21.20 m
14. 灰紫色石英粗安岩，岩石具流动构造	22.31 m
13. 灰紫色石英粗安质集块岩	25.25 m
底段	厚度 434.13 m
12. 紫灰色沉凝灰岩	14.88 m
11. 灰紫色石英安山质集块角砾岩	24.94 m
10. 灰紫色石英安山质火山角砾岩	20.16 m
9. 紫灰色石英安山质集块角砾岩	22.48 m
8. 灰紫色石英安山岩，底部见有一薄层角砾凝灰质粉砂岩	15.93 m
7. 灰紫色石英安山质集块角砾岩	43.35 m
6. 灰紫色石英安山质角砾岩	17.49 m
5. 紫灰色石英安山岩	71.49 m
4. 紫灰色石英安山质集块角砾岩，顶部有一层厚 45 cm 的凝灰质粉砂岩	79.78 m
3. 紫灰色石英安山质角砾凝灰岩	80.71 m
2. 灰色石英安山岩	32.72 m
1. 紫灰色石英安山质集块角砾岩。（未见底）	>10.20 m

【地质特征及区域变化】 句容天王寺西姚家边村钻孔，上部灰、灰紫、灰黑色斑状粗安岩及集块角砾岩，厚度 394 m；下部灰、紫灰、灰黑色玄武岩、杏仁状玄武岩夹同成分火山角砾岩，厚度 53 m。曾命名为姚家边组，K-Ar 年龄值为 120.8～130.0 Ma，时代属早白垩世。上覆与甲山流纹岩，下伏与大王山组，均为不整合接触。在横向上与葛村组部分为相变或呈侵入关系。

姑山火山岩带 *gvb*

【创名及原始定义】 1962 年徐克勤将安徽省当涂县姑山地区钻孔中含闪长岩及铁矿砾石的一套沉积地层命名为“钟山组”，其上的火山岩地层称“姑山组”，时代为早白垩世。

【沿革】 1975 年中国地质科学院、华东地质研究所联合研究队钟姑构造小组将钟山组改为姑山组，姑山组改称上火山岩。1978 年宁芜玢岩铁矿研究项目组将其合并称姑山旋回，其岩性分：下段为砖红、灰绿色凝灰质粉砂岩、泥岩、泥砾岩夹凝灰岩和凝灰质角砾岩，在梅山地区厚度约 20 m，不整合在大王山组之上，含叶肢介及孢粉化石；上段为安山岩、安山质凝灰角砾岩、凝灰岩，夹凝灰粉砂岩，在梅山地区厚度约 130 m。同位素年龄值为 115.7～109.7 Ma。1986 年江苏地质一队，将上段解体，上部次碱性火山岩称白头山组，下部与原钟山组合并称姑山组。我省在对比研究中，将下部归入葛村组，上部称姑山火山岩带，后者被列入非正式岩石地层单位。

【现在定义】 指宁芜地区大王山组之上，娘娘山火山岩锥之下的石英安山质、英安质岩，下部为沉积岩夹火山碎屑沉积岩。其上部与上党火山岩带为同一岩石类型，下部与葛村组相当。

【层型】 复合剖面为江宁县铜井双虎（PⅦZK1孔）—陆郎剖面，江苏地质一队1986年实测。PⅦZK1孔剖面如下：

9. 灰绿色辉石粗安岩。（未见顶） >85.03 m
8. 上部紫红色沉凝灰岩，中部猪肝色沉角砾凝灰岩，下部猪肝色凝灰质泥质粉砂岩 12.80 m
7. 灰绿色黑云母辉石安山岩 69.22 m
6. 灰紫色沉凝灰质粉砂岩 1.50 m
5. 暗灰色辉石角闪安山岩 98.63 m
4. 紫红色凝灰质粉砂岩 3.30 m
3. 灰、灰绿、粉红、紫红色石英安山质熔结凝灰岩 120.18 m

接陆郎剖面

2. 灰绿、紫红色安山质沉角砾凝灰岩 0.78 m
1. 灰、灰绿色硅化辉石石英安山岩 57.88 m

甲山火山岩锥 *jvc*

【创名及原始定义】 车树政等①（1981）于句容县甲山地区创甲山旋回，上部沉凝灰质角砾岩夹岩屑砂岩，中部英安流纹岩，下部紫红色粉砂质泥岩和凝灰质砂砾岩、凝灰质粉砂泥岩。同位素年龄值76.6～99.3 Ma。

【沿革】 1986年江苏地质二队改称甲山组，现考虑其分布局限，降为非正式岩石地层单位（甲山火山岩锥）。

【现在定义】 下部白、黄白色流纹质沉集块岩、沉火山角砾岩；上部绛紫、灰紫色霏细状流纹岩，其顶部可相变成同成分角砾熔岩或球粒状流纹岩或松脂岩，其底部局部相变为球粒、珍珠状流纹岩、角砾熔岩。与下伏大王山组紫灰色粗安岩为不整合接触，与上覆葛村组为整合接触。

【层型】 复合剖面为句容天王寺姚家边村钻孔剖面（ZK1、ZK3钻孔），江苏地质二队1986年实测。

上覆地层：**葛村组** 紫红色含砾钙质粉砂岩、钙泥质粉砂岩

——————整 合——————

甲山火山岩锥 总厚度139.49 m

6. 白、灰白色，部分青灰、浅紫、灰等色流纹质熔结含角砾凝灰岩。局部相变为熔结角砾凝灰岩 24.54 m
5. 绛紫、浅紫红、浅紫灰、灰白等色流纹质熔结角砾凝灰岩，硅化、蒙脱石化 47.65 m
4. 灰紫色流纹质火山角砾岩 4.35 m
3. 灰紫、暗紫色凝灰质砾岩，砾石主要为粗安岩和玄武岩及少量流纹质熔结凝灰岩。夹少量棕红、绛紫色凝灰质砂岩，含砾砂岩，顶部厚0.64～1.70 m为褐紫、灰白带绿色凝灰质砂岩、凝灰质泥岩、紫灰色凝灰质含砾砂岩 23.46 m
2. 灰紫、浅紫灰色流纹质熔结凝灰岩，向下含角砾，可相变为熔结角砾凝灰岩，南部发育，向北尖灭 7.61 m
1. 灰、绛紫色、紫灰色凝灰质砾岩，夹少量凝灰质砂岩 31.88 m

---

① 南京地质矿产研究所，1981，江苏溧水火山岩区域构造与火山活动基本特征。

~~~~~~~~~~ 不 整 合 ~~~~~~~~~~

下伏地层：**大王山组** 紫灰色粗安岩

此外，溧阳戴埠狮子山、桂林山、功德山等地为三分：下部为浅灰紫色流纹岩，厚度177.6 m；中部浅紫红色流纹质含集块角砾岩和流纹岩，厚度552.09 m；上部为浅紫红色流纹质凝灰熔岩和流纹岩，厚度39.69 m（与流纹岩相应的侵入岩花岗斑岩同位素年龄值为97.8 Ma）。不整合在大王山组之上，与上覆浦口组亦为不整合接触。出露地区多构成古火山口，孤立分散。在苏州、溧阳岩性相同，厚度为1 174 m。在丹徒大路五峰山、龟山，嵩山等地为二分：下部为浅紫灰色富钾碱性流纹岩、富钾碱性流纹质角砾熔岩，厚度约283 m；上部浅紫色碱性流纹质含集块角砾岩，近底处为浅紫灰色含砾凝灰质、泥质粉砂岩，厚度约43 m。未见顶、底。在苏州阳山为流纹岩、流纹质火山碎屑岩，厚度大于1 173.8 m。流纹岩K－Ar同位素测定，年龄值为106.3 Ma，其时代归属早白垩世。

娘娘山火山岩锥 ***nvc***

【创名及原始定义】 1955年顾雄飞[①]于苏皖界区娘娘山创娘娘山层，指娘娘山一带次碱、中酸性火山岩。

【沿革】 1959年全国地层会议将娘娘山层及其上之碱性火山岩（原称鹦鹉山层）一并称为娘娘山组，1986年江苏地质一队将其分为三段。考虑其岩性特殊，分布局限，本次对比研究降为非正式岩石地层单位，称娘娘山火山岩锥。

【现在定义】 下段粗面质火山碎屑岩，厚度34.4 m；中段粗面质熔结角砾岩，上富含浆屑，下以刚性砾为主，角砾成分复杂，以粗面岩为主，次为粗安岩，厚度195.2 m；上段黝方石响岩质熔结凝灰岩，厚度363.1 m。

【层型】 正层型为江宁县洪幕山—娘娘山剖面，江苏地质一队1986年实测。

上段　　厚度＞363.70 m

16. 灰红色响岩质熔结凝灰岩。火山碎屑由响岩、粗面岩、塑性角砾、长石晶屑组成，由火山灰胶结（未见顶）　　＞71.25 m
15. 灰黑色黝方石响岩。呈斑状结构，斑晶以透长石为主，少量斜长石和黝方石，暗色矿物以霓辉石为主，少量黑云母，基质为玻晶质　　16.25 m
14. 灰红色响岩质熔结凝灰岩　　19.96 m
13. 灰黑色黝方石响岩　　28.53 m
12. 灰红色响岩质熔结凝灰岩　　59.59 m
11. 灰黑色黝方石响岩　　167.49 m

中段　　厚度195.21 m

10. 灰红色粗面质熔结凝灰岩　　22.74 m
9—8. 灰黄色粗面质（多浆屑）熔结角砾岩。岩屑、角砾成分为粗安岩、粗面岩、假白榴石斑岩。砾径1～3 cm。浆屑呈不规则拉长状，具定向排列　　133.50 m
7. 粗面质集块岩。由大小不一的粗面岩、粗面斑岩、凝灰岩、安山岩、假白榴石响岩组成角砾　　32.14 m

① 文献同龙王山组。
~~~~~~~~~~

6. 紫灰色粗面质角砾凝灰岩。角砾由棱角状的粗面岩、凝灰岩组成 6.83 m

下段 厚度>24.38 m

5. 灰紫色沉角砾凝灰岩，具微层理构造 2.56 m

4—1. 灰紫色粗面质集块岩（4～18 m）与灰紫色粗面质角砾凝灰岩（5 m 左右）互层。角砾由棱角状的粗面岩、粗安岩、安山岩、凝灰岩和少量粗面斑岩组成 >21.82 m

══════ 断层接触 ══════

下伏地层：**大王山组** 灰白、灰黄色高岭土化粗安岩

第三节 生物组合特征及年代地层

一、生物组合特征

侏罗纪—白垩纪时期，本区属环太平洋生物区。已知生物化石有：植物、孢粉、轮藻、介形虫、双壳类、叶肢介、昆虫、鱼和恐龙蛋等共 10 个门类。

1. 植物

本区侏罗纪—白垩纪地层均含植物化石，其中以中、下侏罗统较丰富，初步统计，有 50 余属 100 余种，据江苏省地矿局（1984）、鞠魁祥、蓝善先（1985）研究，以 *Ptilophyllum contiguum*，*Dictyophyllum nilssoni*，*Clathropteris meniscoides*，*Baiera* sp.，*Coniopteris* sp.，*Otozamites hsiangchiensis* 为主。

Ptilophyllum - *Coniopteris* - *Baiera* 植物群构成钟山组的特色，与我国南方晚三叠世—早侏罗世植物群的面貌相似，考虑该组平行不整合于晚三叠世范家塘组之上，钟山组之生物组合应代表早侏罗世无疑。余之尚未构成组合规律，*Elatocladus* 多见于西横山组，为晚侏罗世常见分子。*Suturovagina intermedia*，*Frenelopsis*? sp.，*Equisetites*? sp. 等产于葛村组，是我国南方早白垩世重要属种，为葛村组归属早白垩世提供了佐证。*Manica* (*Changlingia*) *tholistoma* 见于浦口组，为晚白垩世常见分子。

2. 孢粉

本省侏罗纪—白垩纪地层均含孢粉化石，据南京地质矿产研究所、江苏石油勘探开发公司（1986）研究，有以下规律：*Classopollis* 在孢粉总量所占比例量由少数到绝大多数到少数之演变趋势，其在裸子孢粉中占绝大多数（80%以上）者，均产于西横山组至黄尖组（大王山组），组合面貌与南欧、前苏联、中亚地区晚侏罗世孢粉组合面貌相同，均为干热气候之产物，反映这些岩石地层时代应为晚侏罗世。下伏北象山组中虽产 *Classopollis*（仅占 13%），但三角孢和桫椤孢粉占优势，周山富等（1983）称之为三角孢-单沟粉孢粉带，其所反映的气候有别于前者，考虑其所处层位及上、下关系，故其时代必然归属中侏罗世为妥。*Classopollis* 在黄尖组（或大王山组）之上覆葛村组中占 52%～60%，浦口组中占 1%～15%，赤山组中占 2%～10%，三者明显递减，相反，蕨类孢粉 *Schizaeoisporites* 则在三组中逐步占优，其含量为 25%～63%，呈现白垩纪之生物特征。随年代推移，被子植物花粉在浦口组、赤山组中逐渐增多，含量在 20%～49%之间，成为晚白垩世的特征。

3. 双壳类

该类化石产出数量不多，据江苏区调队（1984）、南京地质矿产研究所和江苏石油勘探开发公司（1986）研究，*Tutuella*，*Sibireconcha*，*Unio* 等多产于钟山组，可相当于 *Qiyangia* - *Apseudocardinia*，时代为早侏罗世。*Ferganoconcha* 等，赋存于西横山组、劳村组，其在国内

外多见于侏罗纪，根据区域对比及结合其他生物组合面貌分析，其时代似应归属晚侏罗世。*Nakamuranaia*，*Sphaerium* 等见于葛村组，其多伴生于东亚和我国华南地区早白垩世的 *Trigonioides* - *Plicatounio* - *Nippononaia* 化石群，故时代应属早白垩世。

4. 轮藻

据地质矿产部第六石油普调大队（1984）、南京地质矿产研究所和江苏石油勘探开发公司（1986）研究，以 *Euaclistochara*，*Aclistochara* 为代表，伴有 *Porochara* 等，赋存于北象山组。以 *Flabellochara jurongica* 为代表，伴有 *Sphaerochara*，*Clavator*，*Charites*，*Tolypella*，*Veyetatire* 等赋存于葛村组。*Charites*，*Sphaerochara* 赋存在浦口组，而 *Porochara* - *Euaclistochara* - *Mesochara* 组合，赋存在赤山组。

5. 腹足类

已知腹足类化石不多，据江苏省地矿局（1984）、南京地质矿产研究所和江苏石油勘探开发公司(1986)研究，*Amplovalvata*，*Viviparus* 等多见于北象山组。而赋存在西横山组的 *Bicarinospira* 是晚侏罗世的常见分子。见于葛村组的 *Probaicalia*，*Brotiopsis*，*Yoshimomia*，*Lioplacodes* 为我国早白垩世常见分子。

6. 介形类

据南京地质矿产研究所、江苏石油勘探开发公司(1986)研究，该类化石见于除龙王山组、黄尖组之外的侏罗纪—早白垩纪地层。自下而上可分为 3 个组合，即 *Cypridea* - *Mongolianella* - *Darwinula* 组合，*Cristocypridea* - *Ziziphocypris* - *Damonella* 组合，*Cypridea* - *Cristocypridea* - *Eucypris* 组合，分别赋存在葛村组、浦口组、赤山组，代表早白垩世、晚白垩世早期、晚白垩世晚期之生物面貌。

7. 叶肢介

本区侏罗纪—白垩纪地层中叶肢介化石很少，据南京地质矿产研究所、江苏石油勘探开发公司(1986)报道，*Orthestheria* 产于北象山组、葛村组，而 *Yanjiestheria* 产于大王山组之沉积夹层。

8. 鱼类

据江苏区调队(1984)报道，*Sinolepidotus* 产于葛村组，为早白垩世常见分子。

9. 昆虫

据江苏区调队(1974)报道，仅见 *Ephemeropsis trisetalis*，产于西横山组，为晚侏罗世之常见分子。

10. 恐龙蛋

据江苏区调队(1984)报道，仅 cf. *Oolithes elongatus*，发现于宜兴市牛犊山赤山组中。

二、年代地层划分及界线讨论

（一）同位素地质年龄

早、中侏罗世地层未获同位素测年资料，据江苏区测队(1974)报道，对晚侏罗世火山岩经系统采样已获 121.4～162.3 Ma 等数据(表 11-4)。白垩纪地层未获测年资料，但早白垩世的非正式岩石地层单位火山岩夹层中，据江苏区调队(1988)报道，获得 76.6～130 Ma 测年数据。

目前较普遍地采用中侏罗世与晚侏罗世及晚侏罗世与早白垩世的时限界线为 162 Ma、135 Ma，以此对照上述表中年龄数据，西部地区西横山组、龙王山组火山岩，确定时代为晚侏罗世无疑；东部地区黄尖组年龄最大值为146 Ma，其他均在130 Ma以上，比较接近时限界线年龄，基本也可确定其时代为晚侏罗世；西部地区大王山组最大年龄值为127.9 Ma，与时限界线年龄值相比略偏新，但结合其底部火山碎屑沉积岩的晚侏罗世生物面貌及毗邻皖南、

表 11－4　晚侏罗世岩石地层同位素年龄对比表

年代	岩石地层			岩石类型		同位素年龄值（Ma）	
	西区	东区		西区	东区	西区	东区
晚侏罗世	大王山组	黄尖组	上段	粗安岩—粗面岩	流纹质熔结凝灰岩	127.9② 125.3①	134.5±18.1①
				黑云母辉石安山岩		121.4③	
				辉石闪长玢岩		123.4③	
	龙王山组		下段	角闪安山岩	角闪安山岩	140③	131±1③
				角闪闪长玢岩		162.3①	
				安　山　岩	安　山　岩	136.5①	146①
	西横山组	劳村组		石英粗安岩（夹层）		136.8③ 157③	

①Rb－Sr等时线；②K－Ar等时线；③K－Ar全岩

浙西的层位、岩性组合特点，将其时代归属于晚侏罗世为宜，但仍不能排除其时代属早白垩世的可能性。

（二）年代地层界线讨论

1. 侏罗系与三叠系的分界

区内侏罗系与三叠系的界线，据南京地质矿产研究所、江苏石油勘探开发公司（1986）研究，对钟山组植物化石初步统计，有38属105种，其中苏铁类占绝对优势(34%)，真蕨类次之(20%)，银杏类也颇繁盛(19%)，木贼目有一定数量(11%)，但松柏类显得单调而贫乏(7%～9%)。真蕨植物中又以双扇蕨科最重要(50%)。整个植物群的特点与我国南方晚三叠世—早侏罗世植物群的面貌相似，然而钟山组又有自己的特点，植物群组合 *Ptilophyllum*－*Coniopteris*－*Baiera* 中，以 *Coniopteris* 是常见于侏罗纪地层的植物化石，表明这一植物群较晚三叠世的新，且有了进一步的发展。从地层层序看，钟山组位于对应的上三叠统范家塘组之上，二者之间存在一明显的沉积间断，地质时代应比晚三叠世新，由于当前的植物群与东格陵兰、瑞典、德国、法国等早侏罗世里阿斯的 *Thaumatopteris* 带以及我国南方著名的早侏罗世中晚期观音滩组的植物群均可对比，因此钟山组植物群的时代应归属早侏罗世。

双壳类化石群相当于 *Qiyangia*－*Apseudocardinia*，时代属早侏罗世。

据此，钟山组应属对应的下侏罗统，故本区侏罗系与三叠系的界线在相对应的钟山组与范家塘组之间。

2. 侏罗系下、中统的分界

据周山富等(1983)、赵正忠(1985)研究，北象山组生物组合中轮藻计3属8种2亚种，它们是以 *Euaclistochara* 和 *Aclistochara* 为代表，伴有 *Porochara* 分子的组合类型，大致可与安徽洪琴组、西宁民和盆地窑街组、四川自流井组、云南上禄丰组及印度西部贾伊萨梅尔地区卡洛夫阶等中侏罗系化石群进行对比。

苏北盆地井下孢粉组合为：三角孢-单沟粉孢粉带，所反映的时代归中侏罗系世较妥。北

象山组生物依据较少，但是根据岩性、岩相、层序及沉积环境等特征可与相邻地区中侏罗世地层对比，如浙江渔山尖组、安徽罗岭组等地层中含丰富的双壳类、介形类及腹足类等，其双壳类化石确定时代为中侏罗世比较充分。

据以上分析，北象山组应属对应的中侏罗统，故本区下、中侏罗统的分界在相对应的钟山组与北象山组之间。

3. 侏罗系中、上统的分界

据南京地质矿产研究所、江苏石油勘探开发公司(1986)研究，西横山组含植物化石 *Elatocladus* 等和腹足类化石 *Bicarinospira depressa* 是晚侏罗世常见分子。孢粉组合特征为：① *Classopollis* 占绝对优势；②蕨类孢子十分贫乏；③可见到隐形粉、希指蕨孢、皱球粉和单远极沟粉等。*Classopollis* 最早发现于德国西部早侏罗世地层(Phiug，1953)，尔后在前苏联、美国及中国等中生代地层中大量发现，地质历程由晚三叠世至晚白垩世，繁盛期在晚侏罗世。由此可见，上述孢粉组合归属晚侏罗世较妥。

中国地质科学院、南京大学地质系(1974)分别对西横山组岩样进行分析测试(K－Ar法)，前者获得年龄值136 Ma，后者获得年龄值157 Ma(未经校正)。同位素年龄值与生物地层学的结论大致相符。

西横山组不整合或平行不整合覆于对应的中侏罗统北象山组之上。

据此，西横山组应属对应的上侏罗统，故区内中、上侏罗统的界线应在相对应的北象山组与西横山组之间。

4. 白垩系的下界

本区白垩系主要依据同位素测龄值资料及生物组合和层位关系确定时代。据江苏区调队(1989)研究，本区葛村组所含植物化石有 *Suturovagina intermedis* 为我国南方地区早白垩世重要属种。所产孢粉组合：裸子植物花粉占53.7%，蕨类植物孢子占46.3%，未发现被子植物花粉。裸子植物花粉 *Classopollis* 含量最多，占组合总数的24.16%，与其伴生的 *Psophospaca*，*Sphaeripollenites* 等属的花粉。蕨类植物孢子以早白垩世繁盛的 *Schizaeaceae* 为主，包括 *Schizaeoisporites* 及 *Cicatricosisporites* 属，占组合总数的43.62%；*Deltoidospora*，*Osmundacidites*，*Punctatisporites* 等属数量极少。以上孢粉组合应属早白垩世。

据江苏石油普查大队（1960）报道，葛村一带钻孔揭示，葛村组不整合覆于上侏罗统大王山组之上，其底部砾岩中有下伏地层之火山岩块。

据以上分析，葛村组应属对应的下白垩统，故本区白垩系的下界应置于相对应的葛村组之底。

5. 白垩系下统和上统的分界

本区浦口组产植物化石 *Suturovagina intermedia* 和 *Manica* (*Changlingia*) *tholitoma*，前者最早出现于葛村组，延续到浦口组；后者为晚白垩世常见分子，代表晚白垩世早期，见于安徽的七房村组和浙江金衢盆地金华组一段。浦口组粉砂岩、泥岩中产孢粉化石，裸子植物花粉有 *Classopollis*，*Monocolpopollenites*，*Sphaeripollenites* 等属，蕨类植物孢子有 *Lygodiumsporites*，*Cicatricosisporites*，*Schizaeoisporites* 等属。由于区内所含数量较少，其组合比例不详。江浦县大姚及陡岗钻孔中，浦口组孢粉组合蕨类植物孢子占优势，*Schizaeoisporites* 属为组合总数的44.69%～62.9%，主要有 *Schizaeoisporites laevigataeformis*，*S.* cf. *cretacius*。裸子植物花粉以 *Ephedripites* 含量较多，占组合总数的14.8%～20.71%。被子植物花粉增多，主要有 *Quercoidites* 占组合总数3.7%。浦口组裸子植物花粉含量比例与早白垩世相比，显著减少，而蕨类植物孢子含量有明显增加。浦口组中蕨类植物孢子 *Schizaeoisporites laevigataefomis* 为晚白垩世孢粉组合中重要分子。从植物化石面貌看，浦口组的地质时代应归为晚白垩世早期。

浦口组不整合覆于葛村组之上。

因此，浦口组应属对应的上白垩统。本区白垩系下统和上统的界线应在相对应的葛村组和浦口组之间。

三、侏罗纪—白垩纪地层多重划分对应关系

根据上述岩石地层、生物特征及年代地层等资料分析，不难看出其间具一定相互对应关系，详见表 11-5。

表 11-5　侏罗纪—白垩纪地层多重划分对应表

年代地层		岩石地层		生物组合		同位素年龄值（Ma）	
		西区	东区	西区	东区	西区	东区
白垩系	上统	赤山组		介形类：*Cypridea* - *Cristocypridea* - *Eucypris* 组合 轮藻：*Porochara* - *Euaclistochara* - *Mesochara* 组合 恐龙蛋：cf. *Oolithes elongatus*			
白垩系	上统	浦口组		介形类：*Cristocypridea* - *Ziziphocypris* - *Damonella* 组合 轮藻：*Charites*，*Sphaerochara* 植物：*Manica* (*Changlingia*) *tholistoma* 孢粉：*Schizaeoisporites* *Classopollis*			
白垩系	下统	葛村组：娘娘山火山岩锥 姑山火山岩带	甲山火山岩锥 上党火山岩带	介形类：*Cypridea* - *Mongolianella* - *Darwinula* 组合 轮藻：*Flabellochara jurongica* 双壳类：*Nakamuranaia chingshanensis* 孢粉：*Schizaeoisporites* *Lygodiumsporites* *Cicatricosisporites* *Classopollis* 叶肢介：*Orthestheria* sp. 腹足类：*Brotiopsis wakinoensis*		99.8～105.7 >76.6～99.3 109.7～115.7 74～130	
侏罗系	上统	大王山组	黄尖组	孢粉：*Classopollis* 占优(82%)	孢粉：*Classopollis* 占优(80%)	121.4～127.9	
侏罗系	上统	龙王山组	黄尖组			136.5～162.3	
侏罗系	上统	西横山组	劳村组	孢粉：*Classopollis* 占优(84%～95%)		136.8～157	
侏罗系	中统	象山群 北象山组		孢粉：*Deltoidospora* - *Monosulcites* 组合			
侏罗系	下统	象山群 钟山组		植物：*Ptilophyllum* - *Coniopteris* - *Baiera* 组合			

第十二章
第三纪

本区第三纪地层主要分布于郯庐断裂东侧断陷盆地中，仅在盆地边缘盱眙、六合、宁镇、溧阳、溧水等地山麓、丘陵有零星露头，不能构成完整剖面，地层层序主要靠钻孔控制。早第三纪盆地是在晚白垩世坳陷的基础上发展为断陷盆地，是河流相和湖相为主的陆源碎屑沉积，其最大累计厚度近 7 000 m。与下伏地层为不整合接触。赋存矿产主要有石油、天然气、岩盐、石膏、粘土、砂、砾石等。

1924 年刘季辰、赵汝钧创“雨花台层”，1948 年程裕淇、沈永和命名为洞玄观层及方山玄武岩，50 年代后期，随着本区开展石油普查，逐步建立了下第三系层序。原使用地层单位 2 个群 26 个组，现用 8 个组。

第一节　岩石地层单位

泰州组　E_1t　(06－32－2301)

【创名及原始定义】　中国科学院南京地质古生物研究所(1961)①根据泰州市东郊泰 1 孔含女星介的层段从阜宁层中分出，创建泰州组。指下部为黑灰、褐黄色泥岩夹少量粉细砂岩，上部为黄褐、灰白色生物灰岩，与下伏赤山组不整合接触，与上覆阜宁组整合接触。

【沿革】　1962 年地质部第六普查勘探大队将苏北地区下第三系统称“阜宁组”,1970 年将第一、二、三段统称泰州组。1972 年江苏省石油勘探指挥所将泰州组的时代置于晚白垩世至早第三纪早期。1973 年上海市水文地质大队在苏州角直一带创角直组，时代属古新世。1976 年江苏省及上海市区域地层表编写组将泰州组的时代归属古新世。嗣后，江苏石油地质大队(1980)、江苏省地质矿产局(1984)、华东石油地质局(1987)均将泰州组的时代定为古新世。角直组属同物异名，建议停用。

【现在定义】　下段为棕黄色细一中砂岩、棕红色泥质砂岩、砂质泥岩；上段上部为为灰绿、灰黄、棕红色泥岩、夹粉砂岩，下部为细一中砂岩夹泥岩。与下伏赤山组不整合接触，与

① 中国科学院南京地质古生物研究所，1961，江苏省中新生代地层的划分和对比。

表 12－1　早第三纪地层划分沿革表

单位	年份	地区	年代地层（自上而下）	岩石地层（自上而下）
江苏石油普查大队	1958	苏北	N_1、E_3、E_2	花粉层、阜宁层、赤山层
华东石油勘探局	1960	苏北	N_1、E_3—E_2、K_2	盐城组、三垛组、阜宁组、赤山组
南京地质古生物研究所	1961	苏北	N_{1-2}、E、K_2	盐城组（滨海段、建湖段、三垛段）、苏北群（邗江组、阜宁组、泰州组）、赤山组
第六普查勘探大队	1962	苏北	N_2、N_1、E_6、E_5、E_4、E_3、E_2、E_1、K_2	盐城组、三垛组、阜宁组、赤山组
第六普查勘探大队	1965	苏北	N_2、N_1、E、K_2	盐城组、三垛组、周庄组、阜宁群、赤山组
第六普查勘探大队	1970	苏北	N_2、N_1、E、K_2	盐城组、三垛组、周庄组、阜宁群（戴南组、邗江组、阜宁组、泰州组）、赤山组
江苏石油勘探指挥所	1972	南区	N、E_3、E_2、E_1、K_2	盐城组、三垛组、戴南组、阜宁组（四段、三段、二段、一段）、泰州组、赤山组
江苏上海区域地层表编写组	1976	南区	N、E_3、E_2、E_1、K_2	盐城组、三垛组、戴南组、真武组、阜宁组、泰州组、赤山组
江苏省地矿局	1984	南区	N_{1-2}、E_3、E_2、E_1、K_2	盐城群、三垛组、戴南组、阜宁组、泰州组、赤山组
本书	1997	南区	N_{1-2}、E_3、E_2、E_1、K_2	盐城组、三垛组、戴南组、阜宁组、泰州组、赤山组

表 12－2　晚第三纪地层划分沿革表

单位	年份	地区	年代地层（自上而下）	岩石地层（自上而下）
刘季辰、赵汝钧	1924	南京	Q_1、E_1、K_2	黄土层、玄武岩层、雨花台层、赤山层
李毓尧、李捷、朱森	1935	南京	Q、N_2、K_2	泥砾岩、玄武岩、雨花台层、赤山层
程裕淇、沈永和	1948	江宁	Q_1、N_1—E_3、E_3—E_2	下蜀土、方山火山岩系、洞玄观层、赤山砂岩
全国地层会议	1959	南京	Q_1、N_2、N_1、E_3	下蜀粘土、雨花台组、方山玄武岩、洞玄观组、赤山组
李立文、夏树芳	1964	六合、南京	Q_1、N_2、N_1、K	下蜀组、灵岩山玄武岩、雨花台组、方山玄武岩、浦镇组/洞玄观组、浦口组/赤山组
江苏区测队	1970	仪征、六合	Q_1、N_2、K_2	下蜀组、灵岩山组、雨花台组、赤山组
江苏区测队	1974	江宁	Q_1、N_2、N_1、K_2	下蜀组、雨花台组、方山组、洞玄观组、赤山组
毕治国、于振江、邱占祥	1977	南京、六合	Q_1、N_2、N_1、K_2	下蜀组、尖山组、黄岗组、小盘山组、六合组、洞玄观组、赤山组
江苏省地矿局	1984	南区	Q_1、N_2、N_1、K_2	中更新统、方山组、雨花台组、洞玄观组、赤山组
本书	1997	南区	Q_1、N_2、N_1、K_2	下蜀组、方山组、雨花台组、洞玄观组、赤山组

上覆阜宁组为整合接触。

【层型】 正层型为泰州市斜桥泰1孔钻孔剖面（119°55′，32°29′），地质部第六普查勘探大队1959年实测。

上覆地层：**阜宁组一段** 浅红、淡灰绿色泥质砂岩及砂质泥岩夹少量粗砂岩及砾状粗砂岩

——————— 整 合 ———————

泰州组	总厚度 135 m
上段	厚度 94 m
5. 浅灰绿、黄灰绿色砂质泥岩，中夹一层粉砂岩	32 m
4. 红色细—中砂岩	12 m
3. 棕红色泥岩、浅棕黄色砂岩	21 m
2. 上部棕红色泥岩和砂质泥岩，下部浅棕黄色细—中砂岩，间夹数层棕红色泥岩	29 m
下段	厚度 41 m
1. 棕黄色细—中砂岩为主，间夹棕红色泥质砂岩、砂质泥岩，底为杂色砾岩	41 m

~~~~~~~~~~ 不 整 合 ~~~~~~~~~~

下伏地层：赤山组 暗红色含砾砂质泥岩

【地质特征及区域变化】 本组岩性、厚度横向变化较大，以溱潼—白驹地区地层发育较全，厚度达300～400余米，其岩性上部为黑色泥岩，常夹生物灰岩、鲕状灰岩和泥灰岩，其顶与阜宁组间常有杂色泥岩过渡层；下部为砂岩，常夹棕红色厚层泥岩，底部一般含砾。高邮—兴化地区厚度200～300 m，岩性较粗，下部砂砾岩，厚度可达100～150 m，向北至建湖凸起，向南至泰州凸起厚度明显变小，仅数十米，但下粗上细仍较明显。金湖地区岩性变红变粗，上部泥岩均为咖啡色，下部砂岩厚度逾100 m，底部均含砾或为砂砾岩，厚度仅200余米。往西至盱眙一带盆地边缘，迅速减薄，厚度仅数十米，盐城—阜宁—涟水地区岩性偏细，下部砂岩中夹较多的砂质泥岩，厚度一般为100～150 m，个别地点略厚，涟水南部可达250 m左右，但往西北鲁苏隆起区迅速减薄尖灭，苏南角直盆地岩性较细，主要为泥岩和粉砂岩，厚度最小，仅130余米。其总的规律西部薄而粗，东部厚且细。

古新世早期，下扬子分区大致沿着泰州NEE一线，形成箕状断陷——苏北盆地。断陷初期首先在深凹处堆积了泰州组下部粗碎屑岩，随着盆地不断扩大，加上气候湿润多雨，植物生长繁茂，盆地水体加深，于是在湖盆内堆积了泰州组上部一套黑色泥岩为主的地层。盆地的边缘地带，如盱眙等地，河流作用相对较强，有时处于陆上环境，颗粒较粗，颜色偏红。在东台、黄桥一带可能受局部海水影响，尚有少量海陆过渡相沉积夹于湖相沉积之中。这一时期沉积中心在博镇、白驹一带。苏南地区当时处于抬升剥蚀阶段，仅直溪桥盆地和角直盆地有少量沉积，沉积厚度仅100余米。泰州组为一套河湖相为主的沉积，含油层位于下部砂砾岩段中。时代为古新世。

阜宁组 E_1f （06－32－2302）

【创名及原始定义】 江苏石油普查大队[①]（1958）将阜宁县阜宁基准井中中生代红层之上的一套岩系命名为阜宁层。岩性为灰黑色页岩、棕褐色泥岩、浅灰绿色砂岩互层，当作湖

---

① 江苏石油普查大队，1959，1958年地质报告。
~~~~~~~~~~

新世标准地层。

【沿革】 南京地质古生物研究所(1961)将苏北平原下第三系统称苏北群，下分泰州组、阜宁组、邗江组；并在苏南常州一带建常州组。第六普查勘探大队(1962)将阜宁组分为六段，下部称红色段(E_1)，中部称为黑色段(E_2—E_5)，上部称杂色段(E_6)。1972年江苏石油勘探指挥所重新厘定了阜宁组的含义，统一划分为四段，即一段、二段、三段、四段，但对于其时代归属多有争议。本次采用江苏省地质矿产局(1984)的划分方案，降群为组，但其时代略有变更，层位降低为古新统的中上部。常州组与阜宁组为同物异名，建议停用。

【现在定义】 自下而上分四段：一段为灰黑、灰、褐等色泥岩与砂岩、粉砂岩互层，含植物化石碎片；二段为灰黑色页岩；三段以灰、蓝灰、黄绿等色页岩、泥岩、粉砂岩、细砂岩互层，含介形虫、腹足类化石。四段以灰黑色、黑色泥岩为主，夹薄层泥灰岩、油页岩或灰质白云岩、生物灰岩，含介形虫、有孔虫、鱼类化石。与下伏泰州组呈整合接触，与上覆三垛组呈不整合接触。

【层型】 正层型为阜宁县丰墩阜基孔钻孔剖面(119°46′,33°49′)，江苏石油普查大队1958年测制。

上覆地层：三垛组下段 棕红色砂质泥岩及砾岩

~~~~~~~~ 不 整 合 ~~~~~~~~

阜宁组	总厚度>315.5 m
三段	厚度>159.0 m
19. 蓝灰色、红色泥岩夹一层石英砂岩。(未见顶)	7.9 m
18. 灰黑色页岩夹黄绿色粉砂岩	9.3 m
17. 灰黑色砂质泥岩，底部为钙质胶结的石英细砂岩	8.7 m
16. 黄绿及灰黑色页岩，含钙质及碳质	10.7 m
15. 灰绿、灰白色细砂岩及粉砂岩夹页岩	5.7 m
14. 灰褐色鲕状泥灰岩。富含介形虫 *Cytheridea* sp.	6.0 m
13. 黄绿色石英细砂岩	1.8 m
12. 灰黑色页岩夹粉砂岩，底部为石英细砂岩	12.0 m
11. 灰黑色页岩夹少量粉砂岩	13.6 m
10. 灰色粉砂岩及页岩互层。含介形虫 *Pionocypris* cf. *kostovi*, *Ilyocypris evidous*, *I.* cf. *epidens*, *I. tunerculaulundis*, *Cytheridea* sp., *Limnocythere* sp.	49.9 m
9. 黄绿、灰色泥质粉砂岩、粉砂质泥岩夹泥质细砂岩	11.2 m
8. 黄绿色砂岩，中下部为灰绿色泥质砂岩及粉砂质泥岩	6.2 m
7. 黄色砂岩、灰绿色泥页岩夹粉砂质泥岩。含介形虫 *Ilyocypris* sp.	16.0 m
二段	厚度 37.0 m
6. 灰黑色页岩夹一层泥质粉砂岩	37.0 m
一段	厚度 119.5 m
5. 灰黑色泥页岩、灰色泥质粉砂岩及粉砂质泥岩夹灰色砂岩	12.4 m
4. 黑色泥岩，上部夹 0.7 m 黄色砾石	12.4 m
3. 灰色、深灰色砂质泥岩及粉砂岩夹砂岩。含植物化石碎片	31.0 m
2. 上部褐色砂质泥岩夹灰白色石英砂岩，中部为褐红色泥岩，下部变为绿色泥岩。含植物化石碎片。底部为灰白色泥岩	24.8 m
1. 灰绿色细砂岩，褐色粉砂岩、砂质泥岩及泥岩，向下颜色变深	38.9 m

———— 整 合 ————
~~~~~~~~

下伏地层：泰州组上段　赭色泥岩

【地质特征及区域变化】　阜宁组为一套以湖相为主的地层，区域上一般可分四段：

四段：在盱眙县泥沛一带底部常夹生物灰岩、鲕状灰岩或含鲕砂岩；金坛直溪桥石膏泥岩、灰质泥岩、泥灰岩发育，含分散状黄铁矿及石膏；金湖、腰滩、沙埝尚见夹1～4层玄武岩（厚度25～54.5 m）。各盆地沉积厚度较接近，一般都在300～400 m，以苏北盆地金湖一带较厚，达573 m，直溪桥盆地较薄，厚仅132 m。含介形虫、孢粉、轮藻、腹足类、叶肢介、鱼及有孔虫等化石。

三段：岩性各地有所变化，苏北盆地东部地区溱潼一带明显分为三部分，上、下部均以砂岩为主，中部以泥岩为主；西部地区金湖一带三分不明显，以黑色泥岩为主，夹砂岩；盆地西部边缘地带为棕红色泥岩与砂砾岩，且夹1～2层玄武岩（厚度1～10 m）；盐阜地区西粗东细，东部为砂泥岩互层，西部为块状砂岩夹泥岩，含砾，且砂岩中富含黄铁矿。直溪桥盆地岩性较细，咖啡色泥岩发育，且夹泥灰岩、碳质泥岩，含脉状石膏及分散状黄铁矿。本段上部砂岩是重要含油层之一，主要集中在东台一带。一般厚250～300 m。金湖龙岗一带稍厚，达500余米。含介形虫、轮藻及孢粉化石。

二段：岩性各地略有变化，苏北盆地的金湖、盐城地区底部和中部生物灰岩、鲕状灰岩、泥灰岩发育，夹含油气生物灰岩；而溱潼、海安地区仅夹薄层泥灰岩、灰质泥岩、油页岩，下部含花斑状石膏；洪泽一带底部含膏盐和石膏层；阜宁、涟水地区泥岩颜色较杂，出现棕黄色、灰绿色泥岩，并夹多层砂岩和含砾砂岩。直溪桥盆地夹较多的咖啡色泥岩、粉砂质泥岩，底部有时为含砾砂岩。沭阳、沙埝等地夹玄武岩1～4层，厚度3.6～64 m。各盆地以中心部位较厚，往边缘变薄，其厚度一般在250 m左右，以高邮高里庄最厚，达361 m，沭阳地区最薄，仅81.5 m。

一段：岩性横向变化较大，苏北盆地盐城、涟水、海安等地岩性较细，暗色泥岩发育。阜宁、金湖一带岩性较粗，以砂岩居多且含砾；金湖地区底部夹数十米厚之灰白色、灰色厚层砂砾岩、砾岩。另外，本段玄武岩夹层较多且厚，金湖闵桥多达32层（厚308.5 m），沙埝、海安、刘庄等地本段也见夹2～7层玄武岩。本段厚度一般在500 m左右，以苏北盆地厚度较大，高邮一带达794.5 m，西邻安徽天长一带厚1 004.5 m；直溪桥盆地厚度较小，仅284 m。各盆地仍以深凹部位厚度大、岩性细，往边缘或隆起地带厚度减薄，岩性变粗。江都一带是当时隆起剥蚀区，自北缘往北5 km，厚度即由零米剧增至数百米；处于盆地西缘的盱眙一带主要为砂砾岩，厚度不到300 m，向东至金湖地区变为砂岩，厚度大于1 000 m。含轮藻为主，其次为介形虫、孢粉及腹足类等化石。阜宁组与下伏泰州组多为整合接触。在区域上阜宁组与上覆戴南组或三垛组及更新地层均呈不整合或平行不整合接触。

【其他】　阜宁组为一套以湖相沉积为主，夹河流相和海陆过渡相沉积。在纵向上由下而上岩性由粗—细—稍粗—细，组成二大沉积旋回，一段和二段组成第一沉积旋回，三段和四段组成第二沉积旋回。

戴南组　E_2d　（06－32－2303）

【创名及原始定义】　地质部第六普查勘探大队[①]（1970）将兴化县戴南一带钻孔中阜宁群五段的一套岩系改称为戴南组，置于周庄组之下、邗江组之上，时代为老第三纪。分两段，

① 地质部第六普查勘探大队，1970年创名，资料写入1973年编写的《1970—1971年地质总结》中。

上段以浅棕色砂岩为主；下段上部为灰黑色咖啡色泥岩夹砂岩，下部为灰白色砂岩。

【沿革】 江苏石油勘探指挥所(1972)将戴南组置于阜宁组之上、三垛组之下，时代归渐新世。以后一直沿用这一划分意见，但对其时代归属仍有争议。1976年第六普查勘探大队在金湖县和江都县真武庙分别建金湖组、真武组。金湖组、真武组与戴南组为同物异名，建议停用。

【现在定义】 下段为灰白色砂岩、砂砾岩与灰黑色泥岩、粉砂质泥岩互层，局部夹玄武岩，含轮藻、孢粉、介形虫等化石；上段为棕灰、灰棕色细砂岩与暗棕红、咖啡色泥岩、粉砂质泥岩不等厚互层。下以灰白色砂砾岩与阜宁组灰黑色泥岩不整合接触，上以暗棕红、咖啡色泥岩与三垛组棕灰色粉、细砂岩不整合接触。

【层型】 正层型为兴化县戴南镇苏20孔钻孔剖面（120°10′，32°44′），地质部第六普查勘探大队1970年实测。

上覆地层：**三垛组下段** 棕灰、浅棕、灰白色细砂岩、粉砂岩

~~~~~~~~~~ 不 整 合 ~~~~~~~~~~

戴南组	总厚度 364.0 m
上段	厚度 150.0 m
16. 黑灰、咖啡色泥岩。含少量介形虫 *Cyprois* sp.，*Ilyocypris* sp.	8.2 m
15. 灰棕、棕灰色细砂岩，局部为粉砂岩夹暗棕红、咖啡色泥岩、粉砂质泥岩	27.1 m
14. 暗咖啡、咖啡色泥岩、粉砂质泥岩夹棕灰色泥质粉砂岩	9.2 m
13. 棕灰色细砂岩夹暗咖啡色泥岩、粉砂质泥岩	21.5 m
12. 咖啡、暗咖啡色泥岩、粉砂质泥岩夹棕灰色粉砂岩	24.7 m
11. 浅绿、灰白、灰褐色细砂岩夹薄层浅绿、灰白色泥质砂岩	24.1 m
10. 咖啡色泥岩	3.9 m
9. 棕灰、浅棕灰色细砂岩、钙质细砂岩夹薄层咖啡色泥岩	31.3 m
下段	厚度 214.0 m
8. 咖啡、暗咖啡色泥岩、粉砂质泥岩	12.0 m
7. 灰黑色泥岩夹少量灰白、灰色粉砂岩、钙质粉细砂岩	42.6 m
6. 灰白、灰色粉砂岩、细砂岩，局部为中、细砂岩夹薄层灰黑色泥岩	11.6 m
5. 灰黑色泥岩夹薄层浅绿、灰白色钙质粉砂岩	44.8 m
4. 浅绿、灰白色细砂岩	4.5 m
3. 灰白色砂砾岩夹少量黑灰色泥岩	39.5 m
2. 灰白、浅绿色细砂岩夹薄层灰黑色泥岩	37.0 m
1. 灰白色砾岩夹薄层灰黑色泥岩	22.0 m

~~~~~~~~~~ 不 整 合 ~~~~~~~~~~

下伏地层：**阜宁组四段** 灰、灰黑色泥岩夹黄褐色泥灰岩

【地质特征及区域变化】 戴南组各地岩性、厚度变化颇大。苏北盆地岩性同现在定义，在兴化、戴南、盐阜一带底部砂砾岩较发育，是最主要的产油层。直溪桥盆地富含灰黑色泥岩及石膏、盐岩或含膏盐泥岩。其厚度以苏北盆地真武一带较厚，达902 m，往东至兴化戴南一带厚度减为349～364 m，至东台唐洋仅98 m；往西至金湖官塘厚度为642.5 m，至盱眙厚度仅100 m；盐阜地区以盐城南洋地区厚度较大，达405 m，往西、北方向厚度迅速减薄、尖灭。直溪桥盆地厚400～500 m。

戴南组与阜宁组多呈不整合接触，与阜四段黑色泥岩之间有清晰的冲刷面；兴化戴南、草

舍、盐城南洋、射阳黄尖等地钻孔中戴南组底部也常有一套砂岩、砂砾岩不整合于阜宁组四段之上。局部地区如泰县叶甸、金坛直溪桥本组底部明显表示出充填式沉积，与下伏阜宁组、上覆三垛组为平行不整合接触。时代为始新世。

戴南组为陆相盆地河湖相及湖相为主的沉积。

三垛组　$E_{2-3}s$　（06－32－2304）

【创名及原始定义】　华东石油勘探局（1960）① 根据高邮县三垛地区钻孔资料建三垛组。为阜宁组之上、新第三系之下的一套棕红与灰绿色地层，不整合于阜宁组之上、盐城组之下。

【沿革】　1961年南京地质古生物研究所在总结江苏省中新生代地层的划分时将三垛组划归盐城组，作为盐城组下部的一个段，称“三垛段”，时代为上新世早期。1965年地质部第六普查勘探大队将三垛组置于盐城组之下、周庄组之上，时代为中新世。1972年江苏省石油勘探指挥所将三垛组与周庄组合并为三垛组上段和下段，时代为渐新世。1984年江苏省地矿局将三垛组置于盐城群之下、戴南组之上，时代属渐新世，但不排除其下部属于晚始新世的可能。1987年华东石油地质局根据介形虫、轮藻、孢粉等化石的研究，认为三垛组的地质时代应为晚始新世—早渐新世（表12－1）。

【现在定义】　岩性为棕、棕红色中细砂岩、含砾砂岩、砂质泥岩、泥岩。下未见底，上以浅褐、灰、棕红色泥岩、中细砂岩与盐城组灰白色含泥质砂砾岩不整合接触。

【层型】　正层型为高邮县三垛镇垛1孔钻孔剖面（119°39′，32°49′），华东石油局1959年测制。

上覆地层：**盐城组下段**　含泥质砂砾岩

～～～～～～～～～～ 不　整　合 ～～～～～～～～～～

三垛组	总厚度＞307.7 m
6. 浅褐、灰、棕红色泥岩与中细砂岩、砂质泥岩、泥岩互层	60.5 m
5. 棕红色细粉—中砂岩夹泥岩、砂质泥岩	53.5 m
4. 棕红色中细砂岩、泥质砂岩夹泥岩，底部含少量砾	41.5 m
3. 棕红色中细—细砂岩夹泥岩，底为砂岩含少量砾	56.5 m
2. 棕红色中—细砂岩夹泥岩、砂质泥岩	62.5 m
1. 棕红含灰绿、灰白色泥岩、砂质泥岩、中—细砂岩，含砾砂岩。（未见底）	＞33.2 m

【地质特征及区域变化】　本组地表出露零星，多为钻孔揭示，岩性及厚度变化较大，苏北盆地盐阜一带以灰黑色泥岩、泥质粉砂岩为主。东台、金湖地区为泥岩与粉细砂岩频繁互层，局部为泥质灰岩、同生砾状泥灰岩，金湖一带下部夹厚层玄武岩。高邮县三垛镇钻孔已揭露上部层位，岩性为浅棕色、棕红色粉砂岩、细砂岩夹薄层泥岩。直溪桥盆地上部以棕红色泥岩、粉砂质泥岩为主，夹同生泥砾泥灰岩、分散状石膏和含泥粉细砂岩，下部以灰黑、浅蓝色泥岩、钙质泥岩、凝灰岩和浅红色泥灰岩为主，夹较多的气孔状、杏仁状玄武岩。其厚度以苏北盆地江都真武一带最厚，达1 317.5 m，金湖官塘地区达920 m，盐阜一带636 m，高邮县三垛镇厚度大于300 m；直溪桥盆地最薄，厚仅510 m。含介形虫、轮藻及孢粉化石。时

① 原地质部华东石油勘探局1960年创名，资料写入：地质矿产部华东石油地质局地质研究大队，1987，苏北盆地新生界油气普查勘探队阶段性总结报告（1958—1983）。下同。

代为始新世—渐新世。

本组泥岩层理发育，粉细砂岩分选、磨圆较好，属河湖相为主的沉积，局部为火山岩相。经区域内钻孔揭示，与下伏戴南组及更老地层如浦口组均为不整合接触，与上覆盐城组及更新地层如方山组等也为不整合接触。

洞玄观组　N_1d　(06-32-2311)

【创名及原始定义】　程裕淇、沈永和（1948）将江宁县方山洞玄观剖面1—6层命名为洞玄观层，认为其由六个或更多的韵律组成，属河湖相沉积，时代为渐新世。岩性为部分固结，几乎平卧的沉积层，其下部主要为砾石层，中部和上部为褐黄至灰色砂、砂质粘土、具钙质结核的钙质粘土与砾石层，不整合于赤山砂岩之上。

【沿革】　1956年李立文在江宁县方山南麓洞玄观层中找到 *Anchitherium aurelianense*，经周明镇、胡长康（1956）研究认为其时代属中新世。1959年第一届全国地层会议将洞玄观层改称洞玄观组，时代为中新世，以后一直沿用至今。1964年李立文、夏树芳又在南京六合一带创浦镇组，时代与洞玄观组相当（表12-2）。浦镇组与洞玄观组为同物异名。

【现在定义】　为黄褐色砂砾层、细砂层，黄棕、灰白色（含钙质团块）粉砂粘土层组成韵律，含哺乳类化石。底以砾石层与赤山组砖红色细粉砂岩不整合接触；顶以黄棕、灰白色粉砂粘土层与上覆方山组气孔状橄榄玄武岩呈平行不整合接触。时代为中新世。

【层型】　正层型为江苏江宁县方山剖面（118°52′，31°55′），江苏区测队1974年重测。

上覆地层：**方山组**　灰黑色气孔状橄榄玄武岩

———————平行不整合———————

洞玄观组	总厚度 62.9 m
15. 黄棕、灰白色粉砂粘土层，含钙质团块	2.6 m
14. 黄褐色细砂岩，下部含少量砾石和钙质团块，含啮齿类	3.1 m
13. 灰褐色砂砾岩，砾石大小一般1～3 cm，个别大于20 cm，成分以石英岩、脉石英为主，次为基性岩、燧石等。底部夹有凸镜状中粗砂层	0.4 m
12. 黄棕、灰白色粉砂粘土岩，含钙质团块	1.7 m
11. 棕黄色细砂岩，底部含砾，砾径0.5～1.5 cm，往上砾石减少	1.4 m
10. 黄褐色砂砾岩	0.4 m
9. 黄棕、灰白色粉砂粘土岩，含钙质团块	4.3 m
8. 黄褐色细砂岩	1.7 m
7. 黄褐色砂砾岩，砾石成分以石英岩、脉石英为主，次为基性岩、安山岩、燧石等，呈次圆—次棱角状、圆状，砾石大小以1～3 cm为主，无定向排列	2.6 m
6. 黄棕、灰白色粉砂粘土岩，含有块径1～10 cm之钙质团块及少量中粗砂，具灰白色网纹	6.0 m
5. 褐黄色细砂岩，层内星散状分布有砾径0.3～0.5 cm的石英质砾石，具斜层理	4.2 m
4. 黄褐色砂砾岩，砂砾比为1∶2，砾石呈次棱角状，大小0.5～3 cm，成分石英岩、脉石英、燧石、粗安岩、基性岩等	0.9 m
3. 褐黄色粘土质粉砂岩，中部夹一层20～30 cm的砂砾层，砾径多为1～3 cm，含啮齿类骨盆、脊椎骨	7.8 m
2. 灰黄、褐灰色砂砾岩，砾石成分复杂，以石英岩、脉石英为主，次为基性岩、砖红色砂岩、燧石、安山岩等，夹凸镜状、豆荚状之细粉砂岩	21.0 m

1. 灰黄色局部砖红色粉砂质粘土岩，含少量砾石，近底部砾石集中成厚 10 cm 左右的砾石层，砾石成分以硅质岩为主，次为黄红色基性岩及砖红色细砂岩。产哺乳类 *Spanocricetodon ningensis* 4.8 m

~~~~~~~~~~ 不 整 合 ~~~~~~~~~~

下伏地层：赤山组 砖红色细粉砂岩

【地质特征及区域变化】 本组岩性在江宁方山主要为棕黄、灰白色砂砾岩，灰白、褐黄色泥岩。浦镇地区含较多的灰红、粉红色泥岩、含砾泥岩、钙质泥岩和砂质泥岩，夹含砾岩屑砂岩。溧阳上储庄为灰、深灰色砾岩与灰白色泥岩不等厚互层。本组厚度各地有所差异，江宁方山 63 m，浦镇林场 61 m，而在溧阳上储庄出露仅 14.5 m。区域上其下与三垛组或更老的地层如赤山组呈不整合接触，与上覆方山组或雨花台组呈平行不整合接触。

洞玄观组为一套河湖相—洪积和火山堆积。

雨花台组 $N_{1-2}y$ （06－32－2312）

【创名及原始定义】 刘季辰、赵汝钧（1924）于南京雨花台、方山创雨花台层。泛指南京附近的一套位于赤山层之上、玄武岩之下的砂砾层，厚度 32 m。为砾岩、砂岩及土质砂岩所组成，性极疏松，较赤山层尤甚，与赤山层接触之处，显系不整合，且在南京西南方山，其底部砾岩层中，显见有红色砂岩之卵石。南京附近出露之处，祗雨花台一带及方山玄武岩层之下有之。属下新统。

【沿革】 1933 年巴尔博（Barbour）提出方山的砂砾层应与雨花台砾石层分开，时代均属渐新世。1935 年杨钟健等指出：南京城南 5 公里处，砾石层是覆于玄武岩岩颈之上的，因此，雨花台层应归于上新世晚期。同年，李毓尧、李捷、朱森将雨花台层置于上新统，并以出露于雨花台附近者为代表。1959 年第一届全国地层会议将雨花台砾石层称之为雨花台组，时代归入早更新世。1976 年安徽区调队以六合灵岩山、黄岗两剖面为建组剖面新建了六合组、黄岗组。认为南京菊花台地区的雨花台组砾石层相当六合组底砾层，可归入六合组，曾建议取消“雨花台组”一名，但未被广泛采用，我省仍称雨花台组。

【现在定义】 岩性底部为砾石层，含脊椎动物、植物和孢粉化石。下部为灰绿、灰红色粉砂质泥岩及含砾砂层；中部为灰黑色粗玄岩；上部为灰红色凝灰质砂岩、粉砂岩、砂砾岩夹灰白色凹凸棒粘土岩、薄层玄武岩。不整合在赤山组或浦口组之上，上与方山组玄武岩平行不整合接触。

【层型】 1924 年刘季辰、赵汝钧在创建雨花台层时以江宁方山剖面为标准剖面，但该剖面的砾石层属于洞玄观组，显然已不能作为雨花台组标准剖面。后多以南京菊花台剖面为雨花台组标准剖面，而该剖面出露不全，仅代表雨花台组下部的砂砾层部分。现采用六合县黄岗、小盘山、灵岩山三条剖面，分别代表雨花台组的上、中、下部。复合新层型为南京市菊花台剖面（118°46′，32°00′），江苏区调队 1987 年实测；黄岗砂矿剖面（118°48′，32°29′），安徽区调队 1976 年实测。菊花台剖面如下：

上覆地层：**中更新统** 红土泥砾及黄土状亚粘土

——————平行不整合——————

雨花台组下部 厚度 12.5 m

6. 棕红、棕褐色砾石层，砾石层分选较差，砾石主要有石英岩、石英砂岩、燧石及硅化
~~~~~~~~~~

灰岩组成，其次有火成岩、泥质岩砾石，个别见片岩、片麻岩砾石。砾径一般4～8 cm，大者超过15 cm，小者仅几毫米。砾石外形较光滑，磨圆度良好。泥砂质胶结，胶结物以石英、长石砂为主，且含铁质较高，少量泥质。与下伏地层之间具冲刷面，有的露头还见氧化铁薄膜　3.0 m

5. 棕褐、黄棕色砂层，呈凸镜状。层内多见单向韵律性层理，倾向北东，倾角10°～20°　1.0 m
4. 棕黄色、黄褐色砾石层，砾石成分、粒度与第6层基本相同，唯粒度略小。部分露头上具大型板状斜层理。层系厚1～2 m，细层一般20～30 cm。倾向北东，倾角15°～20°。与下伏层之间具冲刷面，面上氧化铁薄膜发育，厚1～2 cm，且呈凹凸不平状　2.5 m
3. 灰白、略带灰绿、灰红色泥质粉砂岩、粉砂质泥岩，本层呈凸镜状，在尖灭处常见泥包砾现象。泥岩成分以拜来石为主，含石英、氧化铁。层内含丰富的植物及孢粉化石。含植物 *Populus prosimonii*，*P. sambonsgii*，*Carpinus* sp.，*Podogonium oehningense*，*Salix* sp.，*Evonymus* sp.，*Phyllites* sp.；孢粉 *Pinus*，*Pterocarya*，*Quercus*，*Populus*，*Salix*，*Labiatae*，*Artemisia*，*Spirogyra*，*Xanthium*，*Chenopodium*，*Pediastrum* 以及 *Gramineae*，*Alnus*，*Engelhardtia* 等　0.5 m
2. 黄褐、灰棕色、局部灰白色砾石层，砾石成分与第6层基本相同，砾径一般2～5 cm。砾石外形呈浑圆状，磨圆度良好。泥砂质胶结，胶结物以石英砂为主，少量长石或泥质　1.0 m
1. 灰白、灰绿色，上部偶夹灰棕色条带的砂砾层，上部为灰白色砾石层，常夹灰棕色条带。砾石成分与第6层基本相同，砾径以4～8 cm为主，大者超过20 cm。泥砂质胶结，胶结物以石英砂为主，较松散。偶见马鞍形、灯盏形或具压坑之砾石。下部为灰绿色中粗砂夹小砾层，底部有下伏浦口组砾石。砂的成分以石英为主，含量超过80%。由下而上砾石含量增加，渐变为砂砾层、砾石层，其间无明显界面　4.5 m

~~~~~~~~~~~~ 不 整 合 ~~~~~~~~~~~~

下伏地层：浦口组　暗紫灰色砂岩

六合县黄岗砂矿剖面

上覆地层：方山组　灰黑色气孔状玄武岩，气孔部分为沸石、方解石充填

——————平行不整合——————

雨花台组上部　厚度51.4 m

32. 灰红、砖红色凝灰质细粉砂岩，微层理发育　0.7 m
31. 灰黄、褐黄色凝灰质砂砾岩与含砾凝灰质砂岩互层，微层理发育。砾石成分复杂，除玄武岩砾石外，分选性、磨圆度良好　2.9 m
30. 灰红色凝灰质砂岩与凝灰质砂质泥岩互层，微层理发育　1.5 m
29. 浅紫灰、棕灰色厚层泥岩、砂质泥岩，含粉砂团块，下部夹泥质粗砂扁豆体　2.0 m
28. 桔黄、黄褐色含砾不等粒砂岩，交错层理发育，泥、砂质胶结。上部夹浅紫灰色砂质泥岩条带　5.3 m
27. 浅灰、浅紫灰色厚层细砂岩、粉砂岩，泥质细砂岩、粉砂岩含砂不均　0.6 m
26. 灰黄、灰白色含砂砾岩、含砾不等粒砂岩，含砾不均匀。含灰色粉砂团块，微层理发育。砾石成分以石英岩、石英砂岩、硅质岩、脉石英、燧石为主，砾径一般在3 cm以下，多呈圆、次圆状。含哺乳类 *Hipparion* cf. *platyodus*，"*Diceratherium*" cf. *minus*，*Pliomastodon* cf. *matthewi*，Giraffidae，Cervidae　2.4 m
25. 浅灰绿色厚层泥岩、粉砂质泥岩及少量泥质粉砂岩，含砂量不均匀　1.1 m
24. 粉红色厚层砂质泥岩　1.9 m

23—20. 灰色气孔状粗玄岩与灰红色厚层沉凝灰岩互层　11.5 m

19. 灰、粉红色厚层泥岩、沉凝灰岩，含钙质结核及团块　13.3 m
~~~~~~~~~~~~

18. 紫灰、灰黄色气孔及杏仁状橄榄粗玄岩（未见底） 8.2 m

雨花台组中部（下接六合县小盘山雨花台组实测剖面） 厚度 23.3 m

17—14. 灰黄、浅棕灰色气孔状橄榄粗玄岩、橄榄玄武岩 6.3 m

13. 灰黄色橄榄粗玄岩，具板状裂隙 12.6 m

12. 黑灰色致密状橄榄玄武岩，球形风化 1.7 m

11. 灰黑色气孔状橄榄玄武岩，气孔发育呈蜂窝状，部分有沸石、方解石充填 0.4 m

10. 灰黄色橄榄粗玄岩，具板状裂隙 2.3 m

雨花台组下部（下接六合县灵岩山雨花台组实测剖面） 厚度 38.9 m

9. 砖红色厚层含粉砂泥岩 1.5 m

8. 土黄色厚层钙质粉砂质泥岩，中部钙质含量高，风化面呈疙瘩状。含砂量不均匀，有的为泥质粉砂岩 3.0 m

7. 灰黄、桔黄色细砂、粉砂与粉红色粉砂质泥岩呈韵律互层 4.5 m

6. 灰黄、棕黄色含砂细砾层夹含砾细砂扁豆体，微层理发育。砾石成分主要有石英岩、石英砂岩、硅质岩、脉石英、燧石、砂岩等，砾径一般在 1 cm 以下，呈次棱角、次圆状 1.5 m

5. 棕黄色含砂砾石层，砾石成分同上，砾径一般 1～3 cm，多呈圆、次圆状。含哺乳类 *Hyotherium* cf. *palaeochoerus*，*Tetralophodon* sp.，"*Diceratherium*" sp. 2.4 m

4. 桔黄、灰黄色细砂，交错层、微层理发育。下部含较多不规则粉红色含粉砂泥岩团块 3.0 m

3. 棕黄、灰黄色含砾细砂，交错层发育。砾石成分有石英岩、石英砂岩、硅质岩、脉石英、燧石、砂岩等。砾径一般 3 cm 以下，多呈圆、次圆状。同时含不规则状粉红色含粉砂泥岩同生砾 5.2 m

2. 棕黄色含砂砾卵石夹薄层细砂，且与灰色亚砂土、亚粘土韵律互层，微层理发育。砾石成分同第 3 层，砾径 1～3 cm，多呈圆状 2.7 m

1. 灰白色砾卵石夹薄层粗砂细砂扁豆体，砾石成分复杂，主要有石英岩、石英砂岩、硅质岩，次有脉石英、燧石、砂岩、安山岩、变质流纹岩、花岗闪长岩等，砾径一般 1～10 cm，大者达 20 cm，多呈圆状，排列较规则 15.1 m

~~~~~~~~~~ 不 整 合 ~~~~~~~~~~

下伏地层：赤山组　砖红色粉、细砂岩

【地质特征及区域变化】　本组岩性厚度变化较大，南京、六合地区常可三分，下部在南京菊花台为棕黄、棕红色砾石层、砂砾层、砂层夹灰白色泥岩或粘土凸镜体，厚度 9.6 m。西善桥贾东村东北为棕黄、棕红色砂砾层，其上斜层理发育，厚度 8 m。江宁陡岗为棕黄色砂砾层，厚度 16.3 m。南京板桥曹前山为灰褐、黄褐色砾石层夹灰绿、灰红色粉砂质泥岩，厚度 12 m。六合桂枝山为棕黄、黄褐色砾石层夹黄褐、褐棕色砂层，厚度 8.8 m。在六合横山本组下部砂砾层覆于阜宁组砂岩之上，其岩性特征与灵岩山基本一致，厚度达 62 m。南京栖霞山南林村油山有一层砾石层平铺于青龙灰岩之上，砾石层的岩性特征与灵岩山、横山等地砾石层相似，厚度约 1 m。六合灵岩山为土黄、桔黄色钙质、砂质泥岩，灰黄、棕黄色含砂砾石层，灰、灰白色砾卵石，厚度 40.9 m。中部在六合小盘山为灰黄色粗玄岩、橄榄粗玄岩，夹少量黑灰、棕灰色玄武岩，厚度 23.4 m。在江宁方山为灰黑、紫灰色气孔状玄武岩与致密状玄武岩互层，厚度 54.3 m。六合陈项营为灰黄、灰黑色橄榄粗玄岩、气孔状粗玄岩，厚度73 m。上部岩性在江宁方山为灰黄、黄褐色凝灰质砂砾岩、凝灰质砂岩及沉凝灰角砾岩，厚度11 m。六合—仪征地区为灰、灰黄、灰红色凝灰质砂砾岩，底部偶夹少量粗玄岩，沉积不稳定，厚度 0～44 m。区域上本组底部的砾石层平行不整合在洞玄观组或不整合在其下不同层位地层
~~~~~~~~~~

如浦口组、赤山组等之上。时代为晚第三纪。

雨花台组的沉积环境，其下部为山前洪积—网状河流的砂砾屑沉积，其上部以湖相沉积为主，间有基性火山喷发。其主要矿产有凹凸棒石粘土矿、建筑用砂砾、观赏石和雨花石等。

方山组　N_2f　(06-32-2313)

【创名及原始定义】　程裕淇、沈永和（1948）于江宁方山创建方山火山岩系，分上玄武岩及下玄武岩两层，时代归第三纪中期（渐新世末至上新世早期）。其岩性上玄武岩主要为暗灰色斑状玄武岩，下玄武岩主要为伊丁—橄榄玄武岩。

【沿革】　1959年全国地层会议将方山玄武岩时代归于更新世早期或中期。1970年江苏区测队将六合、仪征一带及句容射乌山的玄武岩划归灵岩山组，时代属上新世晚期。1974年该队对江宁方山剖面进行了重测，采用方山组一名，并将雨花台组置于方山组之上。1977年安徽区调队将浦镇、六合一带凝灰质砂砾层之上的玄武岩取名尖山组，其下的玄武岩称小盘山组。经本次对比研究认为，尖山组与方山组同物异名，建议停用；小盘山组归入雨花台组。

【现在定义】　指雨花台组之上的一套玄武岩层，其上、下部为灰、灰黑色橄榄玄武岩，中部为凝灰质砂砾岩、凝灰质细砂岩、粗砂岩及凝灰岩。与下伏洞玄观组，上覆下蜀组均呈平行不整合接触。

【层型】　正层型为江宁县方山剖面（118°52′，31°55′），江苏区测队1974年重测。

上覆地层：**下蜀组**　褐黄色亚粘土

———————平行不整合———————

方山组　总厚度 249.0 m

20. 灰黑色细粒气孔状橄榄玄武岩。气孔有扁平状及不规则状两种，略具定向排列　9.4 m
19. 灰黑色细粒橄榄玄武岩。有少量气孔，呈扁平状，排列方向不明显　8.8 m
18. 灰黑色细粒气孔橄榄玄武岩。有气孔，呈扁平状，排列方向不明显。　55.4 m
17. 暗紫色玄武质集块角砾岩。角砾集块含量为50%左右，成分以蜂窝状、气孔状浮石或玄武岩为主，其次为砖红色砂岩　58.8 m
16. 灰红色玄武质集块岩。集块直径约10～15 cm，个别达30 cm，角砾大小为3～10 cm，以5～8 cm为多。含纺缍状、犁状、椭圆状、棒状、铁饼状等形状的火山弹，直径约20～50 cm，大者达70 cm，最小为5 cm　29.5 m
15. 灰红色层集块凝灰角砾岩。集块、角砾呈棱角状、次棱角状，少数次圆状，成分以熔岩为主，次有浮石及砂岩，层理清楚　16.7 m
14. 灰黑色细粒气孔状橄榄玄武岩，气孔呈不规则状，具定向性排列，大小0.05 cm～0.5 cm，孔壁光洁　5.0 m
13. 上部为凝灰质细砂岩与凝灰质粗砂岩，顶部为黄褐色砂砾岩，下部为褐黄色凝灰质砂砾岩，底部砾石之砾径2～4 cm，个别15 cm左右，平行层理较清晰，韵律清楚　1.6 m
12. 上部为褐黄色薄层状凝灰质粗砂岩与黄褐色凝灰质细砂岩互层，夹一薄层褐黄色凝灰质砂砾岩；下部为灰黄色凝灰质砾岩，砾石次圆状。砾石成分主要为气孔状、致密状玄武岩，其次为石英砂岩及个别砖红色砂岩。本层韵律清楚　1.3 m
11. 黄褐色凝灰质砂岩、凝灰质砂砾岩、凝灰质砾岩。平行层理好　2.3 m
10. 褐黄色沉凝灰角砾岩。角砾成分复杂，有致密状及气孔状橄榄玄武岩、石英砂岩及个别砖红色细砂岩。含量50%～60%。本层下部为中厚层状，往上为中薄层、薄层状　5.9 m

9. 紫灰色气孔状橄榄玄武岩。熔渣状及气孔无定向排列 2.1 m

8. 灰黑色致密状橄榄玄武岩。表面呈似鲕状、豆状特征 3.2 m

7. 紫灰色气孔状橄榄玄武岩。气孔具明显压扁及分叉现象，孔壁有一圈很薄的沸石充填 2.9 m

6. 灰黑色致密状橄榄玄武岩。风化后表面呈似鲕状 6.9 m

5. 灰黑色气孔状橄榄玄武岩。气孔大小不一，具定向排列，少数有沸石充填 3.3 m

4. 灰黑色致密状橄榄玄武岩。含稀疏细小气孔 3.3 m

3. 灰黑色气孔状橄榄玄武岩。气孔具定向排列 6.4 m

2. 灰黑色致密状橄榄玄武岩。含少量气孔 2.6 m

1. 上部为黄绿色蚀变橄榄玄武岩，具球状风化；下部为灰黑色气孔状橄榄玄武岩，气孔呈压扁状 23.6 m

———————平行不整合———————

下伏地层：洞玄观组　灰白色粉砂粘土层

【地质特征及区域变化】　各地岩性、厚度变化较大。南京地区可分为上、中、下三部分：上、下部为玄武岩，中部为凝灰质砂砾岩、凝灰质砂岩、沉凝灰角砾岩，厚度大于249 m。六合地区为灰、灰黑色（含幔源包体）橄榄玄武岩，局部夹黑色碳质页岩，厚度105 m。句容地区主要为灰黑、暗灰色橄榄玄武岩，局部与集块角砾状熔岩互层，厚度大于90 m。盱眙地区主要为灰、灰紫、灰黑色中粒玄武岩与气孔状中粒玄武岩相间，次为橄榄玄武岩、粗玄岩、橄榄粗、中细粒玄武岩，夹1～3层棕红、砖红色泥岩，局部为碱性玄武岩、火山集块岩及火山角砾岩、凝灰角砾岩等，厚度大于172 m。区域上下以灰黑色橄榄玄武岩与雨花台组砂砾岩或洞玄观组灰白色粉砂粘土呈平行不整合接触。时代为上新世。

盐城组　$N_{1-2}yn$　(06-32-2314)

【创名及原始定义】　华东石油勘探局（1960）根据盐城地区钻孔资料建盐城组。指三垛组之上，第四纪松散层之下的一套棕红、灰绿、灰白、棕黄等色粉砂—粗砂岩、砂质粘土、粉砂质泥岩多次互层，局部夹玄武岩，时代为中新世。与下伏三垛组不整合接触，与上覆第四系平行不整合接触。

【沿革】　中国科学院南京地质古生物研究所①（1961）将盐城组从下到上分为：三垛段、建湖段、滨海段，时代为中—上新世。1963年“盐城地质会议”将苏北盐城一带上第三系地层亦定名为盐城组，并划分上、中、下三段。1984年江苏地矿局将盐城组改称盐城群。1987年华东石油地质局将盐城群分为上盐城组和下盐城组。本次对比研究采用盐城组。

【现在定义】　下段为灰绿、浅棕色含砂、钙质泥岩、砂岩、砂砾层；上段为灰黄色粘土层与粉细砂、砂砾层频繁互层。含植物化石碎片。与下伏三垛组不整合接触，与上覆豆冲组平行不整合接触。

【层型】　创名时未测剖面；选层型为盐城县南洋岸镇北陵盐深4孔钻孔剖面（120°13′，33°25′），地质部第五普查勘探大队，1972年测制。

上覆地层：豆冲组　黄、灰色粉砂质粘土与粘土质粉砂层互层，夹砂砾层

———————平行不整合———————

① 中国科学院南京地质古生物研究所，1961，江苏省句容群、苏北群及盐城组生储油性讨论。

盐城组	总厚度 1 110.0 m
上段	厚度 221.0 m
5. 灰黄色粘土层与粉细砂层、砂砾层频繁互层，夹棕红、灰白色粘土薄层	221.0 m
下段	厚度 889.0 m
4. 灰绿、浅棕色粘土层为主，夹灰白色粉细砂层及两层黄绿色砂砾层	177.5 m
3. 浅棕、黄绿色泥岩与黄绿色砂层、砂砾层频繁互层，含植物化石碎屑	394.0 m
2. 棕黄、灰绿色泥岩夹灰黄、灰白色砂岩、砂砾层。泥岩普遍含钙质，局部成含砂泥灰岩条带	172.5 m
1. 浅棕、紫棕色含砂、钙质泥岩夹泥质砂岩，底为松散黄色砂岩	145.0 m

~~~~~~~~~~ 不 整 合 ~~~~~~~~~~

下伏地层：**三垛组上段**　棕红色含砂泥岩夹灰绿色钙质泥岩条带及斑块，局部含细砾石

【地质特征及区域变化】　本区盐城组厚度、岩性变化较大。以东台三仓沉积厚度最大，达 1 538.5 m，盐城南洋岸次之，为 1 110 m，金坛地区较薄，511 m。下部沉积继承三垛组沉积时期特点，岩性、厚度由坳陷中心向边缘或隆起地带变粗减薄，如苏北盆地盐阜地区下段在盐城南洋岸为泥岩与粉细砂岩互层，厚度 712 m，往西北至边缘阜宁厚仅 136 m，岩性明显变粗，为粉细砂岩夹泥岩，至沭阳一带则为紫红色砂砾岩夹页岩，厚度仅 108 m。东台地区在东部三仓一带厚度 651 m，往西至海安、江都一带为 580 m 左右，至金湖地区不足百米。

上段分布极为广泛，超覆披盖于整个苏北—南黄海盆地，以致苏鲁地盾和苏南隆起区，它在下第三系或盐城组下段缺失沉积的隆起地带也皆有分布。与下段相比，岩性普遍较粗，砂砾岩发育。但厚度仍以坳陷中心较厚，边缘或隆起地带较薄，如在苏北盆地盐阜地区盐城一带厚度较大，达 584 m，由此向西北逐渐减薄，至阜宁地区减至 392 m，至沭阳厚度仅数十米，东台地区由东往西逐渐变薄，在东台三仓可达 888 m，往西至海安南莫庄减至 611 m，至兴化陈堡为 535 m，至金湖三河为 373 m，而至盱眙地区仅 70 m。时代为晚第三纪。

盐城组含油气层系以气显示为主。为一套杂色疏松的陆源粗屑河流、泛滥平原相沉积。

第二节　生物组合特征

本区第三纪时期属环太平洋生物区，即有海生生物，亦有陆生生物，而且还有能适应半咸水的所谓过渡相生物。由于受古地理、古环境、古气候及构造运动的影响，各时期的生物群面貌有所不同，其中常见的化石门类有：介形虫、轮藻、孢粉、植物、脊椎动物、腹足类、叶肢介、昆虫等，其中以前五类分布最广，数量最多，也最具有地层划分意义。

1、介形虫

介形虫是本区分布广泛的一个化石门类，据江苏省地质矿产局(1984)、陈华成和吴其切(1989)、华东石油地质局(1989)研究，按演化特征及分布，自下而上可分为 7 个组合。

①*Cypridea* - *Cyprois* - *Parailyocypris* 组合　见于泰州组，组合中以中生代 *Cypridea* 和新生代 *Cyprois*，*Ilyocypris*，*Eucypris*，*Limnocythere*，*Candona* 等共生，呈现为过渡类型，以区别于下伏赤山组的 *Cristocypridea* - *Cypridea* - *Ruficypris* 组合。

②*Sinocypris* - *Parailyocypris* 组合　见于阜宁组一、二段，主要属种有 *Sinocypris funingensis*，*Parailyocypris changzhouensis*，*P. jiangsuensis*，*Eucypris* sp.。

③*Sinocypris* - *Candona* - *Eucypris* - *Ilyocypris* 组合　见于阜宁组三、四段，是本区内最广
~~~~~~~~~~

泛发育的一个介形虫组合，其中最显著的一个特征，以早第三纪介形虫 *Sinocypris* 的繁盛为标志。常见的介形虫有 *Sinocypris funingensis*，*S. multipuncta*，*S. arca*，*Candona jiangsuensis*，*Eucypris stagnalis*，*Ilyocypris subhanjiangensis*，*Neomonoceratina bullata*，*N. porecta*，*Cypris decaryi*。

④*Sinocypris* - *Limnocythere* - *Cypris* - *Cyprinotus* 组合　见于戴南组，主要分子有 *Sinocypris triangulata*，*S. reticulata*，*Limnocythere hubeiensis*，*L. posterobinoda*，*L. jiangsuensis*，*Cypris decaryi*，*Cyprinotus* sp.，*Neomonoceratina bullata*，*Cyprideis changzhouensis*，*Eucypris versuta*，*Metacypris changzhouensis* 等。

⑤*Limnocythere* - *Cyprois* - *Eucypris* 组合　见于三垛组下段，主要有 *Limnocythere subhubeiensis*，*L. jiangsuensis*，*Cyprois formosa*，*C. amygodala*，*Eucypris jintanensis*，*E. gaoyouensis*，*Ilyocypris pulehra*，*I. funingensis*，*Cyprinotus* (*Heterocypris*) *formols*，*Pseudoeucypris jintanensis* 等。

⑥*Pinnocypris* - *Cyprinotus* - *Ilyocypris* 组合　见于三垛组上段，主要有 *Pinnocypris postiacuta*，*P. alta*，*Cyprinotus* (*Cyprinotus*) *sinensis*，*C.* (*Heterocypris*) *jiangkouensis*，*C. shanduoensis*，*Ilyocypris funingensis*。

⑦*Ilyocypris* - *Candona* 组合　见于盐城组，主要有 *Ilyocypris subcornae*，*I. errabundis*，*I. funingensis*，*Candona* (*Candona*) *subacuta*，*C.* (*Candoniella*) *salacensis*，*C.* (*Pseudocandona*) *subequalisalta*，*Eucypris micida*，*E. deformis* 等。

介形虫在本区内分布广泛，组合特征明显，是本区内早第三纪生物地层划分对比的主要依据之一，具有较重要的意义。

2. 轮藻

轮藻是本区第三纪陆相地层中最为常见的一个化石门类。据江苏省地矿局(1984)、陈华成和吴其切(1989)、华东石油地质局(1989)研究，按其形态特征、演化规律，自下而上分为下列5个组合。

①*Collichara xiaohekouensis* - *Latochara cylindrica* 组合　见于泰州组，这一轮藻植物群以中、新生代轮藻类型共生为特征，组合中或多或少都残留了一些中生代晚期的属种，新生代属种已占有绝对优势。组合中以大量的新生代分子 *Stephanochara* sp.，*Gyrogona* sp.，*Grovesichara* sp.，*Obtusochara* sp.，*Sphaerochara* sp.，*Cobichara* sp.，*Neochara* sp.，*Peckichara* sp. 为主。而中生代宽轮藻属仅有 *Latochara cylindrica*，*L. curtula*，*L. yizhengica* 三个种出现。

②*Gobichara deserita* - *Peckichara longa* - *Stephanochara jiangsuensis* 组合　见于阜宁组二—四段，主要有 *Gobichara deserita*，*Stephanochara jiangsuensis*，*S*，*micrococea*，*S. funingensis*，*S. fortis*，*Peckichara longa*，*P. varians*，*P. subspherica*，*Grovesichara changzhouensis*，*Neochara huananensis*，*Sinochara dongtaiensis*，*Rhabdochara kisgyonensis* 等。

③*Neochara huananensis* - *Grovesichara changzhouensis* - *Peckichara subsphaerica* 组合　见于戴南组，主要属种有 *Neochara huananensis*，*N. magna*，*N. sinuolata*，*Grovesichara changzhouensis*，*Peckichara subsphaerica*，*Rhabdochara changzhouensis*，*Gyrogonahua jiazhuangensis*，*G. qianjiangica*，*Stephanochara fortis*，*Gobichara lauta*，*Obtusochara lanpingensis* 等。

④*Obtusochara jianglingensis* - *Gyrogona qianjiangica* 组合　见于三垛组，主要有 *Obtu-*

sochara jianglingensis，*Gyrogona qianjiangica*，*Charites sadleri*，*Maedlerisphaera chinensis*，*Amblyochara subeiensis* 等。

⑤*Tectochara* - *Charites* 组合　见于盐城组，主要有 *Tectochara globula*，*T. meriani*，*T. diluriana*，*Charites inconspicua*，*Amblyochara subciensis*，*Maedlerisphaera chinensis*，*Sphaerochara granulifera* 等。

3. 孢粉

据江苏省地质矿产局(1984)、陈华成和吴其切(1989)、华东石油地质局(1989)研究，自下而上可分为 8 个组合。

①*Trilobosporite minus* - *Cedripites* - *Podocarpidites* - *Ulmipollenites* 组合　见于泰州组，组合中有部分古老的类型，如 *Schizaeoisporites*，*Classopollis* 等，还有一些早第三纪早期的类型，如 *Aquilapollenites*，*Mancicorpus*，*Wodehouseia*，*Tramslucentipollis*，*Betpakdalina*，*Jianghanpollis*，*Pentapollenites* 等。

②*Ulmipollenites minor* - *Triporopollenites* - *Rhoipites* 组合　见于阜宁组一、二段，组合中被子植物占 80%左右，其中尤以 *Ulmipollenites minor*，*Quercoidites henrici*，*Subtriporopollenites granulatus*，*Plicapollis* spp.，*Rhoipites* spp. 为常见属种，而上一组合中，晚中生代属种及早第三纪早期的特殊属种数量大大减少以至消失。

③*Ulmipollenites* - *Praeacidites* - *Pinus* 组合　见于阜宁组三、四段，其中 *Pinuspollenites*，*Abietineaepollenites* 以及 *Parcisporites parvisaccus* 等裸子植物花粉含量有较上一组合明显提高的趋势，被子植物中的 *Ulmipollenites* 花粉含量特高，可达总数 40%以上，而上一组合含量较高的 *Subtriporopollenites*，*Plicapollis* 等显著减少。本组合中的 *Proteacidites* 等热带亚热带属种稳定，可作为本组合的特征化石。

④*Taxodiaceaepollenites* - *Caryapollentes* - *Inaperturopollenites* 组合　在戴南组，该组合裸子植物花粉含量有了十分明显的增长，其中具气囊裸子植物花粉含量在 10%～20%以内，而不具气囊的裸子植物花粉如 *Taxodiaceaepollenites*，*Inaperturopollenites* 含量一般可高达 20%～30%，最高可达 40%；被子植物花粉中，*Ulmipollenites*，*Caryapollenites*，*Ostryoipollenites rhenanus*，*Quercoidites microhenrici* 的含量一般不超过 15%。

⑤*Taxodiaceaepollenites* - *Caryapollenites* 组合　见于三垛组下段，组合中具气囊裸子植物花粉含量略有减少，而 *Taxodiaceaepollenites* 等仍保持含量或略有提高。其中，*Ephedripites* 含量明显提高。

⑥*Meliaceoidites* - *Retitricolpites* - *Retiporocolpites* 组合　见于三垛组上段，在这一组合中，*Polydumsporites* 开始出现并有一定数量，草本植物含量较三垛组下段有明显增加，并出现 *Convoloulus* 花粉，组合面貌较为特殊，与晚第三纪孢粉组合有某些接近之处。

⑦*Pinuspollenites* - *Ceratopteris* 组合　见于盐城组下段，以 *Ceratopteris* 的高含量（5%～15%）和 *Cooksonella circularis*，*Salviniaspora natansoides* 的出现为该组合的主要特征。具气囊松柏类花粉较三垛组上段增多，其中 *Abietineaepollenites*，*Pinuspollenites*，*Piceaepollenites gigantea* 为裸子植物的优势分子。被子植物花粉以 *Caryapollenites*，*Quercoidites*，*Tiliaepollentes* 和 *Ulmipollenites undulosus*，*U. minor* 为主。草本植物的种类和数量都较丰富，以 *Convoloulus*，*Chenopodipollis*，*Gramineae* 出现较多。

⑧*Ceratopteris* - *Monosuleites* - *Polygonum* - *Convoloulus* - *Ulmipollenites* 组合　见于盐城组上段，以被子植物花粉占绝对优势（42%～64%），其中 *Ulmipollenites*，*U. minor* 为主要分

子，裸子植物花粉次之（13%～40%），以 *Pinaceae* 为主，蕨类孢子以 *Polypodiaceaesporites*，*Ceratopteris* 为主要分子。

4. 植物

本区植物主要赋存于晚第三纪地层中，据江苏省地矿局（1984，1987），李浩敏、邵家骥、黄姜侬（1987）研究，可分为 2 个植物群。

①主要有 *Podogonium oehningense*，*Kiycheimer*，*Entado mioformosana*，*Leguminostites climensis*，*Albizzia miokarkora*，*Gymnocladus miochinensis* 等。见于洞玄观组。

②主要有 *Ulmus protoparvifolia*，*Populus* spp.，*Podogonium oehningense*，*Morusasymmetrica*，*Wisteria fallax*，*Cocculus rotundifolius*，*Spiraea* sp.，*Salix* sp.，*Carpinus* sp. 等。见于雨花台组。

5. 脊椎动物

本区脊椎动物化石主要发现于晚第三纪地层，据安徽区调队（1977）、江苏省地矿局（1984）研究，可分为 2 个动物群。

①*Anchitherium aurelianense*－*Spanocricetodon ningensis* 动物群　发现于洞玄观组，以哺乳类为主，有 *Anchitherium aurelianense*，*Spanocricetodon ningensis*，*Brachypotherium* cf. *brachypus*，*Stephanocemas colberti*，*Dicrocerus* cf. *elegans*，*Hyotherium* sp.，*Alligator* sp.，*Trionyx* spp. 等。

②*Hipparion*－*Hyotherium* 动物群　发现于雨花台组，以哺乳类为主，有 *Hipparion* cf. *platyodus*，*Hyotherium* cf. *palaeochoerus*，*Tetralophodon* sp.，"*Diceratherium*" cf. *minus*，? *Pliomastodon* cf. *matthewi* 等。

第三节　年代地层

全国地层委员会（1981）将全国第三纪年代地层分为上第三系及下第三系，含五个统：下第三系为古新统、始新统、渐新统，上第三系包括中新统、上新统。区内年代地层的确定主要依据生物组合特征及其区域对比，以及同位素年龄。现对本区第三系的界线讨论如下：

1. 第三系的下界

本区白垩系与第三系的分界目前尚有争议，主要是对泰州组的时代归属未取得统一认识。

自 50 年代末华东石油局及江苏石油队在苏北平原第四系覆盖层之下发现第三系以来，曾将晚白垩世赤山组砖红色粉砂岩之上的一套泥岩夹棕红色粉砂质泥岩、灰白色钙质砂岩的地层命名为阜宁组，时代归始新世。南京地质古生物研究所（1961）在泰 1 井、阜基井中，于紧接赤山组之上的黑色泥岩发现大量的介形虫 *Cypridea*，时代应为晚白垩世。遂命产 *Cypridea* 的原阜宁组 1 段黑色泥岩为泰州组。这样就将苏北地区白垩系与第三系界线置与泰州组黑色泥岩和阜宁组棕红色砂泥岩之间。

吴其切、胡存礼（1974）在本区角直盆地晚白垩世赤山组中发现大量晚白垩世介形虫 *Talicypridea*、轮藻 *Latochara* 化石组合，认为白垩系与第三系界线应在泰州组黑色泥岩和赤山组砖红色粉砂岩之间。

华东石油地质局（1987）综合介形虫、轮藻、孢粉等各门类化石的研究成果，认为泰州组均有以新生代分子为主，中生代分子为辅的混生特征。介形虫组合与早、中古新世标准剖面南雄盆地的上湖组相当，而不同于下伏晚白垩世赤山组的组合面貌。而所谓中生代类型的

Cypridea，*Latochara* 实为延续到第三纪早期的过渡分子。苏北泰州组在露头区及井下资料均表明与下伏赤山组、浦口组呈不整合接触，而与上覆阜宁组为连续沉积，因此泰州组属对应的下古新统。故本区第三系的下界应划在相对应的泰州组黑色泥岩与赤山组砖红色粉砂岩之间。

2. 下第三系与上第三系的分界

新第三纪地层在本区西南部和苏北平原东部发育较完整。据江苏省地矿局(1984)研究，盐城组介形虫为 *Ilyocypris*－*Candona* 组合，组合中主要分子 *Ilyocypris subcornae*，*Candona*(*Candona*) *subacuta* 等与新疆吐鲁番盆地及库车盆地上新统中的 *Ilyocypris subcornae* 相近，时代偏向中一上新世。轮藻 *Tectochara globula*，*Charites inconspicua* 等为新第三纪常见分子，孢粉中 *Ceratopteris* 及草本植物花粉明显增加，反映新第三纪孢粉组合特点，比较接近下草湾组、雨花台组。因此，盐城组相对应的年代地层为中一上新统。

洞玄观组含植物 *Podogonium oehningense*，*Leguminostites climensis*，*Albizzia miokarkora* 等，该植物群大多见于山东山旺组，并可与其对比。脊椎动物属 *Anchitherium*－*Spanocricetodon* 动物群，多数为中新世较典型的属种，由此可见，洞玄观组对应于中新统。

据陈华成、吴其切(1989)研究，本区下第三系与上第三系的界线是明确的，在苏北东部平原地区盐城组不整合在三垛组之上，本区西南部洞玄观组不整合于上白垩统赤山组、浦口组之上，说明本区早第三纪末发生地壳运动，新第三纪地层普遍不整合于渐新统或更老地层之上。

根据上述分析，下第三系与上第三系的界线在苏北平原东部应划在相对应的盐城组与三垛组之间，在本区西南部应置于洞玄观组之底。

3. 古新统与始新统的界线

根据南京大学地质系和江苏石油地质研究队(1977)、华东石油地质局(1987)研究，盱眙刘营剖面阜宁组三、四段含介形虫 *Neomonoceratina bullata*，*N. porrecta*，*Sinocypris funingensis*，*S. multipuncta*，*S. arca*，*Eucypris stagnalis*，*Ilyocypris subhanjiangensis*，*Candona jiangsuensis*；叶肢介 *Fushunograpca changzhouensis*，*F. changheensis*；鱼类 *Tungtingichys aianensis* 等，并认为这些化石组合的时代为晚古新世。由于阜宁组与上覆戴南组之间为明显的平行不整合一不整合，戴南组的介形虫和轮藻组合与华南地区始新世的组合可以对比，其时代为始新世，故古新统与始新统界线应划在相对应的阜宁组与戴南组之间。

4. 始新统与渐新统的界线

根据江苏省地矿局(1984)、华东石油地质局(1987)研究，三垛组由于沉积环境的演化及气候的改变，使得上、下段的古生物组合面貌有显著差别。三垛组下段轮藻为 *Obtusochara jianglingensis*－*Gyrogona qianjiangica*，以个体小而光滑的 *Obtusochara jianglingensis* 和 *Gyrogona qianjianensis* 为主，常见于国内的中、晚始新世地层中，是江汉盆地荆沙组一潜江组和渤海沿岸的孔店组一沙河街组四段的主要分子。三垛组上段出现的轮藻 *Maedlerisphaera ulmensis*，*M. chinensis*，是国内外中、晚渐新世的特征种，也是渤海沿岸渐新世沙河街组三段一东营组的主要化石。因此，三垛组下段的时代为晚始新世，三垛组上段则为早渐新世。另据钻孔资料，三垛组上、下段之间普遍有一明显的沉积间断。故始新统与渐新统的界线划在相对应的三垛组上、下段之间。

5. 中新统与上新统的分界

据毕治国、于振江、邱占祥(1977)，江苏省地矿局(1984)，李云通(1984)研究，雨花台组中部含哺乳类 *Hipparion* cf. *platyodus*，"*Diceratherium*" cf. *minus*，*Pliomastodon* cf. *matthewi*

等，这一动物群的特征与典型的蓬蒂期三趾马动物群非常相似，故将雨花台组之时代定为上新世。从沉积特征考虑，雨花台组有很特征的厚层底砾，代表了一定的构造运动和新的沉积旋回的开始，因而本区中新统与上新统的分界线暂置于相对应的雨花台组底部。

第四节　问题讨论

在地层的多重划分、对比中应以岩石地层单位为基础。因为岩石地层单位是一个地区地质发展中某一阶段的实体，其上、下界面是岩性界面，与时间界面往往不一致，所以组与组之间的界面往往出现穿时现象，但它们之间是有一定联系的。

第三纪地层的岩石地层、生物特征和年代地层的对应关系如表 12-3。

表 12-3　第三纪地层多重划分对比表

<table>
<tr><th colspan="2">年代地层单位</th><th colspan="2">岩石地层单位</th><th colspan="6">生物组合</th></tr>
<tr><th>系</th><th>统</th><th colspan="2">组</th><th>介形虫</th><th>轮藻</th><th colspan="2">孢粉</th><th>植物</th><th>脊椎动物</th></tr>
<tr><td rowspan="3">上第三系</td><td rowspan="2">上新统</td><td>方山组</td><td rowspan="3">盐城组</td><td rowspan="3">⑦Ilyocypris-Candona组合</td><td rowspan="3">⑤Tectochara-Charites组合</td><td></td><td rowspan="3">⑧Ceratopteris-Monosuleites-Polygonum-Convoloulus-Ulmipollenites
⑦Pinuspollenites-Ceratopteris组合</td><td></td><td>Cyprinidae</td></tr>
<tr><td>雨花台组</td><td>Pinus-Compositae-Artemisia</td><td>②Ulmus proto-parvifolia，Populus spp. 等</td><td>②Hipparion-Hyotherium动物群</td></tr>
<tr><td>中新统</td><td>洞玄观组</td><td></td><td>①Podogonium oehningense，Kiycheimer，Entada mioformosana等</td><td>①Anchitherium aurelianense-Spanocricetodon ningensis动物群</td></tr>
<tr><td rowspan="4">下第三系</td><td>渐新统</td><td colspan="2">三垛组</td><td>⑥Pinnocypris-Cyprinotus-Ilyocypris组合
⑤Limnocythere-Cyprois-Eucypris组合</td><td>④Obtusochara jianglingensis-Gyrogona qianjiangica组合</td><td colspan="2">⑥Meliaceoidites-Retitricolpites-Retiporocolpites组合
⑤Taxodiaceaepollenites-Caryapollenites组合</td><td></td><td></td></tr>
<tr><td>始新统</td><td colspan="2">戴南组</td><td>④Sinocypris-Limnocythere-Cypris-Cyprinotus组合</td><td>③Neochara huananensis-Grovesichara changzhouensis-Peckichara subsphaerica组合</td><td colspan="2">④Taxodiaceaepollenites-Caryapollenites-Inaperturopollenites组合</td><td></td><td></td></tr>
<tr><td rowspan="2">古新统</td><td colspan="2">阜宁组</td><td>③Sinocypris-Candona-Eucypris-Ilyocypris组合
②Sinocypris-Parailyocypris组合</td><td>②Gobichara deserita-Peckichara longa-Stephanochara jiangsuensis组合</td><td colspan="2">③Ulmipollenites-Praeacidites-Pinus组合
②Ulmipollenites minor-Triporopollenites-Rhoipites组合</td><td></td><td></td></tr>
<tr><td colspan="2">泰州组</td><td>①Cypridea-Cyprois-Parailyocypris组合</td><td>①Collichara xiaohekouensis-Latochara cylindrica组合</td><td colspan="2">①Trilobosporites minus Cedripites-Podocarpidites-Ulmipollenites组合</td><td></td><td></td></tr>
</table>

第十三章 结语

《江苏省岩石地层》是在搜集前人多年来的地层资料基础上，本着历史的、求实的、科学的精神，经过综合研究编著而成的。它较全面和系统地反映了江苏地质工作的研究成果，其研究的深度和广度，都有了较大的进展。

一、主要成果

（一）清理和查明了晚太古代—第三纪地层曾用地层单位

经过地层清理，省内晚太古代—第三纪地层，曾用地层单位27个群、216个组、34个段。其中华北地层大区19个群、79个组、21个段；华南地层大区8个群、137个组、13个段。基本查明了在省内创立的地层单位的人（单位）、时间、地点、原始定义、划分标准及依据和演变历史。纠正了部分地层单位命名的误传，正本清源。例如：高家边页岩是1924年葛利普所创名；栖霞灰岩创名及时间以李希霍芬的《中国》（第三卷，1912）为准，指五通砂岩与南京砂岩（即后人称钟山层）之间一套海相灰岩为主的地层，当时认为其时代为早石炭世，南京砂岩为晚石炭世；龙潭煤系是丁文江1919年在《芜湖以下长江流域地质》中正式命名；青龙层一名是刘季辰、赵汝钧1924年于南京龙潭青龙山创名；范家塘煤系是朱森1929年创名于句容宝华山北麓范家塘。

（二）清理和研究了江苏地层发育及宏观岩性和生物组合特征

分别建立了江苏南（华南地层大区）、北（华北地层大区）区晚太古代—第三纪地层以岩石地层为主的地层多重划分对比层序，对采用的岩石地层单位，分别论述了创名人（单位）、时间、地点、原始定义及演变历史；重新明确了现在定义、层型类型〔正层型、副层型、新层型、选层型及次层型（参考剖面）〕、划分标志、地质特征和（上、下）接触关系、分布范围与变化情况；提出了同物异名、异物同名和建议在省内不采用的地层单位名称。

统一和规范了地层多重划分对比专用的术语：岩石地层单位采用群、组、段、层；生物地层单位采用组合带、延限带、顶峰带和间隔带；年代地层单位采用宇、界、系、统、阶和相对应地质年代术语：宙、代、纪、世、期。为开展地层研究和讨论提供了共同的基础和遵循原则，对现代地层学的发展将会起到较大的促进作用。

（三）建立了江苏省地层数据库

在系统搜集地层资料的基础上，经过核查清理，分别填制省内采用的岩石地层单位卡片

100套，省内不采用的地层单位卡片808份，每个岩石地层单位剖面卡片多者5～8条，少者1～2条（现有剖面）。在省内首次按地层区分别建立了华北地层大区晚元古代至第三纪地层和华南地层大区中元古代至第三纪地层数据库，为实现江苏和我国地层学信息检索、咨询、监控等现代化起着推动作用。

（四）运用地层多重划分对比的理论作指导，撰写了江苏第一部地层多重划分专著

按项目总体要求，以《国际地层指南》、《中国地层指南及中国地层指南说明书》为指导，充分搜集前人多年来的地层资料和研究成果，进行以岩石地层为主的地层多重划分对比研究。由于各断代的研究程度不一，本着历史的、求实的和科学的精神，对各断代都进行了岩石地层、生物地层特征和年代地层的划分对比，有的断代还进行了同位素地层等划分。编著《江苏省岩石地层》是省内一项承前启后的地层学系统工程。它提高了江苏地层整体研究水平，为今后广大地质工作者在江苏开展地层工作，提供了极为重要的实用性的基础资料，有较高的实用价值。

二、主要进展

（一）华北地层大区

（1）搜集和整理了晚元古代地层各组、段、层的岩石资料并复核修订了岩石定名；充实完善了淮南生物群、同位素年龄值、古地磁、地球化学资料并进行了地层划分；编制了时空分布、沉积剖面图及古地理图等，探讨了淮南生物群比埃迪卡拉动物群更早更低级及其在生物进化中的重要意义，论证了区内晚元古代地层是衔接和补缺我国蓟县和峡东中、晚元古代地层重要地区和层型所在，为我国中、晚元古代地层层序建立和对比提供了宝贵资料。

（2）搜集了寒武纪—奥陶纪地层的重要段、层主要岩石化学资料，复核修订了重要参考剖面岩石定名；恢复了“三山子组”岩石地层单位原貌；整理了古生物资料，厘定了三叶虫24个带（组合）、牙形刺4个组合、头足类3个组合，阐明了其相互间的关系；编制了时空分布、沉积剖面等图件，为寒武纪—奥陶纪地层划分对比提供了宝贵资料。

（3）搜集了大量的石炭纪—二叠纪岩石地层、生物地层资料；论证了太原组、山西组的穿时性；确认了䗴4个带（组合）、非䗴有孔虫4个带、牙形刺4个带、植物5个带、孢粉4个带，论述了它们之间的相互关系，编制了时空分布图等，为石炭纪—二叠纪地层划分对比，提供了可靠的资料。

（4）首次确定了区内晚侏罗世—白垩纪地层中含热河生物群及其层位；从建造和改造的相互关系，提出了邳睢铜地区晚侏罗世—白垩纪地层同属一个大沉积盆地的设想；依据区域重力场和地质资料相关分析，提出了邳睢铜地区出露的晚元古代及寒武纪地层是外来岩片，其下为晚侏罗世—白垩纪地层。这些为徐州东部隐伏区找石炭系—二叠系含煤构造盆地及白垩系含油层位打开了思路。从莱阳群沉积建造特征分析，莱阳群的沉积和分布已不受郯庐断裂的控制，但受郯庐断裂后期活动破坏。

（5）统一了第三纪岩石地层划分，整理了生物地层资料，确认了介形类2个组合，轮藻2个组合，孢粉4个组合，总结了下草湾组脊椎动物组合特征等，为第三纪地层时代的确定和区域对比提供了实际资料。

（二）华南地层大区

（1）依据震旦纪—志留纪岩石组合具地区特色，新采用了黄墟组、苏家湾组、周岗组、汤山组、荷塘组；重新厘定了高家边组、茅山组，使其更符合实际，更具实用性；并论证荷塘

组（顶界）自西向东逐渐抬高穿时，系统搜集了生物地层资料，基本查明了主要生物门类赋存层位，建立了三叶虫 10 个组合（带）、头足类 9 个带、笔石 12 个带、牙形刺 18 个带、腕足类 5 个带。确认了多门类小壳动物群的存在并与 *Paokannia* 三叶虫共生，时代为沧浪铺晚期。论述了它们之间的相互关系及其在生物地层和年代地层划分对比中的作用，为地质历史中的生物演化提供了科学依据；对区域沉积环境进行了初步总结，提出以淮阴—响水口一线为界，西北侧上隆缺失沉积，其东南侧地壳下沉形成下扬子海（扬子陆表海东延部分），到苏、浙、皖交界一带渐为大陆（架）斜坡，再向东南皖、浙、赣及其东南渐变为深海盆（华南海盆）。

(2) 依据岩石地层与生物地层的关系，论述了擂鼓台组、和州组、老虎洞组、龙潭组、周冲村组的穿时性。

擂鼓台组：在滨海地区，因观山组尖灭，其底界与茅山组平行不整合，在横向上与观山组底界相当，层位变低，时代要早；到宁镇地区及茅山以西，其底界与观山组整合，层位抬高，顶界与金陵组整合；到溧阳、宜兴、无锡、苏州一带，因金陵组、和州组尖灭，高骊山组与其以下岩性相似，归入擂鼓台组，顶界提高，并与老虎洞组平行不整合。由此可知，擂鼓台组自北（滨海）向南（宜兴）顶、底界同步逐渐抬高穿时，出现和州组、老虎洞组同时与黄龙组相接触，且老虎洞组夹于和州组与黄龙组之间，和州组顶界下移等穿时现象；到溧阳、宜兴、无锡、苏州地区和州组尖灭，老虎洞组平行不整合在擂鼓台组之上，其顶、底界均比宁镇地区要高。由此可见，自宁镇地区和州组顶界向北，老虎洞组顶、底界向南逐渐抬高穿时。

龙潭组：龙潭组下部不含煤段之顶部砂质灰岩中含 *Neomisellina-Codonofusiella* 组合，从区域上看位于茅口组 *Yabeina-Neomisellina* 组合之上，属茅口期最上一个带；中部含 *Gigantopteris-Lobatannularia* 组合，上部含 *Codonofusiella* 带，属吴家坪期。

周冲村组：宜兴张渚地区周冲村组粉屑白云岩、白云质灰岩夹碎屑灰岩中，含 *Meandrospira pusilla*，*Glomospira*，*Glomospirella* 为主的有孔虫，前者是早三叠世晚期标准分子；宁镇地区周冲村组含 *Eumorphotis* (*Asoella*) *illyrica* 双壳类组合与扬子区中三叠世 *Eumorphotis*（*Asoella*）*illyrica* 组合一致，称巴东动物群。由此可见，周冲村组底界自东南（宜兴）向西北（宁镇）逐渐抬高穿时。

(3) 系统搜集了晚泥盆世—三叠纪生物地层资料，基本查明了主要生物门类赋存层位，建立了䗴 12 个带（组合）、5 个亚带，珊瑚 7 个带，腕足类 12 个组合，牙形刺 12 个组合，菊石 9 个组合，双壳类 4 个组合，非䗴有孔虫 1 个组合，放射虫 2 个组合，植物 3 个组合，轮藻 1 个组合，孢粉 3 个组合，鱼 1 个组合，论述了它们之间的相互关系及其在地层划分和对比中的作用，为生物演化提供了科学依据。编制了石炭纪、二叠纪地层时空分布图，再现了当时岩石地层时空分布特征。

(4) 以江南断裂为界，将侏罗纪地层划分为东西两区；将早白垩世间歇火山活动的火山岩系原称为姑山组、娘娘山组、上党组、甲山组等降为非正式岩石地层单位，分别命名为姑山火山岩带、娘娘山火山岩锥、上党火山岩带及甲山火山岩锥；补充搜集一批古生物化石资料，厘定了植物 1 个组合、轮藻 1 个组合、双壳类 1 个组合、介形虫 3 个组合；晚侏罗世—早白垩世火山喷发可分为龙王山期（162.3～136.5 Ma）、大王山期（127.9～121.4 Ma）及葛村期的姑山时期（115.7～109.7 Ma）和娘娘山时期（105.7～76.6 Ma）。

(5) 系统搜集了第三纪地层资料，按主要生物门类建立了介形虫 7 个组合、轮藻 5 个组合、孢粉8个组合、植物2个组合、脊椎动物2个组合，论述了它们之间的相互关系，为进一步研究提供了可靠资料。

三、主要问题

初次运用地层多重划分对比的理论研究地层，起点要求高，由于各断代研究程度不一，加之时间较紧，对资料搜集的广度和综合研究的深度不够，难免带有片面性。主要存在的问题：

（一）华北地层大区

(1) 晚元古代年代地层的归属是我国地层争论的热点之一，近20年来，在青白口系与震旦系之间，曾有学者提出建立淮河系、辽南系、徐淮系、淮南系等建议，至今没有统一。

(2) 苏皖交界地区褚兰一带，晚元古代—寒武纪年代地层的界线，尚有不同观点，对现在定义的馒头组、马家沟组、本溪组、湖田段等有不同认识。

(3) 寒武系—奥陶系、石炭系—二叠系，“系”级年代地层界线没有最终确定；三台组相对应的年代地层归属依据尚不充分。

(4) 以往对生物化石大都没有进行定量研究及按不同地区做详细研究，生物地层的研究工作不足；同位素地质研究工作没有系统开展。

（二）华南地层大区

(1) 寒武系—奥陶系，“系”、“统”级年代地层界线没有最终确定；坟头组、茅山组相对应的年代地层归属，尚有不同认识；二叠系—三叠系过渡层年代地层归属尚未统一；北象山组能否采用，认识不一；泰州组对应的年代地层归属仍有分歧。

(2) 以往对生物大都没有进行定量研究，生物地层的研究工作不足；同位素地质研究工作没有系统开展，年代地层统、阶界线难以确定。

(3) 寒武系梅树村阶的层位及澄江动物群是否存在值得今后工作中注意。

(4) 长兴期江阴—砺山海堤是否存在，尚有不同认识。

以上存在的主要问题，有些是我国重大基础地质问题，建议全国组织力量攻关研究；有些是省内今后工作有待研究的问题，需组织有关专题研究。

参考文献

安徽省地质矿产局区域地质调查队，1985，安徽地层志·前寒武系分册。合肥：安徽科学技术出版社。

安徽省地质矿产局，1987，安徽省区域地质志。北京：地质出版社。

安太庠、丁连生，1982，宁镇山脉地区奥陶纪牙形石的初步研究和对比。石油学报，(4)：1—12。

安太庠、杨长生，1980，中国华北地区寒武—奥陶系牙形石兼论寒武、奥陶系分界。见：地质部书刊编辑室编辑，国际交流地质学术论文集(4)·地层古生物。北京：地质出版社。

毕治国、于振江、邱占祥，1977，南京附近哺乳动物化石和上第三系的划分。古脊椎动物和古人类，15 (2)：126—137。

博尔顿 G S，1981，冰川环境的沉积作用和古沉积序列中冰碛物和冰碛岩的鉴别。王家枢译，1984。国外地质科技，(2)：60—73。

蔡如华，1989，安徽凤台顾桥上石炭统太原组及其䗴类动物群。淮南矿业学院学报，(2)：1—12。

曹瑞骥，1988，关于华北上前寒武系与华南震旦系之间衔接问题的讨论。地质论评，34 (2)：175—178。

曹瑞骥、赵文杰、夏广胜，1985，安徽北部晚前寒武纪叠层石。中国科学院南京地质古生物研究所集刊，第21号：1—19。

陈楚震、王义刚、芮林、何锦文、王志浩，1989，苏浙皖接壤地区的砺山—江阴海堤存疑及其他。地层学杂志，13(4)：301—304。

陈宏明、张瑛、李跃西，1984，下扬子地区石炭系老虎洞白云岩的沉积特征及沉积相序。中国地质科学院南京地质矿产研究所所刊，5 (1)：59—65。

陈华成、胡世忠、聂大正、余兴邦、龚祖兴、李汉民，1964，安徽南部下二叠统的划分并试论孤峰组的时代问题。华东地质，(4)：18—34。

陈华成、吴其切、仇洪安、焦世鼎、李汉民、张全忠，1989，长江中下游地层志（寒武—第四系）。合肥：安徽科学技术出版社。

陈均远、周志毅、邹西平、林圣坤，1980，苏鲁皖北方型奥陶纪地层及古生物特征。中国科学院南京地质古生物研究所集刊，(16)：159—167。

陈克荣、华仁民、周金城、赵太平，1992，对溧水盆地中生代火山岩系地层划分和时代归属意见。江苏地质，16(2)：65—68。

陈孟莪、郑文武，1986，先伊迪卡拉期的淮南生物群。地质科学，(3)：121—130。

陈孟莪、林尉兴、张丕孚、杨森、卜德安，1982，辽宁复县震旦系高家屯组皱节虫化石的发现。地质科学，(3)：339—340。

陈敏娟、黄建辉，1980，再谈宁镇地区老虎洞组的时代。地层学杂志，4 (2)：152—154。

陈旭、盛金章，1957，中国石炭二叠纪标准䗴科化石层的对比和分布。见：中国地质学编辑委员会编，中国地质学基本资料专题总结论文，第1号。北京：地质出版社。

陈永祥、欧阳舒，1985，江苏句容五通群擂鼓台组上部大孢子的发现及其地层意义。古生物学报，24 (3)：267—273。

陈玉忠、俞学光、胡琏，1981，徐州附近早中寒武世地层。江苏地质，(2)：16—22。

程裕淇、沈永和，1948，江苏江宁方山之第三纪火山岩。中国地质学会志，28 (3—4)：107—117。

仇洪安，1980，徐州—宿县地区下寒武统馒头组的三叶虫。中国地质科学院院报南京地质矿产研究所分刊，1 (1)：34—59。

丁惠，1990，苏皖交界地区石炭二叠纪牙形石生物地层及 *Sweetognathus* 动物群的演化。山西矿业学院院报，8 (3)：250—253。

丁惠、万世禄，1986，徐淮地区石炭二叠纪牙形石动物群及其生物地层序列。科学通报，31 (8)：638。

丁连生，1993，江苏下、中三叠统牙形刺生物地层的研究。地层学杂志，17 (2)：130—134。

丁文江，1919，扬子江下游之地质。汪胡桢译，1919。太湖流域水利季刊，1 (2)：1—36。

段吉业、张焕翘、卜德安，1982，辽东半岛南部晚期前寒武纪叠层石的研究。中国地质科学院沈阳地质矿产研究所所刊，3：156—168。

段金英，1990，下扬子区大隆组的底界。地层学杂志，14 (3)：209—215。

樊金涛，1993，江苏连云港—淮阴地区前寒武系沉积岩稀土地球化学及其时代。地质论评，39 (5)：381—388。

范国清，1985，辽宁侏罗系与白垩系界限讨论。辽宁地质，(4)：283—297。

范国清，1990，华北板块东部石炭纪䗴带缺失规律及其意义。辽宁地质，(1)：50—53。

范洪源、毕仲其，1984，无锡嵩山下三叠统研究。江苏地质，(1)：7—10。

房尚明，1979，徐州地区煤系地层中的水云母砂页岩及其在工业上的应用。非金属矿山，(1)：44—47。

房尚明，1987，江苏省徐州地区中寒武统张夏组岩石学特征及其沉积环境。建材地质，(3)：12—18。

房尚明，1988，贾汪寨山的奥陶系兼论徐淮地区寒武系与奥陶系分界。地层学杂志，12 (1)：9—19。

房尚明，1991，徐州地区的寒武系。地层学杂志，15（4）：252—262。
房尚明，1992，华北地台东南部石炭纪岩相古地理。岩相古地理，（4）：46—52。
房尚明，1994a，徐毛村组——一个新的岩石地层单位。地层学杂志，18（3）：212—213。
房尚明，1994b，华北地台东南部二叠纪岩相古地理。华北地质矿产杂志，9（1）：97—104。
冯增昭，1990，华北地台早古生代岩相古地理。北京：地质出版社。
冯增昭、吴胜和，1988，下扬子地区中下三叠统青龙群岩相古地理研究。昆明：云南科技出版社。
古生物基础理论丛书编委会，1983。中国古生物地理区系。北京：科学出版社。
（美）赫德伯格ＨＤ主编，1976，国际地层指南。张守信译，1979。北京：科学出版社。
何俊德、杨恒仁、袁佩鑫，1981，江苏句容赤山赤山组的介形类。古生物学报，20（4）：341—347。
何锡麟，1959，南京龙潭下石炭纪化石材料的新发现并讨论乌桐系的时代问题。古生物学报，7（4）：319—326。
河北省地质矿产局，1989，河北省北京市天津市区域地质志。北京：地质出版社。
洪作民、黄镇福，1988，辽南震旦系兴民村组类水母化石。地质学报，62（3）：200—209。
洪作民、杨全泽、朱振宁、吴春林，1985，淮河系存在否?。中国区域地质，（12）：91—97。
胡世忠，1974，关于苏南地区龙潭组的划分及其有关问题。华东地质科技情报，（1）：13—24。
胡世忠，1979，关于龙潭组下界及东吴运动位置等问题的商榷。地层学杂志，3（4）：251—257。
胡世忠，1989，龙潭组下部含煤段腕足类的发现及其意义——对龙潭组成煤环境的新认识。古生物学报，28（4）：474—479。
胡希廉，1954，山东及苏北石炭二叠纪煤田地质中的几点认识。地质学报，34（1）：75—78。
黄宝玉、李浩敏、袁佩鑫，1982，从鰤鳃类与植物化石谈淮河下游的中新统。地层学杂志，6（2）：129—133。
黄汲清、陈炳蔚，1987，中国及邻区特提斯海的演化。北京：地质出版社。
计荣森、许德佑、盛莘夫，1937，长江下游青龙灰岩之研究。中国地质学会志，16：109—126。
姜永沛，1987，中国石炭二叠系分界问题浅议。见：中国煤炭学会、中国地质学会煤田地质专业委员会编，中国石炭二叠纪含煤地层及地质学术会议论文集。北京：科学出版社。
江苏省地质矿产局，1984，江苏省及上海市区域地质志。北京：地质出版社。
江苏省地质矿产局，1989，宁镇山脉地质志。南京：江苏科学技术出版社。
江苏省及上海市区域地层表编写组，1978，华东地区区域地层表·江苏省及上海市分册。北京：地质出版社。
江苏省石油勘探局地质科学研究院、中国科学院南京地质古生物研究所，1988，江苏地区下扬子准地台震旦纪—三叠纪生物地层。南京：南京大学出版社。
金玉玕、胡世忠，1978，安徽南部及宁镇山脉孤峰组的腕足化石。古生物学报，17（2）：101—127。
鞠魁祥，1987，江苏南部下、中侏罗统划分。中国地质科学院南京地质矿产研究所所刊，8（4）：33—43。
鞠魁祥、蓝善先、李金华，1983，南京龙潭范家场晚三叠世植物及双壳类。中国地质科学院南京地质矿产研究所所刊，4（4）：112—127。
康育义，1986，南京地区栖霞阶早期环境。地层学杂志，10（4）：419—425。
康育义、刘冠邦、王建华，1982，苏北盆地西部下第三系划分与对比。地层学杂志，6（1）：9—19。
赖才根、汪啸风、安太庠、易庸恩、张文堂、邱洪荣、付昆、林宝玉、杨敬之，1982，中国地层与中国的奥陶系。北京：地质出版社。
李传夔、林一璞、顾玉珉、侯连海，1983，江苏泗洪下草湾中中新世脊椎动物群。古脊椎动物与古人类，21（4）：315—324。
李道琪，1984，苏北盆地古新统泰州组、阜宁组大相环境的讨论。地质学报，58（1）：80—85。
李金华、丁保良，1981，下扬子地区中、下三叠统的分界。地层学杂志，5（1）：70—75。
李立文、方邺森，1981，南京地区上第三系沉积特征及若干问题的探讨。地层学杂志，5（1）：28—35。
李佩贤、苏德英、李友桂、余静贤等，1994，狼鳍鱼（*Lycoptera*）岩层的时代归属。地质学报，68（1）：87—100。
李四光，1931a，中国海中纺缍状有孔虫之种类及分布。中国地质学会志，10：273—290。
李四光，1931b，中国东南部古生代后期之造山运动。中国地质学会志，11（2）：209—217。
李四光，1939，中国地质学（英文）。张文佑编译，1952。上海：正风出版社。
李四光，1976，地质力学方法。北京：科学出版社。
李四光，1983，中国地质学（英文版）。杨遵仪、程裕淇、王鸿祯译，1989。武汉：
李四光、朱森，1930，栖霞灰岩及其有关地层。中国地质学会志，9（1）：37—43。
李四光、朱森，1932，南京龙潭地质指南。前中央研究院地质研究所。中国地质大学出版社。

李星学、盛金章，1956，太原西山的月门沟系并论太原统与山西统的上下界线问题。地质学报，36（2）：197—221。
李星学、蔡重阳、欧阳舒，1984，长江下游五通组研究的新进展。中国地质科学院院报，9：119—136。
李再平、耿良玉，1985，南京江宁坟头组几丁虫化石及其时代意义。古生物学报，24（6）：596—597。
李毓尧、李捷、朱森，1935，宁镇山脉地质。前国立中央研究院地质研究所集刊，第11号，地质研究所印行。
梁津、胡博渊、谢家荣，1931，首都之井水供给。地质汇报，第16号：1—38。
梁宗伟，1982，山东淄博地区的奥陶纪地层。山东地质情报，（1）（总40）：11—24。
辽宁省地质矿产局，1989，辽宁省区域地质志。北京：地质出版社。
林天瑞，1991，宁镇山脉寒武系的划分和对比。地质论评，37（5）：396—403。
林天瑞、杨斌，1991，淮南寒武系一个新的地层单位——老鹰山组。地层学杂志，15（3）：209—214。
林天瑞、石火生，1986，南京幕府山寒武纪地层新认识。江苏省地质学会会讯，（6）：211。
林天瑞、林焕令、周天荣，1983，江苏昆山寒武纪三叶虫的发现。古生物学报，22（4）：399—410。
林蔚兴、张丕孚、马俊孝、卜德安、杨森、王东方、高荣繁、范义青、邢裕盛，1984，辽东半岛南部晚前寒武纪地层的研究。中国地质科学院沈阳地质矿产研究所所刊，10：1—221。
刘冠邦、张承华，1986，江苏泗洪北部两个晚新生代的地层剖面及所含脊椎动物化石。古脊椎动物学报，24（3）：224—227。
刘季辰、赵汝钧，1924，江苏地质志。地质专报，甲种第4号，前农商部地质调查所，江苏实业厅。
刘印环，1987，豫西北地区“三山子灰岩”时代归属及成因意义。中国区域地质，（3）：242—247。
刘之远、张文堂，1952，山东贾汪附近寒武奥陶纪地层。地质论评，16（1）：106—107。
刘雪娴、刘志礼、张仑、徐学思，1984，江苏睢宁晚前寒武纪藻类化石群的研究。微体古生物学报，1（2）：173—182。
龙耀珍，1987，江苏徐州大北望地区中寒武统徐庄组遗迹化石的发现及其环境意义。岩相古地理通讯，（3、4）：22—33。
卢衍豪，1956，汉中梁山区二叠纪并论中国南部二叠纪的分层和对比。地质学报，36（2）：159—190。
卢衍豪，1979，中国寒武纪沉积矿产与“生物—环境控制论”。北京：地质出版社。
卢衍豪、董南庭，1952，山东寒武纪标准剖面新观察。地质学报，32（3）：164—198。
卢衍豪、穆恩之，1955，浙西古生代地层新见。地质知识，（2）：1—6。
卢衍豪、林焕令，1983，浙江西部寒武纪动物群的分带和对比。地质学报，57（4）：317—324。
卢衍豪、朱兆玲，1988，论毛庄组的时代及其所含三叶虫。中国科学院南京地质古生物研究所集刊，（24）：331—336。
卢衍豪、林焕令、周志毅、彭善池，1985，中国的寒武—奥陶系界线及其附近的化石带。古生物学报，24（1）：5—15。
卢衍豪、朱兆玲、钱义元、周志毅、陈均远、余汶、陈旭、刘耕武，1976，中国奥陶纪的生物地层和古生物地理。南京地质古生物研究所集刊，7：1—37。
陆松年、马国干、高振家、林尉兴，1985，中国晚前寒武纪冰成岩系初探，见：地质矿产部（前寒武纪地质）编委会，前寒武纪地质，第1号，中国晚前寒武纪冰成岩论文集。北京：地质出版社。
陆彦邦、周永祥，1991，华东地区二叠纪岩相古地理及沉积矿产。北京：地质出版社。
吕桂德，1959，宁镇山脉发现寒武纪地层。地质论评，19（9）：391。
罗大有，1982，太子河地区下寒武纪含石膏岩段的地质特征。辽宁地质学报，（2）：105—114。
孟逢源，1990，论河北南部太原组的时代问题。地层学杂志，14（2）：117—123。
穆恩之、潘江、俞昌民，1955，南京汤山奥陶纪地层新知。地质知识，（1）：23—24。
闵庆魁，1989，江苏宁镇山脉的震旦系。地层学杂志，13（2）：88—97。
闵庆魁、周光新、姜立富、陈楚震，1981，南京地区三叠系的再研究。地层学杂志，5（1）：1—9。
南京地质矿产研究所、江苏石油勘探开发公司，1986，江苏及邻区中生代陆相生物地层沉积相和油气特征。中国地质科学院南京地质矿产研究所所刊，增刊第2号（总第26号）：1—8。
宁仁祖、贾邮珍，1984，江苏铜山县磨石塘磷矿中发现腕足类化石。江苏地质，（2）：23—24。
宁芜研究项目编写小组，1978，宁芜玢岩铁矿。北京：地质出版社。
牛保祥，1985，山东淄博地区石炭纪含鏟地层。地层学杂志，9（2）：108—118。
欧阳舒、陈永祥，1987，江苏中部宝应地区晚泥盆世—早石炭世孢子组合。微体古生物学报，4（2）：195—214。
欧阳舒、王仁农，1985，豫皖地区平顶山砂岩段地质时代的讨论。石油实验地质，7（2）：141—144。
潘江，1954，南京龙潭五通系胴甲类鱼化石的发现及其意义。地质知识，（2）：27—30。
潘江，1956，宁镇山脉古生代地层的新认识。地质学报，36（1）：1—23。
潘江，1957，再论长江下游五通组的地质时代并讨论泥盆纪星鳞鱼（*Asterolepis*）在中国的初次发现及其意义。地质学报，

37 (4)：455—473。
彭绪道，1987，山东临沂煤田本溪组 *Profusulinella* 带层位的发现及其地质意义。山东矿业学院院报，(1)：83—85。
钱义元、周泽民，1984，从江苏昆山中、晚寒武世三叶虫的发现，试论长江下游的生物分区。古生物学报，23 (2)：170—184。
全国地层委员会，1962，全国地层会议学术报告汇编：中国的三叠系。北京：科学出版社。
全国地层委员会，1962，全国地层会议学术报告汇编：中国的二叠系。北京：科学出版社。
全国地层委员会，1962，全国地层会议学术报告汇编：中国的志留系。北京：科学出版社。
全国地层委员会，1962，全国地层会议学术报告汇编：中国的寒武系。北京：科学出版社。
全国地层委员会，1962，全国地层会议学术报告汇编：中国的奥陶系。北京：科学出版社。
全国地层委员会，1963，全国地层会议学术报告汇编：中国晚古生代陆相地层。北京：科学出版社。
全国地层委员全，1964，全国地层会议学术报告汇编：中国中生代陆相地层。北京：科学出版社。
全国地层委员会，1964，全国地层会议学术报告汇编：中国的前寒武系。北京：科学出版社。
全国地层委员会，1981，中国地层指南及中国地层指南说明书。北京：科学出版社。
乔秀夫、季强、高林志、章雨旭、髙振家，1996，北中国板块东部震旦系对比。中国区域地质，(2)：135—142。
戎嘉余、陈旭，1990，论华南志留系对比的若干问题。地层学杂志，14 (3)：161—177。
芮琳，1983，江苏贾汪煤田泉旺头灰岩的䗴类。古生物学报，22 (2)：170—182。
芮琳、张遴信，1986，论石炭系与二叠系的分界。地层学杂志，10 (4)：249—260。
芮琳、何锦文、陈楚震、王义刚，1988，浙江长兴煤山地区二叠—三叠系界线底粘土中动物化石的发现及意义。地层学杂志，12 (1)：48—52。
沙业学，1985，山东蒙阴盆地的青山组。山东地质，1 (1)：26—42。
尚冠雄、汪曾荫，1988，华北地台东部之中石炭统。地层学杂志，12 (4)：255—261。
盛金章，1959，关于“保安页岩”及其有关的一些问题。地质科学，(9)：268—269。
盛金章、李星学，1974，近年来中国二叠纪生物地层学的进展。中国科学院南京地质古生物研究所集刊，第5号：117—122。
盛金章、王仁农，1984，江苏沛县大屯煤田含䗴地层及䗴类动物群。中国科学院南京地质古生物研究所丛刊，7：1—29。
盛金章、闵庆魁、王莉莉，1976，江苏南京金丝岗黄龙灰岩剖面及䗴类分带。古生物学报，15 (2)：196—209。
盛金章、陈楚震、王义刚、芮琳、廖卓庭、江纳言，1983，南京近郊的“*Otoceras*”层及二叠系和三叠系界线。地层学杂志，6 (1)：1—8。
盛金章、陈楚震、王义刚、芮琳、廖卓庭、江纳言，1983，浙江长兴地区二叠系与三叠系界线层型研究。地层学杂志，7 (4)：245—257。
盛莘夫，1975，中国奥陶系地层划分和对比。北京：地质出版社。
史良润，1987，两淮石炭二叠纪含煤地层的划分及其上下界线。见：中国煤田学会、中国地质学会煤田地质专业委员会编，中国石炭二叠纪含煤地层及地质学术会议论文集。北京：科学出版社。
寿志熙，1985，安徽黑石渡组介形类化石。古生物学报，24 (5)：568—573。
苏皖北部上前寒武系研究项目协作组，1984，苏皖北部上前寒武系研究。合肥：安徽科学技术出版社。
孙乘云，1985，皖北上前寒武系地球化学特征。中国区域地质，(14)：15—24。
孙克勤，1993，山东淄博地区早二叠世地层。地层学杂志，17 (1)：56—63。
孙云铸，1943，论中国古生代地层划分地史时代之原则。中国地质学会，23 (1—2)：35—36。
谭锡畴，1923，山东中生代及旧第三纪地层。地质汇报，第5号：55—79。
唐方成，1984，南京地区中三叠统周冲村组层序。江苏地质，(2)：1—10。
唐天福、薛耀松、俞从流，1982，苏、浙、皖晚震旦世碳酸盐岩地层及古地理环境。中国科学院南京地质古生物研究所丛刊，4：58—72。
万世禄、丁惠，1984，太原西山石炭纪牙形石初步研究。地质论评，30 (5)：409—413。
王从凤、钱少华，1981，山东济宁下第三系的划分和对比。地层学杂志，5 (3)：209—215。
王从凤、张泽润、赵美玉、田慕劬，1982，河北南部早白垩世地层的发现及其生物群。见：地质矿产部石油普查勘探局、中国地质学会石油专业委员会、石油地质文集编辑委员会编，石油地质文集——地层古生物 (4)。北京：地质出版社。
王德文、程广芬，1963，宁镇山脉孔山地区栖霞组底部之新观察。地质评论，21 (3)：111—115。
王国莲、朱广明、肖索珍，1989，华北陆台晚石炭世之䗴带与海水进退规程。中国地质科学院地质力学研究所所刊，

13：87—96。
王鸿祯、李光岑，1990，国际地层时代对比表。北京：地质出版社。
王鸿祯、杨森楠、刘本培等，1990、中国及邻区构造古地理和生物古地理。武汉：中国地质大学出版社。
王建华，1978，南京地区栖霞组的界线和化石分带。地层学杂志，2（1）：67—73。
王金培、韦新育，1960，南京市江浦一带寒武纪地层新知。地质论评，20（6）：238—239。
王仁农，1980，微山湖西侧的中生界。科学通报，（16）：741—744。
王仁农，1983，微山湖西侧的二叠系。地层学杂志，7（3）：201—207。
王仁农，1986，华北陆台南部石炭系研究的新进展，兼论其铁铝岩层的穿时性。煤炭学报，（1）：1—8。
王绍鑫，1991，论“三山子灰岩”在山西的时代归属。山西地质，6（4）：396—407。
王恕一、朱宏发、陈亚中、施伟军，1990，无锡嵩山长兴期海绵生物礁的发现及其意义。地层学杂志，14（4）：308—310。
王文耀，1993，苏浙皖地区龙潭组沿革之评价。华东油气勘查，11（2）：1—8。
王先起，1985，山东蒙阴盆地中生界各组的时代。地质论评，31（6）：495—501。
王翔，1988，苏皖北部地区晚元古代地层的马尔柯夫链分析。西安地质学院学报，10（2）：23—31。
王翔，1990，苏皖北部上元古界化学地层统计分析。地质论评，36（2）：116—124。
王翔、王战，1991，苏皖北部上元古界划分与对比的探讨。西安地质学院学报，13（4）：1—9。
王翔、王战，1992a，皖北望山组碳酸盐风暴沉积。西安地质学院学报，14（4）：92—93。
王翔、王战，1992b，苏皖北部倪园组碳酸盐台地沉积。西安地质学院学报，14（2）：1—5。
王祥珍，1989，论贾汪页岩。地层学杂志，13（4）：296—300。
王增吉等，1990，中国地层（8）中国的石炭系。北京：地质出版社。
王振、袁佩鑫、赵正忠，1983，赤山组及轮藻化石。古生物学报，22（5）：493—503。
王竹泉，1959，华北地台上古生代含煤地层分布之规律及其古地理。见：中国煤炭地质局编辑，王竹泉选集。北京：煤炭工业出版社。
王竹泉、王昶，1964，对华南上二叠统划分的新认识。煤炭学报，1（3）：1—27，1（4）：1—32。
吴其切、兰善先、徐学思、张作训，1980，南京附近黄马青群进一步划分和地质时代的研究。中国地质科学院南京地质矿产研究所分刊，1（1）：65—90。
吴顺宝、魏敏、张克信，1986，晚二叠世长兴组灰岩在长兴地区的变化及控制因素。地质论评，32（5）：419—425。
吴舜卿、滕雷鸣、胡为政，1988，江苏常熟晚三叠世植物。古生物学报，27（1）：105—108。
吴贤涛、胡斌、王观忠、张国成、诸葛致祥、穆日礼、钱清，1986，苏南皖东五通群观山组的近岸风暴沉积与潮道沉积。石油实验地质，8（4）：351—359。
夏邦栋，1959，关于宁镇山脉石炭纪黄龙灰岩下部白云岩的几个问题。地质论评，19（5）：212—215。
夏邦栋、吕洪波、钟立荣、方中，1994，下扬子区早二叠世孤峰期泥化火山岩。地质评论，40（1）：64—73。
夏国英，1987，华北区月门沟群的划分——兼论石炭系与二叠系的分界。见：中国煤炭学会、中国地质学会煤田地质专业委员会编，中国石炭二叠纪含煤地层及地质学术会议论文集。北京：科学出版社。
夏国英、丁蕴杰、赵松银，1986，河南石炭—二叠纪含䗴地层划分及生物群特征。见：地质科学院地层古生物论文集编委会，地层古生物论文集，第17辑。北京：地质出版社。
项礼文等著，1981，中国地层(4)·中国的寒武系。北京：地质出版社。
肖素珍，1985，山西二叠系地层特征及变化规律。中国区域地质，（4）：1—14。
谢家荣，1928，南京钟山地质与首都之井水关系。中国地质学会志，7（2）：139—149。
谢家荣，1932，江苏铜山县贾汪煤田地质。地质汇报，第18号：1—4。
谢家荣，1947a，淮南新煤田及大淮南盆地地质矿产。地质论评，12（5）：317—358。
谢家荣，1947b，江苏贾汪煤田及华东煤矿公司近况。矿测近讯，（76）：3—5。
邢裕盛，1984，震旦系及其在地质年表中的位置。见：王东方等著，国际交流地质学术论文集（1）。北京：地质出版社。
徐嘉炜，1956，淮南寒武纪沉积。合肥矿业学院学报，（1）：22—42。
徐嘉炜，1958，华北南部寒武系下限问题。地质论评，18（1）：41—55。
徐嘉炜、刘德良、柴名理、刘世宽，1965，皖中张八岭带前寒武纪岩系纪要。华东地质，（6）：35—50。
徐学思，1981，徐淮、胶辽震旦亚界的统一划分及郯庐断裂的平移。中国地质科学院天津地质矿产研究所所刊，3：83—102。
徐学思，1982，江苏徐州及邻近地区的猴家山组。地层学杂志，6（1）：46—51。

徐学思、王学孟，1982，论淮河系的建立——中上元古界层序讨论。中国区域地质，(1)：125—131。

徐学思、刘伯龄，1983，江苏徐州及邻区寒武系的划分与对比。中国区域地质，(4)：23—33。

许汉奎，1976，江苏宁镇山脉仑山灰岩的新认识。地质科学，(3)：235—245。

许杰，1934，长江下游之笔石化石。前国立中央研究院地质研究所专刊，甲种第4号：1—19。

薛耀松、唐天福、俞从流，1984，南京一巢县一带震旦纪灯影组碳酸盐台地沉积特征。地层学杂志，3（1)：1—3。

严幼因、李汉民，1987，下扬子区下石炭统。南京地质矿产研究所所刊，8（2)：3—22。

杨敬之、吴望始、张遴信、廖卓庭、阮亦萍，1979，我国石炭系分统的再认识。地层学杂志，3（3)：188—192。

杨式溥、侯鸿飞、高联达、王增吉、吴祥和，1980，中国的石炭系。地质学报，54（3)：167—175。

杨钟健、周明镇，1955，安徽泗洪县及五河县东部第四纪地层及化石产地。古生物学报，3（1)：47—51。

杨遵仪、吴顺宝、殷鸿福、徐桂荣、张克信，1991，华南二叠-三叠纪过渡期地质事件。北京：地质出版社。

杨遵仪、殷鸿福、吴顺宝、杨逢清、丁梅华、徐桂荣，1987，华南二叠-三叠系界线地层及动物群。北京：地质出版社。

杨朝荣、沈耀祖，1985，苏皖一带的下二叠统梁山组。地层学杂志，9（2)：159—160。

杨绳武、肖伟民、王洪第、董文兰、龙家荣、董卫平，1981，贵州栖霞组与茅口组的界线讨论。地层学杂志，5（2)：118—127。

姚伦淇、王新平，1978，淮北、苏北地区“三山子灰岩”的生物群及其地质时代的讨论。北京大学学报，(2)：111—127。

姚兆奇、李成栋，1984，龙潭组的定义和时代。地层学杂志，8（3)：199—214。

姚仲伯、张世恩，1983，徐淮地区上前寒武系的对比。地层学杂志，7（2)：119—124。

叶良辅、李捷，1924，安徽泾县宣城县煤田地质。地质汇报，第6号：25—50。

尹赞勋，1949，中国南部志留纪地层之分类与对比。中国地质学会志，29（1—4)：1—62。

尹赞勋、陈锦石、张守信、骆金锭、谢翠华，1966，中国地层典（七）石炭系。北京：科学出版社。

应中锷，1978，江苏徐州贾汪地区上寒武统的牙形刺。华东地质，(2)：1—8。

俞剑华、陈敏娟、张浅深，1962，南京幕府山区寒武纪地层的发现。南京大学学报（地质学部分），(2)：55—59。

俞剑华、陈敏娟、陈云棠、黄志诚、方一亭，1979，江苏南部的奥陶系。地层学杂志，3（3)：157—172。

俞志亭，1979，江苏省句容县仑山地层新知。南京大学学报（自然科学版），(1)：106。

闫永奎、蒋传仁、张世恩、杜森官、毕治国，1992，浙、赣、皖南地区震旦系研究。南京地质矿产研究所所刊，增刊12号：1—144。

张国栋、朱静昌、王盖友、张盛隆，1987，苏、皖地区晚泥盆世五通组海侵及其沉积环境讨论。地质论评，33(1)：69—77。

张全忠、焦世鼎，1985，南京汤山地区志留系研究的新进展。中国地质科学院南京地质矿产研究所所刊，6（2)：98—111。

张守信，1993，中国岩石地层对比研究——清理中国岩石地层单位。中国区域地质，(3)：193—203。

张文堂、李积金、钱义元、朱兆玲、陈楚震、张守信，1957，湖北峡东寒武纪及奥陶纪地层。科学通报，(5)：145—146。

张文堂、朱兆玲、袁克兴、林焕令、钱逸、伍鸿基、袁金良，1979，华北南部、西南部寒武系及上前寒武系的分界。地层学杂志，3（1)：51—56。

张玉兰、王开发、蒋辉，1982，江苏泗洪地区峰山组孢粉组合及其地质时代。地层学杂志，6（2)：108—111。

张正坤，1984，中朝地块与扬子地块在古生代晚期是太平洋古陆的一部分。中国地质科学院院报，第9号：45—54。

张丕孚，1988，埃迪卡拉期辽东生物群。中国地质科学院天津地质矿产研究所所刊，(20)：103—112。

张丕孚，1993，苏皖北部晚前寒武纪地层层序厘定。地层学杂志，17（1)：40—45。

张遴信，1983，论臭灰岩。地层学杂志，7（3)：184—190。

张鉴模，1958，苏皖两省前震旦纪地层。科学通报，(4)：117—118。

赵金科、梁希洛、郑灼官，1978a，华南晚二叠世头足类。中国古生物志，新乙种第12号：1—165。

赵金科、梁希洛、郑灼官，1978b，论大隆组的层位。地层学杂志，(2)：146—152。

赵金科、盛金章、姚兆奇、陈楚震、芮琳、廖卓庭，1981，中国南部的长兴阶和二叠系与三叠系之间的界线。中国科学院南京地质古生物研究所丛刊，第2号：1—46。

赵汝均、刘季辰，1919，江苏铜山县贾汪煤田报告。地质汇报，第1号：52—53。

赵祥生等，1984，北山地区上前寒武系。中国地质科学院西安地质矿产研究所所刊，(8)：1—116。

赵正忠，1985，苏皖西横山东侧中侏罗世轮藻的发现。微体古生物学报，2（2)：143—151。

郑文武，1980，皖北震旦系 *Chuaria* 等化石的发现及其地质意义。中国地质科学院院报天津地质矿产研究所分刊，(1)：49—69。

中国地质科学院天津地质矿产研究所主编，1980，中国震旦亚界。天津：天津科学技术出版社。
中国地质科学院主编，1982，中国地层(1)·中国地层概论。北京：地质出版社。
中国地质学编辑委员会、中国科学院地质研究所，1956，中国区域地层表（草案）。北京：科学出版社。
中国地质学编辑委员会、中国科学院地质研究所，1958，中国区域地层表（草案）补编。北京：科学出版社。
中国科学院南京地质古生物研究所，1982，中国各纪地层对比表及说明书。北京：科学出版社。
中国科学院南京地质古生物研究所，1989，扬子区上前寒武系。南京：南京大学出版社。
周建平、张遴信，1984，南京栖霞山栖霞组的。古生物学报，23（6）：716—724。
周明镇、胡长康，1956，南京方山中新世哺乳类动物化石的发现。古生物学报，4（4）：525—530。
周明镇、王伴月，1964，江苏南京浦镇及泗洪下草湾中新世脊椎动物化石。古脊椎动物与古人类，8（1）：341—345。
周志毅、张进林，1978，唐山地区寒武系与奥陶系的分界及有关三叶虫的记述。古生物学报，17（1）：1—5。
朱森，1929，江苏西南部山脉之研究。前国立中央研究院十八年度总结报告，154—158。
朱森、刘祖彝，1930，皖南贵池地质考察记略。前中央研究院十九年度总结报告，154—157。
朱兆玲，1962，古油栉虫（*Palaeolenus*）在安徽凤阳的发现。古生物学报，10（3）：386—388。
朱兆玲，1964，安徽淮南、定远、滁县、全椒一带震旦纪及寒武纪地层。中国科学院南京地质古生物研究所集刊，地层文集，第1号：126—159。
邹松梅、秦志祥、唐兴元，1990，宜兴组的建立及有关问题讨论。江苏地质，（4）：15—20。
Grabau A W. 1924. Stratigraphy of China Peking: Published the Geological Survey, Ministry of Agriculture and Commerce.
Norin E. 1922. The Late Paleozoic and Early Mesozoic Sediments of Central Shansi. Bull. Geol. Surv. China. (4)
Richthofen F V. 1912. China. Berlin.
Sun Weiguo. 1989. Subdivisions and Correlations of the Upper Precambrian in China and Australia, Palaeontologia Cathayana, 4: 122.
Willis B, Blackwelder E. 1907. Descriptive Topography and Geology, Research in China, Vol. II, Carnegie Inst. Washington.
Xu Jiawei. 1993. The Tancheng Lujiang Wrench Fault System. John Wiley Sons Ltd.

地质图说明书及区测（调）报告

安徽省地质局区域地质调查队，1974，1:20万宣城幅、广德幅区域地质调查报告。
安徽省地质局区域地质调查队，1977，1:20万南京幅区域地质调查报告。
安徽省地质局区域地质调查队，1977，1:20万灵璧、宿县、砀山幅区域地质调查报告。
江苏省地质局，1963，1:50万江苏省地质图，天津：国营五四三厂印制。
江苏省地质局，1963，1:100万南京幅地质图。
江苏省地质局区域地质测量队，1964，1:20万常州幅区域地质测量报告。
江苏省重工业局区域地质测量队，1969，1:20万新沂幅区域地质测量报告。
江苏省重工业局区域地质测量队，1970，1:20万扬州幅区域地质测量报告。
江苏省地质局区域地质测量队，1974，1:20万马鞍山幅区域地质调查报告。
江苏省地质局区域地质测量队，1976，1:20万苏州、无锡幅区域地质调查报告。
江苏省地质局区域地质测量队，1978，1:20万徐州幅区域地质调查报告。
江苏省地质局区域地质调查大队，1979，1:20万盱眙幅区域地质调查报告。
李捷主编，1929，中国地质图南京开封幅说明书。北平地质调查所出版。

附录Ⅰ　江苏省地层数据库的建库情况及其功能介绍

地层数据库的研制和建库工作是随地矿部“八五”期间设立“全国地层多重划分对比研究”项目同时开展的，其指导思想和研究内容与全国地层清理工作的有关文件要求基本一致，建立地层数据库的目的是为全国区域地质调查和基础地质研究工作服务，巩固地层清理成果，避免今后使用地层单位时的混乱现象，使我国地层研究和管理工作走向科学化、信息化，并与国际地层学研究工作接轨。

省级地层数据库是地矿部专项地勘科技项目（编号：DZ1992－01）“全国地层数据库”的一个重要组成部分，它既是全国地层数据库的一个基本子库，同时又是一个独立、完整的省级地层数据库。

省级数据库是按照全国地层数据库的统一要求，以岩石地层单位为基本单元建库的，以全国地层清理项目办统一制定的五张地层剖面数据卡片为数据采集源。其数据采集、数据库信息管理、检索及查询软件是以“全国地层数据库”项目组提供的软件和标准进行的。有关全国地层数据库的概况，参见《中国地层信息系统》（中国地质大学出版社出版）。

一、地层数据库的建库情况

1.组织管理

负责建立本省地层数据库的单位：江苏省地矿局地科处。

使用的机型：AST PⅡ385/25 机、AR-3240打印机。

地层数据库建库人员名单：

①录入、修改：李锋、周洁、谢增平、金文玉、曾晓光。

②汇总、数据盘整理复制：李锋。

③地层数据库数据卡片审核校对人员名单：a. 卡片审核：林水龙、徐学思、吕成高；b. 卡片校对：徐学思、房尚明、钱清、胡世忠、张基训、闵庆魁、邓国新。

2.工作过程

卡片录入工作始于1994年3月1日，同年7月上旬完成全部卡片录入、打印输出及大部分卡片审核、校对工作，8月底完成全部卡片的审核、校对、修改工作及地层数据库的机器汇总（卡片录入共用了四台机器分别进行）和数据备份盘的整理复制工作。

3.完成工作量

(1) 建议采用的岩石地层单位109个，录入101个（群级11个、组级80个、段级10个），录入各断代地层单位数分别为N6、E5、K6、J9、T6、P10、C12、D1、S3、O12、∈9、Z5、$Pt_3$12、$Pt_2$5；未录入8个（群级3个、组级1个、段级4个）。

(2) 建议不采用的岩石地层单位168个。

(3) 录入剖面420条，其中46条正层型、1条副层型、23条选层型、1条新层型、349条参考剖面。

(4) 累计打印输出：岩石地层单位登记封面卡片101张；岩石地层单位卡片Ⅰ101张；地层划分沿革卡片Ⅱ77张；岩石地层单位延伸及变化情况和柱状对比图卡片50张；剖面分布图卡片Ⅲ48张；地层剖面卡片及文字描述表格卡片Ⅳ420张；地层剖面柱状图卡片Ⅳ420张；参考文献卡片Ⅴ76张。

4.提交数据磁盘清单

占用外存空间约6兆，分放6张1.2 M 软盘（5.25 inch）。

数据软盘清单：

盘号	地层单位起止编号
	（省码）（地层单位代码）
1#	32—2314—32—2261（江苏南区）
2#	32—2246—32—2201（江苏南区）
3#	32—2191—32—2001（江苏南区）
4#	32—1312—32—1060（江苏北区）
5#	32—1059—32—1020（江苏北区）
6#	32—3001—32—4061（不采用地层单位名称卡）（仅填省内创名卡Ⅰ）

二、地层数据库功能介绍

地层数据库主要由三部分组成。(1) 数据采集系统：包括对原始数据的录入、编辑、查错及地层信息检索、数据库字典查询、文献检索、地层单位数据文件管理等功能；(2) 数据处理系统：包括地层卡片的输出、地层数据库各类信息的查询检索及汇总制表、岩石地层单位的监控等功能；(3) 扩充部分接口，为地层数据库以后的进一步开发留有接口。

1. 系统运行环境

(1) DOS 版本

软件支撑环境：DOS 3.30以上　　Microsoft C 6.0

　　　　　　　PTDOS 2.0　　Foxpro 2.0

硬件运行环境：286以上主机　　VGA 显示器　　LQ-1600K或其他24针打印机

(2) Windows 版本

软件支撑环境：Windows 3.1　　Borland C++ 3.1

　　　　　　　中文之星 1.2　　Foxpro for Windows 2.5

　　　　　　　MS-DOS 5.0以上

硬件运行环境：386、486主机（内存≥4 M，硬盘≥100 M）　　VGA 显示器　　LQ-1600K 或其他24针打印机

2. 数据采集模块功能

(1) 选择“省份”、“地层单位”

(2) 地层单位数据录入情况查询

(3) 卡片Ⅰ数据录入与修改（可选择按编号、创名时间、汉语拼音等顺序）

(4) 卡片Ⅱ数据录入与修改

(5) 卡片Ⅲ数据录入与修改

(6) 卡片Ⅳ剖面信息数据录入与修改

(7) 卡片Ⅳ剖面文字描述数据录入与修改

(8) 卡片Ⅳ柱状图数据录入与修改

(9) 卡片Ⅳ化石数据录入与修改

(10) 卡片Ⅳ分布特征数据录入与修改

(11) 卡片Ⅳ数据检查整理·

(12) 卡片Ⅴ数据录入与修改

(13) 地层单位数据文件备份

(14) 地层单位数据文件入库

(15) 地层单位数据文件转换

(16) 省级库数据检索

(17) 数据库字典查询

(18) 省级文献库查询与修改

3. 卡片输出模块功能

(1) 选择省份

(2) 选择输出的地层单位

(3) 卡片封面输出

(4) 卡片Ⅰ输出：屏幕或打印机输出卡片Ⅰ

(5) 卡片Ⅱ输出（图形）

(6) 卡片Ⅲ柱状对比图输出（图形）

(7) 卡片Ⅲ岩石地层单位分布图输出

可选择绘制地名级别·(在地理底图上将标出地名)：1——省会；2——地市以上；3——县级以上

可选择绘制图框类型：1——经纬框（地理底图上加画经纬框）；2——方框（地理底图上只画图框）；3——不加框（地理底图上不画图框）

图中各剖面的分布位置采用不同的符号表示其层型：三角形代表参考剖面；方形代表新层型剖面；方形中央的“+”代表正层型、“-”代表副层型、“×”代表选层型

(8) 卡片Ⅳ剖面文字描述表格输出

(9) 卡片Ⅳ剖面图输出（图形）

(10) 卡片Ⅴ输出

4. 地层信息检索模块功能

4.1. 检索条件（一级）

(1) 选择省份——选择检索的区域范围

(2) 选择大区——选择检索的区域范围

(3) 选择经纬度——选择检索的区域范围

(4) 选择断代［纪］——选择检索的时间范围

(5) 地质年代数码转换——地质年代数据进行数码转换，是进行时间范围检索的必要条件

(6) 输出方式选择

1——显示方式：将检索结果显示在屏幕上

2——打印方式：将检索结果在打印机上输出

3——文件方式：将检索结果表格文件以用户给定的文件名记盘

(7) 输出栏目选择

1——地层单位表格

2——地层剖面表格

3——文献表格

选择以上表格的输出栏目，依使用者的要求挑选所需的制表栏目序号及表格每页的行数。

4.2. 地层单位信息检索（二级检索条件）

(1) 所有地层单位：检索出满足选定时间和区域条件的地层单位

(2) 正式地层单位：检索出满足选定时间和区域条件的正式地层单位

(3) 不采用地层单位：检索出满足选定时间和区域条件的不采用地层单位

(4) 地层单位名称：检索出与指定地层单位名称相同的地层单位

(5) 地层单位名称（拼音）：检索出与指定拼音相同的地层单位

(6) 地层单位编号：检索出与指定地层单位编号相同的地层单位

(7) 地层单位代号：检索出与指定地层单位代号相同的地层单位

(8) 同物异名：检索出与指定名称相同的同物异名地层单位

(9) 同名异物：检索出与指定名称相同的同名异物地层单位

(10) 同物异名/同名异物：检索出有同物异名或同名异物的地层单位

(11) 输出剖面分布图：输出当前检索内容的地层单位的剖面分布图

4.3. 剖面信息检索（二级检索条件）

(1) 所有剖面：检索出满足选定时间和区域条件的地层剖面

(2) 所有正层型：检索出满足选定时间和区域条件的正层型

(3) 所有副层型：检索出满足选定时间和区域条件的副层型

(4) 所有选层型：检索出满足选定时间和区域条件的选层型

(5) 所有新层型：检索出满足选定时间和区域条件的新层型

(6) 所有次层型：检索出满足选定时间和区域条件的次层型

(7) 剖面名称：检索出与指定剖面名称相同的地层剖面

(8) 剖面编号：检索出与指定剖面编号相同的地层剖面

(9) 剖面化石名称（中文）：检索剖面上化石分类的中文名称

(10) 剖面其他信息：检索剖面图上已录入的下列信息：

化石（拉丁文）：检索指定化石名称所在的剖面

生物地层带：检索指定生物地层带所在的剖面

颜色：检索含有指定颜色的剖面

磁极性：检索含有磁极性内容的所有剖面

化学特征：检索含有化学特征内容的所有剖面

矿物：检索含有矿物内容的所有剖面

矿产：检索含有矿产内容的所有剖面

变质相：检索含有变质相内容的所有剖面

（注意：不对文字描述的内容进行检索）

（11）某地层单位正层型：检索出指定地层单位的正层型

（12）输出剖面分布图：输出当前检索内容的剖面分布图

4.4.参考文献目录检索（二级检索条件）

（1）作者：按指定作者检索文献目录

（2）时间：按指定发表时间检索文献目录

（3）书名（论文题目）：按指定书名检索文献目录

（4）作者＋时间：按指定作者及发表时间检索文献目录

（5）断代［纪］：按选定的地质年代范围，检索有关地层单位所涉及的文献目录

（6）某地层单位文献：按地层单位检索文献目录

（7）文献引用情况：指定某一文献所在的省码及文献库的记录号，检索该文献在本省的引用情况（创名或引用）。

5.地层单位监控模块功能

对新建地层单位进行命名监控

（1）同名的监控：检索出与指定地层单位名称相同的地层单位

（2）同音的监控：检索出与指定地层单位名称（拼音）相同的地层单位

（3）同编号的监控：检索出与指定地层单位名称相同的地层单位

（4）同代号的监控：检索出与指定地层单位名称相同的地层单位

（5）有效性的监控：检索出与新建地层单位的经纬度邻近的剖面，供科研人员进行对比研究

三、地层数据库的维护与功能扩充

1.数据库的维护

省级数据库是全国地层数据库的基础，随着地质工作的深入，必须对地层数据库进行扩充与维护，并及时与全国地层数据库进行信息交流，以保证省库与全国库的数据一致性。

今后负责管理维护地层数据库的单位：江苏省地矿局地科处。

2.功能扩充

地层数据库的建立，是逐步实现地层学研究和地层单位划分的建立、命名、定义、修订及废弃等管理的规范化、现代化。有待开发的功能有：

（1）进一步完善软件与PTDOS汉字系统之间的接口，保证输入与输出的一致性；

（2）在图形文件（卡Ⅰ、卡Ⅳ）的生成和打印输出过程中，增加中断功能，使得软件更加灵活并进一步方便用户；

（3）在剖面数据整理中增加岩性组合漏填或岩性组合为夹层时，组合参数漏填的错误情况判别。

附录Ⅱ　江苏省采用的岩石地层单位

附录Ⅱ-1

序号	岩石地层单位名称		编号	代号	地质时代	创名人或单位①	创建时间	所在省	在本书页数
	英文	汉文							
1	Benxi Fm	本溪组	32-1218	C_2b	C_2	赵亚曾	1926	辽宁	68
2	Beixiangshan Fm	*北象山组	32-2262	J_2b	J_2	鞠魁祥	1987	江苏	218
3	Cangbomen Mem	*沧波门段	32-2243	T_1q^c	T_1	安徽区调队	1977	江苏	192
4	Changping Fm	昌平组	32-1056	$\in_1\hat{c}$	$\in_1$	张文佑	1935	河北	46
5	Changxing Fm	长兴组	32-2225	$P_2\hat{c}$	P_2	葛利普(Grabau)	1924	浙江	187
6	Chaomidian Fm	炒米店组	32-1059	$\in_3\hat{c}$	$\in_3$	Willis,Blackwelder	1907	山东	54
7	Chaosuo Mem	晁所段	32-1065	$O_2m^{\hat{c}}$	O_2	江苏地质五队房尚明等	1975	江苏	59
8	Chengshan Fm	*城山组	32-1023	$Pt_3\hat{c}$	Pt_3	刘季辰、赵汝钧	1924	江苏	18
9	Chishan Fm	*赤山组	32-2283	$K_2\hat{c}$	K_2	刘季辰、赵汝钧	1924	江苏	233
10	Chuanshan Fm	*船山组	32-2207	$C_2\hat{c}$	C_2	丁文江	1919	江苏	174
11	Dainan Fm	*戴南组	32-2303	E_2d	E_2	地质部第六普查勘探大队	1970	江苏	248
12	Dalong Fm	大隆组	32-2224	P_2d	P_2	张文佑、陈家天	1938	广西	185
13	Daquan Mem	大泉段	32-1064	O_1m^d	O_1	江苏地质五队房尚明等	1975	江苏	59
14	Dawan Fm	大湾组	32-2063	O_1d	O_1	张文堂、朱兆玲、钱义元、李积金	1957	湖北	139
15	Dawangshan Fm	*大王山组	32-2265	J_3d	J_3	顾雄飞	1955	安徽	224
16	Dengying Fm	灯影组	32-2024	Z_2d	Z_2	李四光 (刘弟镛)	1924 (1961)	湖北	127
17	Donghai Gr	*东海杂岩	32-1011	Ar_3Pt_1D	Ar_3-Pt_1	江苏区调队等	1986	江苏	10
18	Dongxuanguan Fm	*洞玄观组	32-2311	N_1d	N_1	程裕淇、沈永和	1948	江苏	251
19	Fangshan Fm	*方山组	32-2313	N_2f	N_2	程裕淇、沈永和	1948	江苏	255
20	Fanjiatang Fm	*范家塘组	32-2246	T_3f	T_3	朱　森	1929	江苏	197
21	Fentou Fm	*坟头组	32-2082	S_1f	S_1	潘　江	1956	江苏	146
22	Funing Fm	*阜宁组	32-2302	E_1f	E_1	江苏石油普查大队	1958	江苏	246
23	Gaojiabian Fm	*高家边组	32-2081	O_3S_1g	$O_3—S_1$	葛利普	1924	江苏	143
24	Gaolishan Fm	*高骊山组	32-2203	C_1g	C_1	朱　森	1931	江苏	168
25	Gecun Fm	*葛村组	32-2281	K_1g	K_1	地质部第六石油普查大队	1960	江苏	229
26	Guanshan Fm	*观山组	32-2191	D_3g	D_3	李星学	1963	江苏	163
27	Guanyintai Fm	*观音台组	32-2044	$\in_3O_1g$	$\in_3—O_1$	江苏重工业局区测队	1970	江苏	134
28	Guanzhuang Gr	官庄群	32-1301	$E_{2-3}G$	E_{2-3}	谭锡畴	1923	山东	102
29	Gufeng Fm	孤峰组	32-2222	P_1g	P_1	叶良辅、李捷 (李四光、朱森、陈旭)	1924 (1932)	安徽	179
30	Guniutan Fm	牯牛潭组	32-2064	O_1g	O_1	张文堂等	1957	湖北	140
31	Gushan volbelt	*姑山火山岩带		gvb	K_1	徐克勤	1962	安徽	236
32	Haizhou Gr	*海州(岩)群	32-2004	Pt_2H	Pt_2	江苏地质六队	1978	江苏	112

注:①创名人栏(　)内为介绍人;创名时间栏(　)内为介绍时间。②*表示已查阅过原始文献。

序号	岩石地层单位名称		编号	代号	地质时代	创名人或单位①	创建时间	所在省	在本书页数
	英文	汉文							
33	Hetang Fm	荷塘组	32-2041	$\in_1 ht$	$\in_1$	卢衍豪、穆恩之等 （朱兆玲）	1955 (1988)	浙江	129
34	Hezhou Fm	和州组	32-2204	$C_{1-2}h$	C_{1-2}	朱　森 （俞建章）	1929 (1931)	安徽	170
35	Honghuayuan Fm	红花园组	32-2062	O_1h	O_1	张鸣韶、盛莘夫 （刘之远）	1940 (1948)	贵州	137
36	Houjiashan Fm	猴家山组	32-1055	$\in_1 h$	$\in_1$	徐嘉炜	1956	安徽	42
37	Huaihe Gr	·淮河群	32-1032	Pt_3H	Pt_3	苏皖震旦亚界专题组	1980	江苏、安徽	17
38	Huangjian Fm	黄尖组	32-2267	J_3h	J_3	顾知微、邹鑫祜	1964	浙江	227
39	Huanglong Fm	·黄龙组	32-2206	C_2h	C_2	李四光、朱森	1930	江苏	172
40	Huangmaqing Fm	·黄马青组	32-2245	T_2h	T_2	谢家荣	1928	江苏	195
41	Huangxu Fm	·黄墟组	32-2023	Z_2h	Z_2	李毓尧、李捷、朱森	1935	江苏	125
42	Hushan Mem	·湖山段	32-2242	T_1q^h	T_1	安徽区调队	1977	江苏	192
43	Hutian Mem	·湖田段	32-1219	C_2b^h	C_2	关士聪、李星学、张文堂 （丁培榛、范嘉松、郝树声等）	1952 (1961)	山东	70
44	Jiashan volcone	·甲山火山岩锥		jvc	K_1	车树政等	1981	江苏	237
45	Jiawang Fm	·贾汪组	32-1061	O_1j	O_1	李四光 （谢家荣）	1930 (1932)	江苏	58
46	Jiayuan Fm	·贾园组	32-1024	Pt_3j	Pt_3	江苏和安徽区测队	1978	江苏	19
47	Jinling Fm	·金陵组	32-2202	C_1j	C_1	李四光、朱森	1930	江苏	167
48	Jinping Fm	·锦屏（岩）组	32-2002	Pt_2j	Pt_2	张鉴模	1958	江苏	112
49	Jinshanzhai Fm	·金山寨组	32-1033	Z_2j	Z_2	江苏和安徽区测队	1978	安徽	28
50	Jiudingshan Fm	·九顶山组	32-1027	Pt_3jd	Pt_3	江苏和安徽区测队	1978	安徽	22
51	Laiyang Gr	·莱阳群	32-1281	K_1L	K_1	谭锡畴	1923	山东	93
52	Lanling Fm	·兰陵组	32-1021	Pt_3l	Pt_3	江苏区测队	1978	山东	16
53	Laocun Fm	劳村组	32-2266	J_3l	J_3	浙江区测队	1965	浙江	226
54	Laohudong Fm	·老虎洞组	32-2205	$C_{1-2}l$	C_{1-2}	夏邦栋	1959	江苏	171
55	Leigutai Fm	·擂鼓台组	32-2201	D_3C_1l	$D_3—C_1$	李星学	1963	江苏	164
56	Longtan Fm	·龙潭组	32-2223	$P_{1-2}l$	P_{1-2}	丁文江	1919	江苏	181
57	Longwangshan Fm	·龙王山组	32-2264	J_3lw	J_3	顾雄飞	1955	安徽	222
58	Lunshan Fm	·仑山组	32-2061	O_1l	O_1	李希霍芬(Richthofen) （丁文江）	1912 (1919)	江苏	135
59	Majiagou Fm	马家沟组	32-1062	$O_{1-2}m$	O_{1-2}	葛利普	1922	河北	58
60	Mantou Fm	馒头组	32-1057	$\in_{1-2}m$	$\in_{1-2}$	Willis, Blackwelder	1907	山东	46
61	Maoshan Fm	·茅山组	32-2083	S_2m	S_2	李毓尧、李捷、朱森	1935	江苏	148
62	Mufushan Fm	·幕府山组	32-2042	$\in_1 m$	$\in_1$	俞剑华、陈敏娟、张浅深	1962	江苏	131

序号	岩石地层单位名称		编号	代号	地质时代	创名人或单位[①]	创建时间	所在省	在本书页数
	英文	汉文							
63	Niangniangshan volcone	·娘娘山火山岩锥		nvc	K_1	顾雄飞	1955	江苏	238
64	Niyuan Fm	·倪园组	32-1026	Pt_3n	Pt_3	江苏和安徽区测队	1978	江苏	21
65	Paotaishan Fm	·炮台山组	32-2043	$\in_2p$	$\in_2$	俞剑华、陈敏娟、张浅深	1962	江苏	133
66	Pichengyan Gr	·埤城(岩)群	32-2001	Pt_2P	Pt_2	江苏区调队	1987	江苏	117
67	Pukou Fm	·浦口组	32-2282	K_2p	K_2	刘季辰、赵汝钧	1924	江苏	231
68	Qinglong Fm	·青龙组	32-2241	T_1q	T_1	刘季辰,赵汝钧	1924	江苏	188
69	Qingshan Gr	·青山群	32-1282	K_1Q	K_1	谭锡畴	1923	山东	95
70	Qixia Fm	·栖霞组	32-2221	P_1q	P_1	李希霍芬	1912	江苏	175
71	Quanwangtou Mem	泉旺头段	32-1221	C_2t^q	C_2	谢家荣	1932	江苏	71
72	Sanduo Fm	三垛组	32-2304	$E_{2-3}s$	E_{2-3}	华东石油勘探局	1960	江苏	250
73	Sanshanzi Fm	三山子组	32-1060	$\in_3O_1s$	$\in_3$—O_1	谢家荣	1932	江苏	55
74	Santai Fm	三台组	32-1280	J_3s	J_3	梭格尔(Solgar) (谭锡畴)	20世纪初 (1923)	山东	92
75	Shanxi Fm	山西组	32-1223	P_1s	P_1	Willis, Blackwelder	1907	山西	75
76	Shangdang volbelt	·上党火山岩带		$\dot{s}vb$	K_1	江苏区调队	1984	江苏	235
77	Shihezi Fm	石盒子组	32-1227	$P_{1-2}\dot{s}$	P_{1-2}	诺林(Norin) (李四光)	1922 (1952)	山西	80
78	Shijia Fm	·史家组	32-1030	$Pt_3\dot{s}$	Pt_3	江苏和安徽区测队	1978	安徽	25
79	Shiqianfeng Gr	石千峰群	32-1228	$P_2\dot{S}$	P_2	诺林 (江苏省地质局)	1922 (1963)	山西	81
80	Shiqiao Gr	·石桥(岩)群	32-1012	$Pt_1\dot{S}$	Pt_1	江苏区调队	1986	江苏	12
81	Sujiawan Fm	苏家湾组	32-2022	Z_1s	Z_1	徐嘉炜等	1965	安徽	123
82	Suqian Fm	·宿迁组	32-1312	N_2s	N_2	江苏省地质局淮阴地质队	1958	江苏	105
83	Taiyuan Fm	太原组	32-1220	C_2t	C_2	翁文灏、葛利普 (诺林)	1922 (1922)	山西	71
84	Taishan Gr	泰山(岩)群	32-1010	Ar_3T	Ar_3	李希霍芬 (江苏省地质局)	1882 (1963)	山东	9
85	Taizhou Fm	·泰州组	32-2301	E_1t	E_1	南京地质古生物研究所	1961	江苏	244
86	Tangshan Fm	·汤山组	32-2065	O_2t	O_2	李毓尧、李捷、朱森	1935	江苏	141
87	Tangtou Fm	·汤头组	32-2066	$O_{2-3}t$	O_{2-3}	穆恩之、潘江、俞昌民	1955	江苏	142
88	Tuntou Mem	·屯头段	32-1222	C_2t^t	C_2	小贯义男等	1943	江苏	72
89	Wangshan Fm	·望山组	32-1031	Pt_3ws	Pt_3	江苏和安徽区测队	1978	安徽	27
90	Wangshi Gr	王氏群	32-1283	K_2W	K_2	谭锡畴	1923	山东	96
91	Weiji Fm	·魏集组	32-1029	Pt_3w	Pt_3	江苏和安徽区测队	1978	江苏	25
92	Wutong Gr	·五通群	32-2190	D_3C_1W	D_3—C_1	丁文江	1919	浙江	162
93	Xiacaowan Fm	·下草湾组	32-1311	N_1x	N_1	杨钟健、周明镇	1955	江苏	104

序号	岩石地层单位名称		编号	代号	地质时代	创名人或单位①	创建时间	所在省	在本书页数
	英文	汉文							
94	Xiangshan Gr	·象山群	32-2268	$J_{1-2}X$	J_{1-2}	李毓尧、李捷、朱森	1935	江苏	215
95	Xiaohu Mem	·小湖段	32-1224	$P_1\dot{s}^x$	P_1	小贯义男等	1943	江苏	76
96	Xiaqiao Mem	·夏桥段	32-1225	$P_1\dot{s}^{xq}$	P_1	小贯义男	1943	江苏	76
97	Xihengshan Fm	·西横山组	32-2263	J_3x	J_3	地质部第六石油普查大队	1960	江苏	220
98	Xinxing Fm	·新兴组	32-1022	Pt_3x	Pt_3	江苏区测队	1978	山东	17
99	Yancheng Fm	·盐城组	32-2314	$N_{1-2}yn$	N_{1-2}	华东石油勘探局	1960	江苏	256
100	Yuhuatai Fm	·雨花台组	32-2312	$N_{1-2}y$	N_{1-2}	刘季辰、赵汝钧	1924	江苏	252
101	Yuntai Fm	·云台(岩)组	32-2003	Pt_2y	Pt_2	刘季辰、赵汝钧	1924	江苏	116
102	Zhaishan Mem	·寨山段	32-1063	$O_1m^{\dot{z}}$	O_1	江苏地质五队房尚明等	1975	江苏	59
103	Zhangbaling Gr	张八岭(岩)群	32-2005	$Pt_2\hat{Z}$	Pt_2	张鉴模	1958	安徽	117
104	Zhangqu Fm	·张渠组	32-1028	$Pt_3\dot{z}q$	Pt_3	江苏和安徽区测队	1978	安徽	23
105	Zhangxia Fm	·张夏组	32-1058	$\in_2\dot{z}$	$\in_2$	Willis, Blackwelder	1907	山东	53
106	Zhaowei Fm	·赵圩组	32-1025	$Pt_3\dot{z}$	Pt_3	江苏和安徽区测队	1978	江苏	20
107	Zhongshan Fm	·钟山组	32-2261	$J_1\dot{z}$	J_1	刘季辰、赵汝钧	1924	江苏	216
108	Zhouchongcun Fm	·周冲村组	32-2244	$T_2\hat{z}$	T_2	江苏第一地质大队	1975	江苏	192
109	Zhougang Fm	周岗组	32-2021	$Z_1\hat{z}$	Z_1	徐嘉炜等	1965	安徽	119

附录Ⅲ　江苏省不采用的地层名称

序号	地层单位名称		编号	地质时代	创名人或单位	创建时间	所在省	不采用的理由
	英文	汉文						
1	Ahu Fm	阿湖组	32-3018	$Ar-Pt_1$	江苏地质六队	1986	江苏	层序不清，现归东海杂岩
2	Andou Fm(Gr)	安陡组（群）	32-4035	T_2	田永初	1965	江苏	两地合称，不符合命名原则，现归周冲村组
3	Bagongshan Gr(Fm)	八公山群（组）		$Pt_3(Qn)$	徐嘉炜	1959	安徽	与兰陵组同物异名
4	Baitoushan Fm	白头山组	32-4022	K_1	江苏地质一队	1986	江苏	降为非正式岩石地层，归姑山火山岩带
5	Baitu Fm	白土组		O_2	江苏区调队	1978	安徽	归马家沟组
6	Banzhuang Fm	斑庄组	32-3020	$Ar-Pt_1$	江苏地质六队	1986	江苏	层序不清，现归东海杂岩
7	Baota Fm	宝塔组		O_2	李四光	1924	湖北	归汤山组
8	Beianzhuang Fm	北庵庄组		O_1	陈均远、邹西平	1975	山东	归马家沟组
9	Biandanshan Fm	扁担山组		T_2	安徽326地质队	1966	安徽	归青龙组
10	Boshantong Series	博山统		C	小贯义男（日）	1944	山东	已解体，下归太原组，上归山西组
11	Cangshan Fm	苍山组		$Ar-Pt_1$	北京地质学院	1960	山东	层序不清，现归东海杂岩
12	Changguling Limestone	长牯岭灰岩		P－T	丁文江	1919	浙江	已解体，归青龙组
13	Changlingzi Fm	长岭子组		Pt_3	松下进（日）	1930	辽宁	与贾园组同物异名
14	Changshan Fm	长山组		$\in_3$	孙云铸	1922	河北	归炒米店组
15	Changzhou Fm	常州组	32-4021	E	南京地质古生物研究所	1961	江苏	归阜宁组
16	Chaochuan Fm	朝川组	32-4025	K_1	浙江石油队	1959	浙江	与葛村组同物异名
17	Chaofeng Gr	超峰群		$\in_3$	鞠天吟	1979	浙江	与观音台组同物异名
18	Chenjiabian Fm	陈家边组	32-4045	C_1	严幼因、李汉民	1987	江苏	按生物地层肢解岩石地层，应属擂鼓台组
19	Cishan Sandstone	祠山砂岩		J	谢家荣	1928	江苏	已解体，下部归钟山组，中部归北象山组，上部归西横山组
20	Cishan Fm	茨山组	32-4046	C_1	严幼因、李汉民	1987	江苏	按生物地层肢解岩石地层，归擂鼓台组
21	Dachenling Fm	大陈岭组		$\in_1$	李　秾等	1965	浙江	归幕府山组
22	Dagouyan Sandstone Bed	大沟沿砂岩层	32-3003	P	谢家荣	1932	江苏	归山西组小湖段
23	Dashangou Fm	大山沟组		Pt_1	山东区调队	1984	山东	层序不清，应属东海杂岩
24	Datianba Fm	大田坝组		O_2	南京地质古生物研究所	1974	四川	归汤山组
25	Dawenkou Fm	大汶口组		E_{2-3}	鲁西南石油地质队	1974	山东	归官庄群
26	Diaoyutai Quartzite Fm	钓鱼台石英岩组		Pt_3	青地乙治（日）	1928	辽宁	与兰陵组同物异名

序号	地层单位名称		编号	地质时代	创名人或单位	创建时间	所在省	不采用的理由
	英文	汉文						
27	Dingjing Fm	丁泾组	32-4054	$\in_1$	江苏石油地质大队	1980	江苏	归幕府山组
28	Dingshan Fm	丁山组	32-4043	C_2	俞学光	1976	江苏	以生物地层肢解岩石地层，应归老虎洞组
29	Doushan Fm	陡山组	32-4028	J_2	江苏地质二队	1986	江苏	归北象山组
30	Doushantuo Fm	陡山沱组		Z_2	李四光	1924	湖北	与黄墟组同物异名
31	Dunshang Fm	墩尚组	32-3023	$Ar-Pt_1$	江苏区调队	1986	江苏	层序不清，现归石桥(岩)群
32	Fangqiao Fm	芳桥组	32-4050	O_1	俞建华、陈敏娟等	1979	江苏	归红花园组
33	Fengshan Fm	凤山组		$\in_3$	孙云铸	1922	河北	归炒米店组
34	Fengshan Fm	峰山组	32-4007	N_1	江苏区调队	1979	江苏	归下草湾组下部
35	Fenshuiling Fm	分水岭组		K_1	北京地质学院、山东省地质局	1963	山东	与莱阳群同物异名
36	Gaoqiao Fm	高桥组	32-4061	Z_1	江苏重工业局区测队	1970	江苏	与苏家湾组同物异名
37	Gaoshancun Fm	高山村组	32-4016	E_1	南京大学地质系	1980	江苏	相当于阜宁组二段
38	Gezhuang Fm	阁庄组		O_2	陈均远、邹西平(介绍)	1975	山东	归马家沟组
39	Gouhou Fm	沟后组	32-3008	Z_2	江苏和安徽区测队	1976	安徽	已解体，下部划归金山寨组，中上部划归猴家山组
40	Goutoushan Fm	狗头山组	32-4014	E	王建华、关克兴	1960	安徽	归三垛组
41	Guanshan Limestone Bed	官山石灰岩层	32-3009	Pt_3	刘季辰、赵汝钧	1924	江苏	已解体为几个"组"级地层单位，分别为贾园组、赵圩组、倪园组、九顶山组、张渠组、魏集组、史家组、望山组
42	Guanyinqiao Fm	观音桥组		O_3	卢衍豪	1959	四川	归高家边组
43	Guiwu Fm	桂五组	32-4001	N_2	江苏区调队	1979	江苏	相当方山组
44	Gushan Fm	崮山组		$\in_{1-2}$	维里士、布莱克威尔德	1907	山东	在本区尖灭
45	Hangcun Fm	杭村组	32-4026	J_3	江苏地质二队	1986	江苏	归大王山组下部
46	Hanjia Mem	韩家段		O_1	安徽区调队	1978	安徽	归三山子组
47	Hanjiang Fm	邗江组	32-4020	E	南京地质古生物研究所	1961	江苏	中、下部相当戴南组，上部相当三垛组下段
48	Helongshan Fm	和龙山组		T_1	安徽贵池地区地层研究队	1965	安徽	归青龙组
49	Honghuaqiao Fm	红花桥组		J_3	安徽区调队	1977	安徽	归西横山组
50	Hongqiao Fm	虹桥组	32-4056	$\in_1$	江苏石油地质大队	1980	江苏	归荷塘组下部
51	Houjiatang Fm	侯家塘组	32-4049	S_1	张全忠、焦世鼎	1985	江苏	按生物地层肢解岩石地层，下部归高家边组，上部归坟头组

序号	地层单位名称		编号	地质时代	创名人或单位	创建时间	所在省	不采用的理由
	英文	汉文						
52	Huaguoshan Fm	花果山组	32-4006	N_1	江苏区调队	1979	江苏	相当下草湾组
53	Huanggang Fm	黄岗组	32-4003	N_2	安徽区调队	1977	江苏	相当雨花台组中部
54	Huangshiba Fm	黄石坝组	32-4028	J_3	安徽区调队	1977	安徽	归龙王山组
55	Huaibei Gr	淮北群	32-3012	Z_2	邢裕盛	1984	安徽、江苏	已解体，自下而上为九里桥组、倪园组、九顶山组、张渠组、魏集组、史家组、望山组、金山寨组、沟后组
56	Huaiyang Gr	淮阳群	32-3013	Z_1	邢裕盛	1984	安徽	已解体，下部为刘老碑组，上部为寿县组
57	Huainan Gr	淮南群		Pt_3(Qn)	苏皖专题组	1979	安徽	已解体，下部(兰陵组、新兴组)归青白口系，上部(岠山组、贾园组)归淮河群下亚群
58	Jianshan Fm	尖山组	32-4002	N_2	安徽区调队	1977	江苏	归方山组
59	Jiaonan Gr	胶南群	32-3016	Pt_1	山东区调队	1984	山东	层序不清，现归东海杂岩
60	Jiashan Fm	夹山组	32-3017	$Ar-Pt_1$	江苏地质六队	1986	江苏	层序不清，现归东海杂岩
61	Jiashan Fm	嘉山组	32-4059	Z_2	江苏重工业局区测队	1970	江苏	归黄墟组下部
62	Jieling Bed	界岭层	32-4048	S—D	刘季辰、赵汝钧	1924	江苏与浙江、安徽交界	无具体地点，已解体，下部归高家边组，中部归坟头组，上部归茅山组
63	Jinhu Fm	金湖组	32-4011	E	第六普查勘探大队	1976	江苏	与戴南组同物异名
64	Jiuliqiao Fm	九里桥组		Pt_3	朱兆玲等	1964	安徽	与贾园组同物异名
65	Jushan Fm	岠山组	32-3014	Pt_3	江苏区调队	1976	江苏	与城山组同物异名
66	Kunshan Fm	昆山组	32-4051	O_1	俞建华、陈敏娟等	1979	江苏	归红花园组
67	Langan Gr	栏杆群		Pt_3	安徽区调队	1979	安徽	已解体，原包括金山寨组及沟后组，后者下部归金山寨组，中、上部归猴家山组
68	Laokan Fm	老坎组	32-4044	C_1	刘延哲、王明远	1979	江苏	归擂鼓台组
69	Liangjiashan Fm	亮甲山组		O_1	叶良辅、刘季辰	1919	河北	与贾汪组同物异名
70	Liangshan Fm	梁山组		P_1	卢衍豪	1955	陕西	归栖霞组底部
71	Liantuo Fm	莲沱组		Z_1	李四光	1924	湖北	与周岗组同物异名
72	Lingyanshan Fm	灵岩山组		N_2	江苏区测队	1970	江苏	与方山组同物异名
73	Lingyuan Fm	陵园组	32-4031	J_{1-2}	南京大学地质系	1964	江苏	归钟山组
74	Liuhe Fm	六合组	32-4005	N_2	安徽区调队	1977	江苏	归雨花台组下部
75	Liulaobei Fm	刘老碑组		Pt_3	谢家荣	1947	安徽	与新兴组同物异名
76	Longshan Fm	陇山组		Pt_3	江苏区测队、安徽区测队	1976	安徽	与北祁连山陇山群异物同名，现改称九顶山组

序号	地层单位名称		编号	地质时代	创名人或单位	创建时间	所在省	不采用的理由
	英文	汉文						
77	Loushanguan Gr	娄山关群		$\in_3$	丁文江	1931	贵州	与观音台组同物异名
78	Lüda Gr(series)	旅大群(统)		Pt_3	俞建章等	1964	辽宁	与淮南群同物异名
79	Luzhi Fm	角直组	32-4018	E_1	上海市水文地质大队	1973	江苏	归泰州组
80	Macun Limestone	马村灰岩		Z	李希霍芬	1912	江苏	已解体为石炭-二叠系,具体层位不详
81	Maigaoqiao Fm	迈皋桥组	32-4053	$\in_1$	林天瑞等	1986	江苏	归幕府山组
82	Majishan Fm	马迹山组	32-4058	Z_2	江苏重工业局区测队	1970	江苏	归黄墟组上部
83	Maozhuang Fm	毛庄组		$\in_3$	卢衍豪、董南庭	1953	山东	让给年代地层单位,归馒头组
84	Meitanshan Fm	煤炭山组	32-4057	Z_2	江苏重工业局区测队	1970	江苏	与灯影组同物异名
85	Mengyin Fm	蒙阴组		J_3	谭锡畴	1923	山东	已解体,下部归三台组,中部归莱阳群,上部归青山群
86	Mianshan Limestone Bed	绵山灰岩层	32-3010	Pt_3	刘季辰、赵汝钧	1924	江苏	已解体,从下至上为贾园组、赵圩组、倪园组、九顶山组、张渠组、魏集组、史家组、望山组
87	Nanding Series	南定统		P	小贯义男(日人)	1947	山东	已解体,下部归石盒子组,上部归石千峰群
88	Nanfen Shale Marl (Fm)	南芬页岩、泥灰岩(组)		Pt_3	青地乙治(日人)	1928	辽宁	与新兴组同物异名
89	Nanjing Sandstone	南京砂岩		C_3	李希霍芬	1868	江苏	已解体,下部归青龙组,中部归范家塘组,上部归钟山组、北象山组,顶部归西横山组
90	Nantuo Fm	南沱组		Z_1	李四光	1924	湖北	与苏家湾组同物异名
91	Nanxiangshan Fm	南象山组	32-4027	J_2	鞠魁祥	1985	江苏	归钟山组
92	Nishan Fm	泥山组	32-4062	Z_1	刘弟墉	1961	江苏	归苏家湾组
93	Paozizui Fm	炮子咀组	32-4015	E	王建华、关克兴	1960	安徽	归阜宁组三、四段
94	Pingshang Fm	坪上组		$Ar-Pt_1$	北京地质学院	1960	山东	层序不清,现归东海杂岩
95	Putang Fm	濮塘组	32-4026	K_1	赵玉琛	1959	安徽	归大王山组下部
96	Puzhen Fm	浦镇组	32-4008	N_{1-2}	夏树芳、李立文、方邺森、陆龙伟	1964	江苏	相当洞玄观组
97	Qiaotou Quartzite Fm	桥头石英岩组		Pt_3	青地乙治(日人)	1928	辽宁	与城山组同物异名
98	Qingshanquan bed	青山泉层	32-3004	C	谢家荣	1932	江苏	归太原组屯头段
99	Qinshandao Fm	秦山岛组	32-3021	$Ar-Pt_1$	江苏地质六队	1985	江苏	层序不清,归东海杂岩

序号	地层单位名称		编号	地质时代	创名人或单位	创建时间	所在省	不采用的理由
	英文	汉文						
100	Qiguanzhuang Fm	邱官庄组		Pt_1	山东区调队	1984	山东	层序不清，归东海杂岩
101	Qushan Fm	朐山组	32-3025	Ar	刘季辰、赵汝钧	1924	江苏	层序不清，归东海杂岩
102	Shahe Fm	沙河组	32-3019	$Ar-Pt_1$	江苏地质六队	1986	江苏	层序不清，归东海杂岩
103	Shancaoyu Fm	山草峪组		Ar	北京地质学院	1960	山东	层序不清，归泰山(岩)群
104	Shandong System	山东系		C—P	小贯义男(日人)	1947	山东	已解体为本溪组、太原组、山西组、石盒子组
105	Shangpei Fm	上沛组	32-4047	C_1	俞学光、陆云生	1979	江苏	归擂鼓台组
106	Shangqinglong Fm	上青龙组	32-4038	T_2	江苏区调队	1970	江苏	无地理专名，改称青龙组
107	Shangshihezi Fm	上石盒子组		P	诺林	1922	山西	无地理专名，改称石盒子组
108	Shijia Fm	石家组	32-4055	$\in_1$	江苏石油地质大队	1980	江苏	归荷塘组
109	Shouxian Fm	寿县组		Pt_3	安徽省区域地层表	1978	安徽	与城山组同物异名
110	Shuijiabian Fm	水家边组	32-4034	T_3	江苏地质一队	1972	江苏	已解体，上部归范家塘组，下部归周冲村组
111	Shuijingtuo Fm	水井沱组		$\in_1$	张文堂等	1957	湖北	归荷塘组
112	Sidingshan Fm	四顶山组		Pt_3	徐嘉炜	1958	安徽	归赵圩组
113	Sihong Fm	泗洪组	32-3001	N_1	刘冠邦等	1973	江苏	相当下草湾组上部
114	Sishilichangshan Fm	四十里长山组		Pt_3	杨志坚	1960	安徽	与城山组同物异名
115	Sixian Fm	泗县组		J_3	安徽区调队	1977	安徽	已解体，归莱阳群中、下部
116	Suxian Gr	宿县群		Pt_3	安徽区调队	1979	安徽	归淮河群
117	Taihu Sandstone	太湖砂岩		Z	李希霍芬	1912	江苏	已解体，归古生界，具体层位不详
118	Tashi Limestone	塔石石灰岩		O_1	赵汝钧等	1919	不清	与马家沟组同物异名
119	Tongshan Coal-bearing Bed	铜山含煤层	32-3002	P	谢家荣	1932	江苏	已解体，下部归山西组，上部 归石盒子组
120	Tuanshan Fm	团山组		$\in_3$	钱义元等	1964	安徽	与观音台组同物异名
121	Tumen Fm	土门组		Pt_3	北京地质学院	1961	山东	已解体，下部归兰陵组，上部归新兴组
122	Wanghucun Fm	王胡村组		C_1	南京大学地质系	1959	安徽	归擂鼓台组
123	Wenbifeng Fm	文笔峰组		$\in_3$	江苏石油地质大队	1980	江苏	与观音台组同物异名
124	Wennan Fm	汶南组		J_3	北京地质学院、山东省地质局	1963	山东	与三台组同物异名
125	Wufeng Fm	五峰组		O_3	孙云铸	1931	湖北	让给年代地层(五峰阶)，划归高家边组
126	Wushan Fm	伍山组		Pt_3	李四光	1952	安徽	与兰陵组同物异名
127	Wushao Fm	吴邵组	32-3006	$\in_1$	江苏区测队	1976	江苏	归馒头组

序号	地层单位名称		编号	地质时代	创名人或单位	创建时间	所在省	不采用的理由
	英 文	汉 文						
128	Xiangshan Mem	香山段	32-3005	$\in_3$	江苏地质五队	1978	江苏	归妙米店组上段
129	Xianhemen Fm	仙鹤门组	32-4036	T_2	吴瑞棠	1976	江苏	归黄马青组杂色层
130	Xiaohekou Fm	小河口组	32-4017	E_1	南京大学地质系	1976	江苏	已解体，中、下部归泰州组，上部归阜宁组
131	Xiaojiayu Fm	小家峪组		O_1	江苏区调队	1976	安徽	归马家沟组
132	Xiaolunshan Fm	小仑山组	32-4052	$Z_2-\in_1$	林天瑞	1991	江苏	肢解灯影组和幕府山组，下部归灯影组，上部归荷塘组
133	Xiaopanshan Fm	小盘山组	32-4004	N_2	安徽区调队	1977	江苏	归雨花台组中部
134	Xiaoxian Fm	肖县组		O_1	安徽325地质队	1975	安徽	归马家沟组
135	Xiaqinglong Fm	下青龙组	32-4037	T_1	江苏区测队	1970	江苏	无地理专名，现称青龙组
136	Xiashihezi Fm	下石盒子组		P	诺林	1922	山西	无地理专名，改为石盒子组
137	Xishansi Fm	西山寺组	32-4030	J_{1-2}	南京大学地质系	1964	江苏	归北象山组
138	Xuejiacun Fm	薛家村组	32-4033	T_2	江苏区调队	1984	江苏	与周冲村组同物异名
139	Xuhuai Gr	徐淮群	32-3011	Pt_3	徐学思	1978	江苏	包含在淮河群之内
140	Xujiashan Fm	徐家山组	32-4039	T_2	安徽区调队	1977	江苏	层序不正常，中、下部归周冲村组，上部归黄马青组
141	Xuzhou Fm	徐州组	32-3007	$\in_1$	江苏区测队	1976	江苏	归馒头组
142	Xuzhuang Fm	徐庄组		$\in_2$	卢衍豪、董南庭	1953	山东	让给年代地层单位，归馒头组
143	Yangchong Fm	杨冲组	32-4024	K_1	江苏区调队	1984	江苏	归葛村组
144	Yangliugang Fm	杨柳岗组		$\in_2$	卢衍豪等	1955	浙江	归炮台山组
145	Yanmachang Fm	演马厂组	32-3022	$Ar-Pt_1$	江苏区调队等	1986	江苏	层序不清，现归东海杂岩
146	Yanqiao Fm	堰桥组	32-4041	P_1	胡世忠	1962	江苏	用生物肢解龙潭组，现下部归孤峰组，上部归龙潭组
147	Yaojiabian Fm	姚家边组	32-4023	K_1	江苏地质二队	1986	江苏	降为非正式岩石地层单位，归上党火山岩带
148	Yaoxiang Fm	尧巷组	32-4060	Z_1	闵庆魁	1989	江苏	与周岗组同物异名
149	Yeli Fm	冶里组		O_{1-2}	葛利普	1922	河北	与三山子组同物异名
150	Yijing Fm	义井组		J_{1-2}	安徽区调队	1977	安徽	已解体，下部归石千峰群，上部归三台组
151	Yinkeng Fm	殷坑组		T_1	安徽贵池地区地层研究队	1965	安徽	归青龙组
152	Yixing Fm	宜兴组	32-4040	P_2	邹松梅等	1990	江苏	归长兴组
153	Yujialing Fm	于家岭组		Pt_1	山东区调队	1984	山东	层序不清，现归东海杂岩
154	Yunheshan Fm	云合山组	32-4025	J_3	周仁麟、侯明等	1960	江苏	归入大王山组下部
155	Yushanzhen Fm	玉山镇组		$\in_3$	江苏石油地质大队	1980	江苏	与观音台组同物异名

序号	地层单位名称		编号	地质时代	创名人或单位	创建时间	所在省	不采用的理由
	英文	汉文						
156	Zhangqiu Series	章丘统		C	小贯义男(日人)	1947	山东	已解体,下部归本溪组湖田段,上部归太原组泉旺头段
157	Zhangshanji Fm	张山集组	32-4013	E_2	安徽区测队	1976	安徽	归三垛组下段
158	Zhendan Bed	震旦层		Z	李希霍芬	1912	中国	已解体为震旦系及古生界
159	Zhenjiagou Fm	甄家沟组		Pt_1	山东区调队	1984	山东	层序不清,归东海杂岩下部
160	Zhenjiang Fm	镇江组	32-4042	P_1	张遴信	1983	江苏	用生物肢解栖霞组,现归栖霞组
161	Zhenwu Fm	真武组	32-4012	E_2	第六普查勘探大队	1976	江苏	归戴南组
162	Zhifangzhuang Fm	纸坊庄组		O_1	陈均远、邹西平(介绍)	1965	山东	已解体,下部归三山子组,上部归贾汪组
163	Zhouzhuang Fm	周庄组	32-4010	E	第六普查勘探大队	1965	江苏	归三垛组下段
164	Zhubian Fm	洙边组		$Ar-Pt_1$	北京地质学院	1960	山东	层序不清,现归东海杂岩
165	Zhucun Fm	朱村组	32-4029	J_2	江苏地质二队	1986	江苏	归北象山组
166	Zhutoushan Fm	猪头山组	32-4009	E_3	安徽区调队	1977	江苏	归三垛组
167	Zichuan Series	淄川统		P	小贯义男(日人)	1947	山东	已解体,现归山西组
168	Zixiadong System	紫霞洞系	32-4032	J_{1-2}	谢家荣	1928	江苏	归钟山组